普通高等教育“十四五”规划教材

环境规划与管理

主　编　刘亭亭　彭玉丹　刘晓丹
副主编　季鸣童　郭晓宇

图书在版编目（CIP）数据

环境规划与管理 / 刘亭亭，彭玉丹，刘晓丹主编；季鸣童，郭晓宇编．—北京：中国石化出版社，2021.8
ISBN 978－7－5114－6415－6

Ⅰ.①环… Ⅱ.①刘… ②彭… ③刘… ④季… ⑤郭… Ⅲ.①环境规划②环境管理 Ⅳ.①X32

中国版本图书馆 CIP 数据核字（2021）第 166082 号

中国石化出版社出版发行
地址:北京市东城区安定门外大街 58 号
邮编:100011　电话:(010)57512500
发行部电话:(010)57512575
http://www. sinopec-press. com
E-mail:press@ sinopec. com
北京科信印刷有限公司印刷
全国各地新华书店经销
*
787×1092 毫米 16 开本 24.5 印张 616 千字
2021 年 8 月第 1 版　2021 年 8 月第 1 次印刷
定价:58.00 元

前　言

环境规划与管理是环境科学与管理学、系统学、规划学、预测学、社会学、经济学以及计算机技术等相结合的学科，侧重于研究环境规划与管理的理论与方法学问题，是应用性、实践性很强的科学。本书以国内外环境管理思想、理论、方法和应用的发展动态为主线，系统阐述了环境规划与管理的相关理论、政策法规和管理体系、综合分析方法，同时配套环境规划和环境管理实训的相关内容，理论教学与实践教学相结合，强调学生学习的主体性；在教材中融入了课程思政元素，以实现专业教学与课程思政协同育人的目标。环境行业的发展日新月异，教材编写过程中案例的选取更注重行业前沿性和创新性；课前有导引，课后配有知识拓展和思考题，通俗易懂、简明易用。

《环境规划与管理》全书分为环境管理、环境规划、环境规划与管理实训三篇，共15章。本书由刘亭亭、彭玉丹、刘晓丹任主编，季鸣童、郭晓宇任副主编。各章节具体分工如下：东北石油大学(秦皇岛校区)刘亭亭编写第5～第8章；河北环境工程学院彭玉丹编写第4章；国家海洋局北海海洋工程勘察研究院刘晓丹编写第10～第14章；东北石油大学(秦皇岛校区)季鸣童编写第15章；河北环境工程学院郭晓宇编写第1～第3章、第9章。全书由刘亭亭统稿。

本书系黑龙江省教育科学“十四五”规划2021年度重点课题(GJB1421128)的研究成果之一。

在本书编写过程中，东北石油大学谢金梅、蔡秋林等同学参与了资料收集和文字处理等工作。书中引用了多位专家、学者的研究成果，在此一并致以衷心的感谢。

由于编者水平和时间有限，错漏和不足之处在所难免，敬请广大读者批评指正。

目　　录

第一篇　环境管理

第二篇　环境规划

第三篇　环境规划与管理实训

第一篇　环境管理

第1章　环境管理基础知识

人类依赖自然环境才能生存和发展，人类又是环境的改造者，可以通过社会性生产活动来使用和改造环境，使其适合人类的生存和发展。随着人类不断消耗地球资源，各种人类行为正在改变全球的生态系统。在当代社会，由于人类活动的空间规模不断扩大，环境问题正在迅速从地区性问题发展为全球性问题，从简单问题发展为复杂问题。生态环境的严重破坏使我们需要建立和发展保持生态平衡和保护地球环境的观念和能力。环境管理学是从环境保护的实践中产生，又在环境保护的实践中发展起来的。它既是环境科学的一门分支学科，又是环境科学和管理科学交叉渗透的产物，同时也是一个工作领域，是环境保护实践的重要组成部分。

第1节　环境管理的概念及类型

一、环境管理的概念和特点

环境管理来源于人类对环境问题的认识和实践。伴随着人们对环境问题的认识过程，环境管理的概念也有一个不断发展的过程。

早在20世纪70～80年代，人们把环境管理狭义地理解为环境保护部门采取各种有效措施和手段控制污染的行为。例如，通过制定国家环境法律法规和标准，运用经济、技术、行政等手段来控制各种污染物的排放。这种狭义的理解停留在环境管理的微观层次上，但狭义的环境管理并不能从根本上解决环境问题。

1974年召开的联合国环境规划署和联合国贸易与发展会议（UNCTAD）以“资源利用、环境与发展战略方针”为讨论专题，在会议中形成了三点共识：全人类的一切基本需要都应得到满足；要通过发展来满足人类需要，但又不能超出生物圈的容许极限；协调这两个目标的方法就是环境管理。自此，环境管理的概念首次被正式提出。同年，休埃尔（G. H. Sewell）在《环境管理》一书中指出：“环境管理是对损害自然质量的人为活动（特别是损害大气、水和陆地外貌质量的人为活动)施加影响。”

到了20世纪90年代，随着环境问题的发展以及人们对环境问题认识的不断深入，人们发现，对环境管理的传统理解已越来越突出地限制了环境管理的理论与发展。人们普遍认识到，要想从根本上解决环境问题，必须站在经济、社会发展的战略高度采取对策。因此，有必要扩展环境管理的范围，并通过确立一个科学的概念来刻画环境管理的本质。

1. 环境管理的概念

从管理调控的角度来看，环境管理是指依据国家的环境政策、环境法律法规，运用各种有效手段，调控人类的各种行为，协调经济、社会发展同环境保护之间的关系，限制人类损害环境质量的活动以维护区域政策的环境秩序和安全，实现区域社会可持续发展的行为总体。

环境管理的这一概念将环境管理的理论与实践很好地衔接为一个整体，它既反映了环境管理思想的转变过程，又概括了环境管理的实践内容。同时，通过这一概念的变化反映了人类对环境保护规律认识的深化。

从这一概念出发，我们可以得出如下结论：①环境管理的目的是维持环境秩序和安全；②环境管理是针对次生环境问题的一种管理活动，主要解决人类活动所造成的各类环境问题。

2. 环境管理的内涵

环境管理的核心是对人的管理，而非把污染源作为管理对象。长期以来，环境管理中的一个误区就是把污染源作为管理对象，环保部门围绕各种污染源开展环境管理，工作长期处于被动局面，原因是人们只关心环境问题产生的地理特征和时空分布，这种环境管理，实质上是一种物化管理——对污染源和污染设施的管理，而忽视对人的管理。在“人类－环境”系统中，人是主导方。所以，环境管理的实质是控制人类的行为，使人类的行为不致对环境产生污染和破坏，以求维护环境质量和生态环境平衡。从这种意义上讲，环境管理不能理解为“管理环境的行为”，而是管理人的行为，是人类调整和修改“自己作用于自然环境的行为”的行为，即通过对人类活动的管理，达到环境保护和可持续发展的目标。

人是各种行为的实施主体，是产生各种环境问题的根源。只有解决人的问题，从人的各种行为入手开展环境管理，环境问题才能得到有效解决。环境管理对象的变化是环境管理理论创新与实践深化的一个重要标志。

3. 环境管理的特点

环境管理具有如下基本特点：

(1)环境管理的综合性。环境管理是由自然、政治、社会和技术等多因素错综复杂地交织在一起而形成和发展的。这就决定了环境管理的高度综合性，表现为必须采取立法、经济、教育、技术和行政等各种措施相结合的办法，才能有效地解决环境问题。

(2)环境管理的计划性。环境保护是国民经济和社会发展计划的一个组成部分，它受计划的制约。

(3)环境管理的区域性。环境问题由于自然背景、人类活动方式和环境质量标准的差异而存在明显的区域性。也就是必须根据各地的不同特点，因地制宜，采取不同的管理措施。

(4)环境管理的自然适应性。指的是充分利用自然环境适应外界变化的能力(如资源再生能力、自净能力和自然界生物防治作物病虫害的作用等)，以达到保护和改善环境的目的。

4. 环境管理的目的和任务

1)转变环境观念

观念的转变是根本。观念的转变包括消费观、伦理道德观、价值观、科技观和发展观直到整个世界观的转变。这种观念的转变将是根本的、深刻的，它将带动整个人类文明的转变。当然，要从根本上扭转人类既成的基本思想观念，显然不是单纯通过环境管理及相关教育就能达到的，但是环境管理可以通过建设一种环境文化来为整个人类文明的转变服务。环境文化是以人与自然和谐为核心信念的文化，环境管理的任务之一就是要指导和培育这样一种文化，以取代工业文明时代形成的，以人类为中心，以人的需求为中心，以自然环境为征服对象的文化，并将这种环境文化渗透到人们的思想意识中，使人们在日常的生活和工作中能够自觉地调整自身行为，以达到与自然环境和谐的境界。文化在人类的发展进程中一直在起着巨大的作用。文化决定着人类的行为，只有摒弃视环境为征服对象的文化，塑造新的环境文化，才能从根本上解决环境问题。所以，从这个意义上来讲，环境文化的建设是环境管理的一项长期的根本的任务。

2)调整环境行为

相对于对思想观念的调整，环境行为的调整是较低层次上的调整，然而却是更具体、更直接的调整。人类的社会行为可以分为行为主体、行为对象和行为本身 3 个组成部分。从行为主体来说，还可以分为政府行为、企业行为和公众行为 3 种。政府行为是总的国家的管理行为，诸如制定政策、法律、法令、发展规划并组织实施等。企业行为是指各种市场主体(包括企业和生产者个人)在市场规律的支配下，进行商品生产和交换的行为。公众行为则是指公众在日常生活中(如消费、居家休闲、旅游等方面)的行为。这三种行为都会对环境产生不同程度的影响。这 3 种行为相辅相成，它们在对环境的影响中分别具有不同的特点，其中，政府行为起主导作用，因为政府可以通过法令、规章等在一定程度上约束市场行为和公众行为。所以环境管理的主体和对象都是由政府行为、企业行为、公众行为所构成的整体或系统。对这3种行为的调整可以通过行政手段、法律手段、经济手段、教育手段和科技手段来进行，这些手段又构成一个整体或系统。在这3种行为中，政府的决策和规划行为，特别是涉及资源开发利用或经济发展规划的内容，往往会对环境产生深刻而长远的影响，其负面影响一般很难消除甚至无法消除。市场的主体一般是企业，而企业的生产经营行为一直是环境污染和生态破坏的直接制造者。不仅在过去，而且在将来很长的一段时期内，它们都将是环境管理中的重点内容。公众行为对环境的影响在过去并不显著，但随着人口的增长，尤其是消费水平的提升，公众行为对环境的影响在环境问题中所占的比重将会越来越大。

3)控制环境－社会系统中的物质流

人的行为可以分为两大类：一类是人与人之间的行为；一类是人类与自然环境之间的行为，确切地说，是人类社会作用于自然环境的行为。人与人之间的行为不一定辅以相应的物质流动，如人与人之间的关心、友爱行为，人们所进行的诗歌、音乐等精神文化的创造与交流，等等。但人类社会作用于自然环境的行为则一定会有对应的物质流，以及基于物质流的能量流、信息流等。管理的对象无非是人和物。在人类社会内部谈论管理时，其管理对象可以仅仅是人，如家长教育子女这种管理，单纯的说教和奖励就可以了，不一定需要存在相应的物质流动。而对于环境管理来说，管理对象是人类作用于环境的行为，而这种行为则必须要以一定的物质、能量、信息流动作为其物质基础，不存在不发生物质流动的人类社会作用于环境的行为。因此，环境管理在管理人的行为的同时，一定要着眼于这些行为对人类社会和自然环境构成的环境－社会系统中物质流动的影响。对行为的管理与对作为行为载体和实质内容的物质流的管理是密不可分的，是一体的。由此可见，作为环境管理的对象，人类作用于环境的行为和环境物质流是一一对应的，行为是物质流产生的原因，而物质流是这些行为的具体表现形式。

4)创建人与自然和谐的生存方式，建设人类环境文明

以上分析可见，环境管理的3项任务是相互补充、互为一体的。其中，环境观的转变是根本性的。环境文化的建设是一项长期的任务，它在短期内对环境问题的解决绝不会有明显的效果。对环境行为的调整是具体、直接的调整，可以比较快地见效。环境－社会系统中的物质流是人类作用于环境的行为的物质基础和表现形式，对这种物质流的控制是观念转变和行为调整的具体方法和实践。因此，对于环境管理来讲，上述3项任务不可偏废。

二、环境管理的类型

从不同角度对环境管理进行分类，有助于加深对环境管理的认识和理解，把握不同领域和不同层次环境管理的关系。

1. 按层次划分

1) 宏观环境管理

所谓宏观环境管理是指以国家的发展战略为指导，对影响全局的重大决策和各类政策进行科学评价的管理活动。宏观管理的主要内容是决策与政策管理。宏观环境管理的目的是避免由于决策或政策失误而带来的环境问题。

2) 微观环境管理

所谓微观环境管理是指在宏观环境管理指导下，以改善区域环境质量为目的、以污染防治和生态保护为内容、以执法监督为基础的环保部门经常性的管理工作。微观环境管理的主要内容包括环境规划管理、建设项目环境管理、专项环境管理、环境监督管理、加强指导与服务等内容。

概括地说，宏观环境管理是从综合决策入手，解决发展战略问题，实施主体是国家和地方政府；微观环境管理是从执法监督入手，解决具体的污染防治和生态破坏问题，实施主体是环保部门。这两者之间存在相互补充的系统关系。其中，宏观环境管理高度统一，微观环境管理非常具体；微观环境管理以宏观环境管理为指导，是宏观环境管理的分解和落实；离开宏观环境管理的指导，微观环境管理将无法实施；离开微观环境管理，宏观环境管理的目标将无法实现。

2. 按范围划分

1) 流域环境管理

这是以特定流域为管理对象，以解决流域环境问题为内容的一种环境管理。根据流域的大小不同，流域环境管理可以分为跨省域、跨市域、跨县域、跨乡域的流域环境管理。例如，中国针对淮河流域、太湖流域、辽河流域、长江流域、黄河流域、珠江流域和松花江流域开展的环境管理就是典型的跨省域的流域环境管理，而滇池流域和巢湖流域的环境管理就是省域内的跨市域、跨县域的流域环境管理。

2) 区域环境管理

区域环境管理是以行政区划为归属边界，以特定区域为管理对象，以解决该区域内环境问题为内容的一种环境管理。根据行政区划的范围大小，可以分为省域环境管理、市域环境管理、县域环境管理等，又可以分为城市环境管理、农业环境管理、乡镇环境管理、经济开发区环境管理、自然保护区环境管理等。

3) 行业环境管理

这是以特定行业为管理对象，以解决该行业内环境问题为内容的一种管理。由于行业不同，行业环境管理可以分为几十种类型。如钢铁行业环境管理、电力行业环境管理、冶金工业环境管理、化工行业环境管理、建材行业环境管理、医药行业环境管理、造纸行业环境管理、酿造行业环境管理、印染行业环境管理、交通部门环境管理、服务行业环境管理等。

4)部门环境管理

这是以具体的单位和部门为管理对象，以解决该单位或部门内的环境问题为内容的一种环境管理。如企业环境管理就是一种部门环境管理。

3. 按属性划分

1)资源环境管理

资源环境管理是指依据国家资源政策，以资源的合理开发和持续利用为目的，以实现可再生资源的恢复与扩大再生产，不可再生资源的节约使用，以及替代资源的开发为内容的环境管理。例如，流域环境管理就是一种典型的资源环境管理。这是因为，我们可以把一个流域的水环境容量根据发展的公平性原则看成是面对整个流域可以重新进行优化分配的一种“资源”。同样地，污染物总量控制也是一种资源环境管理。这是由于一个区域的污染物总量控制目标可看成是一种“资源”——根据国家产业政策和企业的技术优势在该区域内通过排污交易市场进行再分配的“资源”。对总量目标的分解其实质就是对这种“资源”的再分配。

2)质量环境管理

这是一种以环境质量标准为依据，以改善环境质量为目标，以环境质量评价和环境监测为内容的环境管理。这种管理是一种标准化的环境管理。开展质量环境管理，意味着不考虑经济行为主体的生产技术水平和污染防治技术水平，也不考虑资源开发技术能力，管理者只关心环境质量问题，达到区域环境质量标准就允许继续保持其生产行为或资源开发行为，达不到区域环境质量标准，就要依法终止其生产行为或资源开发行为。所以，这种环境管理在完全法制化的国家容易实施，而在部分国家由于受到经济发展水平和科技发展水平等因素的制约和影响，实践性较差。

3)技术环境管理

这是一种通过制定环境技术政策、技术标准和技术规程，以调整产业结构、规范企业的生产行为、促进企业的技术改革与创新为内容，以协调技术经济发展与环境保护关系为目的的环境管理。从广义上讲，环境保护技术可以分为环境工程技术(包括污染治理技术、生态保护技术)、清洁生产技术、环境预测与评价技术、环境决策技术、环境监测技术等。技术环境管理要求管理措施具有比较强的程序性、规范性、严谨性和可操作性。

4. 按工作领域划分

1)计划环境管理

计划环境管理是依据规划或计划而开展的环境管理。这是一种超前的主动管理，也称为环境规划管理。其主要内容包括：制定环境规划；将环境规划分解为环境保护年度计划；对环境规划的实施情况进行检查和监督；根据实际情况修正和调整环境保护年度计划方案，改进环境管理措施。

2）建设项目环境管理

这是一种依据国家的环保产业政策、行业政策、技术政策、规划布局和清洁生产工艺要求，以管理制度为实施载体，以建设项目为管理内容的环境管理。建设项目包括新建项目、扩建项目、改建项目和技术改造项目4类。

3）环境监督管理

这是从环境管理的基本职能出发，依据国家和地方政府的环境政策、法律法规、标准及有关规定，对一切生态破坏和环境污染行为以及对依法负有环境保护责任和义务的其他行业和领域的行政主管部门的环境保护行为依法实施的监督管理。

5. 按意愿划分

1）指令性环境管理

指令性环境管理具有强制性特点，是以有关环境法律、法规和标准为依据，在不尊重主观意愿的前提下，管理主体对管理客体实施的管理。这种管理方式对控制环境恶化、解决短期内的环境问题起到了很好的作用。指令性环境管理的缺陷为：①现实需求与法规标准滞后；②法规强制性不能满足解决问题的灵活性需求；③管理主体与客体间难以建立伙伴关系；④环境责任得不到真实反映；⑤不利于充分发挥企业环保积极性和创造性。

2）自愿协议式环境管理

自愿协议式环境管理是各类行为主体在遵守国家环境法律法规的前提下为进一步改进其环境状况而作出的一种主动承诺，具有非强制性特点。自愿协议式环境管理是一种主动的管理，管理的范围包含两部分：一部分是依据国家环境法律法规所必须履行的；另一部分是法律法规没有明示或没有要求必须履行的，以协议形式向社会公众、利益相关者及政府作出的承诺。

第2节　环境管理的主体、对象及内容

一、环境管理的主体和对象

1. 环境管理的主体

在现实生活中，人类社会的行为主体可以分为政府、企业和公众三大类。在环境管理中，政府、企业和公众都是环境管理的主体，它们同时也是在管理自身和另外两类主

体时的参与者或相关方。

1)政府

政府作为社会公共事务的管理主体，包括中央和地方各级的行政机关。理论上，它还应包括立法、司法等机关。政府依法对整个社会进行公共管理，而环境管理则是政府公共管理中的一个分支。在三大行为主体中，政府是整个社会行为的领导者和组织者，同时它还是各国政府间冲突、协调的处理者和发言者。政府能否妥善处理政府、企业和公众的利益关系，促进保护环境的行动，对环境管理起着决定性作用。所以，政府是环境管理中的主导性力量。

2)企业

企业在社会经济活动中是以追求利润为中心的独立的经济单位。企业是各种产品的主要生产者和供应者，是各种自然资源的主要消耗者，同时也是社会物质财富积累的主要贡献者。因此，企业作为环境管理的主体，其行为对一个区域、一个国家乃至全人类的环境保护和管理都有着重大的影响。

3)公众

公众包括个人与各种社会群体，是环境管理的最终推动者和直接受益者。公众能否有效地约束自己的行为，推动和监督政府和企业的行为，是其主体作用体现与否的关键。公众环境管理是公众参与的环境管理。实际上，公众在环境管理中发挥的主体作用并不是以一个整体的形式出现在环境事务中的，而主要是以散布在社会各行各业、各种岗位上的公众个体以及以某个具体目标组织起来的社会群体的行为来体现的。在部分情况下，一些在环境保护领域做出突出成绩的公众个体，通过自己的行为可以起到监督企业行为和政府行为的作用，促进企业和政府环境管理取得更好的效果。但在更多情况下，公众通过自愿组建各种社会团体和非政府组织来参与环境管理工作。参与，是公众作为环境管理主体的主要“管理”形式。公众环境管理的机构可以是非政府组织(如各种民间环保组织)、非营利性机构(如环境教育、科研部门)等，其具体内容很多，根据这些组织和机构的目的而定。

环境管理的主体是进行或参与管理的人，环境管理的客体中主要和最重要部分也是人。由于社会分工不同，管理主体和客体具有不同的功能，前者承担环境管理职能，后者接受管理。但是这种区别只是在一定的时间和空间范围内存在，并仅具有相对意义。管理者在管理别人的同时，本身又受到上级的管理和广大群众的监管，被管理者或多或少通过参与管理活动而实现其作为环境资源主人的地位。正确理解主、客体之间的辩证关系有利于正确执行各项环境管理制度，尤其是环境保护目标责任制。从本质上说，社会主义条件下管理者与被管理者在保护环境方面的利益是一致的，这就决定了我们制定和实施的各项环境管理制度是一种参与的和自我控制的民主管理制度。在这种制度下，管理者和被管理者是平等的、互相尊重的、互相信任的，提倡的是自觉、自主和自治。

2. 环境管理的对象

环境管理学是环境科学与管理科学相互交叉产生的一门综合性学科，具有很强的横断性特征，以生态－经济－社会系统作为自己的研究对象。

生态－经济－社会系统是一个开放的、复合非自律巨系统。它由生态、经济和社会3个子系统所组成，每个子系统又是一个开放的复合系统，各自处于不同的系统层次并发挥不同的系统作用。这些子系统之间相互联系、相互影响、相互制约，构成了生态－经济－社会系统的矛盾运动。

生态子系统在整体系统中处于基础地位。其中，丰富的自然资源是人类社会可持续发展的物质基础，良好的生态环境是人类社会可持续发展的环境基础。相对于社会和经济子系统，生态子系统的变化表现出滞后性，这种滞后性又造成经济和社会子系统发展的滞后性。经济子系统是生态与社会子系统相互联系和作用的纽带，是实现物质、能量和信息循环与交流的中间环节，是确保整体系统运动与变化的动力支撑和保障。可持续发展要以持续改善和提高生活质量为目的，只有经济发展才能使人类摆脱贫困，为解决资源与环境问题提供资金和技术，保障社会进步。同时，经济发展又是以生态子系统和社会子系统处于良好状态为前提的。社会子系统在整体系统中处于核心地位，是最高层次的调控子系统。合理的国家制度、良好的社会秩序、健全的法律体系、有效的人口控制和科学持续的消费行为是实现生态－经济－社会系统可持续发展的保证。

生态－经济－社会系统是一个包括人口、资源、环境、经济和社会等诸多要素在内的多目标决策系统，表现出一般系统所具有的层次性、协同性和整体性三大特征。系统的层次性特征主要表现为系统结构的层次性和系统联系的层次性。系统的协同性特征主要通过子系统之间的相互作用和联系表现为两个方面：一方面是子系统间的协同，各子系统的变化与发展在其他子系统的作用和影响下存在趋同的现象；另一方面是子系统间的竞争，各子系统内物质、能量、信息的交流与变换都受到其他子系统的限制与影响，围绕各种资源的开发和利用以及由此产生的生产与消费的供需问题存在相互制约和矛盾关系。系统的整体性特征表现为系统内部矛盾运动的整体性和人类对该系统发展变化及环境保护目标的整体性要求。

将生态－经济－社会系统作为环境管理学的研究对象，是由环境管理的学科性质和特点决定的。只有从系统整体出发来研究环境与发展的辩证关系，从人类社会的发展战略高度来认识环境保护的规律，才能有效开展宏观和微观的环境管理工作。正确处理和解决环境保护、经济建设、社会发展三者之间的对立统一关系。

另外，环境管理的对象是人类作用于环境的行为，具体可以分为政府行为、企业行为和公众行为。①政府行为是人类社会最重要的行为之一，政府行为的内容和方式包容极广。无论是提供公共事业和服务，在重要行业实行国家垄断，还是对市场进行调控，政府行为对环境所产生的影响都具有极大的特殊性，它涉及面广、影响深远又不易察觉，既有直接的一面，也有间接的一面，既可以有重大的正面影响，又可能有巨大的难以估计的负面影响。②企业是人类社会经济活动的主体，是创造物质财富的基本单位，因此，企业行为是环境管理的重点关注对象。③公众，按最普遍的理解，是大量离散的个人，公众虽是社会的原子，但公众行为是和政府行为、企业行为相并列的重要行为。

二、环境管理的内容

环境管理的根本目标是协调发展与环境的关系，涉及人口、经济、社会、资源和环境等重大问题，故其管理内容必然是广泛的、复杂的。从总体上讲，可以按照管理的范围和管理的性质对环境管理的内容进行分类。环境管理与环境立法、环境经济有密切的关系，它不仅涉及社会经济方面，也涉及科学技术问题。本小节将介绍环境管理的分类及其基本内容。

1. 根据管理的范围划分

1)资源(生态)管理

主要是自然资源的保护，包括可更新资源的恢复和扩大再生产，以及不可更新资源的节约利用。我国当前资源的主要危机是使用不合理和浪费。资源的不合理使用会导致不可更新资源的提早枯竭，可更新资源的锐减。资源管理主要是研究确定资源的承载能力，资源开发的条件优化，建立资源管理的指标体系、规划目标、标准、政策法规和机构体制等。管理的主要内容包括水资源的保护与开发利用，土地资源的管理和可持续开发与保护，矿产资源的合理开发利用与保护，草地资源的开发利用与保护，生物多样性保护，以及能源的合理开发与保护，等等。

2)区域环境管理

包括整个国土、经济协作区和省(市)环境管理，城市环境管理，以及水域经济管理，等等。环境问题与自然环境及经济状况有关，存在明显的区域性特征。区域管理主要是协调区域的经济发展目标和环境目标，进行环境影响预测，制定区域环境规划，进行环境质量和技术管理，按规划实现环境管理目标。管理的主要内容包括城市环境、流域环境、地区环境、海洋环境、自然保护区建设和管理、风沙区生态建设和管理等。

3)专业环境管理

专业环境管理包括工业、农业、企业、交通运输、商业、医疗等部门的环境管理。环境问题与行业性质及污染因子有关，存在着明显的专业性特征，不同的经济领域会产生不同的环境问题，不同的环境要素往往涉及不同的专业领域。专业环境管理是按行业领域进行环境管理，根据行业和污染因子(环境要素)的特点，有针对性地加强专业环境管理，有利于提高污染防治和生态环境保护的技术水平。按行业管理划分，专业环境管理包括能源环境管理、工业环境管理、农业环境管理、交通运输环境管理、商业和医疗行业管理等。按环境要素划分，专业环境管理涉及大气、水、固体废弃物、噪声，以及造林、防沙治沙、生物多样性、草地湿地、沿海滩涂、地质等环境管理。

2. 根据管理的性质划分

1)环境计划管理

计划是为了实现一定目标而拟定的科学预计和判断未来的行动方案。计划主要包括两项基本活动：一是确立目标，二是决定实现这些目标的实施方案。环境计划管理首先是制定好环境规划，使环境规划成为整个经济发展规划的必要组成部分，通过计划协调发展与环境的关系，对环境保护实行计划指导。环境规划是环保工作的纲要，需在实践中不断调整和完善。通过计划协调与环境的关系，对环境保护加强计划指导是环境计划管理的重要内容。

2)环境质量管理

保护和改善环境质量是环境管理的中心任务，环境质量管理是环境管理的核心内容。质量管理是指组织必要的人力和其他资源去执行既定的计划，并将计划完成情况和目标对照，采取措施纠正计划执行中的偏差，以确保计划目标的实现。为落实环境规划、保护和改善环境质量而进行的各项活动，如调查、监测、评价、检查、交流、研究和污染防治等，均属于环境质量管理的内容。环境质量管理包括：有组织地制定各种环境质量标准；各类污染物排放标准和开展监督检查工作；组织调查、监测、评价环境质量状况；预测环境质量变化的趋势。

3)环境技术管理

环境技术管理通过制定环境保护技术发展方向、技术路线和政策，制定防治环境污染技术标准和技术规范等，以协调科学技术、经济发展与环境保护的关系，使科学技术的发展既能促进经济不断发展，又能保证环境质量不断得到改善。加强环境技术管理，就是加强技术支持能力建设，依靠科技进步和先进技术手段，实现规范、有效、科学的管理。环境质量管理包括：确定防治环境污染和环境破坏的技术路线和技术政策；确定环境科学技术的发展方向；组织环境保护的技术咨询和情报服务；组织国内和国际环境科学技术合作的交流等。

第3节　环境管理的基本手段

一、法律手段

法律手段是指管理者代表国家和政府，依据国家环境法律法规所赋予的，受国家强制力保证实施的，对人们的行为进行管理以保护环境的手段。法律手段是环境管理的一个最基本的手段，是其他手段的保障和支持，通常被称为“最终手段”。

法律手段环境管理的一种强制性手段，依法管理环境是控制并消除污染，保障自然资源合理利用，维护生态平衡的重要措施。环境管理一方面要靠立法，把国家对环境保护的要求、做法，全部以法律形式固定下来，强制执行；另一方面还要靠执法。环境管理部门要协助和配合司法部门与违反环境保护法律的犯罪行为进行斗争，协助仲裁；按照环境法规、环境标准来处理环境污染和环境破坏问题，对严重污染和破坏环境的行为提起公诉，甚至追究法律责任；也可以依据环境法规对危害人民健康、财产，污染和破坏环境的个人或单位给予批评、警告、罚款或责令赔偿损失等。我国自20世纪80年代开始，从中央到地方颁布了一系列环境保护法律法规。目前，已初步形成了由国家宪法、环境保护基本法、环境保护单行法规和其他部门法中关于环境保护的法律、规范等所组成的环境保护法体系。

二、行政手段

行政手段主要指国家和地方各级行政管理机关，根据国家行政法规所赋予的组织和指挥权力，制定方针、政策，建立法规，颁布标准，进行监督协调，对环境资源保护工作实施行政决策和管理等一系列措施。主要包括环境管理部门定期或不定期地向同级政府机关报告本地区的环境保护工作情况，对贯彻国家有关环境保护方针、政策提出具体意见和建议；组织制定国家和地方的环境保护政策、工作计划和环境规划，并把这些计划和规划报请政府审批，使之具有行政法规效力；运用行政权力对某些区域采取特定措施，如划分自然保护区、重点污染防治区、环境保护特区等；对一些污染严重的工业、交通、企业要求限期治理，甚至勒令其关、停、并、转、迁；对易产生污染的工程设施和项目，采取行政制约的方法，如审批开发建设项目的环境影响评价书，审批新建、扩建、改建项目的“三同时”设计方案，发放与环境保护有关的各种许可证，审批有毒有害化学品的生产、进口和使用流程；管理珍稀动植物物种及其产品的出口、贸易事宜；对重点城市、地区、水域的防治工作给予必要的资金或技术帮助，等等。

三、经济手段

经济手段是指利用价值规律，运用价格、税收、信贷等经济杠杆，控制生产者在资源开发中的行为，以便限制损害环境的社会经济活动，奖励积极治理污染的单位，促进节约和合理利用资源，充分发挥价值规律在环境管理中的杠杆作用。其方法主要包括各级环境管理部门对因积极防治环境污染而在经济上有困难的企业、事业单位发放环境保护补助资金；对排放污染物超过国家规定标准的单位，按照污染物的种类、数量和浓度征收排污费；对违反规定造成严重污染的单位和个人处以罚款；对排放污染物损害人群健康或造成财产损失的排污单位，责令对受害者赔偿损失；对积极开展“三废”综合利用、减少排污量的企业给予减免税和利润留成的奖励；推行开发、利用自然资源的征税制度等。

四、技术手段

技术手段是指借助那些既能提高生产率又能把对环境污染和生态破坏控制到最小限度的生产技术及先进的污染治理技术等来达到保护环境目的的手段。其主要内容包括：运用技术手段，实现环境管理的科学化，包括制定环境质量标准；通过环境监测、环境统计方法，根据环境监管资料及有关的其他资料对本地区、本部门、本行业污染状况进行调查；编写环境报告书和环境公报；组织开展环境影响评价工作；交流推广无污染、少污染的清洁生产工艺及先进治理技术；组织开展环境科研成果和环境科技情报的交流，等等。许多环境政策、法律法规的制定和实施都涉及大量科学技术问题，所以环境问题解决的水平，极大程度上取决于科学技术。没有先进的科学技术，就不能及时发现环境问题，而且即使发现了，也难以控制。例如，兴建大型工程、围湖造田、施用化肥和农药，常常会产生负面的环境效应，这就说明人类没有掌握足够的科学技术知识，没有科学地预见到人类活动对环境的反作用。

五、宣传教育

宣传教育是环境管理不可缺少的手段。环境宣传既可以普及环境科学知识，又是一种思想动员。通过报纸、杂志、电影、电视、广播、展览、专题讲座、文艺演出等各种文化形式广泛宣传，可以使公众了解环境保护的重要意义和内容，提高全民族的环境意识，激发公民保护环境的热情和积极性，把保护环境、热爱大自然、保护大自然变成自觉行动，形成强大的社会舆论，从而制止浪费资源、破坏环境的行为。在宣传教育的过程，既可以通过专业的环境教育培养各种环境保护的专门人才，提高环境保护人员的业务水平；也可以通过基础的和社会的环境教育提高社会公民的环境意识，从而实现科学管理环境以及提倡社会监督的环境管理措施。例如，把环境教育纳入国家教育体系，从幼儿园、中小学开始加强基础教育，办好成人教育，以及对各高校非环境专业学生普及环境保护基础知识等。

第 4 节　环境管理的理论与程序

一、环境管理基础理论

1. 可持续发展理论

1) 可持续发展概念

对于“可持续发展”比较权威的、得到大多数人认可的定义来自 1987 年世界环境与发展委员会《我们共同的未来》报告。该报告把“可持续发展”定义为：“可持续发展是既满足当代人的需要，又不对后代人满足其需要的能力构成危害的发展。”

可持续发展是一种战略主张，主要解决经济增长与环境保护的关系问题。从长远观点看，经济增长同环境保护是统一的。为实现这一战略主张，应制定一些可以被发达国家及发展中国家同时接受的政策，这些政策既能使发达国家继续保持经济增长，又使发展中国家得到较快的发展，同时又不至于造成生物多样性的明显减少或人类赖以生存的大气、海洋、淡水和森林等资源系统的永久性损害。

2) 可持续发展的主要内容

(1) 经济可持续发展。

可持续发展不仅是重视经济数量上的增长，更是追求质量的改善和效益的提高。要求改变“高投入、高消耗、高污染”的传统生产方式，积极倡导清洁生产和适度消费，以减少对环境的压力。

(2) 生态可持续发展。

要求经济建设和社会发展要与自然承载能力相协调。发展的同时必须保护和改善地球生态环境，保证以可持续的方式使用自然资源和环境成本，将人类的发展控制在地球承载能力之内。

(3) 社会可持续发展。

社会可持续发展要求以满足人的生存和发展为中心，解决好物质文明和精神文明建设的共同发展问题。

3) 可持续发展的理论

可持续发展作为世界各国的一项伟大社会实践，有其自己的理论基础，可持续发展发展的理论基础由 3 种再生产理论组成。

(1) 自然再生产。

自然系统是生态－经济－社会系统的一个子系统，它构成了整个系统的资源基础和环境基础。丰富的自然资源是整个系统可持续发展的物质基础，良好的生态环境是整个系统可持续发展的环境基础。离开了自然资源，发展将成为一句空话，失去良好的生态环境，发展将无法持续。

自然再生产是针对生态子系统而言的，是其所具备和应当实现的基本功能，包括资源再生产和环境再生产两部分。一方面，自然系统具有资源再生产能力，向另外两个子系统(即经济系统、社会系统)提供发展所必需的生产资源和生活资源；另一方面，它在向其他子系统提供生产、生活资源的同时，又接受和消纳来自其他子系统的生产和生活废物，具有环境资源的再生产能力。此外，自然子系统能满足人们对舒适性的要求，优美的自然和人文景观能给人提供精神享受。

自然再生产能力是一个动态变化的量，即人们常说的环境与资源承载力，再生产能力的大小取决于人类经济活动的频率和强度，与资源开发强度和废物接纳量成反相关关系。当人类的资源开发强度和排放到环境中的废物超出资源与环境的承载力时，自然再生产能力会下降甚至成为负值。只有当人类的资源开发强度和排放到环境中的废物在资源与环境支撑极限的允许范围内时，其再生产能力才能保持在一个较高的水平。

自然再生产的目的是实现自然资本的积累。

(2) 经济再生产。

经济系统是生态－经济－社会系统的另一个子系统，是整个系统内部物质与能量循环得以维持和继续的中心环节，是联结自然系统与社会系统的纽带。它一方面从自然系统中获得生产资源，经过物质生产将各种资源转换成各种形式的社会产品提供给社会系统，以满足人们日益增长的物质需求；另一方面，经济系统又将物质生产过程中没有被利用的资源以废物的形式重新投放到自然系统中。

经济再生产是针对经济系统而言的，是其所具备和应当实现的基本功能，即进行物质生产，将资源转化为社会产品的功能。经济再生产能力也是一个动态变化的量，其大小取决于资源利用率和资源与环境支撑力两个方面。

首先，经济再生产能力取决于资源利用率。资源利用率高，则资源浪费就小，单位资源所创造的社会产品就多，向自然系统输出的废物就少；反之，单位资源所创造的社会产品就少，向自然系统输出的废物就多。资源利用率与人力资本密切相关，充足的人力资本和先进的科学技术是提高资源利用率的两个基本要素。

其次，经济再生产能力还依赖于资源与环境支撑力——自然资本的积累。其中，足够的资源及资源的持续支撑是经济再生产能力得以持续的物质基础，良好的生态质量是经济再生产的环境基础，是整个系统内物质与能量转化得以持续的外部条件。

经济再生产的目的是实现人造资本的积累。

(3)社会再生产。

社会再生产是针对社会系统而言的，是该系统的一项基本功能——人力资源再生产功能，其目的是实现人力资本和社会资本的积累。一方面，社会系统在消费由经济系统提供的社会产品的同时，也向经济系统提供必要的、充足的人类资源；另一方面，社会系统在从自然系统直接或间接获取生活资料的同时，也对自然环境进行了有目的地加工和改造，并向自然环境排放生活废物。

社会再生产能力也是一个动态变化的量，对其他再生产具有能动作用，这种能动作用是由社会制度、文化教育和消费方式决定的。当社会生产与消费方式符合客观事物的发展规律——自然再生产规律时，其能动作用表现为积极的、正向的促进，整个系统的发展必然表现为一种持续的特征。当社会制度、文化教育、社会生产和消费方式违背客观事物的发展规律——自然再生产规律时，其能动作用表现为消极的、反向的制约，整个系统的发展必然是一种非持续的状态和过程。

(4) 3 种再生产的关系

3 种再生产之间存在着相互制约、相互影响和相互促进的关系。其中，自然再生产是基础，经济再生产和社会再生产必须以自然再生产为依托，不能超越自然再生产的承受能力。只有三者之间相互协调的时候，社会生产力才能得到可持续发展。

从各子系统之间的相互关系来看，为了得到更多的产品以满足社会系统的需求，就得加快物质生产，这就是两种可供选择的物质生产方式：一种是以大量消耗自然资源来提供较多的生活资料和社会产品，这种生产方式的基本特征是在维持现有的社会生产率和资源利用率的前提下，用过量消耗自然资源来提高物质生产能力，换取经济的增长；另一种是以提高物质循环效率来提供较多的生活资料和社会产品，这种生产方式的基本特征是通过缩短产品生命周期和提高资源回收、利用率来提高物质生产能力，实现经济的增长。传统的发展观和发展模式实质上是重视了经济和社会再生产，忽视了自然再生产，这是传统的发展模式和发展道路不可持续的深层次原因。可持续发展的实质就是扩大自然再生产，调整和限制经济再生产和社会再生产。

实施可持续发展战略，正是基于 3 种再生产理论从生态经济学角度来考虑并提出的。无论是理论研究，还是实践探索，都要遵循生态经济规律，寻求生态系统、经济系统和社会系统的结合点，从调整 3 种再生产关系入手，改变物质生产的循环方式和消费方式。唯有如此，才能建立可持续的发展模式并实现可持续的发展目标。

2. 循环经济理论

循环经济是起源于发达国家的一种经济发展新概念。要真正化解经济增长与环境和资源的矛盾，必须通过以下3个关键环节解决问题：首先，从生产源头上通过提高资源能源的利用效率减少进入生产过程的物质量；其次，在生产过程中通过对副产品和废弃物的再利用减少废物的排放；第三，在产品经过消费完成它的使用价值变成废弃物后，不是简单抛弃，而是经过处理后将其变成再生资源回到生产的源头上。有人在这3种方法的基础上总结出减量化(Reduce)、再利用(Reuse)、再循环(Recycle)三项原则(简称“3R”原则)，并把这种资源利用模式概括为“资源－产品－废弃物－再生资源”循环利用模式。通过这种模式改造和构建新型国民经济体系，不仅提高了资源利用效率，节约了资源，减少了生产成本，提高了经济综合效益，而且有效改善了生态环境。大量废弃物被资源化地循环利用不仅解决了不可再生资源的再利用问题，还产生了新的经济增长点，创造了新的就业岗位。1990年，英国经济学家珀斯(D. Pearce)和特纳(R. K. Turner)把这种经济发展模式概括为“循环经济”。

1)循环经济概念

循环经济是一种以资源的高效利用和循环利用为核心，以“减量化、再利用、资源化”为原则，以低消耗、低排放、高效率为基本特征，符合可持续发展理念的经济增长模式，是对“大量生产、大量消费、大量废弃”的传统增长模式的根本变革。

2)循环经济的基本特征

(1)新的系统观。

循环经济是由人、自然资源和科学技术等要素构成的大系统。

(2)新的经济观。

循环经济观要求运用生态学规律，不仅要考虑工程承载能力，还要考虑生态承载能力。

(3)新的价值观。

自然环境，不是“取料场”和“垃圾场”，而是人类赖以生存的基础；科学技术，不仅要考虑其对自然的开发能力，也要考虑其对生态系统的修复能力；人类发展，不仅要考虑人对自然的征服能力，更要重视人与自然和谐相处的能力。

(4)新的生产观。

循环经济的生产观要求充分考虑自然生态系统的承载能力，尽可能地节约自然资源，不断提高自然资源的利用效率。

(5)新的消费观。

提倡对物质的适度消费、层次消费，在消费的同时就考虑到废弃物的资源化。

循环经济与传统经济的对比见表1－1。

表1-1 循环经济与传统经济对比

对比项目	传统经济	循环经济
别名	开放经济	封闭经济
比喻	牧童经济或牛仔经济，“从摇篮到坟墓”	太空经济或宇宙飞船经济，“从摇篮到摇篮”
基本特征	高投入、高消耗、高排放、高产出	低投入、低消耗、低排放、高效益
指导思想	机械主义发展观	科学发展观(中国语)，可持续发展观(世界语)
前提假设	资源供给是无限的，环境自净能力是无限的，自然环境是丰富的自由物品	资源供给是有限的，环境自净能力是有限的，自然环境是稀缺的经济物品
经济与生态的关系	矛盾冲突：经济增长以生态破坏为代价	和谐共生：经济增长与生态保护实现良性互动
人与自然的关系	人是自然的主宰，人凌驾于自然之上	人与自然是和谐的，人是自然的一部分

3)循环经济的基本原则(“3R”原则)

(1)减量化原则。在投入端实施资源利用的减量化，主要通过综合利用和循环使用，尽可能节约自然资源。

(2)再利用原则。在保证服务的前提下，产品在尽可能多的场合下，使用尽可能长的时间而不废弃。

(3)再循环原则。在材料选取、产品设计、工艺流程、产品使用到废弃物处理的全过程，实行清洁生产，最大限度地减少废弃物排放，力争做到排放的无害化和资源化，实现再循环。

3. 低碳经济理论

人类社会伴随着生物质能、风能、太阳能、水能、地热能、化石能、核能等的开发和利用，逐步从原始社会的农业文明走向现代化的工业文明。然而随着全球人口数量的上升和经济规模的不断增长，化石能源等常规能源的使用所造成的环境问题及其后果不断地为人们所认知，废气污染、光化学烟雾、水污染和酸雨等的危害，以及大气中二氧化碳浓度升高将带来的全球气候变化，已被确认为人类破坏自然环境、不健康的生产生活方式和常规能源利用所带来的严重后果。在此背景下，“碳足迹”“低碳经济”“低碳技术”“低碳发展”“低碳生活方式”“低碳社会”“低碳城市”“低碳世界”等一系列新概念、新政策应运而生。而能源、经济乃至人类价值观发生大变革的结果，可能将为发展生态文明探索出一条新路，即摒弃20世纪及以前的传统增长模式，直接应用新世纪的创新技术与创新机制，通过低碳经济模式与生活方式，实现社会可持续发展。

1)低碳经济的概念

低碳经济(Low-carbon Economy)是指在可持续发展理念的指导下，通过技术创新、制度创新、产业转型、新能源开发等多种手段，尽可能地减少煤炭、石油等高碳能源消耗，减少温室气体排放，达到经济社会发展与生态环境保护双赢的一种经济发展形态。环境问题之所以越来越严重，从根源上说，就是由于人类长期以来采用了大量依靠消耗资源来谋求经济增长的不可持续的发展模式。

2）低碳经济的目的

低碳经济是以减少温室气体排放为目标，以构筑低能耗、低污染为基础的经济发展体系，包括低碳能源系统、低碳技术和低碳产业体系。低碳能源系统是通过发展清洁能源，包括风能、太阳能、核能、地热能和生物质能等来替代煤、石油等化石能源以减少二氧化碳排放。低碳技术包括清洁煤技术（IGCC）、二氧化碳捕捉及储存技术（CCS）等。低碳产业体系包括火电减排、新能源汽车、节能建筑、工业节能与减排、循环经济、资源回收、环保设备、节能材料等。

低碳经济的起点是统计碳源和碳足迹。二氧化碳有3个重要的来源，其中，最主要的碳源是火电排放，占二氧化碳排放总量的41%；增长最快的是汽车尾气排放，占排放总量的25%；建筑排放占排放总量的27%，随着房屋数量的增加而稳定的增加。

低碳经济是一种从生产、流通到消费和废物回收等一系列社会活动中实现低碳化发展的经济模式，具体来讲，低碳经济是指在可持续发展理念的指导下，通过理念创新、技术创新、制度创新、产业结构创新、经营创新、新能源开发利用等多种手段，提高能源生产和使用效率，增加低碳或非碳燃料的生产和利用的比例，尽可能地减少对煤炭、石油等高碳能源的消耗，同时积极探索碳封存技术的研发和利用途径，从而实现减缓大气中二氧化碳浓度增长的目标，最终达到经济社会发展与生态环境保护双赢局面的一种经济发展模式。

4. 行为科学理论

开展环境管理必须以行为科学理论为指导，研究在特定条件下人们各种行为产生的动因和规律，正确处理需要、动机和行为的关系，以引导人们怎样去做、做什么，并明确用什么方法去激励他们。

行为科学产生于20世纪30年代初，是研究在特定环境下和一定组织中人类行为规律的科学。行为科学的发展可以分为两个时期，前期的行为科学又叫人际关系学，是心理学、社会学综合应用于霍桑实验的结果。后来，许多社会心理学、管理心理学、人类学等从不同角度提出了多种新理论，形成了后期的行为科学，大体上可以分为激励理论和领导理论两类。其中，激励理论是行为科学的基础与核心，主要以企业管理为研究领域，以企业中个体的人为对象来研究人类行为产生的动机和行为的激励问题，也是现代企业管理的基础理论之一。

根据心理科学研究结果可知，人的行为是由动机支配的，而人的动机又是由需要决定的。需要产生动机，动机支配行为，这就得出了人的需要－行为基本模式。行为科学理论告诉我们，群体和个体的需要是各种各样的，需要的满足也是各种各样的，激励的方式也各不相同。因此，开展环境管理就要从客观实际出发，针对不同群体和个体的人们不同层次的需要，制定满足不同需要的环境管理对策和措施，并采用不同的激励手段，调整和改造人们的需要，以鼓励人们的期望行为，限制人们的非期望行为。

二、环境管理的程序

环境管理的程序与管理的一般程序一致(图1－1)。

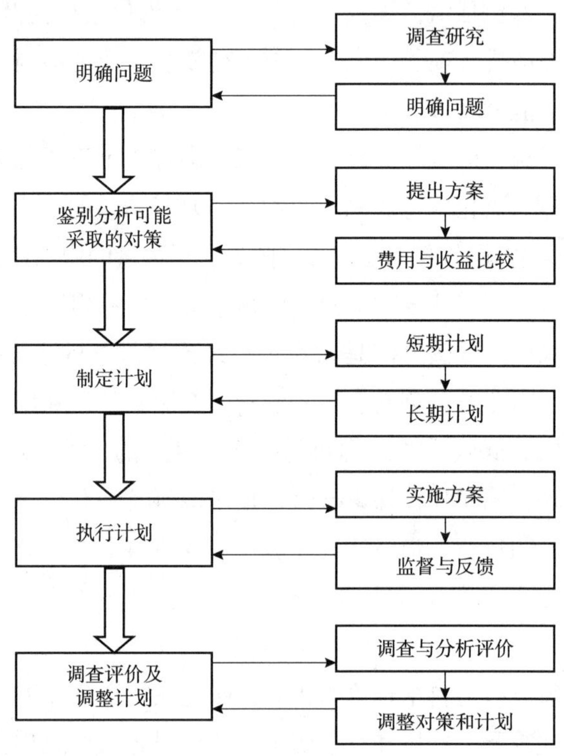

图1－1　管理的一般程序

◇案例介绍

“地球卫士”塞罕坝

塞罕坝系蒙汉合璧语，意为“美丽的高岭”，在清朝，这里是皇家猎苑木兰围场的重要组成部分，后因开围放垦、匪患火灾，到新中国成立时，塞罕坝已退化成茫茫荒原。半个多世纪以来，三代塞罕坝人坚持植树造林，建成了世界上面积最大的人工林。在

“黄沙遮天日，飞鸟无栖树”的荒漠沙地上艰苦奋斗、甘于奉献，创造了荒原变林海的人间奇迹，用实际行动诠释了“绿水青山就是金山银山”的理念，铸就了“牢记使命、艰苦创业、绿色发展”的塞罕坝精神。塞罕坝人的事迹感人至深，是推进生态文明建设的一个生动范例。塞罕坝荣获联合国环保最高奖项“地球卫士奖”，成为全球环境治理的“中国榜样”。

在改善自然环境的同时，自20世纪80年代起，塞罕坝人便开始探索生态旅游之路。老一辈务林人高瞻远瞩，把森林旅游作为二次创业的支柱产业。为更好地保护资源和发展旅游，原国家林业部批准建立了塞罕坝国家森林公园，公园总经营面积140万亩，其中，森林景观110万亩，草原景观20万亩，公园内动植物种类繁多，是一个“天然氧吧”和“自然空调”，被誉为“河的源头、云的故乡、花的世界、林的海洋”。

以集中连片的森林和世界最大人工林的壮观之美为主体，以全域中的草原、河流、湖泊、天象等自然景观及精神宣教、自然研学、生态康养、避暑休闲等为卖点，塞罕坝国家森林公园把森林旅游作为商品，将景观资源价格化，成立森林旅游开发公司，公园旅游迈入市场化发展阶段，积极推动塞罕坝的生态优势转化为经济优势。

建园以来，在河北省各级政府的领导关怀下，公园弘扬塞罕坝精神，艰苦奋斗，自力更生，将门票收入持续用于森林资源保护、基础设施建设和景区提档升级，塞罕坝的旅游事业实现了滚动发展。坚持“在开发中保护，在保护中开发”的理念，围绕“生态、皇家、民俗”品牌，为方便游客驻足和分解客流，先后打造了七星湖、塞罕塔、二龙泉、亮兵台、五彩斑斓等景点；在自身财力不足的情况下，借助交通部门的资金支持和技术帮助，对旅游道路进行了建设，大大提高了公园的可进入性；按照4A级景区标准，完善了游客中心、生态停车场、旅游厕所、标识标牌等公共服务设施，启动了智慧景区建设；在物价、公安、旅游等政府职能部门的综合执法整顿下，公园的旅游秩序有了明显改善并形成了一定的口碑效应。

塞罕坝是全国的“生态文明建设范例”，是世界的“地球卫士”，生态文明建设成就早已享誉国内外，通过不断的经营管理，拉动了周边乡村农家游和县域经济的发展，发挥了旅游扶贫、旅游富民的作用，彰显了公园的生态、经济和社会效益。

课程思政

塞罕坝精神是以艰苦创业为核心，以科学求实和开拓创新为支撑，以无私奉献和爱岗敬业为价值取向的一个完整的精神体系，她既充满了塞罕坝人献身“绿色事业”的豪情壮志，又体现了塞罕坝人特有的理想追求。

复习思考题

1. 什么是环境管理?
2. 环境管理可以划分为哪些类型?
3. 环境管理的主体和对象分别是什么?
4. 环境管理的基本手段有哪些?
5. 环境管理的基础理论有哪些?
6. 什么是可持续发展?
7. 什么是循环经济?

第 2 章　中国环境管理的政策体系

所谓政策，通俗地理解，是为达到某种特定目的而制定的一种社会行为规则，更具体地说，是一种协调或协同多个行为主体在某一事件中各自行为的规制。在环境管理中，协调或协同政府、企业和公众在解决某一个具体环境问题中行为的规则，就是环境管理政策，简称环境政策。

环境管理的政策方法，是指将各种法律法规、政策、制度、规则、规范、标准，作为环境管理的工具和手段，去调整、控制、引导人类社会各个主体作用于环境的行为，从而达到环境管理目标的方法。

我国环境管理的政策体系包括环境保护方针政策、环境管理法律法规、环境管理制度等。

第 1 节　我国的环境管理政策与法律

一、我国的环境管理政策及体现形式

1. 环境保护的“三十二字”方针

中国的环境保护起步于20世纪70年代，在此之前虽然已经出现了环境问题，但并没有引起人们的警觉，人们也没有开始真正的环境保护行动。1972年的斯德哥尔摩人类会议促进了中国环境保护事业的发展。这次会议使中国认识到了环境问题的严重性，开始着手制定国家的环境保护方针政策。

在这次会议上，中国提出了“全面规划、合理布局、综合利用、化害为利、依靠群众、大家动手、保护环境、造福人民”的方针，简称“三十二字”方针。这一方针在1973年的第一次全国环境保护会议上被确定为环境保护的指导方针，并被写进《关于保护和改善环境的若干规定》试行草案，后来又被写进《中华人民共和国环境保护法》。

“三十二字”方针明确提出了保护环境的目的和基本措施，被认为是我国当时历史条件下环境保护工作的指导方针。因为这个方针在前所未有的环境保护实践中规定了总的

原则和方向，抓住了环境保护的一些主要方面和问题。在20世纪70年代所制定的环境管理制度就是在这一方针指导下制定出来的，其他一些环境保护的规定和管理办法也是这一方针的具体化和延伸。中国的环境保护实践证明，这一方针虽然存在不足和局限性，但基本定调是正确的，符合当时的中国国情。当然，这一方针也有很强的时代特性，虽然在我国环境管理工作的初始阶段(1973～1983年)，对我国的环保工作起到了一定的积极指导作用，但这一方针并未明确环境保护与经济建设之间的关系。

2.“三同步、三统一”方针

进入20世纪80年代之后，国家政治、经济形势发生了显著变化。随着经济体制改革的深入，环境问题的发展以及人类对环境问题认识的不断深化，我国环境保护形势也发生了改变。

在新的历史条件下，“三十二字”方针已经无法适应环境保护与经济建设的关系，继续运用“三十二字”方针来指导我国环境保护工作显然是行不通的。因此，在认真总结过去环境保护经验、教训的基础上，我国于1983年第二次环境保护会议上，提出了“三同步、三统一”的环境战略方针。

所谓“三同步、三统一”方针是指经济建设、城乡建设、环境建设同步规划、同步实施、同步发展，实现经济效益、社会效益和环境效益的统一。

这一指导方针是对“三十二字”方针的发展，是环境管理思想与理论的重大进步，体现了可持续发展的概念，指明了解决我国环境问题的正确途径，同时也为制定我国的环境政策奠定了基础。

“三同步”的前提是同步规划，这实际上就是预防为主思想的具体体现。它要求把环境保护作为国家发展规划的一个组成部分，在计划阶段将环境保护与经济建设和社会发展作为一个整体同时考虑，通过规划实现各功能区的合理布局。

“三同步”的关键是同步实施，其实质就是将经济建设、城乡建设和环境建设作为一个系统整体纳入实施过程，以可持续发展思想为指导，采取各种有效措施，运用各种管理手段落实规划目标。只有在同步规划的基础上，做到同步实施，才能使环境保护与经济建设、社会发展相互协调统一。

“三同步”的目的是同步发展。它是制定环境保护规划的出发点和落脚点，它既要求把环境问题解决在经济建设和社会发展过程中，又要求经济增长不能以牺牲环境为代价，要实现持续、高质量的发展。

“三统一”实际上是贯穿于“三同步”全过程的一条基本原则，充分体现了可持续发展思想，要求克服传统的经济增长模式，强调发展的整体和综合效益，使发展既能满足人们对物质利益的整体需求，又能满足人们对生存环境质量的整体需求。

1983年召开的第二次全国环境保护会议不仅进一步制定出我国环境管理的大政方

针，还明确提出环境保护是现代化建设中的一项战略任务，是一项基本国策，确立了环境保护在经济和社会发展中的重要地位。联合国环境与发展会议结束后，1992 年 7 月，我国发布了《中国环境与发展十大对策》。内容包括：实行持续发展战略；采取有效措施，防治工业污染；深入开展城市环境综合治理，认真治理城市"四害"；提高能源利用效率，改善能源利用效率，改善能源结构；推广生态农业，植树造林，加强生物保护；大力推进科学进步，加强环境科学研究，积极发展环保产业；运用经济手段保护环境；加强环境教育，不断提高全民族的环境意识；健全环境法制，强化环境管理；参照联合国环境与发展会议精神，制定我国行动计划。

在以后的几次全国环境保护会议上，国家又重申了"三同步、三统一"这一基本方针，并逐步加以完善。特别是在 1996 年第四次全国环境保护会议上，国家把这一方针与国家发展战略紧密联系起来，阐述为：推行可持续发展战略，贯彻"三同步"方针，推进两个根本性转变，实现"三效益"统一。这是长期指导中国今后环境保护工作的根本性方针。

二、我国环境管理政策体系

1. 环境保护是基本国策

1983 年召开的第二次全国环境保护会议明确提出，环境保护是现代化建设者的一项战略任务，是一项基本国策。这是我国第一次从国家层面将环境保护作为一项基本国策，确立了环境保护在经济和社会发展中的重要地位。

2014 年修订的《中华人民共和国环境保护法》进一步强化了环境保护的战略地位，增加了"保护环境是国家的基本国策"的内容，并明确了"环境保护坚持保护优先、预防为主、综合治理、公众参与、污染者担责"的原则。另外，还在第一条立法目的中增加了"推进生态文明建设，促进经济社会可持续发展"的规定，并进一步明确"国家支持环境保护科学技术的研究、开发和应用，鼓励环境保护产业发展，促进环境保护信息化建设，提高环境保护科学技术水平。"这些规定进一步了强化环境保护的战略地位，

基本国策属于政策的范畴，是国家发展政策的组成部分，是立国之策、治国之策、兴国之策，是关系全局、涉及国家可持续发展的重大政策。在所有环境政策中，基本国策居于最高的地位，是制定其他各种环境政策的依据和指导。而我国将保护环境写入基本国策，明确了环境保护在经济和社会发展中的优先地位，是由我国的基本国情和环境状况决定的。同时，这一基本国策，也体现了我国在国际履约中所承担的环境责任。

2. 环境保护的三项政策

在我国的环境保护政策体系中，属于基本政策的有"预防为主""谁污染、谁治理""强化管理"，简称为环境保护的"三大政策"。这三项政策是以中国的基本国情为出发

点，以解决环境问题为基本前提，在总结多年来中国环境保护实践经验和教训的基础上制定的具有中国特色的环境保护政策。

1）“预防为主”政策

这一政策的基本思想是把消除环境污染和生态破坏的行为实现在经济开发和建设过程之中，实施全过程控制，从源头解决环境问题，减轻污染治理和生态保护所付出的沉痛代价。

世界上几乎所有发达国家都走了一条“先污染、后治理”的环境保护道路，在他们大力发展经济时，都曾因忽视了环境保护，而导致严重的环境问题，最后又不得不集中力量解决这些问题。截至目前，虽然这些国家当时出现的严重环境问题已得到解决和有效控制，环境质量有了明显改善，但这些国家却为此付出了巨大的努力和代价。

总结全球环境保护的经验和教训不难发现，在人类社会的发展过程中，环境问题的产生是必然的，是不以人的意志为转移的客观事实。但由于采取的对策不同，所产生环境问题的多少、范围不尽相同，人类所付出的治理代价也不相同。事实证明，若能及时采取预防对策，所产生环境问题可以有效减少，所付出的污染治理成本也能降低。

由此可见，环境保护与经济发展是一个对立统一的整体，环境问题的产生贯穿于经济建设的全过程。因此，环境问题的解决也必须贯穿于经济建设的全过程，这就决定了环境保护与经济建设必须同步进行。任何一种把环境保护与经济建设分离和对立的认识都是错误的，基于这种认识的环境保护实践是不能成功的。

2）“谁污染、谁治理”政策

自20世纪70年代初经济合作与发展组织把日本环境政策中的“污染者负担”作为一项经济原则提出来以后，被世界上许多国家所采用的，我国的“谁污染、谁治理”环境政策也是从这一原则的引申。实行这一政策的目的主要是解决两个问题：一是要明确经济行为主体的环境责任问题；二是要解决环境保护的资金问题。

党的十九大提出“建设生态文明是中华民族永续发展的千年大计”，把“坚持人与自然和谐共生”作为新时代坚持和发展中国特色社会主义基本方略的重要内容，把“建设美丽中国”作为全面建设社会主义现代化强国的重大目标，把生态文明建设和生态环境保护提升到了前所未有的战略高度。而“谁污染、谁治理”政策的内涵，已由过去单一的“污染者付费”扩展到“谁开发谁保护，谁污染谁治理，谁破坏谁恢复”。这也是新时代生态补偿机制的基础。

3）“强化管理”政策

“强化管理”是1983年第二次全国环境保护会议上提出的、符合中国国情、最具中国特色的一项环境政策。

对于如何解决中国的环境问题，我们曾走过一段弯路。在20世纪70年代初，中国曾一度效仿工业发达国家集中治理污染的做法，提出了“五年控制、十年解决”的目标。但这种不结合我国发展阶段的目标必然是会落空的。以后又曾提出过一些过高、过急的目标，也都没能实现。环境保护目标之所以落空，一个重要的原因就是脱离了中国的经济承受能力，国家和企业无法承担巨大的治理费用。经过多年思考，我们认识到两个简单却重要的事实：第一，中国是发展中国家，经济相对落后，在今后一个相当长的时间内不可能超越现有的经济实力和科技水平拿出更多的钱来搞污染治理，就是说，中国在短期内不具备依靠高投入治理污染的条件；第二，中国现有的许多环境问题是由于管理不善造成的，这意味着，只要加强管理，就可以利用有限的环保资金，解决大量的环境污染问题。基于以上两点认识，中国在1983年提出了“强化管理”的环境政策，通过强化管理纠正“有钱铺摊子、没钱治污染”的行为。

实现强化管理，要把法律手段、经济手段和行政手段有机地结合起来，提高管理水平和效能。主要措施包括：建立健全环境保护法规体系，加强执法力度；制定有利于环境保护的金融、财税政策和产业政策，增加对环境保护的宏观调控力度；从中央到省、市、县、镇(乡)五级政府建立环境管理机构，加强监管；建立健全环境管理制度；广泛开展环境保护宣传教育，不断提高全民族的环境意识。

强化“环境管理”是具有中国特色的环境保护政策，它在特定的历史时期发挥了特定的作用，从现阶段工作实践来看，管理仍需加强。需要指出的是，加强管理固然重要，但是不能从根本上解决全部的环境问题。通过管理，可以获得一般性的改进，若想得到根本改善，则需将三大政策结合起来，从立法执法、环保投入、环境科技发展等方面共同入手。

总之，环境保护“预防为主”“谁污染、谁治理”和“强化管理”的三项基本政策互为支撑，缺一不可，相互补充，不可代替。其中，“预防为主”的环境政策是从增长方式、规划布局、产业结构和技术政策角度来考虑的，“谁污染、谁治理”的环境政策是从责任认定、经济和技术的角度来考虑的，“强化管理”是从环境立法执法、行政管理和宣传教育角度来考虑的。这三项环境政策是一个有机整体，是环境保护工作的原则性规定，涵盖了环境管理的各个方面。作为环境管理应遵循的原则，这三项环境保护政策将长期指导我国的环境管理实践。

第2节　我国环境保护法律体系

一、环境法律责任

所谓环境法律责任，是指环境法的主体因违反其法律义务而应当依法承担的、具有强制性的法律后果，按其性质可以分为环境行政责任、环境民事责任和环境刑事责任3种。

1. 环境行政责任

所谓环境行政责任，是指违反环境法和国家行政法规中有关环境行政义务者所应当承担的法律责任。

2. 环境民事责任

所谓环境民事责任，是指公民、法人因污染或破坏环境而侵害公共财产或他人人身权、财产权或合法环境权益所应当承担的民事方面的法律责任。

3. 环境刑事责任

所谓环境刑事责任，是指行为人因违反环境法，造成或可能造成严重的环境污染或生态破坏，构成犯罪时，所应当依法承担的以刑罚为处罚方式的法律责任。

二、环境保护法律体系

环境法是调整环境管理中各种社会关系的法律规范的总称，是指国家、政府部门根据发展经济、保护人民身体健康和财产安全、保护和改善环境的需要制定的一系列法律法规、规章制度等。我国目前建立了宪法、环境保护基本法、环境保护单行法律法规、环境保护行政法规、环境保护地方法律法规、环境保护标准、国际环境公约等层次的环境保护法律体系。

1. 宪法

《中华人民共和国宪法》是我国的根本法，也是整个环境法体系的基础和核心。我国1982年颁布的宪法中第二十六条规定："国家保护和改善生活环境和生态环境，防治污染和其他公害。"这一规定是国家对环境保护的总政策，说明了环境保护是国家的一项基本职能。此外，还在宪法第九、第十、第二十二、第二十六条中对自然资源和一些重要环境要素所有权及其保护也做出了许多规定。

在环境与资源保护方面，我国宪法主要规定了国家在合理开发、利用、保护与改善环境和自然资源方面的基本权利、基本义务、基本方针和基本政策等问题，为我国的环境保护活动和环境立法提供了指导原则和立法依据。

2. 环境保护基本法

《中华人民共和国环境保护法》是为保护和改善环境，防治污染和其他公害，保障公众健康，推进生态文明建设，促进经济社会可持续发展而制定的国家法律。我国在1979年9月制定了第一部综合性环境基本法《中华人民共和国环境保护法(试行)》，这是中国第一部有关环境保护的法律，对中国的环境保护工作做了全面、系统的规定，标志着中国的环境保护事业开始走上法制轨道。1989年12月，全国人大常委会对《中华人民共和国环境保护法(试行)》进行了修改，颁布了新的《中华人民共和国环境保护法》。2014 年 4 月 24 日，中华人民共和国第十二届全国人民代表大会常务委员会第八次会议修订通过了新《中华人民共和国环境保护法》，自 2015 年 1 月 1 日起施行。环境保护法不仅明确了环境保护的任务和对象，而且对环境保护的基本原则和制度、环境监督管理体制、保护自然环境和防治污染的基本要求及法律责任做了相应规定，是环境保护工作和制定其他单行环境法律法规的基本依据。

《中华人民共和国环境保护法》的主要内容包括：

规定了环境法的任务是为保护和改善环境，防治污染和其他公害，保障公众健康，推进生态文明建设，促进经济社会可持续发展。

环境保护的对象是影响人类生存和发展的各种天然的和经过人工改造的自然因素的总体，包括大气、水、海洋、土地、矿藏、森林、草原、湿地、野生动物、自然遗迹、人文遗迹、自然保护区、风景名胜区、城市、乡村等。

规定了中国的环境保护应采用的基本原则为“保护优先、预防为主、综合治理、公众参与、损害担责”。

此外，环境保护法还规定了保护和改善环境的基本要求和法律义务；规定了防治污染和其他公害的基本要求和相应义务；规定了环境管理机构的监督管理权力、责任；规定了环境信息公开和公众参与，加强公众对政府和排污单位的监督；规定了违反环境保护法的法律责任，即行政责任、民事责任和刑事责任。

中国环境保护基本法的规定和颁布，促进了中国环境法体系的完备化，加强了中国的环境管理，在中国的环境保护中起到了重要作用。

3. 环境保护单行法规

环境保护单行法规是针对特定的环境要素、污染防治对象或环境管理的具体事项制定的单项法律法规。环境单行法以宪法和环境保护基本法为立法依据，是它们的具体化。由于环境保护单行法规可操作性强、有针对性、数量众多，所以它往往是环境行政管理、环境纠纷解决最直接的依据，是有关主体主张环境权利、承担环境义务、处理其他环境事务的具体行为准则。我国部分环境保护单行法规见表 2 – 1。

表 2 – 1 我国部分环境保护单行法规

序号	法规名称	发布/修订日期
1	《中华人民共和国水污染防治法》	2017 年 6 月 27 日，第十二届全国人民代表大会常务委员会第二十八次会议修正，自 2018 年 1 月 1 日起施行
2	《中华人民共和国大气污染防治法》	2018 年 10 月 26 日，第十三届全国人民代表大会常务委员会第六次会议《中华人民共和国野生动物保护法》第二次修正

续表

序号	法规名称	发布/修订日期
3	《中华人民共和国土壤污染防治法》	2018 年 8 月 31 日，十三届全国人大常委会第五次会议全票通过了土壤污染防治法，自 2019 年 1 月 1 日起施行
4	《中华人民共和国环境影响评价法》	2018 年 12 月 29 日，第十三届全国人民代表大会常务委员会第七次会议第二次修正
5	《中华人民共和国固体废物污染环境防治法》	2016 年 11 月 7 日，第十二届全国人大代表常务委员会第二十四次会议通过了对《中华人民共和国固体废物污染环境防治法》的修订
6	《中华人民共和国环境噪声污染防治法》	2018 年 12 月 29 日，第十三届全国人民代表大会常务委员会第七次会议通过了对《中华人民共和国环境噪声污染防治法》的修订
7	《建设项目环境保护管理条例》	2017 年 7 月 16 日修订
8	《中华人民共和国环境保护税法》	中华人民共和国第十二届全国人民代表大会常务委员会第二十五次会议于 2016 年 12 月 25 日通过，自 2018 年 1 月 1 日起施行
9	《中华人民共和国固体废物污染环境防治法》	2016 年 11 月 7 日，第十二届全国人大代表常务委员会第二十四次会议修订

除了针对污染防治的环境法律外，环境保护单行法还包括自然资源保护单行法和其他部门中的环境保护规定。例如，《中华人民共和国民法通则》第八十一条第一款规定："国家所有的森林、山岭、草原、荒地、滩涂水面等自然资源，可以依法由全民所有制单位使用，也可以依法确定由集体所有制单位使用，国家保护它的使用、收益的权利；使用单位有管理、保护、合理利用的义务。"第 124 条规定："违反国家保护环境防治污染的规定，污染环境造成他人损害的，应当依法承担民事责任。"

《中华人民共和国刑法》中关于犯罪的概念、刑事责任的年龄、犯罪追诉时效的规定，关于破坏环境资源罪的规定，关于正当防卫、紧急避险等免责条件的规定，经济法中关于指导外商投资方向和防止污染转嫁的规定等；行政法中关于行政执法的效力、特点、种类的规定；《中华人民共和国治安管理处罚法》中关于出发故意破坏树木、草坪、花卉的规定，上述规定均为环境法体系的组成部分。

4. 环境保护行政法规和政府部门规章

国家的环境管理通常表现为行政管理活动，并且通过制定法规的形式对环境管理机构的设置、职权、行政管理程序、行政管理制度及行政处罚程序等做出规定。这些法规都属于环境管理行政法规，它们多数具有行政法规的性质。环境保护行政法规是由国务院制定并公布或经国务院批准有关主管部门公布的环境保护规范性文件，主要包括两大类：一是根据法律授权制定的环境保护法的实施细则或条例；二是针对环境保护的某个领域而制定的条例、规定和办法。

政府部门规章是指国务院环境保护行政主管部门单独发布或与国务院有关部门联合

发布的环境保护规范性文件，以及政府其他有关行政主管部门依法制定的环境保护规范性文件。政府部门规章是以环境保护法律和行政法规为依据而制定的，或者是针对某些尚未有相应法律和行政法规调整的领域做出的相应规定。

5. 环境保护地方性法规和地方性规章

地方法规是各省、自治区、直辖市根据中国法律或法规，结合本地区实际情况而制定并经地方人民代表大会审议通过的法规。国家已制定的法律法规，各地可以因地制宜地加以具体化；国家尚未制定的法律法规，各地可根据环境管理的实际需要，先制定地方法规予以补充。地方人民代表大会和政府结合本地区实际制定地方性环境法规，既弥补了国家立法之不足，又可以通过局部的突破、实践、示范，推动环境法制度的整体创新。

地方环境法规中既有综合性的立法，也有针对特定环境要素、污染物或环境管理事项的专门立法，还有各种地方性的环境质量补充标准和污染物排放标准等。例如《北京市大气污染防治条例》《河北省固体废物污染环境防治条例》《河北省环境保护公众参与条例》等。此外，还有跨越数省的区域环境保护条例。

地方法规突出了环境管理的区域性特征，有利于因地制宜地加强环境管理，是中国环境保护法规体系的重要组成部分。实践证明，这些地方性环境保护法规的颁布实施，对于保护和改善环境，起到了很好的作用。

6. 环境标准

环境标准分为国家环境标准、地方环境标准和环境保护行业标准。环境标准中的环境质量标准和污染物排放标准属于强制性标准，具有法律规范的性质和特点，因此是环境保护法体系的重要组成部分。除国家环境标准外，一些省级人民政府也制定了许多地方环境保护标准。

7. 国际公约

根据《中华人民共和国宪法》有关规定，经全国人大常委会或国务院批准缔结参加的国际条约、公约和议定书与国内法具有同等法律效力。

我国积极参加国际环境保护公约及立法活动，已加入了50余个相关国际环境保护条约。作为一个负责任的环境大国和发展中大国，我国积极参与全球环境领域国际合作，并取得了长足进展。在多边环境合作过程中，我国坚持公平、公正、合理的原则，积极参与，加强对话，共谋发展。

三、环境保护基本法

1.《中华人民共和国环境保护法》(下称《环境保护法》)基本原则

1)保护优先原则

保护优先原则，是指经济建设和环境保护必须统筹规划、同步实施、协调发展，实现经济效益、社会效益和环境效益的统一，在经济建设与环境保护冲突时应优先考虑环境保护。

2)预防为主的原则

“预防为主”是指对危害作充分的预测并采取各种措施防止危害发生或将危害控制在允许的范围内。该原则包含两层含义：①运用已有的知识和经验，对开发和利用环境行为带来的可能的环境危害，事前采取措施避免危害发生；②开发利用环境行为可能带来的危害尚未明确或无法确定时，运用现实的科学知识进行事前预测、分析、评估，尽量避免这种可能的危害。

预防为主原则是环境保护的灵魂，它明确了防与治的辩证关系，最大限度地体现了法律公平与效率的结合，明确了环境治理的基本方法和措施，明确了新时期环境保护战略和环境保护管理的模式，使环境保护与管理更趋于全面和科学。我国《环境保护法》中规定的环境影响评价制度、“三同时”制度、排污许可制度和预警机制都是预防为主原则的体现。

3)损害担责原则

(1)利用者补偿。是指开发利用资源的单位、个人应当按国家规定承担经济补偿责任。现代社会生态危机使人们已逐渐意识到较高品质的环境资源并非是一种取之不尽、用之不竭的共有物，而是具有一定价值的稀缺品。其价值表现在环境资源的再生产能力和稀缺性两个方面。市场经济条件下的开发利用行为必须遵循价值规律，必须有偿使用有价值的环境资源。凡是开发利用国家所有的环境资源的单位和个人，必须按照有关部门规定的标准向国家缴纳资源费(税)或生态补偿费(税)等有关税费。

(2)污染者付费。也称污染者负担，指因污染环境所造成的损失及治理污染的费用应由对环境造成污染和破坏的组织或个人按照国家有关规定承担赔偿(付费)责任。污染者付费原则的核心是要求污染者对其污染环境的行为负责，将其对环境污染的治理费用纳入生产成本，从而体现法律上的公平和正义。污染者付费在环境法领域的典型表现是排污收费制度。

(3)破坏者恢复。指造成自然资源、生态环境破坏者必须承担恢复原状、赔偿损失的民事责任。应指出的是，造成环境污染或破坏者即使付费，也不能免除其恢复和整治的责任。

修订后的《环境保护法》中关于“损害担责”的规定是在环境法领域首次将此原则作为基本原则。它明确了开发利用者的负担原则，有利于企业和个人积极防治环境污染和破坏，依靠自己的力量解决有关问题。通过环境责任的规定，明确了污染单位在享有利用和开发自然资源权利的同事，要承担使用环境资源的相关费用和成本。损害担责原则，体现了社会公平和正义。资源的公共性要求谁开发，谁就必须给予保护；谁污染，谁就必须治理并支付相关费用，不能把损害转嫁他人。同时，损害担责原则，有利于实现资源的节约利用、永续利用，促进经济与社会的可持续发展。

4）公共参与原则

公共参与是指在环境保护方面，任何单位和个人都享有平等参与环境管理、环境决策的权利。公众的范围很广泛，既包括普通居民、各领域专业人士，也包括行政机关、各类企业事业单位、社会团体。从具体内容上说，公众参与原则要求公众享有环境信息权、环境决策权和环境司法救济权。

环境案件举报、听证会、环境公益诉讼都是公众参与环境管理的有效途径。

2.《环境保护法》的主要内容

1）创新立法理念

首次在基本法中提出"保护优先""生态红线"理念以及以人为本、保障公众健康的新理念。修订后的《环境保护法》第五条规定："环境保护坚持保护优先、预防为主、综合治理、公众参与、损害担责的原则。"党的十八大报告中指出，坚持"节约优先、保护优先、自然恢复"为主的方针。"保护优先"是生态文明建设规律的内在要求，是要从源头上加强生态环境保护和合理利用资源，避免生态环境破坏。修订后的《环境保护法》第二十九条规定："国家在重点生态功能区、生态敏感区和脆弱区等区域划定生态保护红线，实行严格保护。"第三十条规定："开发利用自然资源，应当合理开发，保护生物多样性，保障生态安全，依法制定有关生态保护和恢复治理方案并予以实施。"

2）强化政府环境保护责任，对责任人实行"问责制"

修订后的《环境保护法》增加了多项地方各级政府的环境保护职责，如划定生态保护红线；实行环境保护目标责任制和考核评价制度；建立跨区域联合防治协调机制；加大环保财政投入，提高资金使用效益；建立健全生态保护补偿制度；建立和完善环境调查、监测、评估和修复制度；推动农村环境综合整治，等等。该法还规定，对地方各级人民政府及其相关职能部门有关人员的环境违法行为实行"问责制"，如对于不符合行政许可条件准予行政许可的，对环境违法行为进行包庇的，依法应当做出责令停业、关闭的决定而未做出的等行为，对直接负责的主管人员和其他直接责任人员给予记过、记大过或者降级处分；造成严重后果的，给予撤职或者开除处分，其主要负责人应当引咎辞职。

3）充实完善环境管理制度

为强化环境监督管理，适应环境管理转型升级的需要，修订后的《环境保护法》增加了多项新的环境管理制度和措施。除保留建设项目环评制度、"三同时"制度、排污收费制度、现场检查制度、环境监测制度、环境状况公报制度、突发事件报告制度、企业环境保护责任制度等制度外，新增加了排污总量控制制度(第四十四条)、排污许可证制度

(第四十五条)、区域限批制度(第四十四条)、环境信息公开制度(第五十三、第五十五条)、清洁生产制度(第四十条)、重点排污单位环境监测制度(第四十三条)、公共参与制度(第五十三条)、举报制度(第五十七条)、公益诉讼制度(第五十八条)、连带责任制度(第六十五条)、向人大报告接受监督制度(第二十七条)、问责制度(第六十八条)等。

4)实现环境管理转型，强化环境监督管理

为实现环境监管模式转型，修订后的《环境保护法》规定了一系列强化管理的新手段，如查封、扣押；区域限批；建立诚信档案，公布违法者名单；责令恢复原状、停产整治，等等。《环境保护法》赋予环境保护部门多项新的职责，如保证监测数据的真实性和准确性；对违法者实施查封、扣押；做好突发事件风险控制、应急准备、应急处置和事后恢复工作；受理企事业单位的应急预案备案及突发事件报告；公开环境信息、为公众参与提供便利；建立企业社会诚信档案，公布违法者名单；受理公众举报，保护举报人的合法权益，等等。

四、环境保护单行法

1. 大气污染防治法

1987年9月5日，中国制定颁布了《中华人民共和国大气污染防治法》，1995年进行了修正，2000年进行了第一次修订，2015年进行了第二次修订，2018年进行了第二次修正。该法共八章一百二十九条，对大气污染防治的监督管理体制、主要的法律制度、防治燃烧产生的大气污染、防治机动车(船)排放，以及防治废气、尘和恶臭污染的主要措施、法律责任等均做了较为明确、具体的规定。

1)大气污染防治法的主要制度

防治大气污染，应当以改善大气环境质量为目标，坚持源头治理，规划先行，转变经济发展方式，优化产业结构和布局，调整能源结构。防治大气污染，应当加强对燃煤、工业、机动车船、扬尘、农业等大气污染的综合防治，推行区域大气污染联合防治，对颗粒物、二氧化硫、氮氧化物、挥发性有机物、氨等大气污染物和温室气体实施协同控制。

县级以上人民政府应当将大气污染防治工作纳入国民经济和社会发展规划，加大对大气污染防治的财政投入。地方各级人民政府应当对本行政区域的大气环境质量负责，制定规划，采取措施，控制或者逐步削减大气污染物的排放量，使大气环境质量达到规定标准且逐步改善。未达到国家大气环境质量标准城市的人民政府应当及时编制大气环境质量限期达标规划，采取措施，按照国务院或省级人民政府规定的期限达到大气环境质量标准。

国家对重点大气污染物排放实行总量控制。重点大气污染物排放总量控制目标，由国务院生态环境主管部门在征求国务院有关部门和各省、自治区、直辖市人民政府意见后，会同国务院经济综合主管部门报国务院批准并下达实施。省、自治区、直辖市人民政府应当按照国务院下达的总量控制目标，控制或者削减本行政区域的重点大气污染物排放总量。确定总量控制目标和分解总量控制指标的具体办法，由国务院生态环境主管部门会同国务院有关部门规定。省、自治区、直辖市人民政府可以根据本行政区域大气污染防治的需要，对国家重点大气污染物之外的其他大气污染物排放实行总量控制。国家逐步推行重点大气污染物排污权交易。

2）污染物控制措施

国务院有关部门和地方各级人民政府应当采取措施，调整能源结构，推广清洁能源的生产和使用；优化煤炭使用方式，推广煤炭清洁高效利用，逐步降低煤炭在一次能源消费中的比重，减少煤炭生产、使用、转化过程中的大气污染物排放。

钢铁、建材、有色金属、石油、化工等企业生产过程中排放粉尘、硫化物和氮氧化物的，应当采用清洁生产工艺，配套建设除尘、脱硫、脱硝等装置，或者采取技术改造等其他控制大气污染物排放的措施。

国家倡导低碳、环保出行，根据城市规划合理控制燃油机动车保有量，大力发展城市公共交通，提高公共交通出行比例。

地方各级人民政府应当加强对建设施工和运输的管理，保持道路清洁，控制料堆和渣土堆放，扩大绿地、水面、湿地和地面铺装面积，积极防治扬尘污染。

地方各级人民政府应当推动转变农业生产方式，发展农业循环经济，加大对废弃物综合处理的支持力度，加强对农业生产经营活动所排放大气污染物的控制。

2. 水污染防治法

1984 年的《中华人民共和国水污染防治法》是我国第一部防治水污染的综合性专门法律，后由中华人民共和国第十届全国人民代表大会常务委员会第三十二次会议于 2008 年 2 月 28 日通过修订。现行版本为 2017 年 6 月 27 日第十二届全国人民代表大会常务委员会第二十八次会议修正，自 2018 年 1 月 1 日起施行。

1）水污染治理措施

国务院环境保护主管部门应当会同国务院卫生主管部门，根据对公众健康和生态环境的危害和影响程度，公布有毒有害水污染物名录，实行风险管理。排放规定名录中所列有毒有害水污染物的企业事业单位和其他生产经营者，应当对排污口和周边环境进行监测，评估环境风险，排查环境安全隐患，并公开有毒有害水污染物信息，采取有效措施防范环境风险。

国务院有关部门和县级以上地方人民政府应当合理规划工业布局，要求造成水污染的企业进行技术改造，采取综合防治措施，提高水的重复利用率，减少废水和污染物排放量。

城镇污水应当集中处理。县级以上地方人民政府应当通过财政预算和其他渠道筹集资金，统筹安排建设城镇污水集中处理设施及配套管网，提高所在行政区域城镇污水的收集率和处理率。

国务院建设主管部门应当会同国务院经济综合宏观调控、环境保护主管部门，根据城乡规划和水污染防治规划，组织编制全国城镇污水处理设施建设规划。县级以上地方人民政府组织建设、经济综合宏观调控、环境保护、水行政等部门编制所在行政区域的城镇污水处理设施建设规划。县级以上地方人民政府建设主管部门应当按照城镇污水处理设施建设规划，组织建设城镇污水集中处理设施及配套管网，并加强对城镇污水集中处理设施运营的监督管理。

城镇污水集中处理设施的运营单位按照国家规定向排污者提供污水处理的有偿服务，收取污水处理费用，保证污水集中处理设施的正常运行。收取的污水处理费用应当用于城镇污水集中处理设施的建设运行和污泥处理处置，不得挪作他用。城镇污水集中处理设施的污水处理收费、管理及使用的具体办法，由国务院规定。

国家支持农村污水、垃圾处理设施的建设，推进农村污水、垃圾集中处理。地方各级人民政府应当统筹规划建设农村污水、垃圾处理设施，并保障其正常运行。

船舶排放含油污水、生活污水的，应当符合船舶污染物排放标准。从事海洋航运的船舶进入内河和港口的，应当遵守内河的船舶污染物排放标准。船舶的残油、废油应当回收，禁止排入水体。禁止向水体倾倒船舶垃圾。船舶装载运输油类或者有毒货物，应当采取防止溢流和渗漏的措施，防止货物落水造成水污染。进入中华人民共和国内河的国际航线船舶排放压载水的，应当采用压载水处理装置或者采取其他等效措施，对压载水进行灭活等处理。禁止排放不符合规定的船舶压载水。

2)饮用水水源保护

国家建立饮用水水源保护区制度。饮用水水源保护区分为一级保护区和二级保护区；必要时，可以在饮用水水源保护区外围划定一定的区域作为准保护区。

饮用水水源保护区的划定，由有关市、县人民政府提出划定方案，报省、自治区、直辖市人民政府批准；跨市、县饮用水水源保护区的划定，由有关市、县人民政府协商提出划定方案，报省、自治区、直辖市人民政府批准，协商不成的，由省、自治区、直辖市人民政府环境保护主管部门会同同级水行政、国土资源、卫生、建设等部门提出划定方案，征求同级有关部门的意见后，报省、自治区、直辖市人民政府批准。

跨省、自治区、直辖市的饮用水水源保护区，由有关省、自治区、直辖市人民政府协商有关流域管理机构划定，协商不成的，由国务院环境保护主管部门会同同级水行政、国土资源、卫生、建设等部门提出划定方案，征求国务院有关部门的意见后，报国务院批准。

国务院和省、自治区、直辖市人民政府可以根据保护饮用水水源的实际需要，调整饮用水水源保护区的范围，确保饮用水安全。有关地方人民政府应当在饮用水水源保护区的边界设立明确的地理界标和明显的警示标志。

第3节　我国的环境管理制度

一、环境管理制度概述

1. 环境管理制度存在的基本条件

1)强制性

强制性是制度最重要的特征。所谓强制性，是指制度本身对行为主体、客体双方所具有的强制约束力，要求人们必须按照制度规定的内容和范围来履行自己的职责。由于管理制度的不同，制度的强制性也有区别。环境管理的强制性主要表现在国家法律和政策允许范围内，为实现环境保护目标而采取强制性对策和措施。

对环境问题严重性的认识，环境保护意识的逐步形成与加强，促进了环境管理制度的设立。在制度设立的初期，“他律”即强制性，是环境管理制度的基本特征。国家管理者为了保护人类生存的环境，为了实现环境保护目标，对被管理者采取了一系列强制性的措施，使被管理者必须遵守制度，被管理者不论愿意与否，不论有无实施能力，都必须按照制度执行。因此，这些制度是管理者单方面的，具有单向性，由政府、立法和司法机构制定和实施具体的政策、法律。但在一般性情况下，制度不等同于法律法规，一般性的管理制度其强制性小于法律法规的强制性。

2)规范性

作为一项管理制度，除具有强制性外，还必然存在相应的管理程序和管理办法，因而具有规范性特征，也称作程序性特征，这是一切管理制度所具有的基本特征之一。

规范性是确保管理制度得以有效实施的基本条件，没有规范性，制度就无法操作和落实，人们就会在实践中无所遵循。

3)可操作性

作为一项管理制度，既规定了其实施的管理程序和管理办法，同时又规定了其具体的内容、要求和实施步骤，使制度便于实施和运作，这就是制度的可操作性，也叫作实践性。制度的可操作性既是将管理的目标、任务、要求和效果结合成为一个有机整体的程序化方法设计，也是管理理论与管理实践相统一的桥梁。

强制性、规范性和可操作性是任何一项管理制度所必须具有的基本条件，是判别管理措施成为管理制度的标准。可以说，制度首先是一种措施，只有同时具备上述3个基本条件的措施才能称为制度。同样地，作为环境管理措施而言，也只有同时具备上述3个基本条件或特征，才能称为环境管理制度。

2. 我国环境管理制度的改革与发展

我国的环境保护经历了40多年的发展过程，环境管理制度历经了3个发展阶段。目前，我国环境管理制度主要有8项，即“老三项”(“三同时”制度、环境影响评价制度、排污收费制度)和“新五项”(环境保护责任制度、城乡环境综合整治定量考核制度、排污许可证制度、污染集中控制制度、污染限期治理制度)。从历史的角度看，这些管理制度是我国环境保护不断成熟的标志，基本涵盖了各个不同历史时期的管理思想和措施。但从发展的角度看，这些管理制度又很不完善，存在着改革与发展的问题。一方面，现有的管理制度在实践中暴露了许多不足和局限性；另一方面，不断发展的环境保护事业给环境管理提出了许多新的问题，特别是经济转型对环境管理提出了更高的要求，需要从管理制度上加以解决。因此，我国的环境管理制度还需要不断改革和发展。

1)已有的八项管理制度的不足和局限性

(1)管理制度与形势发展不相适应。自1996年以来，国家的环境战略作了重大调整，由过去的以污染防治为中心转变到污染防治和生态保护并重的新战略上来。但现有的各项制度仍然是在以污染防治为中心的环境保护战略指导下制定出来的，缺少生态保护的内容。生态保护方面的管理制度处于空白，这种状态与快速发展和环境保护形势不相适应。这种管理制度的滞后和不对称性导致了环境管理工作的不平衡性。

(2)管理制度与环境保护任务和要求不相适应。强化宏观管理是做好环境保护工作的大前提，因此要注重宏观决策研究。例如环境管理评价，现行的环境管理评价的范围过窄，主要着眼于建设项目的评价，局限于微观管理的范畴，而对涉及宏观重大政策、决策和规划的评价还局限于理论研究阶段。

(3)管理制度之间存在不协调、不统一的问题。这种不协调和不统一的问题主要体现在环境管理制度之间。例如，环境影响评价制度、“三同时”制度和排污收费制度都是建立在污染物浓度控制基础上的管理制度，如何适应总量控制的需要，与排污许可证制度之间有何关系，都是亟待解决的问题。又如环境保护目标责任制属于微观层次的宏观管理制度，与综合决策制度有着密切的联系，但在目标责任制的考核中缺少反映综合决策、环境保护投入、公众参与等方面的指标。

(4)管理制度本身不完善。例如，目标责任制和城市环境综合整治与定量考核制度在环境管理实践中存在流于形式、不求实效的问题。

2)环境管理制度的改革与发展

2014 年，我国对《中华人民共和国环境保护法》进行了修订，增加了主要污染物总量控制等制度，标志着环境管理迈上新的台阶。结合当前的法律法规对环境管理的要求，在新时期应重点做好以下几个方面的工作：

(1)需要进一步完善和健全环境管理制度，进一步完善环境保护目标责任制，建立环境责任追究制度和干部环境绩效考核制度。应明确各级政府对辖区内的环境负责，党政"一把手"是辖区环境保护的第一责任人；建立党政干部环境绩效考核制度，将环保绩效作为干部的一项重要政绩，建立环境保护责任追究制度。

(2)完善环境影响评价制度。进一步扩展环境评价对象，增加对战略、重大经济政策等进行环境影响评价的有关内容；加强环境影响评价制度的前置性规定，特别是要明确相关部门在环境影响评价制度中的关联责任；加大处罚力度，提高制度的实施效力，加强制度保障。

(3)确立排污收费新原则。要将以超标排污处罚为原则的排污收费制度转变为以对环境资源有偿使用和超标排污违法并加倍处罚为原则的排污收费制度，确立环境资源有偿使用的原则和排污收费高于治理成本的原则。

(4)建立生态环境补偿机制，为生态保护和建设提供强有力的政策支持和稳定的资金渠道。

(5)建立环境税收制度，将税收收入专项用于污染治理和环境保护。

(6)补充污染赔偿、信息公开、清洁生产等重要环境管理制度。

二、"三同时"制度

"三同时"制度是在中国出台最早的一项环境管理制度。它是中国的独创，是在中国社会主义制度和建设经验的基础上提出来的，是具有中国特色并行之有效的环境管理制度。"三同时"制度是我国环境保护工作的一个创举，是在总结我国环境管理实践经验的基础上，被我国法律所确认的一项重要的环境保护法律制度。这项制度最早规定于 1973 年的《关于保护和改善环境的若干规定》中，在 1979 年的《中华人民共和国环境保护法(试行)》中作了进一步规定。此后的一系列环境法律法规也都重申了"三同时"制度。

1. "三同时"制度的内容

根据我国 2015 年 1 月 1 日开始施行的《中华人民共和国环境保护法》第四十一条规定："建设项目中防治污染的设施，应当与主体工程同时设计、同时施工、同时投产使用。防治污染的设施应当符合经批准的环境影响评价文件的要求，不得擅自拆除或者闲置。"

《中华人民共和国劳动法》第六章第五十三条明确要求："劳动安全卫生设施必须符

合国家规定的标准。新建、改建、扩建工程的劳动安全卫生设施必须与主体工程同时设计、同时施工、同时投入生产和使用。”

《中华人民共和国安全生产法》第二十八条规定：“生产经营单位新建、改建、扩建工程项目的安全设施，必须与主体工程同时设计、同时施工、同时投入生产和使用，安全设施投资应当纳入建设项目概算。”《中华人民共和国职业病防治法》第十六条规定：“建设项目的职业病防护设施所需要费用应当纳入建设项目工程预算，并与主体工程同时设计、同时施工、同时投入生产和使用。”

修订后的《环境保护法》对于“三同时”制度规定的设施没有明确是否要验收合格后，才可投入生产或使用。然而，这并不意味着企业环境评价不需要做验收。修订后的《环境保护法》没有对“三同时”制度验收作出专门规定，而是提出了“防治污染的设施应当符合经批准的环境影响评价文件的要求，不得擅自拆除或者闲置”的要求，以便给今后整合环境保护审批环节、简化审批程序留下余地。新环保法第四十五条规定：“国家依照法律规定实行排污许可管理制度（实行排污许可管理的企业事业单位和其他生产经营者应当按照排污许可证的要求排放污染物；未取得排污许可证的，不得排放污染物）。”我国对于建设项目“三同时”验收的环境管理工作将与排污许可管理制度进行衔接。

2. “三同时”制度在环境管理中的作用

“三同时”制度体现了“预防为主”的环境保护战略方针，对环境污染进行控制，对原有老污染源进治理，同时对新建项目产生的新污染源进行防治，以保证经济效益、社会效益和环境效益相统一。

“三同时”制度与环境影响评价制度结合起来，通过将环境保护纳入基本建设程序，建设项目主体工程与污染防治设施同时设计、同时施工、同时投产，实现了经济发展与环境保护的协调，这两种制度被称为我国环境保护工作的“两大法宝”。

3. “三同时”制度的适用范围

“三同时”制度可以适用于以下几个方面的开发建设项目：

（1）新建、扩建、改建项目。新建项目，是指原来没有任何基础，从无到有，开始建设的项目。扩建项目，是指为扩大产品生产能力或提高经济效益，在原有建设的基础上又建的项目。改建项目，是指在原有设施的基础上，为了改变生产工艺、产品种类或者为了提高产品产量、质量，在不扩大原有设施的基础上建设的项目。

（2）技术改造项目。是指利用更新改造资金进行挖潜、革新、改造的建设项目。

（3）一切可能对环境造成污染和破坏的工程建设项目。这方面的项目包括的范围特别广，几乎不分建设项目的大小、类别，也不管是新建、扩建或改建，只要可能对环境造成污染和破坏，就要执行“三同时”制度。

（4）确有经济效益的综合利用项目。1985 年国家经济贸易委员会《关于开展资源综合利用若干问题的暂行规定》中规定："对于确有经济效益的综合利用项目，应当同治理环境污染一样，与主体工程同时设计、同时施工、同时投产。"这是对原有"三同时"制度的一大发展。

三、环境影响评价制度

1. 环境影响评价制度的概念和意义

依照《中华人民共和国环境影响评价法》第二条的规定，环境影响评价是指对规划和建设项目实施后可能造成的环境影响进行分析、预测和评估，提出预防或者减轻不良环境影响的对策和措施，并进行跟踪监测的方法和制度。环境影响评价制度则是对于有关环境影响评价的范围、内容、编制、审批环境影响报告书(表)、登记表的程序等一系列法律规定的总称。

建立和实施环境影响评价制度，对于贯彻"预防为主"的原则，推进产业合理布局和企业的优化选址；加强环境管理，以防开发建设、经济发展规划等活动可能产生的环境污染和破坏；提高公众的环境意识，调动公众参与环境保护的积极性；实现环境保护与经济建设协调发展，等等。

2. 环境影响评价制度的主要内容

根据《中华人民共和国环境影响评价法》(下称《环境影响评价法》)和《规划环境影响评价条例》的规定，我国环境影响评价的适用范围包括对各级人民政府组织编制的规划(包括专项规划)以及对环境有影响的建设项目。也就是说，环境影响评价的对象分为规划和建设项目两大类。

1)规划环境影响评价

(1)规划环境影响评价的范围。

《规划环境影响评价条例》第二条规定："国务院有关部门、设区的市级以上地方人民政府及其有关部门，对其组织编制的土地利用的有关规划和区域、流域、海域的建设、开发利用规划(以下称综合性规划)，以及工业、农业、畜牧业、林业、能源、水利、交通、城市建设、旅游、自然资源开发的有关专项规划(以下称专项规划)，应当进行环境影响评价。依照本条第一款规定应当进行环境影响评价的规划的具体范围，由国务院环境保护主管部门会同国务院有关部门拟订，报国务院批准后执行。"

(2)规划环境影响评价的内容。

对规划进行环境影响评价，应当分析、预测和评估以下内容：①规划实施可能对相关区域、流域、海域生态系统产生的整体影响；②规划实施可能对环境和人群健康产生的长远影响；③规划实施的经济效益、社会效益与环境效益之间以及当前利益与长远利益之间的关系。

2)建设项目环境影响评价

(1)建设项目环境影响评价的范围

根据《环境影响评价法》的规定，凡在中华人民共和国领域和中华人民共和国管辖的其他海域内建设对环境有影响的项目，应当依照《环境影响评价法》进行环境影响评价。建设项目包括：固定资产投资方式进行的一切开发建设活动，包括国有经济、城乡集体经济、联营、股份制、外资、港澳台投资、个体经济和其他各种不同经济类型的开发活动。按计划管理体制，建设项目可以分为基本建设、技术改造、房地产开发(包括开发区建设、新区建设、老区改造)和其他项目共 4 个部分的工厂和设施建设。

(2)建设项目环境影响评价的内容。

根据《环境影响评价法》第十七条规定，建设项目的环境影响报告书应当包括下列内容：建设项目概况；建设项目周围环境现状；建设项目对环境可能造成影响的分析、预测和评估；建设项目环境保护措施及其技术、经济论证；建设项目对环境影响的经济损益分析；对建设项目实施环境监测的建议；环境影响评价的结论。

四、排污收费制度(环保税)

1. 排污收费制度的概念

排污收费制度又叫征收排污费制度，是对于向环境排放污染物或超过国家排放标准排放污染物的排污者，按照污染物的种类、数量和浓度，根据规定征收一定的费用，以及有关排污费专款专用，主要用于补助重点污染源防治、区域性污染防治等基本原则规定的总称。

这项制度是运用经济手段有效地促进污染治理和新技术的发展，使污染者承担一定污染防治费用的法律制度。它既是环境管理中的一种经济手段，又是“污染者负担原则”的具体执行方式之一，也是环境经济学中“外部性成本内在化”的具体应用。“外部性成本内在化”就是设法将环境的成本内在化到产品的成本中去，即通过对自然环境和自然资源进行赋值，使环境污染和破坏的成本在一定程度上由经济开发建设行为负担。其目的是促进排污者加强环境管理，节约和综合利用资源，治理污染，改善环境，并为保护环境和补偿污染损害筹集资金。

2. 排污收费制度的作用

实行排污收费制度有以下作用：①促使排污单位加强经营管理；②促进老污染源治理，有力控制新污染源；③为防治污染提供了大量专项资金；④推进了综合利用，提高了资源、能源的利用；⑤加强了环境保护部门自身建设；⑥促进了环境保护工作。

3. 征收排污费的对象

征收排污费的对象是直接向环境排放污染物的单位和个体工商户(以下简称排污

者）。

排污者向城市污水集中处理设施排放污水、缴纳污水处理费用的，不再缴纳排污费。排污者建成工业固体废物贮存或者处置设施、场所并符合环境保护标准，或者其原有工业固体废物贮存或者处置设施、场所经改造符合环境标准的，自建成或者改造完成之日起，不再缴纳排污费。国家积极推进城市污水和垃圾处理产业化。

4. 征收排污费的范围和标准

排污者应当按照下列规定缴纳排污费。

（1）依照《中华人民共和国大气污染防治法》《中华人民共和国海洋环境保护法》的规定，向大气、海洋排放污染物的，按照排放污染物的种类、数量缴纳排污费。

（2）依照《中华人民共和国水污染防治法》的规定，向水体排放污染物的，按照排放污染物的种类、数量缴纳排污费；向水体排放污染物超过国家或者地方规定的排放标准的，按照排放污染物的种类、数量加倍缴纳排污费。

（3）依照《中华人民共和国固体废物污染环境防治法》的规定，没有建设工业固体废物贮存或者处置的设施、场所，或者工业固体废物贮存或者处置的设施、场所不符合环境保护标准的，按照排放污染物的种类、数量缴纳排污费；以填埋方式处置危险废物不符合国家有关规定的，按照排放污染物的种类、数量缴纳危险废物排污费。

（4）依照《中华人民共和国环境噪声污染防治法》的规定，产生环境噪声污染超过国家环境噪声标准的，按照排放噪声的超标声级缴纳排污费。

排污者缴纳排污费，不免除其防治污染、赔偿污染损害的责任和法律、行政法规规定的其他责任。负责污染物排放核定工作的环境保护行政主管部门，应当根据排污费征收标准和排污者排放的污染物种类、数量，确定排污者应当缴纳的排污费数额，并予以公告。排污费数额确定后，由负责污染物排放核定工作的环境保护行政主管部门向排污者送达排污费缴纳通知单。排污者应当自接到排污费缴纳通知单之日起7日内，到指定的商业银行缴纳排污费，商业银行应当按照规定的比例将收到的排污费分别解缴中央国库和地方国库。具体办法由国务院财政部门会同国务院环境保护行政主管部门制定。

5. 排污费的管理和使用

排污费必须纳入财政预算，列入环境保护专项资金进行管理，主要用于下列项目的拨款补助或者贷款贴息：重点污染源防治；区域性污染防治；污染防治新技术、新工艺的开发、示范和应用；国务院规定的其他污染防治项目。具体使用办法由国务院财政部门会同国务院环境保护行政主管部门征求其他有关部门意见后制定。县级以上人民政府财政部门、环境保护行政主管部门应当加强对环境保护专项资金使用的管理和监督。

使用环境保护专项资金的单位和个人，必须按照批准的用途使用。县级以上地方人民政府财政部门和环境保护行政主管部门每季度向本级人民政府、上级财政部门和环境保护行政主管部门报告本行政区域内环境保护专项资金的使用和管理情况。审计机关应当加强对环境保护专项资金使用和管理的审计监督。

6. 环保税

1)环保税的概念

环保税是指对开发、使用和保护环境资源的单位和个人，按照其对环境资源开发、利用、污染、破坏和保护程度征收或减免的一种税。征收环境税的主要目的是通过对环境资源的定价，改变市场信号，降低生产和消费过程中的污染排放，同时鼓励有利于环境的生产行为。因此，从理论上说，环境税的主要功能是调节人们开发、利用、破坏或污染环境的程度，而不是为国家创造税收收入。

环境保护税是由英国经济学家庇古最先提出的，他的观点已经为西方发达国家所普遍接受。欧美各国的环保政策逐渐减少直接干预手段的运用，越来越多地采用生态税、绿色环保税等多种特指税种来维护生态环境，针对污水、废气、噪声和废弃物等突出的“显性污染”进行强制征税。

2018 年 1 月 1 日起，《中华人民共和国环境保护税法》施行，标志着中国有了首个以环境保护为目标的税种。该法明确“直接向环境排放应税污染物的企业事业单位和其他生产经营者”为纳税人，确定大气污染物、水污染物、固体废物和噪声为应税污染物。依照规定，环保税按季申报缴纳，2018 年 4 月 1 日至 15 日是环保税首个征期。按照法律要求，在全国范围对大气污染物、水污染物、固体废物和噪声等 4 大类污染物、共计 117 种主要污染因子进行征税。

法律规定，县级以上地方人民政府应当建立税务机关、生态环境主管部门和其他相关单位分工协作工作机制，加强环境保护税征收管理，保障税款及时足额入库。生态环境主管部门和税务机关应当建立涉税信息共享平台和工作配合机制。法律明确，生态环境主管部门应当将排污单位的排污许可、污染物排放数据、环境违法和受行政处罚情况等环境保护相关信息，定期交送税务机关。税务机关应当将纳税人的纳税申报、税款入库、减免税额、欠缴税款以及风险疑点等环境保护税涉税信息，定期交送生态环境主管部门。

环境税包含以下内容：①对开发、使用环境资源的单位和个人征税，促使其合理、节约地使用环境资源；②对污染和破坏环境资源的单位和个人征税，迫使其积极采取环境保护措施，减少对环境的污染；③对保护环境和防治污染的单位和个人给予税收优惠，如减征或免征部分税款，以激励环境保护。

2)环境税的特点

环境税除了具有税收所固有的固定性、强制性、无偿性等特点外，作为一种经济手段，与其他行政手段相比，具有很多独特的优点：

(1)环境税是用市场化的手段配置资源。环境税是把环境污染的社会成本内化到生产成本和市场价格中，再通过市场机制来分配环境资源的一种经济手段。

(2)征收环境税体现了公平原则。企业向外界排放污染物，是为追求利润而将本应由企业负担的成本转嫁给社会。政府可以利用向污染者征收的税款的方式建立特殊的补偿制度，专门用于救助因环境污染受到损害却无法得到赔偿的受害人，实现污染者与受害者之间整体的公平。政府通过对污染和破坏环境的企业征收环境税，促进这些企业所造成的外部成本内在化，利润合理化；对环保企业则给予减免税措施和财政补贴，减少给这些企业带来的不利影响，激励企业继续投资环保产业，保证在污染企业和环保企业之间实现公平。

(3)依法征收环境税，具有较高的透明度和公开性。环境税的征收必须依据相应的法律，而法律是公开的，纳税人根据法律中有关税目、税率、计税依据等规定，可以清楚地计算自己应纳的税款。征税主体依法征税，税收征纳完全公开，使环境税更公开、更稳定。

(4)征收环境税可以增加政府财政收入，充实环境污染治理专项资金。中国环境保护水平落后于其他国家，一个重要的原因就是缺乏资金支持。征收环境税并做到专款专用，可以弥补财政拨款不足的漏洞，为环保部门提供更多的资金。

五、环境保护目标责任制

1. 环境保护目标责任制的概念

环境保护目标责任制就是规定各级政府的行政首长对当地的环境质量负责，企业的领导人对本单位的污染防治负责，规定他们的任务目标，并将其列为政绩进行考核的一项环境管理制度。环境保护目标责任制是目标管理的重要组成部分，是保证以目标为中心开展管理活动的一种制度。环境保护目标责任制就是要以中国的基本国情为基础，以现行法律为依据，以责任制为核心，以行政制约为机制，把责任、权利、利益和义务有机结合起来，明确地方行政首长在改善环境质量上的权利、责任和义务。

2. 环境保护目标责任制的特点

(1)有明确的时间和空间界限，一般以一届政府的任期为时间界限，以行政单位所辖地域为空间界限。

(2)有明确的环境质量目标、定量要求和可分解的质量目标。

(3)有明确的年度工作指标。

(4)有配套的措施、支持保证系统和考核奖惩办法。

(5)有定量化的监测和控制手段。

这些特点归结起来，说明这项制度具有明显的可操作性，便于发挥功能，能够起到改善环境质量的重要作用。

3. 实施目标责任制的作用

实施环境保护目标责任制加强了各级政府和单位对环境保护的重视和领导，使环境保护真正纳入各级政府的议事日程，把环境保护纳入国民经济和社会发展计划，疏通了环保资金渠道。同时，还有利于协调环保部门和政府各部门共同抓好环保工作；有利于把环保工作从过去的软任务变成硬指标，把过去单项分散治理变成区域综合防治。明确了保护环境的主要责任者、责任目标和责任范围，解决了“谁对环境质量负责”这一首要问题。责任制的容量很大，各地可以根据当地的实际情况，确定责任制的指标体系和考核办法，既可以有质量指标，也可以有为达到质量所要完成的工作指标；既可以将“老三项”制度的执行纳入责任制，也可以将“新五项”制度的实施包容进来。

4. 环境保护目标责任制的主要类型

目标责任书的责任者是行政首长和企业法人代表，主要目标是确定地方行政首长和企业法人对本地区、本企业环境质量应负的责任，本着积极稳妥的原则，确定具体的责任目标。这个目标既要有一定的难度，又要科学合理，实事求是，要根据国家要求和所在地区、行业的实际情况，抓住重点，兼顾一般。责任书的指标体系，一般分为两部分：本届政府的环境目标，分年度的工作目标。

5. 实施环境保护目标责任制的工作程序

实施环境保护目标责任制，是一项复杂的系统工程，涉及面广，政策性和技术性强，任务十分繁重。其工作程序大致要经过 4 个阶段：责任书的制定，责任书的下达，责任书的实施，责任书的考核。

六、排污申报登记制度和排污许可证制度

1. 排污申报登记与排污许可证制度的概念

1）排污申报登记制度

排污申报登记制度是指排放污染物的单位，须按规定向环境保护行政主管部门申请登记所拥有的污染物排放措施，污染物处理设施和正常作业条件下排放污染物的种类、数量和浓度。

2）排污许可证制度

排污许可证制度以改善环境质量为目标，以污染物总量控制为基础，规定排污单位许可排放什么污染物，许可污染物排放量，许可污染物排放趋向，等等，是一项具有法律含义的行政管理制度。

排污申报登记制度是实行排污许可证制度的基础，排污许可证制度是对排污者排污的定量化。排污申报登记制度具有普遍性，要求每个排污单位均应申报登记。排污许可证制度则不同，只对重点区域、重点污染源单位的重要污染物的排放实行定量化管理。

2. 排污许可证制度的基本特点

1）申请的普遍性与强制性

传统的许可证通常是愿者申请，并有强烈的职业行业限制，而排污许可证则不分行业与职业，均需强制某些甚至是全部排污单位对排污行为程度进行申请，并规定时限，有些排污单位必须同时对排污行为进行申请。否则，污染物排放总量控制政策将无法贯彻执行。

2）排污许可证制度的可操作性

实施排污许可证制度最基础也是最重要的工作就是制定出合理的、可行的污染源排污限值。在制定过程中要充分考虑多方面的因素，如技术上的可行性，经济上的合理性，方法上的科学性，政策上的配套性，监督管理上的可操作性，以及环境质量要求的强制性，等等。

3）行为程度许可的阶段性

许可证通常是对行为权利的阶段性许可或长期许可，相对人只要在履行义务中没有过错，并没有放弃权利的表示，则其权利享受就不会中断。排污许可证注重于对排污行为程度的许可。随着环境保护工作的深入，环境质量目标要求的提高，对排污行为程度的限制也越来越严格。

4）排污许可证制度具有经济属性

由于排污许可证规定了排污者在一定时间内和允许的范围内最大允许排污量，代表了对资源使用的合理分配，因而使它具有了经济价值，可以在一定条件下进入市场进行交易，也就是像其他商品一样进行买卖。

5）排污许可证制度以污染物排放总量限制为前提

排污许可证制度中的一系列行为过程都是围绕总量控制进行的，它的行为规范是以限制排放总量为前提，它是为实现总量控制目标服务的。

6）排污许可证管理以行为程度为核心

排污单位申请排污许可证不仅是对排污权利的申请，更关键的是对排污行为程度即污染物排放量的申请，这与其他许可证制度有区别。因此，排污许可证的管理主要是对行为程度的承认、限制或予以制裁。

7）容量总量控制和目标总量控制并举

中国的排污许可证制度，是以总量控制为基础的，而总量控制则是以实现水环境质量标准的区域智力投资最小为决策目标。它有两类约束条件，即以水质目标为约束条件和以排污总量为约束条件。

8）突出重点区域、重点污染源和重点污染物

中国的排污许可证制度不是一项普遍实行的制度，而是有选择地在重点区域对

重点污染源的重点污染物实施的特殊管理制度。这也是有别于其他许可证制度的特点之一。

9）环境目标和污染源削减的统一

中国的排污许可证制度的主要特点之一，就是通过排污许可证制度的实施，将环境目标（或水质目标）和污染源的削减联系起来了。

3. 排污许可证制度推行的作用

①促进了"三同时"制度的实施；②增强了总量控制观念；③深化了环境管理工作；④促进了环境保护部门自身管理素质的全面提高；⑤促使了老污染源的改造，实现了污染负荷的削减。

排污许可证制度已经渗透到环境管理的各个方面，使环境管理从定性管理走上了定量管理的轨道。只要结合实际，积极探索实践，加强组织领导，采取相应配套管理措施坚持下去，不断总结完善，一定能取得更好的成效，促使环境管理工作走上新台阶。

4. 排污许可证制度对管理的要求

排污总量控制制度和排污许可证制度是较高层次的环境管理方法和制度，要实施这一制度，必然要求较高的环境管理措施和技术。要认识到，排污许可证制度是一项管理制度，在管理的具体工作中要直接应用有关的技术，使技术直接为管理服务。排污许可证制度不是专门的科研工作，管理向科学靠近，科研、技术向管理靠近，这两方面的结合，是环境保护管理工作发展的趋势。

因此，实施排污总量控制制度和排污许可证制度要以科研为基础；管理人员要做到技术业务素质和行政管理素质方面双提高；制定相应的配套政策；建立相应的管理机构；具有地方的管理规定；具有先进的技术措施；需要更完善的监测力量。

七、城市环境综合整治定量考核制度

1. 城市环境综合整治定量考核制度

城市环境综合整治，就是在市政府的统一领导下，以城市生态理论为指导，以发挥城市综合功能和整体最佳效益为前提，采用系统和分析方法，从总体上找出制约和影响城市生态系统发展的综合因素，理顺经济建设、城市建设和环境建设的相互依存又相互制约的辩证关系，用综合的对策整治、调控、保护和塑造城市环境，为城市人民群众创建一个适宜的生态环境，使城市生态系统良性发展。城市环境综合整治的目的在于解决城市环境污染和提高城市环境质量。为此，综合整治规划的制定，对策的选择，任务的落实，乃至综合整治效果的评价，都必须以改善和提高环境质量为依据。

2. 城市环境综合整治定量考核制度的作用

国务院环境保护委员会在《关于城市环境综合整治定量考核的决定》中指出，环境综合整治是城市政府的一项重要职责。市长对城市的环境质量负责，把这项工作列入市长的任期目标，并作为考核政绩的重要内容。

定量考核是实行城市环境目标管理的重要手段，也是推动城市环境综合整治的有效措施。它以规划为依据，以改善和提高环境质量为目的，通过科学的定量考核的指标体系，把城市的各行各业、方方面面组织调动起来，推动城市环境综合整治深入开展，完成环境保护任务。城市环境综合整治定量考核的结果作为各城市政府进行城市发展决策，制定环境保护规划的重要依据，对不断改善城市的投资环境，促进城市的可持续发展，具有重要的意义。该制度使城市环境保护工作逐步由定性管理转向定量管理，有利于排污总量控制制度和排污许可证制度的实施；明确了城市政府在城市环境综合整治中的职责，使城市环境保护工作目标明晰化，对各级领导既是压力也是动力。通过考核评比，能大致衡量城市环境综合整治的状况和水平，找出差距和问题，促进这项工作的深入开展；可以增加透明度，接受社会和群众的监督，发动广大群众共同关心和参与环境保护工作。

3. 考核的对象和范围

根据市长应对城市的环境质量负责这一原则，城市环境综合整治定量考核的主要对象是城市政府。因此，考核的范围和内容都把城市作为一个总体来考虑。考核分为两级：国家级考核，是国家直接对部分城市政府在开展城市环境综合整治方面的工作情况进行的考核；省(自治区、直辖市)级考核，是各省、自治区、直辖市人民政府自行开展的考核。

4. 考核的内容和指标体系

“十一五”期间，城市环境综合整治定量考核制度具体可以分为城市环境质量、污染控制、环境建设和环境管理4个方面共计16项具体指标，各指标分值的多少，不仅代表城市考核成绩，而且标志着城市环境保护的综合实力。

定量考核中，城市环境质量44分、污染控制30分、环境建设20分、环境管理6分，总计100分。其中，考核城市环境质量的指标有5项，包括：API≤100的天数占全年天数比例、集中式饮用水源地水质达标率、城市水环境功能区水质达标率、区域环境噪声平均值和交通干线噪声平均值。考核城市污染控制的指标有6项，包括：清洁能源使用率、机动车环保定期检测率、危险废物处置利用率、工业固体废物处置利用率、重点工业企业排放稳定达标率和万元工业增加值主要污染物排放强度。考核城市环境建设的指标有3项，包括：城市污水集中处理率、生活垃圾无害化处理率、建成区绿化覆盖率。考核城市环境管理的指标有2项，包括：环境保护机构建设和公众对城市环境保护的满意率。

八、污染集中控制制度

1. 污染集中控制制度的概念

污染集中控制是创造一定的条件，形成一定的规模，实行集中生产或处理以使分散污染源得到集中控制的一项环境管理制度。治理污染的根本目的不是追求单个污染源的处理率和达标率，而应当是谋求整个环境质量的改善，同时讲求经济效益，以尽可能小的投入获取尽可能大的效益。集中处理要以分散治理为基础，若各单位分散防治达不到要求，集中处理便难以正常运行，只有集中与分散相结合，合理分担，使各单位的分散防治经济合理，才能把环境效益和经济效益统一起来。污染集中处理所需的资金，仍然按照"谁污染谁治理"的原则，主要由排污单位、受益单位及城市建设费用解决。对一些危害严重、不易集中治理的污染源，以及一些大型企业或远离城镇的企业，仍应进行分散的点源治理。

2. 污染集中控制制度的作用

污染集中控制制度在环境管理方面具有战略意义，特别是在污染防治战略和投资战略方面，有助于调动社会各方面治理污染的积极性。污染集中控制制度在各地实行的时间并不长，但它已经显示出强大的生命力：

(1)有利于集中人力、物力、财力解决重点污染问题；

(2)有利于采用新技术，提高污染治理效果；

(3)有利于提高资源利用率，加速有害废物资源化；

(4)有利于改善和提高环境质量。

九、污染限期治理制度

1. 污染限期治理制度的概念

污染限期治理制度是对现已存在的危害环境的污染源，由法定机关做出决定，强令其在规定的期限内完成治理任务并达到规定要求的制度。

限期治理制度是中国环境管理中的一项行之有效的措施，它带有一定的直接强制性，它要求排污单位在特定的期限内对污染物进行治理，并且达到规定的指标，否则排污单位就要承担更严重的责任。它是减轻或消除现有污染源的污染，改善环境质量状况的一项环境法律制度，也是中国环境管理中普遍采用的一项管理制度。限期治理包括污染严重的排放源(设施、单位)的限期治理、行业性污染严重的某一区域的限期治理，等等，具有法律强制性、明确的时间要求和具体的治理任务，可以推动污染单位及有关行业、地域的污染状况的迅速改善，有利于集中有限的资金解决突出的环境污染问题及历史上的环境疑难问题。目前中国关于环境限期治理制度的法律主要有《中华人民共和国环境保护法》(第十八条、第二十九条、第三十九条)及其他单行污染防治法律，已初步形成了比较完善的环境污染限期治理法律体系。

2. 限制生产、停产整治制度

限制生产、停产整治制度是对原《中华人民共和国环境保护法》中限期治理制度的延伸扩展。修订后的《中华人民共和国环境保护法》第六十条规定了环境保护主管部门对超标超总量排污的企业事业单位和其他生产经营者可以责令限制生产、停产整治，这是新《中华人民共和国环境保护法》赋予环保部门通过直接限制甚至停止违法排污者生产行为、督促其有效完成污染整治任务的强力执法手段。如何指导各级环保部门在依法行政的前提下运用好这一手段，需要相关配套制度来明确各方的权利、义务和责任，尤其是要通过制度来明确、规范环保部门实施限制生产、停产整治的具体行为和工作程序，使各级环保部门能够统一执法尺度，更好地履行法定职责。

2014 年 12 月 19 日，我国环境保护部发布了《环境保护主管部门实施限制生产、停产整治办法》(以下简称《办法》)，于 2015 年 1 月 1 日起实施。《办法》要求各级环保部门严格按照程序实施限制生产、停产整治，严惩超标、超总量排污行为。新修订的《中华人民共和国大气污染防治法》《中华人民共和国水污染防治法》等环保单行法律也分别对限制生产、停产制度进行了规定。

◇案例介绍

《中华人民共和国环境保护法》的修订历程

2014 年 4 月 24 日，国家主席习近平颁布中华人民共和国主席第九号令："《中华人民共和国环境保护法》已由中华人民共和国第十二届全国人民代表大会常务委员会第八次会议于 2014 年 4 月 24 日修订通过，现将修订后的《中华人民共和国环境保护法》公布，自 2015 年 1 月 1 日起施行。"这标志着环境保护法从 1979 年试行、1989 年正式实施 35 年后又作了重大修订并将于 2015 年 1 月 1 日起施行。

据介绍，从 1995 年第八届全国人民代表大会第三次会议到 2012 年第十一届全国人民代表大会第五次会议的 7 年时间里，全国人大代表共 2474 人次以及中国台湾代表团、海南代表团提出修改环境保护法的议案共 78 件，反映了当时《中华人民共和国环境保护法》已经不适应经济社会发展要求，社会各方面的修订呼声很高。全国人大常委会于 2012 年 8 月和 2013 年 6 月对《中华人民共和国环境保护法》修正草案进行了两次审议，2013 年 10 月和 2014 年 4 月，对《中华人民共和国环境保护法》修订草案进行了两次审议，共 4 次审议。

通常情况下，一部法律三审通过后就可以付诸表决了，但这次《中华人民共和国环境保护法》的修订从2012年8月全国人大常委会对《环境保护法修正案(草案)》一审后，公开向社会征求意见，进行了四审，充分反映了社会的关切。同时经历了从修正到修订、从“小修补”到“大手术”的过程。

2012年8月，第一次审议《环境保护法修正案(草案)》的焦点为：设立专章突出强调政府责任，将环保达标纳入政绩考核，明确了企业污染防治和突发事件应对的责任，完善了环境管理基本制度，强化了公众对环保的知情权和参与权，国家统一规划环境监测网络。

2013年6月，第二次审议《环境保护法修正案(草案)》的焦点为：环境保护基本国策首次入法，地方政府对辖区环境负责，官员不作为可引咎辞职，企业排污逾期不改按日计罚，无上限；对企业和责任人实行“双罚”，中华环保联合会为环境公益诉讼唯一主体，建立了跨行政区联合防治协调机制，未进行环境影响评估不得开工建设，公民可以申请公开环境信息。

2013年10月，第三次审议《环境保护法修正案(草案)》的焦点为：扩大环境公益诉讼主体，增加对污染直接责任人人身处罚，进一步明确了政府责任，增加了环境保护财政投入；赋予环保部门执法权，把环境保护目标完成情况放在政绩考核的突出位置。

从“修正”到“修订”，一字之差，转变了《中华人民共和国环境保护法》的修改思路。修改后的《中华人民共和国环境保护法》共七章七十条，与1979年试行版的七章三十三条、1989年版的六章四十七条相比，有了较大变化。修订后的《中华人民共和国环境保护法》，进一步明确了政府对环境保护的监督管理职责，完善了生态保护红线、污染物总量控制、环境监测和环境影响评价、跨行政区域联合防治等环境保护基本制度，强化了企业防治污染的主体责任，加大了对环境违法行为的法律制裁，还就政府、企业公开环境信息和公众参与、监督环境保护作出了系统规定。

新修订的《中华人民共和国环境保护法》有3个主要亮点，第一是基本理念方面，将生态文明、基本国策、保护优先、公众参与、经济社会发展与环保相协调等写入法律；第二是有很多过硬的措施，如按日计罚(第五十九条)、查封扣押(第二十五条)、区域限批(第四十四条)、公益诉讼(第五十八条)、黑名单制度(第五十四条)、行政拘留(第六十三条)等，十分严厉；第三是制度更加完善，如设立了监察机构、资源环境承载力预警、目标责任制和考核、生态补偿、生态红线、环境污染公共监测预警、排污许可证、责任保险、信息公开等制度。这部法律的修订和颁布实施，对于保护和改善环境，防治污染和其他公害，保障公众健康，推进生态文明建设，促进经济社会可持续发展，都具有重要意义。

◇课程思政

法律和条例的通过都经过了草案向公众征求意见稿等多个阶段，我们从事相关专业的学生更要积极参与，建言献策，充分发挥主人翁的作用，这些都是民主的体现，也是创造人民美好幸福生活的政治保障。

复习思考题

1. 什么是“三同步、三统一”方针？
2. 什么是环境法律责任？按其性质可以分为哪几种？
3. 请简述我国的环境保护法律体系。
4. 我国环境保护法有哪些基本原则？
5. 我国环境管理的基本制度有哪些？
6. 什么是“三同时”制度？
7. 什么是环境影响评价？
8. 什么是环保税？

第 3 章　环境管理的技术支持

环境管理的对象是人类社会作用于自然环境的行为，以及作为这些行为物质载体和实质内容的物质流。因此，与其他不涉及自然环境的人类社会内部管理活动不同，环境管理需要一系列的自然科学、工程科学，特别是环境自然科学和环境工程科学的研究成果作为其知识和技术基础。

目前来看，环境标准、环境监测、环境统计等对于环境管理技术方法的应用十分重要，它们或为环境管理提供第一手的现场监测数据，或提供大量的社会经济统计数据，或提供环境管理的基本参照体系和标准，或是环境管理制度是否得到贯彻执行的检查办法，因而成为环境管理技术方法的基础。

第 1 节　环境管理的技术基础

一、环境监测

环境监测是利用现代科学技术手段对代表环境污染和环境质量的各种环境要素，进行监视、监控和测定，从而科学评价环境质量及预测环境变化趋势的一种技术。

1. 环境监测的目的和任务

环境监测是环境管理工作的一个重要组成部分，它通过技术手段测定环境要素的代表值以把握环境质量的状况，是获取环境管理基础数据的基础性工作。通过对某地区长时期积累的、大量的环境监测数据，可以判断该地区的环境质量现状是否符合国家规定，预测环境质量的变化趋势，进而可以找出该地区的主要环境问题，甚至主要原因。在此基础上，才有可能提出相应的治理、控制、预防方案，以及建立法规和标准等一整套环境管理办法，做出正确的环境决策。

另外，通过环境监测还可以不断发现新的和潜在的环境问题，掌握污染物的迁移、转化规律，为环境科学研究提供可靠数据。作为环境管理的一项经常性的、制度化的工作，环境监测大致可以分为对污染源的监测和对环境质量（包括生态环境状况）的监测两个方面。通过对污染源的监测，可以检查、督促各企事业单位遵守国家规定的污染物排放标准。通过对环境质量的监测，可以掌握环境污染和生态破坏的变化情况，为选择防治措施、实施目标管理提供可靠的环境数据，为制定环保法规、标准提供依据。

环境监测是为了及时、准确地获取环境信息，以便进行环境质量评价，掌握环境变化趋势。其监测数据及分析结果可以为加强环境管理、开展环境科学研究、做好环境保护提供科学依据。环境监测担负的主要任务：①通过适时监测、连续监测、在线监测等，准确、及时、客观地反映环境质量；②积累长期的环境数据与资料，为掌握环境容量，预测、预报环境发展趋势提供依据；③进行污染源监测，揭示污染危害，探明污染程度及趋势；④及时分析监测数据及资料，建立监测数据及污染源分类技术档案，为制定环保法规、环境标准、环境污染防治对策提供依据。

2. 环境监测特点

一般而言，环境监测具有系统性、综合性和时序性3个特点。

(1)系统性。指一个完整的环境监测工作是由一系列不可缺少的环节构成的，比如布点和采样、分析测试、数据整理和处理等。

(2)综合性。包括监测对象的综合与监测手段的综合。监测手段的综合是将化学、物理、生物的监测手段综合于统一的监测系统之中；监测对象的综合性是指监测对象包括大气、水体、土壤和生物等环境要素，而这些要素之间有着十分密切的联系。此外，还要对这些要素的监测数据进行综合分析，只有这样才能说明环境质量的状况，揭示数据内涵。

(3)时序性。指环境的状态是随时间变化的。由于环境监测对象大多成分复杂、干扰因素多、变化大，参与环境监测工作的技术人员多，仪器设备、试剂药品多种多样，因此，必须具有连续的数据，才能减少误差，获得比较准确的信息，揭示出环境污染的发展趋势。

3. 环境监测的分类

环境监测可以按照环境监测目的、监测对象、监测手段对环境监测进行分类。

按监测目的分类，可以分为常规监测、特定监测和研究监测三大类。

(1)常规监测，又称为监视性监测或例行监测，是对指定的有关项目进行定期的、连续的监测，以确定环境质量及污染源状况，评价控制措施的效果，衡量环境标准实施情况和环境保护工作的进展。这是监测工作中最基本的、最经常性的工作。监视性监测既包括对环境要素的监测，也包括对污染源的监督监测。环境要素监测的内容是，针对大气、水体、土壤等各种环境要素，分别从物理、化学、生物角度对其污染现状进行定时、定点监测。环境要素监测的内容是对各类污染源的排污情况从物理、化学、生物学角度进行定时监测。

(2)特定监测，又称为应急监测，可以分为4种类型：①污染事故监测，指在发生污染事故时进行的应急监测，以确定污染因子、污染物的扩散方向、速度和危及范围，为控制污染提供依据。这类监测常采用流动监测(车、船等)、简易监测、低空航测、遥感等手段。②仲裁监测，主要针对污染事故纠纷、环境法执行过程中所产生的矛盾进行监测，是在执行环境保护法规过程中出现污染物排放及监测技术等方面的矛盾和争端时进行的一种监测，它通过所得的监测数据为公正的仲裁提供基本依据。仲裁监测应由国家指定的权威部门进行，以提供负有法律责任的数据(公正数据)，供执行部门、司法部门仲裁。③考核验证监测，包括人员考核、方法验证和污染治理项目竣工时的验收监测。④咨询服务监测，为政府部门、科研机构、生产单位所提供的服务性监测，例如，建设新企业时应进行环境影响评价，需要按评价要求进行监测。

(3)研究监测，又称科研监测，是以某种科学研究为目的而进行的监测，是根据研究的需要确立需监测的污染物与监测方法，然后再确定监测点位与监测时间并进行监测。研究监测的目的是探求污染物的迁移、转化规律，以及所产生的各种环境影响，为开展环境科学研究提供科学依据。例如，环境本底的监测及研究；有毒有害物质对从业人员的影响研究；为监测工作本身服务的科研工作的监测及研究，如统一方法、标准分析方法的研究、标准物质研制等。这类研究往往要求多学科合作进行。

根据监测的介质和对象，研究监测可以分为水质监测、空气监测、噪声监测、土壤监测、固体废物监测、生物污染监测、放射性监测等。

根据照环境监测的方法和手段，研究监测可以分为物理监测、化学监测和生物监测等。

根据环境污染来源和受体，研究监测可以分为污染源监测、环境质量监测和环境影响监测。污染源监测，指对自然和人为污染源进行的监测。例如，对生活污水、工业污水、医院污水和城市污水中的污染物进行的监测。环境质量监测，如大气环境质量监测、水(海洋、河流、湖泊、水库等地表水和地下水)环境质量监测等。环境影响监测，指环境受体(如人、动、植物等)受到大气污染物、水体污染物等的危害，为此而进行的监测。

4. 环境监测的程序与方法

环境监测的程序因监测目的不同而有所差异，但其基本程序是一致的。首先，进行现场调查与资料收集，调查的主要内容是区域内各种污染源的情况及其排放规律，自然和社会的环境特征；其次，确定监测项目；之后，监测点布设及采样时间和方法的确定，以及样品的分析；最后，进行数据处理和分析，形成结果报告。

环境监测的方法多种多样，有物理方法、化学方法、生物方法，也有人工方法、自动化方法。近年来，由于遥感技术和信息技术的迅猛发展，环境监测的方法在日新月异地发展着、更新着，但不管什么方法，都要由环境监测的目的与现实的可能条件决定。

二、生态环境标准

1. 生态环境标准概述

根据《生态环境标准管理办法》，生态环境标准是指由国务院生态环境主管部门和省级人民政府依法制定的生态环境保护工作中需要统一的各项技术要求。我国生态环境标准建设以保护人群健康、促进生态良性循环为目的，力求达到环境效益、社会效益、经济效益的统一，目前已经初步形成了较为全面的、具有法律效力的生态环境标准体系，在我国的社会发展和环境保护中起到了非常重要的作用。

2. 我国生态环境标准体系

1）国家生态环境标准

国家生态环境标准包括国家生态环境质量标准、国家生态环境风险管控标准、国家污染物排放标准、国家生态环境监测标准、国家生态环境基础标准和国家生态环境管理技术规范。国家生态环境标准在全国范围内或者标准指定区域范围内执行。

2）地方生态环境标准

地方生态环境标准包括地方生态环境质量标准、地方生态环境风险管控标准、地方污染物排放标准和地方其他生态环境标准。地方生态环境标准在发布该标准的省、自治区、直辖市行政区域范围内或者标准指定区域范围内执行。

有地方生态环境质量标准、地方生态环境风险管控标准和地方污染物排放标准的地区，应当依法优先执行地方标准。

国家和地方生态环境质量标准、生态环境风险管控标准、污染物排放标准和法律法规规定强制执行的其他生态环境标准，以强制性标准的形式发布。法律法规未规定强制执行的国家和地方生态环境标准，以推荐性标准的形式发布。

强制性生态环境标准是必须执行的标准。推荐性生态环境标准被强制性生态环境标准或者规章、行政规范性文件引用并赋予其强制执行效力的，被引用的内容必须执行，推荐性生态环境标准本身的法律效力不变。

3. 生态环境标准的作用

生态环境标准的作用如下：

（1）是制定国家环境计划和规划的主要依据。

国家在制定环境计划和规划时，必须有一个明确的环境目标和一系列环境指标。它需要在综合考虑国家的经济、技术水平的基础上，使环境质量控制在适宜水平。生态环境标准是制定环境计划与规划的主要依据。

(2)是环境法制定与实施的重要基础与依据。

在各种单行环境法规中，通常只规定污染物的排放必须符合排放标准，造成环境污染者应承担何种法律责任，等等。怎样才算造成污染？排放污染物的具体标准是什么？则需要通过制定生态环境标准来确定。而环境法的实施，尤其是确定合法与违法的界限，确定具体的法律责任，往往依据生态环境标准，因此，生态环境标准是环境法制定与实施的重要依据。

(3)是国家环境管理的技术基础。

国家的环境管理，包括环境规划与政策的制定、环境立法、环境监测与评价、日常的环境监督与管理都需要遵循和依据生态环境标准，生态环境标准的完善程度反映了一个国家环境管理的水平和效率。

三、环境统计

1. 环境统计的概念和特点

环境统计指的是按一定的指标体系和计算方法给出的能概略描述环境资源和环境质量状况、环境管理水平和控制能力的计量信息。环境统计的范围包括环境质量、环境污染及其防治、生态保护、核与辐射安全、环境管理，以及其他有关环境保护事项。环境统计的类型包括普查和专项调查，定期调查和不定期调查。定期调查包括统计年报、半年报、季报和月报等。

2. 环境统计的内容

环境统计涉及多个行业和学科，是一项庞大复杂的系统工作。联合国统计司 1977 年提出，环境统计的范围包括土地、自然资源、能源、人类居住区和环境污染 5 个方面，但对各国的环境统计没有提出统一的指导意见。

在我国，环境统计内容主要包括：①土地环境统计，以反映土地及其构成的现有量、利用量和保护情况；②自然资源环境统计，以反映食物、森林、水、矿物资源以及文化古迹、自然保护区、风景游览区、草原、水生生物等现有量、利用量和保护情况；③能源环境统计，以反映能源及其构成的现有量，开采、消耗、回收和利用情况，以及对环境的影响；④人类居住区环境统计，以反映人群健康状况、营养状况、劳动条件、居住条件、娱乐和文化条件及公用设施等方面的状况；⑤环境污染统计，包括大气、水、土壤等污染状况及污染源排放和治理状况。此外，还有反映环境保护专业人员的组成和工作发展情况的统计。在对环境污染治理状况的统计方面，主要指标有：三废达标排放量、处理量、综合利用量、贮存量等。将这些指标与排放总量相比即可求得排放达标率、处理率、综合利用率等分析指标，从而可以反映对环境污染进行治理的水平。

3. 环境统计调查方法和研究方法

1)环境统计的调查方法

(1)定期普查：2007 年，我国开展了第一次全国污染源普查，2017 年开展了第二次全国污染源普查。

(2)抽样普查：对重点工业企业污染源实行抽样调查，编制重点污染源年度统计报表。

(3)科学估算：对重点企业所产生污染物及社会生活污染物的排放情况进行科学估算。

(4)专项调查：对环境保护工作中有重大意义的专项进行调查，例如乡镇企业污染调查、畜禽业专项调查、环保产业专项调查等。

2)环境统计的主要研究方法

(1)大量观察法。环境现象是复杂多变的，各单位的特征与其数量表现有不同程度的差异，建立在大量观察基础上的统计结果必然具有较好的代表性。在研究现象的过程中，要通过统计对总体中的全体或足够多的单位进行调查与观察，并进行综合研究。

(2)综合分析法。综合分析法是指对大量观察所获资料进行整理汇总，计算出各种综合指标(总量指标、相对指标、平均指标、变异指标等)，运用多种综合指标来反映总体的一般数量待征，以显示现象在具体时间、地点及各种条件的综合作用下所表现出的不同结果。

(3)归纳推断法。所谓归纳是由个别到一般，由事实到概括的推理方法，这种方法是统计研究常用的方法，统计推断可用于总体特征值的估计，也可用于某些总体假设的检验。

4. 环境统计的应用

环境统计按照环境管理的要求确定其指标体系，通过大量的调查、监测，搜集有关资料和数据，经过科学、系统的整理、核算和分析，运用定量化的数字语言和数量关系表示和评价环境污染的状况、污染治理成果和生态环境建设等情况，为科学进行环境管理提供重要的数据基础和保证。

在环境统计资料的基础上，根据需要，运用恰当的统计分析方法和指标，将丰富的环境统计资料和具体的案例结合起来，揭示出这些数据资料中包含的环境变化与经济发展的内在联系和规律，是环境统计分析的一项重要任务。

通过环境统计分析，可以了解工业生产过程中三废污染排放水平及其影响，了解环境污染治理水平和效益，掌握排污费征收及使用情况、环境质量现状和环境变化趋势等。环境统计分析的结果，在环境统计分析报告中以数字、曲线和图表等多种形式，向政府、企业和公众提供丰富的环境信息。

5. 环境统计的发展方向

1)完善指标体系

污染物排放统计指标体系包括污染物排放统计指标及排放管理指标，统计的对象主要是规模以上污染源。污染源的统计规模应当全国一致。污染源的规模是指污染物的排放量规模，当排放量较小，但是处理前的污染物产生量大于某一特定规模时，应将该污染源作为风险管理污染源。

污染物排放统计指标体系分为3个部分，即大气污染物排放统计指标体系、水污染物排放统计指标体系、固体废物排放统计指标体系。

分层次设计系统指标体系时，可将指标分为4级，即类型、指标、主要参数和辅助参数。这种指标体系框架设计可以使申报中最重要、最具有代表性的信息通过简洁、有限的指标进行加和统计；而关于构成及影响指标的信息可以通过主要参数、辅助参数进行说明，不需要对参数进行加和。指标体系使排污统计所获得的管理需求信息更具有系统性、代表性和针对性，且参数信息更丰富，数据更具有可核查性。

2)建立数据质量管理制度

环境数据质量管理制度的目的是确保数据客观性、有用性和完整性的最大化。该制度包含几方面的内容：成本概念，即在一定成本下的数据质量最优化，这是一个经济效率的概念；数据质量包含多个维度的概念，即客观性、有用性和完整性；数据质量包含管理和政策的含义，即数据的质量是为管理和决策服务的。环境数据质量是由一系列的标准构成的标准体系。数据质量没有绝对的标准，只有相对的标准，而且，数据质量的标准是随时间变化的。

数据质量管理制度是一项系统工程，包括改进环境统计指标体系，改革环境统计管理体制，制定环境数据质量控制的近期和远期计划，设计并建立国家环境数据基础平台，等等。环境数据质量管理制度是一系列规范和导则建立、完善和实施的过程。

3)完善统计数据公开机制

统计数据是信息公开的主要内容，应按照环境信息公开制度的要求及时、方便和有效地公开环境统计数据，并向社会公布环境统计数据的公开程序、标准和内容。

4)加强环境统计制度与环境信息公开制度的协调

环境监测数据是环境统计数据的重要组成部分，环境统计制度需要与环境监测制度进行对接。环境统计是排污许可证制度执行的结果，按照排污许可证核查的数据进行统计，可以提高环境统计的及时性、代表性和规范性。每年地方环境统计结果可以作为核查排污许可证制度执行状况的依据。环境统计的主要目的是实现环境数据的效益最大化，而环境信息公开制度是达到这一目的的主要途径。

第 2 节 环境管理的方法

一、预测方法

选择科学有效的预测方法非常重要。到目前为止，有关环境预测的方法有很多，本小节介绍几种主要常见的预测方法。

1. 回归预测方法

在生态－经济－社会系统中，系统要素之间存在一定的依赖关系，一个要素的变化可能引起另外一个要素或一些要素的变化；同样地，一些要素的变化也可能对另外一个要素产生影响。当人们能够准确地确定其数量关系时，就表现为函数关系；当人们难以准确确定其数量关系时，就表现为相关关系。

例如，一个区域的大气环境质量可通过 SO_2、NO_x、CO、TSP 和烟尘等指标来表述，而这些指标取决于该区域煤炭的使用量、汽车尾气排放量、建筑工地扬尘的产生量、工业烟尘排放量等众多因素。这说明，大气环境质量是以上诸多要素综合作用的结果。如果把大气环境质量看成因变量，而把以上因素看成自变量，那么，因变量与自变量之间的关系是一种非确切的关系，因而表现为相关关系。

为了定量地把握事物的发展规律，就需要使相关关系转化为函数关系。实现这种关系的转换需要一定的方法，而回归预测就是其中之一。

1）回归预测的概念

回归预测是研究环境系统中两个及两个以上变量之间具有的非确定性关系或相关关系，并使之转化为具有确定性关系的变量的一种数理统计方法。该方法是在定性分析的基础上通过建立数学模型来进行预测的。

2）回归预测的类型

根据变量间所具有的相关关系的不同，又可以将回归预测分为线性回归预测和非线性回归预测两大类。其中，研究变量基本满足线性关系的回归预测方法称为线性回归预测。线性回归预测又分为一元线性回归预测和多元线性回归预测两种。

所研究变量之间具有非线性关系的回归预测方法称为非线性回归预测。

（1）一元线性回归预测模型：

$$\bar{y} = a + bx \tag{3-1}$$

式中，$\bar{y}$ 为因变量 y 的预测值；a、b 均为回归系数；x 为自变量。

如果考虑预测误差值 u，模型还可以写成：

$$\bar{y} = a + bx + u \tag{3-2}$$

一元线性回归模型是根据 y 和 x 的 n 组观测值$(y_i, x_i)(i=1, 2, \cdots, n)$，运用最小二乘法求出回归系数 a 和 b，即求：

$$s = \sum_{i=1}^{n}(y_i - \bar{y})^2 = \sum_{i=1}^{n}(y_i - a - bx_i)^2 \to \min \tag{3-3}$$

回归系数 a 和 b 求出以后，代入模型，并进行假设或显著性检验。经检验，若结果符合精度要求，说明 y 和 x 具有线性关系，此时，所建模型才能用于实际预测。

(2)多元线性回归预测模型：

$$\bar{y} = a_0 + a_1x_1 + a_2x_2 + \cdots + a_nx_n \tag{3-4}$$

式中，$\bar{y}$ 为因变量 y 的预测值；a_0，a_1，a_2，$\cdots$，a_n 为回归系数；x_1，x_2，$\cdots$，x_n 为自变量。

给出 y 和 x_1，x_2，$\cdots$，x_n 的 p 组观测值$(y_i, x_{1i}, x_{2i}, \cdots, x_{ni})(i=1, 2, \cdots, p)$，多元线性回归预测同样是运用最小二乘法求出回归系数 a_0，a_1，a_2，$\cdots$，a_n，即求：

$$s = \sum_{i=1}^{p}(y_i - \bar{y})^2 = \sum_{i=1}^{p}(y_i - a_0 - a_1x_{1i} - a_2x_{2i} - \cdots - a_nx_{ni})^2 \to \min \tag{3-5}$$

把求出的回归系数代入模型以后，要对该模型进行假设或显著性检验，经检验合格后才能用于预测。

当因变量与所对应的自变量不是线性关系时，则不能直接运用线性回归模型对因变量进行预测，此时要经过变量替换，将非线性关系变为线性关系，再进行预测。

例如，对形如 $y = a + be^x$ 的指数函数和 $y = a + b_1\sin x + b_2\cos z$ 的三角函数，需作如下的变量替换：

分别令：$x^t = e^x$，$x_1 = \sin x$，$x_2 = \cos z$，可得：$y = a + bx^t$，$y = a + b_1x_1 + b_2x_2$。

然后按照一元线性回归和二元线性回归建模方法求回归系数并进行模型检验。

3)回归预测的应用前提

回归预测方法的应用前提包括2个方面：一是适用于与时间无关的因果关系，二是适用于内插预测。外推性预测只能适用于离自变量的观测值 x_i 较近的 x，否则，预测结果将产生较大的误差。

在人类环境系统中，系统要素之间的关系往往不是一对一的关系，而是一对多或者多对一的关系。因此，环境管理中的回归预测方法以多元线性回归预测方法为主。多元线性回归预测方法比一元线性回归预测方法复杂，但基本原理是一样的。

2. 概率预测方法

概率预测(也称马尔可夫链状预测)是通过对不同状态的初始概率及其状态之间的转移概率的研究，来确定状态的变化趋势的一种预测方法。

马尔可夫链就是一种随机时间序列，是由一系列的马尔可夫过程组成的环链。马尔可夫过程具有无后效性的特点，即它在将来的取值只与它现在的取值有关，而与过去的取值无关。因此，马尔可夫链状预测方法并不需要连续不断的历史数据，只需要最近及现在的资料就可以预测未来。

有些社会、经济和环境现象虽然是复杂的，但往往具有这种无后效性。我们利用这种特征，就可以简单而方便地作出科学预测。例如，区域环境噪声污染与水污染和大气污染不同，具有明显的无后效性特征，可以运用马尔可夫链状预测方法对区域噪声污染发展趋势进行科学的预测，而其他的经验预测模型都不宜用于区域噪声污染预测。

马尔可夫链状预测方法应用的关键在于弄清楚各种有关状态，只要我们将所研究对象归纳成独立的状态，而且这种状态变化的概率只与目前状态有关，与具体的时间周期无关，就可以构造出状态变化概率的转移矩阵。

3. 灰色系统预测方法

客观世界中既有大量已知信息，也有大量未知信息和非确知信息，尤其是人类环境系统更是如此。我们把这种既含已知信息又含未知信息和非确知信息的系统，称为灰色系统。灰色系统预测方法就是根据过去和现在的信息，通过对原始数据序列进行一定的转换，变成生成列，以这个生成列为基础建立起预测模型，并用它进行预测的方法。这个生成列一般能用指数曲线或其他函数逼近。

灰色预测模型有 GM(1，1)模型、GM(2，1)模型、GM(1，N)模型、GM(0，N)模型和维尔赫尔斯特模型等。以下主要介绍 GM(1，1)模型。

GM(1，1)模型也叫单序列一阶线性动态模型，主要用于中长期预测建模。

给定原始数据列$\{x_0^{(k)}\}$，$k=1，2，\cdots，m$ 其基本的建模方法如下：

(1)对$\{x_0^{(k)}\}$作一次累加得一数据列：

$$x_1^{(k)} = \sum_{i=1}^{k} x_0^{(i)}，k=1，2，\cdots，m \tag{3-6}$$

对 $x_1^{(k)}$ 作均值生成：

$$z_1^{(k-1)} = [x_1^{(k-1)} + x_1^{(k)}]/2，k=2，3，\cdots，m \tag{3-7}$$

(2)令 $y_m = [x_0^{(2)} x_0^{(3)} \cdots x_0^{(m)}]^{\mathrm{T}}$：

$$B = \begin{bmatrix} -z_1^{(1)} & 1 \\ -z_1^{(2)} & 1 \\ \vdots & \vdots \\ -z_1^{(m-1)} & 1 \end{bmatrix} \tag{3-8}$$

计算 $A = \begin{pmatrix} a \\ u \end{pmatrix} = (B^T B)^{-1} B^T Y_m$，得到如下模型：

$$\bar{x}_1^{(k)} = \left[x_1^{(1)} - \frac{u}{a}\right]e^{-a(k-1)} + \frac{u}{a} \tag{3-9}$$

对预测序列 $\bar{x}_1^{(k)}$ 与原序列 $x_1^{(k)}$ 作关联度检验或残差检验。

(3)用模型进行预测：

经检验合格后，得到以下预测模型：

$$\bar{x}_0^{(k+1)} = \bar{x}_1^{(k+1)} - \bar{x}_1^{(k)} \tag{3-10}$$

式中，$\bar{x}_0^{(k+1)}$ 为第$(k+1)$年的预测值。

灰色系统预测方法在环境保护领域中应用相当广泛，是环境管理的重要预测方法。具体可用于污染增长预测、资源与能源增长预测、人口增长预测等方面。

二、决策方法

从广义上讲，管理就是决策，管理的过程就是决策的过程；从狭义上讲，管理与决策又有所不同，管理是由预测、评价、决策和执行所构成的一个连续过程。因此，管理包含了决策，是决策的扩展和延伸，而决策是管理的核心部分。预测和评价为决策服务，决策是行动的选择，而行动是决策的执行。

环境管理决策是决策理论与方法在环境保护领域的具体应用，是环境管理的核心。它具有目标性、主观性、非程序化等特点。

1. 决策分类

对决策方法的选择往往是以决策问题的类型为依据的。环境决策存在多种类型，也有多种分类方法。

1)按照决策问题的条件和后果可分为确定型和非确定型决策

确定型决策是指影响决策问题的主要因素及各因素之间的关系是确定的，决策结果也是确定的一类决策问题。这类决策问题不因决策者的不同而不同。

非确定型决策又分为风险型决策和不定型决策两种。风险型决策也叫随机型决策，是指在影响决策问题的外界条件出现的概率已知情况下的一类决策问题。这类问题的决策过程存在着大量的不可控因素。不定型决策是在外界情况概率未知的情况下的一类决策问题。与确定型决策相反，非确定型决策结果因决策者的不同而不同。在环境管理中，大量的决策问题都表现为非确定型决策。

2)按照决策问题出现有无规律性可分为程序化决策和非程序化决策

程序化决策也叫重复性决策或常规决策，所要解决的是环境管理中经常出现的问题。对待重复性决策问题，可根据以往的经验规定一套常规的处理办法和程序，使之成为例行状态。例如，建设项目环境管理决策就是程序化决策。

非程序化决策也叫一次性决策或非常规决策。有许多环境问题具有很大的偶然性和随机性，所要解决的问题没有充分的经验可以遵循，事先难以确定解决此类环境问题决策的原则和程序。对于非程序化决策问题，不同的决策者会得出不同的决策结果。要运用权变管理思想，具体情况具体分析，针对决策问题所处的客观环境进行随机决策。环境管理中的决策除建设项目环境管理决策外，大多数决策都是非程序化决策。

3）按照决策问题所包含的阶段数可分为多阶段决策和单阶段决策

多阶段决策也叫多步决策，是指一个决策问题包含若干个阶段或过程，决策者需在每个阶段作出选择，以使整个决策过程最优的一类决策。这类决策所处理的是一系列具有时间差异的相互关联的目标，前一项决策直接影响后一项决策。例如，水污染集中控制决策、流域污染控制决策、资源持续利用决策、建设项目环境管理决策等都是多阶段决策。

单阶段决策是指决策问题只包含一个环节，决策者只需作出一次选择和判断的一类决策。在环境管理中，大多数决策问题都属于多阶段决策。

4）按照决策问题包含的目标数量可分为多目标决策和单目标决策

多目标决策是指一个决策问题中同时存在多个目标，要求同时实现最优值，并且各目标之间往往存在着冲突和矛盾的一类决策问题。

单目标决策是指一个决策问题中只包含一个目标的一类决策问题。

在环境管理中，所面对的决策问题往往是多目标决策问题，例如，环境保护的“三同步”方针同时包含了经济建设、城乡建设和环境建设3个目标，“三统一”方针同时包含了经济效益、社会效益和环境效益3个目标，这些目标之间存在着相互制约、相互冲突的关系，有关这类问题的决策就是多目标决策。

还有，中国长江三峡工程的决策问题也是一个典型的多目标决策问题。在三峡工程的决策过程中，要同时考虑到防洪效益、发电效益、淹没损失、工程费用、移民问题、生态保护问题、工程的区域安全问题等7个目标，并且，这些目标有的要求最大值，有的要求最小值，目标之间往往存在着矛盾和冲突。

5）按照决策信息的精确度可分为定性决策和定量决策

定性决策是一种以经验判断为主的决策，而定量决策是一种以量化的信息、数据作为判断依据的决策。在环境管理实践中，关于环境保护的经济政策、产业政策、资源政策等问题的决策基本上是一种定性决策，而关于环境标准的制定、总量目标的制定等问题的决策就是一种定量决策。

以上关于决策的分类是为了便于读者对决策问题形成较全面和深刻的了解。与这些决策类型相对应，存在着各种不同的决策方法。就一般的管理而言，其决策方法有几十种，许多论著都有比较详细的介绍。然而，对于环境管理而言，其有效的、常用的决策方法主要包括德尔菲决策、多阶段决策、多目标决策和非确定型决策。

2. 德尔菲决策

德尔菲决策是在专家会议法基础上创立的一种背对背式的专家咨询法。这种方法克服了专家会议法的许多弊病，比如，由于崇拜权威而导致的一些合理化的建议和意见不能得到很好地发表和采纳；某些到会专家为维护自己所谓的权威而不能正确地对待别人的建议和意见，固执地坚持自己的看法。

1) 德尔菲决策的决策步骤

(1) 由决策者或问题组织者首先确定决策内容、设计咨询表格、收集有关资料。

(2) 确定专家对象和人数，所确定的专家应当具有相关的专业知识，了解统计学和数据处理的方法。

(3) 由问题组织者将表格和要求通过信函寄给有关专家，要求专家在一定时间内将填写好的表格寄回。

(4) 问题组织者对专家反馈回来的意见和判断值进行整理和归纳，并根据意见类型重新设计咨询表格和要求。

(5) 发出第二轮意见表，并发出有价值的补充背景资料，要求专家根据新的信息作出新的判断。如此反复 3 次。

(6) 问题组织者对最终反馈结果进行分析统计，得到预测结果或决策意见。

2) 德尔菲法的决策原则

(1) 坚持征询方式的封闭性原则。在征询专家意见的过程中，自始至终要采用“背对背”的方式，以避免某些权威专家对别人的影响和暗示。

(2) 坚持推迟判断原则。在征询专家意见的过程中，仅要求被征询专家通过表格提出自己的意见和判断值，而不否定和反驳征询内容的其他方面。

(3) 反馈意见的保密性原则。填表过程中，专家们可以向表格设计者索要有关资料，设计者应尽可能予以满足。但有关反馈意见的来源和渠道应对每位专家保密，以避免产生专家之间的交叉影响。

3) 德尔菲决策的应用

德尔菲决策的应用领域非常广泛，在国外倍受决策者的青睐。如在重大的区域经济决策问题、政治决策问题、环境与发展综合决策问题等方面都能找到成功的应用案例。但这种决策方法在中国还没有得到广泛的应用，大多数情况仍采用专家会议法来进行重大问题的决策，人们往往看重人的政治地位、学术权威、社会声望等因素，这在一定程度上影响了人的创造力和智慧的正常发挥，也会影响决策的质量和水平。

3. 多阶段决策

多阶段决策是环境管理中的主要决策方法。在环境保护领域存在着各种各样的多阶段决策问题。例如，我国的“十四五”生态环境保护规划就是一个多阶段决策问题，该目标要通过五个年度计划来实现，每一个年度计划就是一个阶段性目标。这是一个典型的多阶段决策问题，需要通过多阶段决策方法来解决。

1)多阶段决策问题及其决策方法

多阶段决策也叫动态规划方法，是由美国数学家贝尔曼于20世纪50年代提出的，用以解决多阶段决策问题的方法。

在多阶段决策问题中，每个过程可以用各阶段的状态演变来描述，这些状态具有如下的性质：如果给定某一阶段的状态，则在这一阶段以后过程的发展不受以前各阶段状态的影响，只和这一阶段的初始状态和状态演变规律有关，所有的历史只能通过当前的状态去影响它的未来发展。简单地说，就是“将来的情况只和现在的状态有关，而和历史无关。”

多阶段决策有两个重要的原则：①递推关系原则，即对一个多阶段决策系统而言，某一低阶段的状态是在优化的条件下向高一阶段延伸的，即每阶段的决策都是以前一步的决策结果为前提的；②纳入原则，即凡是可以用多阶段决策求解的问题，它的性质和特点不随过程级数的变化而变化。

运用多阶段决策解决多阶段决策问题的基本思路如下：

(1)把研究的问题按时间顺序分解成包含若干个决策阶段的决策序列，并对序列中的每个决策阶段，分配给一个或多个变量(也称为资源)，构成该问题的一个策略。

(2)从整个过程的最后阶段开始，先考虑最后一个阶段的优化问题，再考虑最后两个阶段的优化问题，接着考虑最后3个阶段的优化问题，如此下去，直至求出全过程的最优值。在这一过程当中，每一步决策都以前一步的决策结果为依据。

(3)从整个过程的初始阶段开始，逐阶段确定与整个过程最优值相对应的每个阶段的决策，所有这样的决策组成的策略就是该问题的最优策略。

对于那些本来与时间没有关系的静态模型，只要在静态模型中人为地引进“时间”因素，分成有序阶段，就可以把它当作多阶段决策问题运用多阶段决策方法来决策。

2)最优化原理

用多阶段决策来求解多阶段决策问题，其理论依据是最优化原理。该原理可阐述如下：

一个过程的最优策略具有的性质为：无论其初始状态与初始决策如何，从这一决策所导致的新状态开始，以后的一系列决策也必定构成最优策略。

也就是说，最优策略的子策略相对于子过程而言也是最优的，这一原理对于非线性系统、线性系统、连续控制系统、离散控制系统的多阶段决策问题都适用。

根据这一原理，可以得到求解多阶段决策问题的原则方法，即按序分配法。其决策步骤如下：

(1)确定决策问题的阶段数和状态级数，并确定相应的决策变量和状态变量。

(2)根据已知条件，确定状态转移方程。

(3)确定决策问题的指标函数并建立递推关系式。

(4)画出多阶段决策的动态规划图。

(5)按指标函数的倒序号根据递推关系式逆向逐步求解，直至求出全过程的最优值。

(6)根据最优值从正向逐步确定各阶段的决策，从而求得最优策略，并按正向实施系统控制。

3)多阶段决策的应用

多阶段决策与一般决策方法存在很大差别：①多阶段决策问题没有例行的统一求解方法，必须根据具体情况进行具体分析；②多阶段决策问题与时间有关系，各步决策之间存在着不可逆的“时间顺序”；③多阶段决策把决策问题看成是可以分配的“资源”，遵循按序分配法进行决策。

多阶段决策在环境管理中应用广泛，如流域环境管理决策、多级污水处理决策、总量控制决策、资源(林业资源、草原资源、土地资源、水资源、矿产资源)持续利用决策等，为多阶段决策的应用提供了广阔的实践空间和领域。

4. 多目标决策

多目标决策是环境管理的另一个重要决策方法。

1)多目标决策问题及决策方法

如前所述，在环境管理中存在大量的多目标决策问题，例如，环境与发展综合决策就是一个典型的多目标决策问题，既要考虑到区域的社会、经济发展问题以提高人们的物质生活水平，又要考虑环境保护问题以保持良好的生存环境质量，还要考虑人口控制和资源的持续利用问题以实现区域社会、经济与环境的协调持续发展，这些目标之间充满了种种冲突和矛盾。

这样复杂的问题是其他决策方法所难以解决的，只有依靠多目标决策作出选择，才能有效解决此类决策问题。

2)多目标决策的基本原则

在解决和处理多目标决策问题时，要遵循“化多为少”的原则。即在满足决策需要的前提下，对问题进行全面分析，尽量减少目标的个数。常用的办法有：

(1)对各个目标按重要性进行排序，决策时首先考虑重要目标，然后再考虑次要目标，剔除从属性和必要性不大的目标。

(2)将类似的几个目标合并。

(3)把次要目标转化为约束条件。

(4)在各个目标的函数关系明确的情况下，把几个具有同度量的目标通过加权平均或构成新函数的办法形成一个综合目标。

这样一来，决策者就可以根据需要，将较多的目标转化为较少的目标。当然，哪些目标是重要的，哪些目标是次要的，如何进行转化或合并，不同的决策者会有不同的选择和判断。因此，多目标决策问题含有许多不确定性因素，从决策的内容来看，多目标决策方法是确定型的决策方法，而从决策的结果来看，多目标决策方法又是非确定型的决策方法。

知识拓展

◇知识延伸

环境地理信息系统与环境信息

环境地理信息系统(EGIS)是指利用地理信息系统(GIS)、遥感(RS)和其他信息技术对环境数据进行处理、分析的一种空间信息系统。

从外部来看，地理信息系统表现为计算机硬件系统，而其内涵是计算机程序和地理数据组织而成的地理空间信息模型，是一个逻辑缩小的、高度信息化的地理系统。

环境地理信息系统(EGIS)是指利用地理信息系统(GIS)、遥感(RS)和其他信息技术对环境数据进行处理、分析的一种空间信息系统。

它是由计算机系统、地理数据和用户组成的，通过对地理数据的集成、存储、检索、操作和分析，生成并输出各种地理信息，从而为各级管理部门和社会提供空间信息服务。将地理信息系统技术应用到环境空间信息的处理和应用中，就产生了环境地理信息系统，环境地理信息系统是GIS技术在环境保护工作中应用的结果，也是地理信息技术与环境科学相结合的产物。

利用环境地理信息系统的数据采集功能，可以提高环境信息获取的效率，方便地将多种数据源、多种类型的环境信息输入数据库系统；利用环境地理信息系统的数据编辑功能，可以通过友好的用户界面对图形和属性数据进行增加、删除、修改，可以进行图形动态拖动、旋转、拷贝、自动建立拓扑关系，并维护图形与属性的对应关系；利用地理信息系统的信息查询功能，可以迅速提供用户所需的各种环境信息(包括空间信息、属性信息、统计信息等)，且查询方式可以是多种多样的，如表达式方式、图形方式、坐标方式、拓扑方式等；利用环境地理信息系统的数据库管理功能，可以自动管理海量环境数据，并进行环境数据库创建、数据库操作、数据库维护等工作，还可以调用任何连续空间的环境数据；利用环境地理信息系统的统计制图功能，可将大量抽象的环境数据变成直观的环境专题地图或统计地图，形象地展示出各种环境专题内容、环境数据空间分布和数量统计规律；利用环境地理信息系统的空间分析功能，可以从环境目标之间的空间关系中获取派生的信息和新知识，以满足环境信息分析的各种实际需要；利用环境地理信息系统的专业模型应用功能，可进行环境预测、评价、规划、模拟和决策。

环境信息一般是指来自环境保护和社会相关部门，采用一定的技术手段或方法采集的反映环境空间系统里环境质量状况、污染物排放、自然生态和环境保护工作等各种数据资料的总体集合。可以被认为是一种已被加工为特定形式的环境数据，或是一组表示数量、行动或目标的可鉴别的符号，它可以是数字、字母或符号，也可以是图形、图像或声音等，并可以按使用目的组织成结构型数据库或非结构型数据库。

环境信息是环境系统受人类活动、外来物质流和能力流作用后的一种反馈，是获得对环境问题和现象及其变化趋势、规律认识的信号，它告诉人们环境系统承受着哪些外来物质和能量流的作用，这种作用的时空分布和系统受作用后主动或被动的响应、修复所处的状态等。环境信息和环境数据不同：环境数据是原材料；环境信息是经过组织加工、处理过的数据，它对环境决策和行为是有价值的，是人类在污染控制和生态保护行动中积累起来的一种宝贵资源财富。

环境信息的种类、数量及其时空分布，与人类社会的发达程度、资源开发利用水平、经济活动对环境作用的范围、程度、频次紧密相关，同时还受到研究地区的自然条件、生态系统结构特征的影响。环境信息除了具有一般信息的基本属性外，还特别具有社会性、地区性、综合多样性、从量变到质变的时间连续性及变化的随机性。

在环境信息的诸多属性中还有一个非常突出和重要的特性，即空间性。据统计，环境信息85%以上都与空间位置有关，我们把具有空间属性的环境信息称为环境空间信息。随着全球性环境的日益恶化和环境保护工作的不断发展，人们已经越来越认识到环境空间信息的重要性，也不断对环境空间信息的获取、传输、管理、加工等提出新的更高的要求，开发能够全面、及时、准确、客观地掌握和处理环境空间信息的计算机系统。环境地理信息系统恰恰是分析和处理环境空间信息最有效的工具。

课程思政

科学技术是先进生产力的集中体现和主要标志。科技进步和创新是发展生产力的决定因素，且最重要的是坚持创新。创新是民族进步的灵魂，是国家兴旺发达的不竭动力。科学的本质是创新，创新的关键在人才，人才的成长靠教育。人才资源是第一资源。科学技术实力和国民教育水平，始终是衡量一个国家综合国力和社会文明程度的重要标志，也是每个国家走向繁荣昌盛的两个重要影响因素。

复习思考题

1. 环境管理的技术手段有哪些？
2. 环境监测的质量保证包括哪些环节？
3. 如何加强环境监测管理？

4. 环境标准的主要作用是什么？我国环境标准体系由哪些类型的标准组成？

5. 登录中华人民共和国生态环境部官网，收集我国最新制定的环境标准。

6. 怎样理解环境管理统计指标的含义？查找我国近年的《中国环境统计年鉴》，归纳我国环境统计的相关指标。

7. 什么是环境规划，环境规划的主要特点是什么？

8. 环境规划在环境管理中的作用是什么？

第4章　区域环境管理

由于城市、农村等区域与我们的日常生活密切相关，区域环境就成为大多数人了解、认识和探究环境问题的起点，因而也成为环境管理工作的起点。同时，由于区域环境是各种环境物质流汇通、融合、转换的场所，废弃物环境管理、企业环境管理、自然资源环境管理的目标、政策和行动，必须关注对区域环境造成的影响和所受到的制约。

区域环境问题错综复杂，不同的区域环境问题类型决定了其不同内容的区域环境管理。环境问题与自然环境及经济状况有关，存在着明显的区域性特征，因地制宜的加强区域环境管理是环境管理的基本原则。如何根据区域自然资源、社会、经济的具体情况，选择有利于环境的发展模式，建立新的社会、经济、生态环境系统，是区域环境管理的主要任务。我国已有一定范围内的区域环境管理或合作的尝试，包括流域管理和泛珠三角环境区域管理合作，还有服务于区域环境政策实施推动及污染纠纷解决等事项的区域督查中心，取得了推动区域监测、促进信息收集与共享等方面的初步成效。

本章重点介绍我国城市、农村、流域的环境管理发展现状，并探讨区域开发行为的环境管理，分析城市、农村、流域环境管理的途径及对策。

第1节　城市环境管理

一、城市环境与城市环境问题

1. 城市与城市化

城市是人类为利用和改造环境而创造出来的一种高度人工化的地域，是人类经济活动集中、非农业人口大量聚居的地方；是以空间和环境利用为基础，以聚集经济效益为特点，以人类社会发展为目的的一个集约人口、经济、科学文化的空间地域，是一个复杂的巨系统。城市包括自然生态系统、社会经济系统与地球物理系统，这些系统相互联系、相互制约，共同组成庞大的城市系统。

城市环境中的自然生态系统是不独立和不完全的生态系统(系统内生产者有机体不足，

分解者有机体严重匮乏，能量和物质靠外部输入)，社会经济系统起着决定性的作用。从系统的角度看，所谓城市环境管理就是通过调整城市中的物质流和能量流，使城市生态系统得到良性运行。在1800年，全球仅有2%的人口居住在城市。随着城市化(在我国称“城镇化”)的迅速发展，城市人口比重越来越高。进入21世纪初，全球人口近一半以上生活在城市地区，到2010年达到了55%，到2025年这个比例预计将超过2/3。按照世界银行公开的信息，2018年全球各类型国家的城镇人口比例中，高收入国家的城镇人口平均比例为81%，中高等收入国家(又叫中等偏上收入国家)的城镇人口比例平均为66%。

近年来，我国城镇化率持续增长，推动农村人口涌向城市，农村居住人口和农业从业人员数量大幅下降。中国城市化率从1990年的26.44%持续上升到2019年的60.60%，与发达国家还有一定距离，但远超同期印度水平。未来几年，中国城镇化率将持续增长，城镇化的速度将继续平稳下降，预计到2035年，中国城镇化比例将达到70%以上。

2021年3月5日召开的十三届全国人大四次会议上，国务院总理李克强在政府工作报告中指出，“十四五”期间，深入推进以人为核心的新型城镇化战略，加快农业转移人口市民化，常住人口城镇化率提高到65%，发展壮大城市群和都市圈，实施城市更新行动，完善住房市场体系和住房保障体系，提升城镇化发展质量。

可见，城市化是人类社会现代化进程中的产物。城市作为一种特殊的人类活动区域，在显示出对经济发展和社会进步巨大推动作用的同时，也不断暴露出一系列由它引发的环境问题，特别是快速的城市化经常会导致基础设施服务质量低下，环境状况变差，公共健康成本大幅增加。因此，有必要把城市环境管理作为一个专门问题进行研究。

2. 城市环境与城市环境问题

1)城市环境与城市环境效应

快速城市化的结果是非常严重的，尤其是在发展中国家。在快速的城市增长和城市人口增加的同时，食品、住宅和服务短缺，并由此形成城市的不健康生活环境。城市利用和消耗着大量自然资源，相应地产生大量的污染物，超过了城市环境自身及其周围的净化能力，从而使城市环境受到了严重的破坏。随着城市化水平的快速提高和城乡一体化进程的逐步加快，我国城市环境问题日益复杂，城市人口、资源与能源消耗将持续增长。城市在整个国民经济中占有十分重要的地位。城市化水平的快速提高和城市经济的持续快速增长，给城市带来了巨大环境压力。

城市环境指影响城市人类活动的各种自然的或人工的外部条件。用生态学的观点来研究城市环境，主要内容有3项：①人口、经济和自然环境的关系；②自然资源的开发和利用；③污染物的排放、控制和治理。城市环境包括城市自然环境和城市人工环境，前者是城市赖以存在的地域条件，后者是实现城市各种功能所必需的物质基础设施。狭义的城市环境主要指物理环境，广义的城市环境除了物理环境外还包括人口分布及动态、服务设施、娱乐设施、社会生活等社会环境，资源、市场条件、就业、收入水平、经济基础、技术条件等经济环境，以及风景、风貌、建筑特色、文物古迹等景观环境(美学环境)。

城市社会环境为满足人类在城市中的各类活动提供条件；城市经济环境反映城市经济发展的条件和潜势；城市景观环境(美学环境)则是城市形象、城市气质和韵味的外在表现和反映。

环境效应指在人类活动或自然力作用于环境后所产生的各种效果在环境系统中的响应。城市环境效应则是城市人类活动给自然环境带来一定程度的积极影响和消极影响的综合效果，主要包括：

(1)污染效应。污染效应指城市人类活动给城市自然环境所带来的污染作用及其效果。城市环境的污染效应一定程度上受城市所在地域自然环境状况的影响，此外，城市性质、规模、城市产业结构及城市能源结构类型等都在一定程度上影响了城市污染效应的状况。

(2)生物效应。生物效应指城市人类活动给城市中除人类之外的生物的生命活动所带来的影响。当今世界上，城市人类以外的生物有机体大量地、迅速地从城市环境中减少、退缩以致消亡，这是城市化以及城市人类活动对城市各类生物的冲击所致，也是城市生态恶化的重要原因之一，以及目前城市环境生物效应的主要表现。但是，城市环境的生物效应并非总是对生物不利，在采取有效措施后，各类生物还是能与城市人类共存共生的。

(3)地学效应。地学效应指城市人类活动对自然环境(尤其是与地表环境有关的方面)所造成的影响，例如，土壤、地质、气候、水文的变化及自然灾害等，城市热岛效应、地面沉降、地下水污染也都属于城市环境的地学效应。

(4)资源效应。资源效应指城市人类活动对自然环境中的资源，包括能源、水资源、矿产、森林等的消耗作用及其程度。城市环境的资源效应体现在城市对自然资源的极大的消耗能力和消耗强度方面，反映人类迄今为止具有的以及最新拥有的资源利用方式，城市人类对此具有不可推卸的责任。

(5)美学效应。城市中人类为满足其生存、繁衍、活动之需，构筑了各种人工环境，并形成了形形色色的景观。这些人工景观在美感、视野、艺术及游乐价值方面具有不同的特点，对人的心理和行为产生潜在的影响。城市环境的美学(景观)效应是包含城市物理环境与人工环境在内的所有因素的综合作用的结果。

2)城市环境问题

城市是人类社会政治、经济、文化和科学教育的中心。城市化水平的高速发展给城市环境系统带来了巨大的压力，这是城市环境质量恶化的根本原因。

近些年来，随着我国环境保护工作的开展，系列环境保护法律法规的实施，城市环境现状有所改善。

(1)城市大气环境污染。

2019 年，全国 337 个地级及以上城市平均 $PM_{2.5}$浓度为 36μg/m^3，同比持平；平均 PM_{10}浓度为 63μg/m^3，同比下降 1.6%；平均空气质量优良天数比例为 82.0%；环境空气质量达标的城市占全部城市数的 46.6%。

2019 年，京津冀及周边地区“2+26”城市平均空气质量优良天数比例为 53.1%；平均 $PM_{2.5}$浓度为 57μg/m^3，同比下降 1.7%。北京优良天数比例为 65.8%；平均 $PM_{2.5}$浓度为 42μg/m^3，同比下降 12.5%。长江三角洲地区 41 个城市平均空气质量优良天数比例为 76.5%；平均 $PM_{2.5}$浓度为 41μg/m^3，同比下降 2.4%。汾渭平原 11 个城市平均空气质量优良天数比例为 61.7%；平均 $PM_{2.5}$浓度为 55μg/m^3，同比上升 1.9%。

2019 年，全国 469 个监测降水的城市(区、县)中，酸雨频率平均为 10.2%，同比下降 0.3 个百分点；降水年均 pH 值范围为 4.22~8.56；酸雨城市比例为 16.8%，同比下降 2.1 个百分点。酸雨类型总体仍为硫酸型。酸雨区面积约 47.4km^2，约占国土面积的 5.0%，同比下降 0.5 个百分点，主要分布在长江以南、云贵高原以东地区，主要包括浙江、上海的大部分地区，以及福建北部、江西中部、湖南中东部、广东中部和重庆南部。

2020 年，全国 337 个地级及以上城市平均空气质量优良天数比例为 87.0%，同比上升 5.0 个百分点。202 个城市环境空气质量达标，占全部地级及以上城市数的 59.9%，同比增加 45 个百分点。平均 $PM_{2.5}$浓度为 33μg/m^3，同比下降 8.3%；平均 PM_{10}浓度为 56μg/m^3，同比下降 11.1%。京津冀及周边地区“2+26”城市平均空气质量优良天数比例为 63.5%，同比上升 10.4 个百分点；平均 $PM_{2.5}$浓度为 51μg/m^3，同比下降 10.5%。北京空气质量优良天数比例为 75.4%，同比上升 9.6 个百分点；平均 $PM_{2.5}$浓度为 38μg/m^3，同比下降 9.5%。长江三角洲地区 41 个城市平均空气质量优良天数比例为 85.2%，同比上升 8.7 个百分点；平均 $PM_{2.5}$浓度为 35μg/m^3，同比下降 14.6%。汾渭平原 11 个城市平均空气质量优良天数比例为 70.6%，同比上升 8.9 个百分点；平均 $PM_{2.5}$浓度为 48μg/m^3，同比下降 12.7%。

2020 年，全国 465 个监测降水的城市(区、县)中，酸雨频率平均为 10.3%，同比上升 0.1 个百分点；降水年均 pH 值范围为 4.39~8.43；酸雨城市比例为 15.7%，同比下降 1.2 个百分点；较重酸雨(降水平均 pH 值低于 5.0)城市比例为 2.8%，同比下降 1.7 个百分点；重酸雨(降水平均 pH 值低于 4.5)城市比例为 0.2%，同比下降 0.2 个百分点。酸雨类型总体仍为硫酸型。全国出现酸雨的区域面积约为 46.6 万 km^2，约占国土面积的4.8%，同比下降0.2个百分点。主要分布在长江以南、云贵高原以东地区，包括浙江、上海的大部分地区，以及福建北部、江西中部、湖南中东部、广东中部、广西南部和重庆南部。

(2)城市水环境污染。

中国城市地面水污染普遍严重，主要是城市工业和生活污水直接排入水体造成的。2015年，我国实施《水污染防治行动计划》。2018年《中华人民共和国水污染防治法》修正版实施。这一系列工作使得我国城市环境水污染情况有所缓解。

2020年，1940个国家地表水考核断面中，水质优良(Ⅰ~Ⅲ类)断面占比为83.4%，同比上升8.5个百分点；劣Ⅴ类断面占比为0.6%，同比下降2.8个百分点。主要污染指标为化学需氧量、总磷和高锰酸盐指数。2020年年底，我国实现城镇污水处理设施全覆盖，城市污水处理率达到95%。

(3)城市固体废弃物污染。

城市固体废弃物主要是工业废渣和生活垃圾。随着人口增长和经济发展，工业固体废弃物和生活垃圾还将日益增多，这些固体废弃物的堆放、处理不仅要占用大量城市和农村用地，加剧已经非常紧张的人口与居住、绿地和城市空间之间的矛盾，同时，固体废弃物的处置还会给地下水、地表水、空气带来严重的二次污染。

数据显示，2015~2018年，我国主要固体废弃物中，一般工业固体废弃物产生量最大。2018年，我国大中城市一般固体废弃物产生量为15.5亿吨，同比增长18.32%。

2019年6月，住房和城乡建设部等9个部门在46个重点城市先行先试的基础上，印发了《关于在全国地级及以上城市全面开展生活垃圾分类工作的通知》，决定自2019年起，在全国地级及以上城市全面启动生活垃圾分类工作。2019年，上海首先作为试点城市，全面实施城市居民生活垃圾分类。2020年，全国新增46个城市进行垃圾分类。

(4)城市噪声环境质量状况。

2020年，我国开展昼间区域声环境监测的324个地级及以上城市等效声级平均为54.0dB。其中，14个城市昼间区域声环境质量评价等级为一级，占4.3%；215个城市为二级，占66.4%；93个城市为三级，占28.7%；2个城市为四级，占0.6%。开展昼间道路交通声环境监测的324个地级及以上城市等效声级平均为66.6dB。其中，227个城市昼间道路交通声环境质量评价等级为一级，占70.1%；83个城市为二级，占25.6%；13个城市为三级，占4.0%；1个城市为四级，占0.3%。开展城市功能区声环境监测的311个地级及以上城市中，各类功能区昼间达标率为94.6%，夜间达标率为80.1%。

(5)其他城市环境问题。

①城市地面沉降加剧。在快速城市化进程中，城市地面沉降问题日益突出，东部地

区的大城市更是如此。据调查，我国有50多个城市不同程度地出现了地面沉降和地裂缝灾害，沉降面积扩展到$9.4 \times 10^4 km^2$，出现地下水降落漏斗180多个，发生岩溶塌陷1400多起，海水入侵面积逐年扩大。以上海为例，20世纪90年代以来，上海的高楼数量迅速增加，地表不堪负荷，加之长期存在的地下水超采问题，导致陆地沉降现象日益严重，平均每年下沉1cm，已经影响到了地铁和高层建筑的安全。此外，长江三角洲、环渤海地区的整体情况也基本相当。②突发事件引发的环境危机。近年来，由突发事件引发的环境危机屡屡出现，已成为对城市可持续发展的重大威胁。2004年2月的四川沱江特大污染事件，氨氮含量超标数十倍的废水导致沱江流域严重污染，下游部分城市停水，逾百万人受影响，成为唐山大地震之后，我国持续时间最长、面积最大的一次城市停水事件。2009年1月，山东含砷污水下排造成部分河道砷含量严重超标，造成江苏邳州境内邳苍分洪道、武河、沙沟河、城河等多条河道水质砷超标，严重影响流域内50万群众的生命健康和生产生活。除上述两项外，常见的城市环境问题还有城市土地占用、城市电磁辐射、建筑过密、光污染、城市生活垃圾污染等。

二、城市环境管理

1. 城市环境管理的机构

城市各级人民政府是城市环境保护和环境管理的责任主体。根据中国环境保护目标责任制，城市各级人民政府对本辖区的环境质量负责，以签订责任书的形式，具体规定市长、县长在任期内的环境目标和任务，将环境保护作为一项重要指标纳入领导干部政绩考核体系中。各级城市人民政府中的环境保护局是环境管理的主管机构，同时，城市中的水务、农业、市容和环境卫生、园林、车辆管理等部门参与各部门业务相关的环境管理工作。

2. 制定城市环境规划

制定城市环境规划是城市环境管理最主要的工作之一。它不仅是城市环境管理工作的总体安排和工作依据，也是城市国民经济和社会发展总体规划的重要组成部分。城市环境规划的内容主要有以下几个方面：

(1)制定城市环境保护和可持续发展的目标。

根据城市生态环境特点、城市经济社会发展需要和面临的主要环境问题，提出城市环境保护工作的总体要求及各个阶段的工作目标。这些目标有的以定性描述为主，提出环境保护的总体要求和目标，也有的用定量化的指标体系规定在今后一个时期环境保护要达到的目标，常见的定量化目标包括环境质量指标、污染物排放指标等。

(2)城市环境现状调查和预测。

环境现状调查包括城市自然和社会条件、土地利用状况、环境质量现状、污染物排放现状、生态环境现状和环境基础设施建设现状，也包括正在实施和已经批准实施的城市各项规划的情况，主要包括城市总体规划，以及水利、交通、农业和工业等各专项规划。环境预测是在环境现状调研的基础上，预测未来一段时间内污染物排放量的变化情况等，以供规划参考。

(3)城市环境功能区划。

城市环境功能区划包括城市环境总体功能区划和大气、水体、噪声等环境要素的功能区划，还包括饮用水源保护区、自然保护区及环境敏感区等特殊区域的环境功能区的划定。

(4)制定环境规划方案。

环境规划方案一般包括水环境规划、大气环境规划、固体废弃物规划、噪声规划、工业污染控制规划、农业污染控制规划、生态环境规划等内容。

(5)制定规划方案实施的各项政策保障和管理措施。

3. 实施环境保护综合决策

环境与发展综合决策，是指在决策过程中对环境、经济和社会发展进行统筹兼顾、综合平衡、科学决策，正确处理环境与发展决策，贯彻可持续发展战略，把经济规律和生态规律结合起来，对经济发展、社会发展和环境保护统筹规划，合理安排，全面考虑，实现最佳的经济效益、社会效应和环境效益。实施环境与发展综合决策要求各级领导干部必须把环境保护意识贯穿于领导决策的全过程。

环境与发展综合决策集中体现现代行政决策的发展趋势，它具有多学科、多领域、多政策、交叉性、渗透性、综合性的特征；具有更大的信息吞吐量；具有多目标多功能综合决策的性质；着眼于更加广阔的背景；强调公众参与性和决策的民主化、科学化。从2005年8月开始，原国家环境保护总局在全国范围内启动了典型行政区、重点行业和重要专项规划3种类型的规划环境影响评价试点，规划环境影响评价在推进综合决策、经济与环境协调发展等方面的作用已经初步显现。

4. 城市环境质量管理

1)污染物浓度管理

污染物浓度管理指控制污染源的排放浓度，其依据为各种污染物的排放标准。例如，《污水综合排放标准》、《医疗机构水污染物排放标准》和《大气污染物综合排放标准》等。在水环境中，常用的单项指标有pH值、水温、色度、臭味、溶解氧量、生化需氧量、化学需氧量、挥发酚类含量、氰化物含量、大肠杆菌含量、石油类含量、重金属类含量等；在大气环境中，常用的单项指标有颗粒物含量、二氧化硫含量、氨氧化物含量、烃类含量、一氧化碳含量等。

污染物指标管理和排污收费制度相结合，构成了中国城市环境管理的一个重要方面。这种管理方法对于控制环境污染，保护城市环境发挥了很大的作用。

2)污染物总量管理

为了确保环境质量，严格控制环境中污染物的排放，除了要符合污染物排放标准外还必须满足污染物总量管理。

污染物总量管理指对污染物的排放总量进行控制。污染物总量包括地区的、部门的、行业的，以至企业的污染物排放总量。

污染物总量管理，是建立在环境容量这一概念的基础之上的。环境所能接受的污染物限量或忍耐力极限，一般称为环境容量，即单元环境中某种污染物质的最大允许容纳量。

由于一个地区的某种污染物的排放源不止一个，因此污染物总量管理的关键是正确分配和合理调配排污量。在实际管理工作中，污染物总量控制管理包括如下内容：

(1)排污申报。向环境中排放污染物的单位要向当地环境保护部门提出排污申请。申请中应注明每个排污口排放的污染物、浓度及削减该污染物排放的具体措施、完成年限。重点排放污染物的单位按要求填写排污月报。

(2)总量审核。首先由当地环保部门按照污染物排放总量控制的要求，核定排污大户和各地区允许排放的污染物总量，然后由下一级政府的环保部门核定辖区范围内其他排污单位的允许排污量。

(3)颁发排放许可证和临时排放许可证。根据地区排放总量的分配方案，由当地环保部门向排污单位发放排放许可证，并对排污单位进行不定期的抽查。对排污量超过排放许可证规定指标的单位，予以处罚。

5. 城市环境综合整治及其定量考核制度

城市环境综合整治，就是把城市环境作为一个整体，运用系统工程和城市生态学的理论和方法，采取多功能、多目标、多层次的措施，对城市环境进行规划、管理和控制，以保护和改善城市环境，旨在以最小的投入换取城市质量优化，做到经济建设、城乡建设、环境建设同步规划、同步实施、同步发展，从而使复杂的城市环境问题得以解决。这项制度要求对环境综合整治的成效、城市环境质量，制定量化指标，并进行考核，每年评定一次城市各项环境建设与环境管理的总体水平。

6. 创建国家环境保护模范城市活动

国家环境保护模范城市是原国家环境保护总局根据《国家环境保护“九五”计划和2010年远景目标》提出的。为了进一步加强城市环境保护，规范国家环境保护模范城市创建与管理工作，制定了《国家环境保护模范城市创建与管理工作办法》，2011年1月27日发布之日起施行。在已具备全国卫生城市资格、城市环境综合整治定量考核和环保投资达到一定标准的基础上才能有条件创建。国家环境保护模范城市是全国城市科学发展的杰出代表，是国际社会可持续发展城市的优秀典范，是全国在强化城市环境保护工作、推动经济发展方式转变、构建和谐社会等方面发挥积极示范作用的模范。

环境保护模范城市的考核指标包括社会经济、环境质量、环境建设、环境管理4个方面。其主要标志是：社会文明昌盛，经济快速发展，生态良性循环，资源合理利用，环境质量良好，城市优美洁净，生活舒适便捷，居民健康长寿。

创建国家环境保护模范城市活动，是上、下级政府之间加强城市环境管理的一种鼓励性和自愿性的重要政策方法。其主要程序为：首先，由设市城市人民政府自愿申报，提交申报材料，并制定“创模”工作规划，实施“创模”工作。其次，生态环境部适时组织调研、指导、考核和验收，其内容包括：①听取城市政府的工作汇报和技术报告；②对考核指标进行现场抽查；③审查创模工作的技术报告、档案资料和原始记录；④进行环境满意率的公众问卷调查(调查人数不少于该城市城区人口总数的千分之一，由考核组任意抽取)。再次，依次执行通告公示、审议命名、授牌表彰及定期复查等程序。

生态环境部还鼓励已经取得“国家环境保护模范城市”称号的城市政府采取自愿承诺的方式，每年解决一批在本市发展中出现的或市民关心的城市环境重点问题。

第2节　农村环境管理

一、农村环境与农村环境问题

农村是主要从事农业生产活动的农民的聚居地。农村环境是与城市环境相对而言的，是以农民聚居地为中心的一定范围内的自然及社会条件的总体。

1. 农村环境

农村是与城市相对应的一种地域概念，它包括自然、社会、经济等各个方面，是进行农业生产、发展乡镇工业的基地。对于农村环境概念的理解既可以是广义的，也可以是狭义的。狭义的农村环境指乡村、田园、山林和荒野，广义的则还包括小城镇。不论是广义还是狭义的理解，农村环境都与城市环境有很大差异，也与纯粹的自然环境有很大的不同。国家统计部门在进行人口统计时习惯上把城市和县城以外的行政区域统称为农村。随着各国经济的快速发展，人们不断认识到农村不仅是生产粮食的空间，更是人们休憩的空间，是自然生态维护的场所，因此农业生产、农村生活与自然生态的密切配合，是农村应有的基本功能。

农村环境是农村经济乃至城市经济发展的物质基础，它是农村居民生活和发展的基本条件，具有村野、乡居兼有的景观特色。然而，大、中城市近处的村镇，不少都是城市污染工业的扩散地，因而环境污染更为突出。

农村环境包括农业生产环境、农村生态环境和农民生活环境。主要功能有：农村环境是农业生产的基础，农业环境是农村居民进行生产的自然根基；农村环境是整个生态环境的重要构成部分，农业环境是自然环境的重要构成部分，并且农村环境和农业环境还具有消纳污染物的功能；农村环境是农民生活的物质基础，也是农民进行社会活动的主要场所。发达国家处于城市化后期或逆城市化时期，城市突出的居住与环境问题导致越来越多的居民重返生态环境优美的乡村，保护乡村生态及文化成为发达国家乡村建设的重点。而发展中国家处于快速城市化阶段，农村人口的流失、耕地的抛荒成为主要问题，因此，改善农村的生活环境和发展农村产业成为发展中国家乡村建设的重点。我国农村地区出现了农村工业化、农业副业化、村镇发展无序化、离农人口“两栖化”等现象。农村居民点也存在许多问题，例如，空置、闲置多，利用率低；扩张无序、布局散乱，缺乏有效管理；村貌“旧、脏、乱、差”，缺乏配套设施，等等。庞大的农村人口、缺乏规划管理的村貌及日益扩大的城乡差距，使得农村问题成为我国现代化发展最基本的瓶颈之一，也是我国国情的一个重要方面。

以农田环境为主体的狭义农村环境，因大量农业生产新技术的不断引入，逐渐成为受人类活动影响越来越大的一种人工生态系统和天然生态系统所构成的复合生态系统。小城镇虽然与传统农村有所区别，但它或与乡村紧密相连，或与田园交错，是农村生态系统的一个组成部分，具有村镇环境与农田环境间杂的特点。

2. *农村环境问题*

随着世界人口的快速增长和生活水平的快速提高，人们对农产品总量、种类和质量的要求不断提高，由此带来的高强度农业生产方式在很多国家和地区都造成了比较严重的农药化肥污染、区域生态破坏及土地退化等环境问题。在一些发展中国家，由于农村地区的环境与发展失衡，还形成了“贫穷→人口增加→环境退化→贫穷”恶性循环，更加重了对当地农村环境的破坏程度。

农村环境问题是指农村居民在从事农业、工业等生产过程中，以及在日常生产中所造成的破坏农村生态环境或者污染农村环境的现象。农村环境保护机构缺失，环境保护基础设施不足，治理模式不适用，治理技术落后，资金来源不足，导致治理效率低下或治理不力；而农村居民环境意识淡薄也是造成我国农村环境污染的原因之一。各种农村环境污染不仅威胁到了数亿农村人口的健康，而且最终又会通过水源污染、大气污染和食品污染等渠道影响到城市环境。因此，农村地区作为公众食品源的主要提供地，农村污染加重，会危及我们所有人的生命安全。

1) 我国农村地区的突出环境问题

(1) 农村饮用水仍存在安全隐患。全国仍有 3 亿多农村人口的饮用水达不到安全标准，其中，因环境污染造成饮用水不安全的人口数量达9000 多万。有相当比例的农村饮用水源地没有得到有效保护，污染治理不力，监测监管能力薄弱。

(2)小城镇与农村聚居点产生大量生活污染。生活垃圾随意倾倒、随地丢放、随意排放现象比较普遍。

(3)面源污染日益突出。我国是世界上化肥、农药使用量最大的国家，流失的化肥和农药造成了地表水富营养化和地下水污染。

(4)畜禽养殖污染日益加重。畜禽粪便年产生量大，规模化畜禽养殖场仍缺少污染治理设施。

(5)农村工矿污染突出。乡镇企业布局分散，工艺落后，绝大部分没有污染治理设施，造成了严重的环境污染。城市工业污染转移加剧，许多大、中城市郊区与农村成为城市生活垃圾及工业废渣的存放地。

(6)农村生态破坏严重。目前，我国农村还存在大量掠夺式的采石开矿、挖河取沙、毁田取土、陡坡垦殖、围湖造田、毁林开荒等行为，很多生态系统功能遭到严重损害。

2)农业生产活动对农村环境的影响

我国人多地少，施用化肥、农药成为提高土地产出水平的重要途径。化肥利用率低、流失率高，不仅导致农田土壤污染，还通过农田径流造成了对水体的有机污染、富营养化污染甚至地下水污染和空气污染。

由于大棚农业的普及，地膜污染也在加剧。我国的地膜用量和覆盖面积已居世界首位。随着中西部农业现代化的发展，这类污染也在中西部粮食主产区普遍出现。

3)乡镇企业污染对农村环境的影响

随着乡镇工业的发展，我国乡镇企业污染呈现上升的趋势，所造成的环境问题越来越严重。乡镇企业数量多、规模小、布点分散、行业复杂，必须给以充分的注意。

(1)乡镇企业因布局不当、治理不够而产生了大量工业污染。由于乡镇工业布局分散、生产工艺落后、生产设备简陋、资源浪费严重，加之乡镇环境管理力量薄弱、环境执法力度不够，从客观上加速了乡镇环境问题的产生与发展。乡镇企业要加快向各类工业园区和工业集中区集中，实行污染集中控制、集中处理、集中监管，避免出现“村村点火、到处冒烟”的现象。

(2)城市工业污染向农村转移趋势加剧。许多资源消耗大、环境污染严重的生产项目，如“15小”建设项目从经济较发达的东部沿海地区转移到落后的中、西部地区，从城市转移到乡镇和农业地区；许多属于国家明令禁止或淘汰的生产技术和设备以较低的价格销售到乡镇企业；生活和工业“三废”向农村转移；大量的城市工业垃圾、生活垃圾转移到乡镇区域。为解决上述问题，我国于1997年6月和1999年7月先后发布了《第一批严重污染大气环境的淘汰工艺与设备名录的通知》和《第二批淘汰落后生产能力、工艺和产品的目录》来防止污染转嫁。

(3)乡镇企业本身环境管理难度大。由于排污地点分散，单一生产单位排污量较小；转产频繁等原因，使得乡镇企业较难监管。而8项环境管理制度的执行成本相对都较高，对单个乡镇企业管理的“投入产出比”相对较小。

(4)乡镇企业污染对农业的危害。乡镇企业生产排放的污染物和污染因素(如废气、废水、废渣、粉尘、噪声等)，对农业生产有影响。大量的含硫废气排入环境，造成农作物大量减产，给农业生态环境造成了持久的影响。有的炼硫区已停产了多年，但农业生态环境还迟迟不能改善。此外，水泥厂、玻璃厂、陶瓷厂生产过程中排出的粉尘对农作物和林木也有严重的危害，乡镇工业及各类矿产资源开发企业排放的废水也会造成农业水环境污染。废水危害较严重的有化肥、化工、酿造、屠宰、冶炼、铸造、造纸、印染、电镀、化工和食品加工业等行业。乡镇工业占地还导致耕地减少——由于采掘方法落后，矿石、废石、尾矿大量产生，有的向湖泊、江河、洼地倾倒，有的占用了大量农田。

二、农村环境管理

1. 农村生活环境

农村环境污染具有主体分散，位置、途径、数量随机性大，分布范围广，防治难度大，排污不确定性强，不易进行环境监测等特点。这使得对农村环境污染的管理难度大、成本高。另外，农村区域单位面积上的污染负荷相对较小，但污染积累到临界点后，会使农村环境甚至整个生态环境发生突如其来的“病变”。

保护农村环境、对农村环境进行管理就是指运用行政、法律、经济、教育和科学技术手段，来约束和规范农村居民点的生产和生活方式，在保证农村环境的基础上，通过全面规划使经济发展与环境相协调，最大可能地实现环境保护和经济发展的双赢。我国对开展农村环境综合整治的村庄实行“以奖促治”；对通过生态环境建设达到生态示范建设标准的农村实行“以奖代补”。这一政策实施以来，农村环境综合整治取得了明显成效。

2. 农业环境管理

农业环境问题产生的原因多种多样，一部分是在农业自身发展过程中产生的，另一部分是由于乡镇工业和城市工业发展所产生的。开展农业环境综合治理就要采取有针对性的对策和措施，通过强化环境管理，有计划、有重点、分阶段地解决环境问题。

1)制定农业环境保护规划

以县为主体、以行政乡镇为环境区划实施单位，制定各乡镇的农业环境综合治理目标和措施，作为农业环境保护规划。属于国家环境保护重点流域或区域内的农业地区，制定环境保护规划的过程中，要结合本地区的农业环境问题特点，以流域或区域环境规划为指导。

2)加强农业水源保护

开展农业水环境综合治理是一项复杂的系统工程，需要工农业、林业等各个领域相互配合，采取多层次、综合性对策和措施。要加强重点饮用水源地、农业地区地下水和生产水源保护，实现工业废水达标排放，以确保达到水环境保护功能分区所要求的工业用水、渔业用水、游乐用水和农业灌溉用水标准。

3)加强土壤污染防治

土壤污染是指工业污水、农药、化肥和固体废弃物所造成的污染。防治工业污水对土壤的污染，主要措施是控制污水灌溉。防治化肥对土壤的污染，要推广科学施肥和秸秆还田技术，提倡和鼓励农民施用有机肥料，提高土壤肥力，加强对作为农田肥料提供的城市垃圾堆肥、污泥的监测和监督管理，避免二次污染。运用行政、经济和教育手段控制农用地膜对土壤的污染。对固体废弃物的堆放和处理实施严格管理，对垃圾场和填埋场的征地与建设实行严格的土地审批与环保审批制度。

4)加强农田秸秆禁烧管理

农民通过原始的燃烧方法处理农作物秸秆，会造成局部的大气污染，且对航空、公路和铁路交通运输安全构成了威胁。因此，要加强农田秸秆禁烧的环境监督管理，设立当地的秸秆禁烧区域。此外，还要大力推广机械化秸秆还田、秸秆气化、秸秆饲料开发、秸秆微生物高温快速沤肥和秸秆工业原料开发等多种形式的综合利用技术。

5)农业的可持续发展

现代化农业的不合理发展使我们在资源和环境方面都付出了惨痛代价，而生态农业则是一种可持续发展的农业模式。生态农业可以推进区域农业可持续发展的综合管理，调整优化农业结构，提高食物生产和保障食物安全，保护、合理利用与增殖自然资源，提高生物能的利用率和废物循环转化率，防治污染，扭转生态恶化局面，建立农业环境自净体系。

6)加强农业环境法制建设

在农村地区，人们的环境保护意识和环境保护法制观念淡薄，往往仅把环境污染和生态破坏的行为看成一种经济违规行为。为了提高人们依法保护环境的自觉性，应加强农业环境保护立法，加大环境保护执法力度，加强环境保护法制教育。这样才能有效遏制砍伐森林、浪费和破坏土地资源等违法行为，实现人们在环境保护问题上行为与动机的统一。

3. 乡镇企业环境管理

我国乡镇地区工业污染防治的基本目标是以建设社会主义新农村为根本出发点，严格控制乡镇地区工业污染加剧的趋势，改善农村环境质量，使乡镇地区工业污染防治取得初步成效，环境监管能力得到加强，公众环保意识得到提高，农民生活与生产环境得到改善，为构建社会主义和谐社会提供环境安全保障。

不同类型农村产业集聚带来的生活和工业复合污染问题对农村居民健康带来了严重威胁。近年来，因污染引发的民事纠纷事件呈上升趋势，环保纠纷已成为继征地、拆迁之后又一影响社会稳定的新问题。为此，我国乡镇地区工业污染防治需解决如下问题：

(1)开展对乡镇地区工业污染的专项调查，集中治理一批环境违法行为和污染企业。全面摸清我国乡镇工业污染现状与特点。对重点地区、重点行业乡镇工业污染行为进行清理整顿，关停严重污染企业，淘汰污染严重的生产项目、工艺、设备，逐步开展对乡镇工业污染源的综合整治工作。

(2)建立科学严谨的乡镇工业污染防控体系。采取措施加强农村工业污染防治工作，建立全方位的污染防控体系。适时建立乡镇地区工业污染源调查和抽查机制。严格执行工业企业污染物达标排放和污染物总量控制制度。推进污染集中治理，引导企业向小城镇、工业小区适当集中，对污染实行集中控制。加强农村建设项目环境管理，严格执行环境影响评价和“三同时”制度，严格遵守环境准入标准，防止城市污染向农村转移，坚决制止在农村地区建设“高耗能、高耗水、高污染”项目。严格执行产业政策和环境保护标准，防止城市污染严重的企业向农村地区转移。加强对农村地区工业企业的监督管理，建立完善的乡镇工业污染源稳定达标排放的监督管理机制，严厉打击违法排污行为，促进乡镇工业污染源稳定达标排放。

(3)建立乡镇工业污染防治长效机制。坚持主要领导负责制，建立健全农村环境保护目标责任制和责任追究制，将农村环境保护工作纳入各地环境保护目标考核和领导干部政绩考核的重要内容中，作为干部选拔任用和奖惩的重要依据。要进一步加大对乡镇地区环境保护的投入，逐步建立多渠道的环境保护投入机制。加快技术革新，开展农村环境污染防治技术研究与试点，探索农村污染防治的新途径和新方法，研究制定农村环境污染防治规划。加强乡镇地区环境保护能力建设。

三、农村环境管理的方法

1. 加强农村环境保护机构建设

基层环境保护机构的建设，对于加强日常环境监测，配合基层治理污染能够起到很重要的作用。由于环境保护机构仅设到县(市、区)，农村环境保护能力严重不足，与农村环境保护所面临的任务不相适应。在履行环境保护的行政管理和执法、专项整治、环境投诉调处、环境宣传等工作中，设立农村基层环境保护机构，能够发挥如下作用：

(1)进一步健全环境保护监管体系，促进环境保护工作重心下移、向农村延伸，适应社会主义新农村建设的需要。

(2)强化乡镇环境保护监控和对环境违法行为的查处力度。对以前未纳入环境保护监管范围的污染源，实施面对面监管，增加了监管频次，弥补了监管空白，有效打击了环境违法行为。

(3)有效地提升了对基层环境事故和环保纠纷的调处能力。一些因环境问题引起的社会矛盾在基层得到了及时调解，从而促进社会和谐稳定。

(4)提高了工作效率，优化了环境保护部门为民服务的形象。基层环境保护机构分担了县(市、区)环境保护部门环境污染投诉等基础性工作，为广大群众和企业提供了便利，提高了环境保护部门的服务和公众形象。

(5)设立农村基层环境保护机构，扩大了环境保护宣传面，切实提高了全社会的环境保护法制观念和环境保护意识。

2. 制定农村及乡镇环境规划

将农村环境保护规划纳入农业发展规划中，明确政府及各部门环境保护的职责和权限，在地方政府的统一领导下开展管理。农村环境保护规划要以县为主体、以乡镇为环境区划实施单位。要对乡镇环境和生态系统的现状进行全面的调查和评价，依据社会经济发展规划、界域发展规划、城镇建设总体规划及国土规划等，对规划范围内环境与生态系统的发展趋势，以及可能出现的环境问题做出分析和预测，明确农业环境综合治理目标及农业、林业、土地、水利、工业等部门的具体职责。属于国家环境保护重点流域或区域内的农业地区，要结合所在地区的农业环境问题特点，以流域或区域环境规划为指导来制定当地的农村环境保护规划。

3. 加强乡镇工业环境管理

乡镇企业对农村环境的污染与日俱增，要通过监督管理使其污染与危害得到有效控制。解决乡镇企业环境保护问题的措施有：

(1)制定乡镇工业环境保护计划。各类污染性工业都应根据当地环境保护的战略目标和任务，制定相应的环境保护计划。

(2)组建工业园区，实行规模经营，协调乡镇企业用地扩大与农业用地矛盾。

(3)建立适合于乡镇企业环境管理的法规、制度和措施体系，健全县、乡两级环境管理机构，以及县级环境监测站等科技服务支持体系。

(4)充分发挥市场经济体制的功能，利用经济杠杆的作用，调动乡镇企业治理污染、保护环境的积极性。

(5)开发并推广适合乡镇企业的污染防治技术。

(6)推行清洁生产，将污染消灭在生产过程中。

4. 发展生态农业和绿色食品

生态农业是一种可持续发展的农业模式，是一条保护生态环境的有效途径。中国的生态农业是在经济与环境协调发展的思想指导下，在总结和吸取了各种农业实践成功经验的基础上，根据生态学原理，应用现代科学技术方法建立和发展起来的一种多层次、多结构、多功能的集约经营管理的综合农业生产体系。绿色食品是遵循可持续发展原则，按照特定生产方式生产，经专门机构认定，许可使用绿色食品标志商标的无污染的安全、优质、营养类食品。

1)生态农业模式

我国自然资源类型及地理特征的多样性决定了生态农业模式的多样性，例如，根据各生物类群的生物学、生态学特性和生物之间的互利共生关系而合理组合的生物立体共生的生态农业系统；按照生态系统内能量流动和物质循环规律而设计的物质循环利用的生态农业系统；利用生物相克关系，人为地对生物种群进行调节的生物相克避害的生态农业系统；通过植树造林、改良土壤、兴修水利、农田基本建设等措施对沙漠化、水土流失、土地盐碱化等主要环境问题进行治理的主要因子调控的生态农业系统；运用生态规律把工、农、商联成一体，取得较高的经济效益和生态效益的区域整体规划的生态农业系统。

2)绿色食品必须同时具备的条件

绿色食品产品或产品原料产地必须符合绿色食品生态环境质量标准；农作物种植、畜禽饲养、水产养殖及食品加工必须符合绿色食品的生产操作规程；产品必须符合绿色食品质量和卫生标准；产品外包装必须符合规定。

5. 创建生态乡镇

全国环境优美乡镇创建工作是建设国家生态市的重要基础，是推动农村环境保护工作的重要载体。2010 年，我国环境保护部出台的《国家级生态乡镇申报及管理规定(试行)》中明确指出，“全国环境优美乡镇”统一更名为“国家级生态乡镇”。新标准调整了一些经济类指标，更加注重和强化生态保护方面的要求，并对生态乡镇申报程序和监督管理作了详细规定。自 2012 年 1 月 1 日起，申报国家级生态乡镇要求必须达到本省生态乡镇(环境优美乡镇)建设指标一年以上，且 80% 以上的行政村达到市(地)级以上生态村建设标准，乡镇环境保护规划，经县人大或政府批准后实施两年以上。在审查与复核的程序中，增加了各省提出复核申请前必须对申报乡镇进行公示的环节，增加了环境保护部对各省环境保护厅申报的乡镇不低于 15% 比例进行抽查，并对履职不到位的各省环境保护厅进行处罚的规定。环境保护部对国家级生态乡镇实行动态管理。每三年组织一次复查，要求加强国家级生态乡镇环境监管。

6. 农村环境综合整治

农村环境综合整治是一项涉及面广、任务繁重的系统工程，在综合整治中，应统筹兼顾，突出重点，从思想道德教育的开展、农民文明意识的养成、管理制度的健全和村规民约的完善等方面着手，逐步建立农村环境综合整治长效机制，全面改善农村生态环境。主要对策有：

(1)科学规划，加大对农村环境综合整治的指导力度。编制农村环境综合整治规划，通过落实项目、资金，推进环境整治，解决农村突出环境问题。

(2)清洁水源，突出抓好饮用水水源保护。开展县、乡、村集中式饮用水水源地的污染整治工作，逐步建立农村生活污水处理系统；推广氧化塘、人工湿地、地埋式生活污水净化池、生物技术、土地利用、沼气工程等适宜处理技术。

(3)清洁村庄，强化农村生活污染治理。农村垃圾集中收集处理实现全覆盖；开展生态示范区、生态乡镇和生态村创建活动，推进农村环境综合整治，改善农村面貌。

(4)清洁生产，科学开展农业面源污染防治。科学使用化肥、农药、饲料、兽(渔)药等；推动无公害农产品、绿色食品和有机食品的规模化生产；在重点流域及饮用水水源地等生态敏感区划定畜禽禁养区，确保畜禽养殖场的选址、布局达到环境保护的要求。

(5)优化布局，着力提高乡镇工业污染防治水平。乡镇企业要加快向各类工业园区和工业集中区集中，实行污染集中控制、集中处理、集中监管。

(6)统筹协调，切实加强农村环境保护管理能力建设。正确处理集中性整治与经常性管理的关系，逐步建立和形成农村环境综合整治管理长效机制。加强对整治工作的考核，健全管理目标责任制。组织引导农村干部群众参与管理，为全面改善农村生态环境提供有力保证。

7. 社会主义新农村建设

2005 年 10 月，中共中央第十六届五中全会通过《中共中央关于制定国民经济和展第十一个五年规划的建议》，提出要按照“生产发展、生活富裕、乡风文明、村容整洁、管理民主”的要求，扎实推进社会主义新农村建设。党的十七大报告中明确指出，要建设生态文明，统筹城乡发展，推进社会主义新农村建设。建设生态文明，就必须重视农村环境保护。

1)我国新农村建设中农村环境污染的主要原因

(1)在我国新农村建设中，由于重视程度不够，对如何建立完整的法律法规体系以防治农村环境污染还没有具体的计划。

(2)农村现代化发展及农村环境污染的特点，导致目前的环境管理体系及农业技术推广体系难以应对新的污染问题。

(3)对农村环境污染防治财政渠道的资金来源不够，导致农村环境污染防治力度受限。

(4)在农村，环境污染防治没有像城市中那样制定优惠政策，导致农村环境污染治理的市场化机制难以建立。

(5)当前污染防治没有根据农村环境污染的特点设计治理模式，导致农村环境污染治理效率不高。

农村环境问题如果得不到彻底解决，必将影响新农村建设的总体进程和建设目标的如期实现。

2)加强农村环境卫生管理，努力推动新农村“清洁家园”

由于环境卫生设施滞后，农民环境卫生意识淡薄，缺乏监管机构和统一规划，用于乡镇环境卫生建设和整治的资金少，使得农村环境卫生问题突出。因此，应抓紧研究制定农村环境卫生建设总体规划；建立起村负责收集，乡、镇(街道)负责运输，区负责处理的农村垃圾管理体系；提出农村垃圾的最优化处理方式和技术方案，经主管部门审定后组织实施；市、区两级财政应加大对农村垃圾治理专项资金的投入，尤其是对山区等经济欠发达、环境治理任务重的村要重点扶持。

8. 农村环境治理示范区建设

从解决区域性农村突出环境问题入手，把位于重点流域和区域、国家重大政策实施区、社会影响比较大的存在环境问题的村庄连片地区作为主要整治示范对象；选择有工作基础、具备实施条件，通过连片综合整治，可以真正起到示范效果、提供经验的地区，率先开展示范。配合社会主义新农村建设，以改善农村生活环境为目标，针对分散的农村生活污染控制开展研究示范。

1)农村环境连片综合整治示范

农村连片治理单位投资少，对区域环境贡献大，可实施统一监管，发挥规模效益、统筹城乡环境设施，治理效果易于保持，适用于解决大尺度、区域性农村环境问题。

2)农村生活污染控制示范

农村生活污染包括人类粪便、厨房及卫生间的杂排水、生活垃圾等。对于污染负荷较高的粪便，可以借鉴国外先进的“分离分散式处理系统”的理念；示范利用农业废弃物，如对秸秆等进行现场快速无害化堆肥新技术；对于除粪便以外的其他生活废水，借鉴日本成熟的先进技术，通过现场处理，达标后排放，从而彻底改善农村水环境。

第3节 流域环境管理

广义的流域环境管理可以概括为：以流域为单元，运用行政、法律、经济、技术和教育等手段，对流域环境进行统一协调管理。目前，对流域环境管理的理解多为狭义概念，即流域管理。

流域环境管理的内涵可以概括为：流域管理是人们为科学、有效开发、利用和保护资源而建立的适应资源自然特性的一系列系统管理制度。流域环境管理的外延则包括流域管理的法律制度、流域管理的行政管理体制、流域管理的经济政策及科学技术等其他措施。在流域环境管理中，流域水资源管理是流域综合管理与协调的核心，这是因为水资源既是流域内不可替代的重要自然资源，又是流域环境诸要素的重要组成部分。

一、流域环境问题

1. 流域环境的主要特点

流域以水为主体，可以由一条河流(或湖泊、海湾等，河流还可分为干流和支流)及其周边陆域组成，也可以是由若干条干流、支流和若干个湖泊、水库共同构成。由此可见，一个大流域可以包含若干个小流域和微小流域。同一个水体，在客观的环境系统中将同时兼负多种不同的功能，这些功能之间因为社会、经济等原因会产生一定的差异，甚至会有需要协调的矛盾和冲突。因此，在流域的环境管理方面必然存在复杂性和多样性。

1)流域水体功能的多样性

流域水体在不同的时空范围内有不同的功能，如饮用水源的功能、航运的功能、水产养殖的功能、农业灌溉的功能、发电的功能和工业用水的功能等。例如，黄河洛阳段，既是黄河的一部分，又是洛阳市的一部分，作为黄河的一部分，它可以被赋予运输、水产养殖、调节气候、农业灌溉甚至发电等功能；作为城市的一部分，它可以被赋予饮用水源、工业用水、观赏、接受和转化城市污水等功能。流域水体的功能安排上，必然存在极其复杂的多样性。

2)流域环境污染的复杂性

流域环境污染主要包括废水污染、固体废弃物污染和石油类污染，以及流域沿岸径流污染。造成流域污染的污染源种类繁多，既有固定污染源(工业、企业、居民生活场所等)，又有流动污染源(船舶等交通工具)；既包括作为城市和乡镇工业企业的“点源”，还有作为农业地区土地径流的“面源”；既有工业污染源、生活污染源、农业污染源，也有交通运输业污染源。造成流域污染的原因复杂，其中，废水污染主要由流域沿岸城市和乡镇工业废水、农业废水、居民生活污水及船舶废水排入水体所致；固体废弃物污染主要由流域沿岸城市和乡镇工业固体废弃物、居民生活垃圾及船舶生活垃圾排入水体所致；石油污染主要是水上运输工具船舶动力机械漏油、油船石油泄漏、船只修理或停靠设施排入水体的含油废水及流域沿岸部分工业企业排放的含油废水所致。

2. 流域环境问题

流域环境问题可以概括为“水多了、水少了、水脏了”3 个方面的问题，前两者主要表现为在水量方面的环境问题，后者表现为水质方面的问题。

1)流域水量过多导致的洪涝灾害

水量过多造成的环境问题主要是洪涝灾害问题。这一方面是由自然因素造成的，如短时间内大量降雨造成的水土流失问题；另一方面，人类社会发展行为不当也是一个不可忽视的原因，如在河流上游滥伐森林，削弱了其涵养水分的能力，导致陆域地面过度硬化，减少了土壤的渗水能力，等等。

2)流域水量过少导致的干旱和生态缺水

水量过少造成的环境问题主要是干旱问题，它严重影响着人们的生产和生活。导致水量过少的原因有自然因素，也有一些人为因素，人为因素有水资源使用的空间分配与产业分配不当，水资源使用过程中产生的浪费，等等。

流域水量过少造成的另一个重要问题是断流和流域生态系统恶化。如黄河流域，由于干旱少雨、中游拦截蓄水及下游用水量激增等，导致黄河下游频频出现断流现象。根据有关资料，黄河在 20 世纪 90 年代平均断流长度为 392 千米，1997 年断流最长，达 700 余千米，断流时间为 226 天，这给黄河下游地区经济发展和生态环境造成了灾害性影响。经过多年持续的黄河水量统一调度，到 2004 年才基本上消除了黄河断流现象。但是，黄河流域资源性缺水问题仍然非常突出。此外，黑河流域、塔里木河流域等，也存在因水量过少引发的各种环境问题和社会矛盾。

3)流域水质污染问题

水体污染问题的主要原因来自两个方面：一是人类在水域上的活动，二是人类在水体周边陆域上的活动。前者如航运过度、水产养殖过度，以及围湖造田、围垸造田导致水环境污染、净化能力降低等；后者如生活污水与工业废水不加处理直接排入水体导致的污染等。

2019 年，全国地表水监测的 1931 个水质断面(点位)中，Ⅰ～Ⅲ类水质断面(点位)占 74.9%，比 2018 年上升 3.9 个百分点；劣Ⅴ类占 3.4%，比 2018 年下降 3.3 个百分点。主要污染指标为化学需氧量、总磷和高锰酸盐指数。

二、流域环境管理的内容

1. 流域环境管理体制建设

我国流域水污染防治工作在推进重点治污工程建设的同时，还十分注重流域污染防治管理体制和运行机制的完善，注重行政、经济、法律与工程技术手段的综合运用与协调配合。从 2007 年开始，全国开始出现污染减排“双下降”的趋势，重点流域水污染防治工作取得新的进展：在流域水污染治理中逐步理顺流域水污染防治行政管理体制，增强环境治理的政府职能；建立常态化的流域水污染防治监测评价制度，健全以地方政府为主的流域污染治理责任机制；充分发挥市场机制在流域污染治理中的作用，形成流域水污染治理的内生发展机制；以建立社会主义公共行政管理体制为长远目标，分步推进流域水污染防治管理机构改革；建立健全地方政府官员环保问责制，加强流域水污染治理政绩考核。2008年2月，国家环保总局牵头组织了淮河流域污染治理核查，通过签订责任书、落实检查责任制，对流域水污染防治起到较好的成效。流域污染治理要与完善我国社会主义市场经济体制相适应，加快水污染治理工程投融资体制改革和运行管理机制创新，建立促进环境友好型社会建设的资源环境税收政策和消费政策。

2. 制定全流域环境规划

在全流域环境规划中，首先，要落实各级地方政府、各行业行政主管部门及所有经济行为主体的环境责任，落实流域资源管理政策、经济政策和各类管理对策，以确保流域管理规划的有效实施。其次，要制定与管理规划相对应的污染治理规划，并落实污染治理资金和污染治理技术。还必须附有保证规划得以有效实施的法律法规体系的设计与审批程序。在管理方法上必须坚持全流域环境规划优先。

3. 建立流域水资源保护与污染补偿机制

流域水资源优化配置过程中，为协调保障流域各地区适当用水利益，有必要在流域地区间明确水资源管理职责。由流域协调管理委员会规定各地可用水量、出境水量与水质；地方政府间签订用水协定，由流域管理机构监督执行情况。在流域生态环境资源配置过程中，如果上下游、不同地区经济发展差异过大，不同资源使用者之间的资源利用机会成本差异过大，就会缺乏签订合约的积极性。因此，除了市场补偿机制外，还应该建立政府补偿机制，对欠发达地区和利益受损群体进行补偿。流域内水污染补偿的核心是水资源污染补偿费的征收和管理；此外，还有流域水资源利用补偿；生态环境补偿机制，专指对生态功能或价值的补偿，利益补偿的途径包括政府财政转移支付、资金专项支持、国家建立基金或者开征税收等；环境资源市场交易收入；国家对水利设施、环保基础设施等的投资和补贴。

4. 流域水事纠纷裁决制度建立

水事纠纷指的是依据《中华人民共和国水法》的规定，在开发、利用、节约和保护水资源及防治水害过程中发生的纠纷。流域管理机构拥有“负责省际水事纠纷调处”的职责，水事纠纷应当按照分级管理的原则，逐级协商处理。流域水事纠纷具有复杂性、多样性、发展性、复发率高的特点，在水资源的开发利用中，上下游、左右岸之间在防洪、除涝、灌溉、排水、供水、水运、水能利用、水环境保护等各项涉水事业之间，往往存在不同的需要和要求，彼此之间存在相互作用、错综复杂的利害关系。流域水量不足、水质恶化容易造成地区间水矛盾激化。水事纠纷涉及的范围广、人员多，在处理水事纠纷时，建议建立流域水事裁决制度与程序。

5. 流域突发水污染应急管理

我国要完善流域环境监测和预警应急体系，形成“污染源－入河排污口－水环境质量”的总量监控体系，分析污染源排放与水质的相应关系，对总量实施效果进行有效的监督管理。建立水污染事故“预防、预警、应急”三位一体的管理体系，增强对环境事件的应急能力和判断能力。应急体系包括4个方面：风险源识别管理与数据库构建，应急监控网络优化，突发水污染事故预警，以及突发水污染事故应急处理处置。要提高应急能力，需要建立跨区域、跨部门的协作机制，疏通应急机制沟通渠道；加强水污染事件监测能力，提高信息处理能力。

流域环境管理是政府部门决策的依据，它根据决策者提出的决策目标，综合分析流域系统各要素之间的相互关系，通过水资源调查评价、需水量预测、水环境评价、综合规划、综合对策等，为决策者提供若干参考方案，以保证决策的准确性，促进决策的科学化。

流域环境管理为管理者合理、有效地实施调控提供保障。由于社会经济发展对水资源的依赖性越来越强，水资源的开发利用逐渐向深度发展，再加上自然科学的迅速发展，在水资源管理上无论地表水、地下水、水质和水量，都应强调高度统一。因此，从流域入手，使流域环境管理系统化，可以为管理的成功实施奠定良好的基础。流域管理可以为有效监督提供保障。流域环境管理的监督功能就是依据流域系统的决策目标，对流域内从事有关水事活动的各部门实行监督与控制，以使原定计划目标得以实施。

第4节　区域开发环境管理

一、区域环境管理基本概念

1. 区域基本概念

区域，是一个相对的地域概念，相对于全球而言，一个国家或一个地区(如“亚太地区”等)就是一个区域。相对于国家而言，一个省，一个市，一个流域，一个湖泊等也是一个区域。相对于一个市而言，一个乡镇也是一个区域。但区域的概念又不可无限制地缩小，以致把一块地，一间房也称为一个区域。因此，所谓区域，其面积必须有一定的大小，同时在这个地域中还必须有相对独立的自然生态系统。

环境管理，就其目标而言，必须落实到一定的区域上，大到全球或一个国家，小到一个市、县、乡镇。就其对象而言，必须关注人类的社会行为对其作用到的环境所造成的影响和所受到的制约。因此，环境管理工作的重点和核心都在于区域环境管理。

2. 区域环境管理的原则

区域环境问题错综复杂，往往涉及区域内外，例如，中国的区域生态保护及沙尘暴的防治，不仅关系到中国的生态安全，也关系到全球特别是东北亚地区的生态安全；中国的南水北调工程，东线、中线、西线涉及数个省市，跨长江、黄河、淮河和海河四大江河流域。不同的区域环境问题类型决定了不同内容的区域环境管理。

例如，在长江三角洲这种环境容量有限、自然资源供给不足而经济相对发达的地区，应该优化开发，坚持环境优先，大力发展高新技术，优化产业结构，加快产业和产品的升级换代，率先完成排污总量削减任务，做到增产减污；海南这种环境仍有一定容量、资源较为丰富、发展潜力较大的地区则可实行重点开发，加快基础设施建设，科学合理利用环境承载能力，推进工业化和城镇化，严格控制污染物排放总量，做到增产不增污；三江源等生态环境脆弱的地区或具有特殊保护价值的地区，则要坚决禁止开发，严格保护。因此，开展区域环境管理要坚持以下原则，采取综合措施进行综合治理：

(1)“以新带老”原则。实行新项目管理与老污染治理相结合的思路，通过建设项目的环境管理促进区域污染治理。

(2)“先重后轻”原则。解决区域环境问题要遵循“先重点后一般、以点带面”的理念，重点问题要优先考虑、优先解决。一般的、较轻的环境问题要放在稍后的顺序来解决。

(3)“先急后缓”原则。急迫的环境问题要放在优先的位置和顺序来考虑与解决，非急迫环境问题的解决要放在稍后的顺序加以解决。

(4)“难易并举”原则。在所有的环境问题中，无论是急迫的环境问题，还是非急迫的环境问题，无论是重点的环境问题，还是非重点的环境问题，都存在着较难解决和较易于解决两种情形。“难易并举”就是把难解决的环境问题控制住，不让其继续发展，同时把容易解决的环境问题根治。

二、区域开发行为引发的环境问题及其特征

1. 区域开发行为

人类社会行为是多种多样的。如果从人类社会行为所涉及的空间范围的大小和特征来考察，一个城市、一个农村、一个流域一般都有比较明确的区域边界，区域内部也具有共同的自然特征和社会特征。但人类社会行为往往又不局限于某个确定的区域范围，可以涉及多个城市、多个农村和多个流域，甚至涉及多个行政单元和自然地理单元，乃至多个国家疆域。这种人类行为就可以称为重大区域开发行为，它具有战略性、重大性、长时间段、大范围等特征，是一种人类活动强度非常大的、带有强烈目的性的发展

行为。

例如，中国20世纪90年代的开发区建设，就是重大区域开发行为之一。开发区是一类具有较大特殊性的地域，是中国改革开放的产物，对于改善投资环境，吸引和利用外资，调整经济结构和经济布局有着重要作用。同时，开发区建设具有开发强度大，开发行为集中，开发速度快，对自然环境作用强烈等特点。目前，中国几乎所有大中城市都有至少一个开发区，它们已成为各城市社会经济发展的新增长点。可以说，开发区建设对所涉及区域的经济社会和生态环境系统产生了重大的影响，而原有的城市、农村或流域环境管理的框架已经不足以满足开发区环境管理的需要，这就要求从区域开发行为环境管理的视角进行新的研究和尝试。

2. 区域开发行为引发的主要环境问题

区域开发行为是国家发展的重大举措，对于提升国家综合实力，全面提高国民经济和社会发展水平具有极其重要的意义。但区域开发行为在推动社会经济巨大发展的同时，也会对生态环境造成一定的破坏。例如，中国20世纪80年代发展乡镇企业的行为，在广大农村取得巨大经济社会效益的同时，也因“村村点火、户户冒烟”式的落后生产模式，浪费和破坏了大量资源，导致了广泛而严重的局地性污染，对农村生态环境造成了较大的破坏。

由上可见，区域开发行为会推动所涉及区域环境社会系统的发展发生重大转变，它引发的环境问题既包括对水、大气、土壤、噪声等要素的影响，也包括对经济环境、社会环境和人文环境的影响，以及对区域自然生态系统的影响。因此，它引发的是综合性的环境问题。

3. 区域开发行为引发的环境问题的特征

相比而言，区域开发行为引发的环境问题具有以下一些特征：

(1)环境问题影响的范围广、强度大。区域开发行为引发的环境问题多是大尺度范围的，一般都包括多个省市、流域等地域单元，高强度的开发行为会对这些区域的社会经济和生态环境造成重大影响，有可能产生比较大的环境问题。

(2)长时间性。区域开发行为一般持续时间较长，其引发的环境问题会逐渐暴露出来。例如，中国20世纪50年代开始的围湖造田，是引发90年代长江流域大洪水的重要原因之一，二者之间时间跨越了近半个世纪。

(3)一定程度的不可逆转性。区域开发行为一般会造成所涉及区域内生态系统的重大变化，有些变化是不可逆的。

(4)不确定性和风险性。区域开发行为本身的不确定性和自然环境演变固有的不确定性决定了区域开发行为引发的环境问题也具有不确定性和风险性的特征。这种不确定性和风险性在很大程度上超出了当前人们的科学认识水平。例如，长江三峡工程对长江全流域的环境影响，可能要很多年以后才能逐渐显现。因此，需要加强预防研究和跟踪研究。

三、区域开发行为环境管理的内容

1. 重大区域开发行为的科学决策

中国自20世纪70年代开始，便将环境保护纳入政府议事日程之中。但是，在过去的一段时间里，由于人们对环境保护的认识仅仅限于技术层面，政府部门在制定重大区域开发行为时较少考虑可能产生的环境后果，在进行长期建设的规划、决策时，也较少听取环境保护部门的意见，因而形成了重大区域开发行为在决策领域的“环保缺位”。以上这些现象，对于区域开发行为的环境管理，是十分不利的。因此，必须从源头上加以改进，这便要求重大区域开发行为的决策不仅要考虑经济社会效益，考虑资源环境的约束条件，还必须考虑开发行为可能带来的不利环境后果。只有在区域开发行为决策时就充分考虑环境问题，实现环境与发展综合决策，才能从源头上开展好区域开发行为的环境管理。

2. 开展战略环境评价

根据《环境影响评价法》的要求，区域开发行为在其规划制定和建设项目立项阶段就应该进行规划或建设项目层次上的环境影响评价，这就可以在一定程度上避免区域开发行为对生态环境造成重大不利影响。

3. 制定环境规划

环境规划是环境管理最有力的手段之一。为各种区域开发行为制定有针对性的环境规划，是区域开发行为环境管理的主要内容。区域开发行为环境规划的内容和方法一方面可以借鉴城市、流域、产业的环境规划，但更多的是根据区域开发行为的区域特点和开发特征而定，根据其空间范围大、时间跨度长、风险性和不确定性高等特点，着重从政策和战略层次上制定环境管理的目标和对策。

4. 开展环境监测、预警及监察、审计工作

根据区域开发行为的特点，其环境管理还需要做好以下工作：

(1)加强环境监测工作。由于区域开发行为具有时间跨度比较长、环境影响滞后等特点，因此，要特别注意在区域开发过程中的后续环境监测工作，及时发现出现的环境问题。

(2)开展环境预警工作。针对一些重要的环境敏感对象，在环境监测的基础上，加强环境预警，及时发布和反馈预警信息。

(3)根据实际需要，开展环境监察、环境会计和环境审计等工作。

知识拓展

◇案例介绍

山东省日照市东港区

2020年，山东省日照市东港区被评为国家生态文明建设示范区。

东港区是中国最年轻的海滨港口城市之一，是“一带一路”倡议主要节点城市日照的驻地区、主城区。

作为日照主要的饮用水源所在地，东港区推动实施“九大工程”，启动环日照水库水源保护与生态建设，建成了“山水相依、林水一体、生态秀美、景色宜人”的省级生态保育示范区，饮用水源地水质达标率达100%。

实施五大“碧海行动”，退渔还海、修岸护海、治污净海、绿色养海、文化兴海，清理海上非法养殖9300亩，修复整治海岸线3000余米。海龙湾整治工程是全国首个退岸还海修复整治工程，恢复海岸线总长度1882米。向海经济正在成为东港持续发展的“蓝色引擎”。

实施新旧动能转换工程，优化产业结构，加速形成一批具有示范性、引领性的新兴产业，绿色GDP为经济发展赢得环境效益。

东港区以人民为中心，推进低碳、智慧、高效的交通、环保、市政等基础设施建设；以精致城市为目标，提升市民幸福指数；建成数十处绿地公园，以及街头巷尾的城市书房、绿色校园、绿色社区，通过上述措施，努力打通“幸福东港”的“最后一公里”。

◇课程思政

2012年11月，党的十八大提出了“五位一体”总布局，把生态文明建设放在突出地位，融入经济建设、政治建设、文化建设、社会建设各方面和全过程，努力建设美丽中国，实现中华民族永续发展。2013年11月，十八届三中全会提出建立系统完整的生态文明制度体系。2015年3月，“绿水青山就是金山银山”的理念被写进《关于加快推进生态文明建设的意见》，成为我国生态文明建设的指导思想；2015年9月18日，中共中央国务院印发《生态文明体制改革总体方案》；2015年10月，十八届五中全会将“绿色发展”作为五大发展理念之一。2017年10月，党的十九大报告中明确指出，建设生态文明是中华民族永续发展的千年大计。2018年5月，全国生态环境保护大会的胜利召开使生态文明建设迈上了新台阶。

复习思考题

1. 简述我国城市污染防治状况。

2. 我国城市空气污染现状特点及主要对策什么？

3. 简述我国城市环境管理现状及发展目标。

4. 简述我国农村环境状况。

5. 试述农村环境管理的主要途径。

6. 简述我国流域环境管理现状。

7. 试述流域综合环境管理的主要途径。

8. 讨论题：

(1) 建设“生态城市”这一理念自20世纪70年代被提出以来，一直处于摸索发展的状态，虽然目前针对“生态城市”的很多问题还没有统一的认识，但国际上对该理念却始终格外推崇。你认为“生态城市”是否是解决现在城市问题的不二之选？建设“生态城市”是未来城市环境管理的终极目标吗？请说明原因。

(2) 中国城市环境管理采用的基本制度有排污许可证制度、环境影响评价制度、“三同时”制度、环境保护目标责任制度等，与各国普遍采用的环境基本制度相比，你认为中国的城市环境综合整治定量考核制度有何特点和优势？

(3) 鉴于目前城市化进程不断加快的现状，越来越多的农村地区演化为乡镇，继而变成城市。因此有人说，面对城市的兴起和农村的消亡，城市环境管理比农村环境管理更为重要。对于这种说法，你是如何看待的？请说明你的理由。

(4) 区域开发行为在一定程度上可以看作是一种博弈，一方面它可以提升区域综合实力，提高经济发展水平，另一方面也会对生态环境造成一定的破坏，甚至给区域生态系统带来灭顶之灾。为了使区域开发行为带来的收益最大化，环境负面影响最小化，你认为在进行区域开发前和开发过程中分别应该注意哪些问题，可以采取哪些有效手段？

第 5 章　建设项目环境管理

从根本上遏制环境污染和生态恶化的趋势，首先要解决预防问题。只有严格控制住新环境问题的产生，才能使环境问题得以逐步解决。因此，建设项目环境管理是污染防治和生态保护工作开展的关键，是各级环境保护部门的中心工作之一。

第 1 节　建设项目环境管理概述

一、建设项目及建设项目环境管理

1. 建设项目的概念

建设项目是一个建设单位在一个或几个建设区域内，根据上级下达的计划任务书和批准的总体设计和总概算书，经济上实行独立核算，行政上具有独立的组织形式，严格按基建程序实施的基本建设工程。一般指符合国家总体建设规划，能独立发挥生产功能或满足生活需要，其项目建议书经准立项且可行性研究报告经批准的建设任务。如工业建设中的一座工厂、一个矿山。民用建筑中的一个居民区、一幢住宅、一所学校等。

凡属于一个总体设计的主体工程和相应的附属配套工程、综合利用工程、环境保护工程、供水供电工程及水库的干渠配套工程等，都统称为一个建设项目；凡是不属于一个总体设计，经济上分别核算，工艺流程上没有直接联系的几个独立工程，应分别列为几个建设项目。

2. 建设项目的分类

建设项目包括基本建设项目、新建生产项目、技术改造项目、资源开发项目、海岸与海洋项目和区域开发建设项目等，涉及工业、交通、水利、农林、商业、卫生、文教、科研、旅游、市政等领域。

我国对基本建设项目的投资建设管理程序分为审批制、核准制和备案制 3 种形式。

3. 建设项目环境管理的概念

所谓建设项目环境管理是指环境保护部门根据国家的相关政策、规划布局、清洁生产要求、专业工程验收规范及相关管理制度，对建设项目依法进行的管理活动。其中，依据的政策包括环境保护产业政策、行业政策、技术政策；管理制度包括环境预审制度、环境影响评价制度、“三同时”制度等。

建设项目包括资源开发项目和生产建设项目两种。但在较长的时间里，由于建设项目多以生产项目为主，且在以污染防治为中心的环境战略思想指导下，建设项目的环境管理多侧重于生产建设项目的管理，而对资源开发项目的环境管理重视不足，因此导致一个小小的资源开发项目可能造成严重的区域植被破坏、水土流失和土地浪费等生态问题。

二、建设项目环境管理程序

各类建设项目的环境管理程序大同小异，通常包括项目建议书管理－立项审批，环境评价管理－施工审批，设计管理，施工管理，调试管理－使用审批 5 个阶段(图 5－1)。

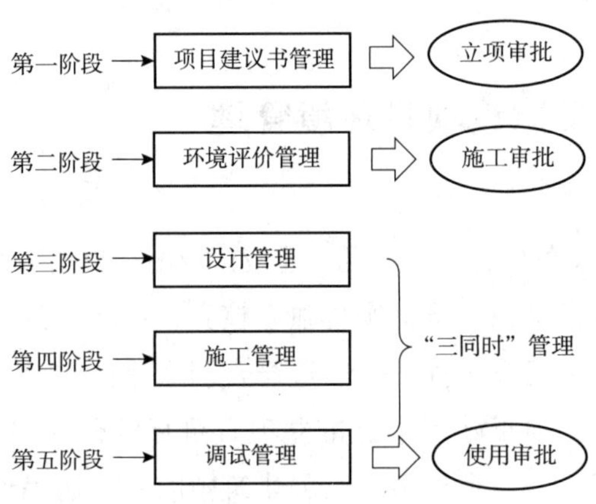

图 5－1　建设项目环境管理程序

上述 5 个阶段环环相扣，前一阶段是后一阶段的前提，后一阶段是前一阶段的继续，最终构成了建设项目环境管理的全过程。

其中，第一阶段是项目的政策与规划审批，以确保立项的建设项目必须符合国家的有关政策和区域环境规划要求；第二阶段是对已经立项的项目进行技术审批，评价该项目可能对环境产生的各种影响，以判定立项的建设项目能否进入施工阶段，以及准许施工所应采取的污染预防和生态保护的措施；第三阶段是对经过施工审批的建设项目进行设计管理，设计方案要以环境评价要求为依据，需要配套建设的环境保护设施要与主体工程同时设计；第四阶段是施工管理，施工方案要以设计方案为依据；第五阶段是调试管理，建设单位应公开该项目配套建设的环境保护设施调试起止日期，同时，需将相关信息报送项目所在地县级以上环境保护主管部门，并接受监督检查，确保环境保护设施与主体工程同时投入运行，以达到项目设计时的环境保护要求。

三、建设项目环境管理的内容

1. 立项阶段的环境管理

建设项目的管理过程是一个连续的决策过程，项目环境管理必须介入整个决策过程才能真正贯彻“预防为主”的指导思想。此外，建设项目对环境有无影响，建设单位的主管部门无权决定，需要所有建设项目单位向环境保护部门申报，统一由环境保护部门进行预审。

在建设项目的立项审批管理阶段，主要运用环境预审制度按照国家有关政策(产业政策、行业政策、技术政策)、规划布局和清洁生产要求对拟立项的建设项目进行审查，经环境预审合格的项目才能准予立项，并进入项目管理的第二阶段。

只有同时满足国家相关政策、规划布局要求的建设项目才能准予立项，否则不能立项。通过清洁生产审核的建设项目在满足其他条件的情况下可以优先立项，所需资金优先安排。

其中，由于规划布局不合理经环境预审被否定的拟建项目可以在重新选址后再次向环境保护部门提出立项申请。但对于不符合国家环境保护产业政策、行业政策、技术政策、生态保护政策和清洁生产要求的拟建项目，经环境预审被否定后不得重新提出立项申请。

环境预审是应用于建设项目的前期环境管理过程中的一项政策性强、审查过程简单、审查时间短，集中体现环境保护为经济建设服务、为企业服务，环境保护部门可以独立操作的一项管理制度。随着我国产业结构的不断调整，这项制度在建设项目环境管理中将发挥越来越重要的作用。该制度要求环境预审人员具有较高的政策水平，熟悉国家的环境保护产业政策、行业政策、技术政策和区域环境规划布局，且树立服务意识，不断简化预审手续。

建设项目环境预审程序如图5－2所示。

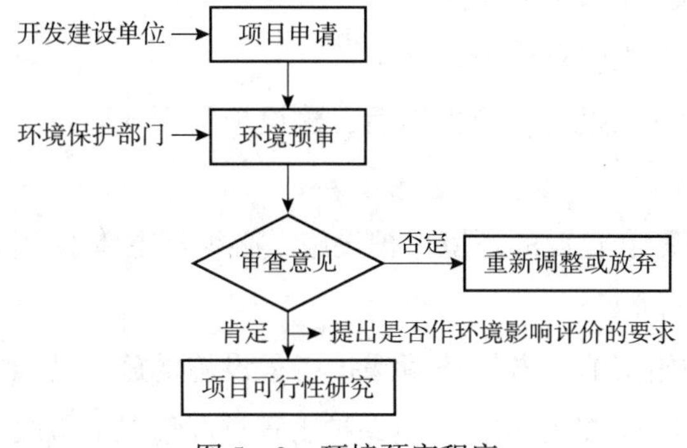

图5－2 环境预审程序

2. 环境评价阶段的环境管理

经环境预审获立项审批的建设项目进入项目的可行性研究阶段。

在这一阶段，有审批权的环境保护主管部门[或行政审批服务中心(审批局)，以下简称审批部门]要根据项目立项审批的要求，认真执行《建设项目环境保护管理条例》和《关于涉及自然保护区的开发建设项目环境管理工作有关问题的通知》要求，把好建设项目的施工审批关。

需要进行环境影响评价的拟建项目要按照《建设项目环境保护分类管理名录》的规定进行管理，以最终确定该项目是否可以进入施工阶段，以及准许施工后所应采取的环境预防措施。

根据建设项目对环境的影响程度，编制下列文件并对建设项目的环境保护实行分类管理：《环境影响报告书》《环境影响报告表》《环境影响登记表》。

3. 设计阶段的环境管理

通过环境影响评价并完成环境评价的建设项目进入设计阶段。一般建设项目按两个阶段进行设计，即初步设计和施工图设计。

1)初步设计阶段的环境管理

(1)建设项目初步设计必须按照《建设项目环境保护管理条例》编制环境保护篇章，具体落实《环境影响报告书(表)》及其审批意见所确定的各项环境保护措施和投资概算。

(2)建设单位在设计会审前向政府环保部门报送设计文件。

(3)特大型(重点)建设项目按审查权限由国家生态环境部或由国家生态环境部委托省级政府环境保护部门参加设计审查；一般建设项目由省级政府环保部门参加设计审查。必要时环境保护部门可单独审查环境保护篇章。

(4)建设项目需要配套建设的环境保护设施，必须与主体工程同时进行初步设计。

2)施工图设计阶段的环境管理

(1)根据初步设计审查的审批意见，建设单位会同设计单位，在施工图中落实有关环境保护工程的设计及其环境保护投资。

(2)环境保护部门组织监督检查。

(3)建设单位报批开工报告，经批准后，建设项目列入年度计划，报告中应包含相应环境保护投资。

(4)建设项目需要配套建设的环境保护设施，必须与主体工程同时进行施工图设计。

4. 施工阶段的环境管理

(1)建设单位会同施工单位做好环境保护工程设施的施工建设、资金使用情况等资料的整理建档工作，以季报的形式将环境保护工程进度情况上报政府环境保护部门。

(2)生态环境保护部门检查环境保护报批手续是否完备，环境保护工程是否纳入施工计划，以及建设进度和资金落实情况，并提出意见。

(3)建设单位与施工单位负责落实环境保护部门对施工阶段的环境保护要求，以及施工过程中的环境保护措施；主要是保护施工现场周围的环境，防止对自然环境造成不应有的破坏；防止和减轻粉尘、噪声、震动等对周围生活居住区的污染和危害。建设项目竣工后，施工单位应当修整和恢复在建设过程中受到破坏的环境。

(4)建设项目需要配套建设的环境保护设施，必须与主体工程同时施工。

5. 调试阶段的环境管理

《建设项目环境保护管理条例》(国务院第682号令)2017年10月1日期实施，环境保护主管部门不再进行建设项目试生产审批。

设计阶段、施工阶段和调试阶段的环境管理属于建设项目的后期管理，环境保护部门要按照“三同时”制度及国家有关专业工程验收规范，抓好各环节的管理工作，把好环境保护设施的竣工验收关。

另外，环境保护部门还要加强项目施工的现场监督管理，防止产生建筑噪声和固体废物污染等新的环境问题。

四、建设项目环境管理的环境责任

1. 一般建设项目管理的环境责任

在建设项目管理工作中，开发与建设单位、环境评价单位和环境保护部门各自承担不同的责任，不可相互替代。

1)建设单位应承担的环境责任

根据《建设项目环境保护管理条例》的规定，建设单位应承担如下的环境责任：

(1)有下列行为之一的，由负责审批建设项目《环境影响报告书》《环境影响报告表》或者《环境影响登记表》的环境保护行政主管部门责令限期补办手续；逾期不补办手续，擅自开工建设的，责令停止建设，可以处10万元以下的罚款：

①未报批建设项目《环境影响报告书》《环境影响报告表》或者《环境影响登记表》的；

②建设项目的性质、规模、地点或者采用的生产工艺发生重大变化，未重新报批建设项目《环境影响报告书》《环境影响报告表》或者《环境影响登记表》的；

③建设项目《环境影响报告书》《环境影响报告表》或者《环境影响登记表》自批准之日起满5年，建设项目方开工建设，其《环境影响报告书》《环境影响报告表》或者《环境影响登记表》未报原审批机关重新审核的。

(2)建设项目《环境影响报告书》《环境影响报告表》或者《环境影响登记表》未经批准或者未经原审批机关重新审核同意，擅自开工建设的，由负责审批该建设项目《环境影响报告书》、《环境影响报告表》或者《环境影响登记表》的环境保护行政主管部门责令停止建设，限期恢复原状，可以处10万元以下的罚款。

(3)试生产建设项目配套建设的环境保护设施未与主体工程同时投入试运行的，由审批该建设项目《环境影响报告书》《环境影响报告表》或者《环境影响登记表》的环境保护行政主管部门责令限期改正；逾期不改正的，责令停止试生产，可以处5万元以下的罚款。

(4)建设项目投入试生产超过3个月，建设单位未申请环境保护设施竣工验收的，由审批该建设项目《环境影响报告书》《环境影响报告表》或者《环境影响登记表》的环境保护行政主管部门责令限期办理环境保护设施竣工验收手续；逾期未办理的，责令停止试生产，可以处5万元以下的罚款。

(5)建设项目需要配套建设的环境保护设施未建成、未经验收或者经验收不合格，主体工程正式投入生产或者使用的，由审批该建设项目《环境影响报告书》《环境影响报告表》或者《环境影响登记表》的环境保护行政主管部门责令停止生产或者使用，可以处10万元以下的罚款。

2)环境影响评价单位应承担的环境责任

从事建设项目环境影响评价工作的单位，在环境影响评价工作中弄虚作假的，由国务院生态环境主管部门吊销资格证书，并处所收费用1倍以上3倍以下的罚款。

3)环境保护主管部门应承担的环境责任

环境保护主管部门的工作人员徇私舞弊、滥用职权、玩忽职守，构成犯罪的，依法追究刑事责任；尚不构成犯罪的，依法给予行政处分。

2. 废物进口项目管理的环境责任

在废物进口项目管理工作中，废物进口或废物利用单位、环境风险评价单位、环境保护部门三方各自应履行自己的义务，承担各自不同的责任，不可相互替代。

1)废物进口或废物利用单位的环境责任

根据国家《废物进口环境保护管理暂行规定》及修正案，废物进口或废物利用单位应承担相应的环境责任。

2)环境风险评价单位的环境责任

从事废物进口项目环境风险评价工作的单位，在环境风险评价工作中弄虚作假的，由国务院生态环境主管部门吊销资格证书，并处所收费用1倍以上3倍以下的罚款。

3)环境保护部门的环境责任

进出口废物监督管理人员滥用职权、玩忽职守、徇私舞弊，尚不构成犯罪的，给予行政处分；构成犯罪的，依法追究刑事责任。

第2节 建设项目的环境影响评价管理

一、环境影响评价分类管理

国家根据建设项目对环境的影响程度，对建设项目的环境影响评价实行分类管理。建设单位应当组织编制《环境影响报告书》《环境影响报告表》或者填报《环境影响登记表》(统称为环境影响评价文件)，其中，可能造成重大环境影响的，应当编制《环境影响报告书》，对产生的环境影响进行全面评价；可能造成轻度环境影响的，应当编制《环境影响报告表》，对产生的环境影响进行分析或者专项评价；对环境影响很小、不需要进行环境影响评价的，应当填报《环境影响登记表》。

在我国生态环境部发布的《建设项目环境影响评价分类管理名录(2021年版)》(以下简称《名录》)中，对不涉及主体工程的改扩建项目的环境评价进一步作出了界定，明确应按照改扩建的工程内容确定分类，解决执行中“就高不就低”问题。该《名录》于2021年1月1日起施行。《名录》将基本建设项目分为55个一级行业、173个二级行业，其分类依据是《国民经济行业分类》(GB/T 4754—2017)、第1号修改单行业代码的规定，以及建设项目环境影响评价分类管理的需要。国家颁布建设项目环境影响评价分类管理办法，对于完善环境影响评价制度，规范建设项目环境保护分类管理，提高环境影响评价工作的效率起到了举足轻重的作用。

二、环境影响评价报批与审批

建设项目的环境影响评价需由建设单位按照国务院的规定报有审批权的生态环境主管部门[或行政审批服务中心(审批局)，以下简称审批部门]审批。审批部门按照行政许可法律有关规定受理建设项目的环境影响评价文件后，在规定的时限内完成行政审批，并以书面形式通知建设单位。

一般情况下，复杂环境影响评价文件(如《环境影响报告书》等)报送行政审批，建设单位需事先委托环境技术咨询机构对评价文件开展技术评估，以保证文件在格式和内容上均符合法律法规、技术规范、环境标准等的相关要求。审批部门在批准环境影响评价文件前需征求下一级审批部门的初步审查意见。环境技术机构对环境影响评价文件的技术评估意见和下一级审批部门的初审意见，是建设项目环境影响评价文件报批的重要附件材料之一。

1. 环境影响评价文件的报批

不需要进行可行性研究的建设项目，建设单位应在建设项目开工前报批建设项目《环境影响报告书》《环境影响报告表》或者《环境影响登记表》；需要办理营业执照的，建设单位应当在办理营业执照前报批建设项目《环境影响报告书》《环境影响报告表》或者《环境影响登记表》。

2. 环境影响评价文件的审批时限

《中华人民共和国环境影响评价法》规定，审批部门应当自收到《环境影响报告书》之日起六十日内，收到《环境影响报告表》之日起三十日内，分别作出审批决定并书面通知建设单位。

3. 环境影响评价文件重新报批与重新审核

1）重新报批

建设项目的环境影响评价文件经批准后，建设项目的性质、规模、地点，采用的生产工艺或者防治污染、防止生态破坏的措施发生重大变动的，建设单位应当重新报批建设项目的环境影响评价文件。

2）重新审核

建设项目的环境影响评价文件自批准之日起超过五年，方决定该项目开工建设的，其环境影响评价文件应当报原审批部门重新审核；原审批部门应当自收到建设项目环境影响评价文件之日起十日内，将审核意见书面通知建设单位。

三、环境影响评价分级审批

建设项目环境影响评价文件的行政许可按规定须由有审批权限的审批部门履行，其他不具有审批权限的行政部门不能违规、越权审批，为进一步加强和规范建设项目环境影响评价文件审批，提高审批效率，明确审批权责，国务院生态环境主管部门根据管理的需要发布环境影响评价分级审批的管理办法。2002 年 11 月，国家环境保护总局发布了《建设项目环境影响评价文件分级审批规定》，2008 年 12 月，环境保护部对该文件内容进行了有关调整，于 2009 年 3 月 1 日起施行。其中规定，各级环境保护部门负责建设项目环境影响评价文件的审批工作。

1. 审批权限

1）审批权限的原则规定

建设项目环境影响评价文件的分级审批权限，原则上按照建设项目的审批、核准和备案权限及建设项目对环境的影响性质和程度确定。

2）分级审批权限

生态环境部负责审批下列类型的建设项目环境影响评价文件：核设施、绝密工程等特殊性质的建设项目；跨省、自治区、直辖市行政区域的建设项目；由国务院审批或核准的建设项目，由国务院授权有关部门审批或核准的建设项目，由国务院有关部门备案的对环境可能造成重大影响的特殊性质的建设项目。

生态环境部审批权限范围以外的建设项目环境影响评价文件的审批权限，由省级环境保护部门参照下述原则提出分级审批建议，报省级人民政府批准后实施，并抄报生态环境部。原则包括：有色金属冶炼及矿山开发、钢铁加工、电石、铁合金、焦炭、垃圾焚烧及发电、制浆等对环境可能造成重大影响的建设项目环境影响评价文件由省级生态环境保护部门负责审批；化工、造纸、电镀、印染、酿造、味精、柠檬酸、酶制剂、酵母等污染较重的建设项目环境影响评价文件由省级或地级市环境保护部门负责审批；法律和法规关于建设项目环境影响评价文件分级审批管理另有规定的，按照有关规定执行。

3）审批权限的委托

生态环境部可以将法定由其负责审批的部分建设项目环境影响评价文件的审批权限，委托给该项目所在地的省级生态环境保护部门，并应当向社会公告。受委托的省级生态环境保护部门，应当在委托范围内，以生态环境部的名义审批环境影响评价文件。受委托的省级生态环境保护部门不得再委托其他组织或者个人。生态环境部应当对省级生态环境保护部门根据委托审批环境影响评价文件的行为进行监督，并对该审批行为的后果承担法律责任。

4）具体分级审批指导文件的制定

生态环境部直接审批环境影响评价文件的建设项目的目录、生态环境部委托省级生态环境保护部门审批环境影响评价文件的建设项目的目录，由生态环境部制定、调整并发布。

2. 其他规定

建设项目可能造成跨行政区域的不良环境影响，有关生态环境保护部门对该项目的环境影响评价结论有争议的，其环境影响评价文件由共同的上一级生态环境保护部门审批。

下级生态环境保护部门超越法定职权、违反法定程序或者条件做出环境影响评价文件审批决定的，上级生态环境保护部门可以按照下列规定处理：依法撤销或者责令其撤销超越法定职权、违反法定程序或者条件做出的环境影响评价文件审批决定；对超越法定职权、违反法定程序或者条件做出环境影响评价文件审批决定的直接责任人员，建议由任免机关或者监察机关依照《环境保护违法违纪行为处分暂行规定》，对直接责任人员，给予警告、记过或者记大过处分；情节较重的，给予降级处分；情节严重的，给予撤职处分。

四、环境影响评价的法律责任

1. 建设单位及其工作人员的法律责任

根据《中华人民共和国环境影响评价法》等有关法律规定，建设单位未依法报批建设项目环境影响评价文件，或者未按照规定重新报批或者报请重新审核环境影响评价文件并擅自开工建设的，由有权审批该项目环境影响评价文件的生态环境保护主管部门责令停止建设，并可以责令恢复原状，限期补办手续；逾期不补办手续的，可以处罚款，对建设单位直接负责的主管人员和其他直接责任人员，依法给予行政处分。建设项目环境影响评价文件未经批准或者未经原审批部门重新审核同意，建设单位擅自开工建设的，由有权审批该项目环境影响评价文件的环境保护行政主管部门责令停止建设，可以处5万元以上20万元以下的罚，对建设单位直接负责的主管人员和其他直接责任人员，依法给予行政处分。

《中华人民共和国环境保护法》第六十五条规定："环境影响评价机构、环境监测机构以及从事环境监测设备和防治污染设施维护、运营的机构，在有关环境服务活动中弄虚作假，对造成的环境污染和生态破坏负有责任的，除依照有关法律法规予以处罚外，还应当与造成环境污染和生态破坏的其他责任者承担连带责任。"

2. 预审、审核、审批部门及其工作人员的法律责任

建设项目依法应当进行环境影响评价而未评价，或者环境影响评价文件未经依法批准，审批部门擅自批准该项目建设的，对直接负责的主管人员和其他直接责任人员，由上级机关或者监察机关依法给予行政处分；构成犯罪的，依法追究刑事责任。负责预审、审核、审批建设项目环境影响评价文件的部门在审批中收取费用的，由其上级机关或者监察机关责令退还；情节严重的，对直接负责的主管人员和其他直接责任人员依法给予行政处分。环境保护行政主管部门或者其他部门的工作人员徇私舞弊、滥用职权、玩忽职守，违法批准建设项目环境影响评价文件的，依法给予行政处分；构成犯罪的，依法追究刑事责任。

五、环境影响评价的公众参与

我国环境影响评价的公众参与是自20世纪90年代世界银行和亚洲开发银行贷款项目中开始实施的，是从建设项目的环境影响评价中发展起来的。《中华人民共和国环境影响评价法》提出了环境影响评价需开展公众参与，后来颁布的《环境影响评价公众参与暂行办法》对公众参与工作进行了规范，2014年修订的《中华人民共和国环境保护法》中进一步明确了公众参与在环境管理中的重要地位。

1. 建设项目环境影响评价公众参与的基本原则

《中华人民共和据环境影响评价法》第五条规定，国家鼓励有关单位、专家和公众以适当方式参与环境影响评价；另外，还明确提出，除国家规定需要保密的情形外，对环境可能造成重大影响，应当编制《环境影响报告书》的建设项目，建设单位当在报批建设项目《环境影响报告书》前，举行论证会、听证会，或者采取其他形式，征求有关单位、专家和公众的意见。建设单位报批的《环境影响评价报告书》应当附具对有关单位、专家和公众的意见采纳或者不采纳的说明。

2. 建设项目环境影响评价公众参与的有关规定

1)适用范围

建设项目环境影响评价公众参与的范围包括：对环境可能造成重大影响、应当编制《环境影响报告书》的建设项目；《环境影响报告书》经批准后，项目的性质、规模、地点，采用的生产工艺或者防治污染、防止生态破坏的措施发生重大变动，建设单位应当重新报批《环境影响报告书》的建设项目；《环境影响报告书》自批准之日起超过5年方决定开工建设，其《环境影响报告书》应当报原审批机关重新审核的建设项目。

2)主体和责任

建设单位或者其委托的环境影响评价机构、生态环境主管部门应当采用便于公众知悉的方式，向公众公开有关环境影响评价的信息。

3)工作形式

建设单位或者其委托的环境影响评价机构在调查公众意见时，可以采取问卷调查等方式；建设单位或者其委托的环境影响评价机构在咨询专家意见时可以采用书面或者其他形式；如有必要，还应采取举行论证会、听证会，或者其他形式以征求公众的意见。

第3节 建设项目竣工环境保护验收

“三同时”制度的核心是“同时投产使用”，通过建设项目竣工环境保护验收，能在建设项目正式投产使用前全面检验建设项目对环境影响评价过程中提出的环境保护措施和对策建议的落实情况，以减少项目正式投产使用后对环境和生态产生的不良影响。

一、建设项目竣工环境保护验收概述

1. 建设项目竣工环境保护验收的有关概念

1)建设项目竣工环境保护验收

建设单位是建设项目竣工环境保护验收的责任主体，组织对配套建设的环境保护设

施进行验收，编制验收报告，公开相关信息，接受社会监督，确保建设项目需要配套建设的环境保护设施与主体工程同时投产或者使用，并对验收内容、结论和所公开信息的真实性、准确性和完整性负责，不得在验收过程中弄虚作假。

2）环境保护设施

环境保护设施是指防治环境污染和生态破坏以及开展环境监测所需的装置、设备和工程设施等。环境保护设施建设是防止产生新的污染、保护环境的重要环节，建设项目竣工环境保护验收的主要对象之一就是环境保护设施。环境保护设施主要包括以下几个方面：

（1）污染控制设施，包括水污染物、空气污染物、固体废物、噪声污染、振动、电磁、放射性等污染的控制设施，如污水处理设施、除尘设施、隔音设施、固体废物卫生填埋或焚烧设施等。

（2）生态保护设施，包括保护和恢复动植物种群的设施、水土流失控制设施等，如为保护和恢复鱼类种群而建设的鱼类繁育场、为防治水土流失而修建的堤坝挡墙等。

（3）节约资源和资源回收利用设施，包括能源回收与节能设施、节水设施与污水回用设施、固体废物综合利用设施等，如为回收利用污水而修建的污水深度处理装置及其管道，为回收利用固体废物而修建的生产装置等。

（4）环境监测设施，包括水环境监测装置、大气监测装置等污染物监测设施。

除上述环境保护设施外，建设项目还可以采取有关的环境保护措施以减轻对生态破坏的影响，如对某些环境敏感目标采取搬迁措施、补偿措施，对生态恢复采取绿化措施等，这些措施也应当与建设项目同时完成。

2. 建设项目竣工环境保护验收管理

1）建设项目竣工环境保护验收的程序

建设项目竣工环境保护验收的基本程序是：建设项目竣工，建设单位应当对环境保护设施运行情况和建设项目对环境的影响如实查验、监测、记载建设项目环境保护设施的建设和调试情况，委托有资质的服务机构编制验收报告。验收报告分为验收监测报告或验收调查报告、验收意见和其他需要说明的事项等 3 项内容。

各级生态环境保护主管部门应当按照《建设项目环境保护事中事后监督管理办法（试行）》等规定，通过“双随机一公开”抽查制度，强化建设项目环境保护事中事后监督管理。要充分依托建设项目竣工环境保护验收信息平台，采取随机抽取检查对象和随机选派执法检查人员的方式，同时结合重点建设项目定点检查，对建设项目环境保护设施“三同时”落实情况、竣工验收等情况进行监督性检查，监督结果向社会公开。验收申请、验收报告等也要向社会公开。

2）建设项目调试

需要对建设项目配套建设的环境保护设施进行调试的，建设单位应当确保调试期间污染物排放符合国家和地方有关污染物排放标准和排污许可证制度等的相关管理规定。

环境保护设施未与主体工程同时建成的，或者应当取得排污许可证但未取得的，建设单位不得对该建设项目环境保护设施进行调试。

调试期间，建设单位应当对环境保护设施运行情况和建设项目对环境的影响进行监测。验收监测应当在确保主体工程调试工况稳定、环境保护设施运行正常的情况下进行，并如实记录监测时的实际工况。国家和地方有关污染物排放标准或者行业验收技术规范对工况和生产负荷另有规定的，按其规定执行。建设单位开展验收监测活动时，可以根据自身条件和能力，利用自有人员、场所和设备自行监测；也可以委托其他有能力的监测机构开展监测。

3)环境保护验收的时限

验收期限是指自建设项目环境保护设施竣工之日起至建设单位向社会公开验收报告之日止的时间。

验收时，环境保护设施必须与主体工程一起进行验收。建设项目配套建设的环境保护设施经验收合格后，其主体工程方可投入生产或者使用；未经验收或者验收不合格的，不得投入生产或者使用。

除需要取得排污许可证的水和大气污染防治设施外，其他环境保护设施的验收期限一般不超过3个月；需要对环境保护设施进行调试或者整改的，验收期限可以适当延期，但最长不超过12个月。

4)分期验收和延期验收

(1)分期验收。

在实际生产中，有些建设项目是分阶段建成或分期投入使用的，对于此类建设项目，如果只通过一次验收，那么无论是在第一期建设完成后验收，还是等所有工程全部建设完成后再最终进行环境保护验收，都有可能导致前期项目或者后期项目投入运行后，环境污染得不到有效的监督。为此，《建设项目环境保护管理条例》规定，分期建设、分期投入生产或者使用的建设项目，其相应的环境保护设施应当分期验收。

环境保护设施分期验收的必要条件也是充分条件，就是建设项目分期建设、分期投入生产或者使用，如果不是分期建设、分期投入生产或者使用的建设项目，不存在分期验收的问题，分期进行环境保护验收即建成、投产一期，便验收一期，切实保证环境保护设施与相应的生产设施同时使用，分期进行环境保护验收的工作程序及要求，与一般建设项目的环境保护验收程序和要求相同。

(2)延期验明。

验收监测(调查)报告编制完成后，建设单位应当根据验收监测(调查)报告结论，逐一检查是否存在验收不合格的情形，并提出验收意见；存在问题的，建设单位应当进行整改，整改完成后方可提出验收意见。

验收意见包括工程建设基本情况、工程变动情况、环境保护设施落实情况、环境保护设施调试效果、工程建设对环境的影响、验收结论和后续要求等内容，验收结论应当明确指出该建设项目环境保护设施是否验收合格。

建设项目配套建设的环境保护设施经验收合格后，其主体工程方可投入生产或者使用；未经验收或者验收不合格的，不得投入生产或者使用。

如上所述，需要对环境保护设施进行调试或者整改的，验收期限可以适当延期，但最长不超过 12 个月。

5）信息公开

除按照国家规定需要保密的情形外，建设单位应当通过其网站或其他便于公众知晓的方式，向社会公开下列信息：建设项目配套建设的环境保护设施竣工后，公开竣工日期；对建设项目配套建设的环境保护设施进行调试前，公开调试的起止日期；验收报告编制完成后 5 个工作日内，公开验收报告，公示的期限不得少于 20 个工作日。

建设单位公开上述信息的同时，应当向所在地县级以上环境保护主管部门报送相关信息，并接受监督检查。

验收报告公示期满后 5 个工作日内，建设单位应当登录全国建设项目竣工环境保护验收信息平台，填报建设项目基本信息、环境保护设施验收情况等相关信息，环境保护主管部门对上述信息予以公开。

6）环境保护验收有关法律责任

（1）建设单位的责任。

需要配套建设的环境保护设施未建成、未经验收或者经验收不合格，建设项目已投入生产或者使用的，或者在验收中弄虚作假的，或者建设单位未依法向社会公开验收报告的，县级以上环境保护主管部门应当依照《建设项目环境保护管理条例》的规定予以处罚，并将建设项目有关环境违法信息及时记入诚信档案，及时向社会公开违法者名单。

违反《建设项目环境保护管理条例》规定，需要配套建设的环境保护设施未建成、未经验收或者验收不合格，建设项目即投入生产或者使用，或者在环境保护设施验收中弄虚作假的，由县级以上环境保护主管部门责令限期改正，处 20 万元以上 100 万元以下的罚款；逾期不改正的，处 100 万元以上 200 万元以下的罚款；对直接负责的主管人员和其他责任人员，处 5 万元以上 20 万元以下的罚款；造成重大环境污染或者生态破坏的，责令停止生产或者使用，或者报经有批准权的人民政府批准，责令关闭。

违反《建设项目环境保护管理条例》规定，建设单位未依法向社会公开环境保护设施验收报告的，由县级以上环境保护主管部门责令公开，处 5 万元以上 20 万元以下的罚款，并予以公告。

(2)审批部门及工作人员的责任。

相关地方政府或者政府部门承诺负责实施的环境保护对策措施未按时完成的，环境保护主管部门可以依照法律法规和有关规定采取约谈、综合督查等方式督促相关政府或者政府部门抓紧实施。

《建设项目环境保护管理条例》第三十条规定，环境保护行政主管部门的工作人员徇私舞弊、滥用职权、玩忽职守，构成犯罪的，依法追究刑事责任；尚不构成犯罪的，依法给予行政处分。

(3)环境保护验收报告单位及其人员的责任。

《建设项目环境影响评价行为准则与廉政规定》中规定，承担建设项目竣工环境保护验收监测或调查工作的单位及其验收监测或调查人员，应当遵守以下准则：

①验收监测或调查单位及其主要负责人应当对建设项目竣工环境保护验收监测报告或验收调查报告结论负责。

②建立严格的质量审核制度和质量保证体系，严格按照国家有关法律法规规章、技术规范和技术要求，开展验收监测或调查工作和编制验收监测或验收调查报告，并接受环境保护行政主管部门的日常监督检查。

③验收监测报告或验收调查报告应当如实反映建设项目环境影响评价文件的落实情况及其效果。

④禁止泄露建设项目技术秘密和业务秘密。

⑤在验收监测或调查过程中不得隐瞒真实情况、提供虚假材料、编造数据或者实施其他弄虚作假行为。

⑥验收监测或调查收费应当严格执行国家和地方有关规定。

⑦不得在验收监测或调查工作中为个人谋取私利。

⑧不得出现其他妨碍验收监测或调查工作廉洁、独立、客观、公正的行为。

二、建设项目竣工环境保护验收的技术规范

1. 环境保护验收的范围

建设项目竣工环境保护验收的范围主要包括两个方面：一是与建设项目有关的各项环境保护设施，包括为防治污染和保护环境所建成或配备的工程、设备、装置和监测手段，各项生态保护设施；二是《环境影响报告书》《环境影响报告表》或者《环境影响登记表》和有关项目设计文件规定应采取的其他各项环境保护措施。

根据“三同时”制度的管理要求，同时设计、建设和投产是建设项目需要配套建设的环境保护措施，因此，在建设项目竣工环境保护验收中，应首先对环境保护设施进行验

收，包括环境保护相关的工程、设备、装置、监测手段、生态保护设施等。但在实际的环境管理中，除了这些保护设施外，更重要的是环境管理的软件，即保证环境保护设施正常运行的设施，也要同时进行验收和检查，如建设项目环境管理的各项制度、环境风险应急预案等。

环境保护验收检查与审查的重点内容包括：环境影响评价文件和环境影响评价批复文件中有关该建设项目环境保护设施建设的要求是否按要求建设并能够正常稳定运行；上述文件中有关环境保护的措施是否落实并发挥了效用；对周围环境影响特别是对附近环境敏感目标的影响，以及污染物的排放是否在环境影响评价文件或环境影响评价审查、批复文件规定的范围内。

行业行政主管部门对该建设项目《环境影响报告书》《环境影响报告表》《环境影响登记表》的预审查意见和生态环境保护行政主管部门对上述环境影响评价文件的批复意见，也是建设项目竣工环境保护验收的重要依据。建设单位对预审查意见和批复意见的落实情况及其效果，是环境保护验收的重要内容；对环境影响评价阶段未能认识到而实际发生的环境污染或生态破坏问题，以及根据《中华人民共和国环境保护法》及其他法律法规规定，建设单位应当予以消除或减免环境影响的，其措施和效果也属于环境保护验收内容。

2. 环境保护验收的条件

建设项目要通过竣工环境保护验收，则必须达到的条件包括以下几个方面：

(1)建设前期环境保护审查、审批手续完备，技术资料与环境保护档案资料齐全。

(2)环境保护设施及其他措施等已按批准的《环境影响报告书》《环境影响报告表》或者《环境影响登记表》和设计文件的要求建成或者落实，环境保护设施经负荷试车检测合格，其防治污染能力适应主体工程的需要。

(3)环境保护设施安装质量符合国家和有关部门颁发的专业验收规范、规程和检验评定标准。

(4)具备环境保护设施正常运转的条件，包括：经培训合格的操作人员、健全的岗位操作规程及相应的规章制度，原料、动力供应落实，符合交付使用的其他要求。

(5)污染物排放符合《环境影响报告书》《环境影响报告表》或者《环境影响登记表》和设计文件中提出的标准及核定的污染物排放总量控制指标的要求。

(6)各项生态保护措施按《环境影响报告书》《环境影响报告表》规定的要求落实，建设项目建设过程中受到破坏并可恢复的环境已按规定采取了恢复措施。

(7)环境监测项目、点位、机构设置及人员配备，符合《环境影响报告书》《环境影响报告表》和有关规定的要求。

(8)《环境影响报告书》《环境影响报告表》提出需对环境保护敏感点进行环境影响验证，对清洁生产进行指标考核，对施工期环境保护措施落实情况进行工程环境监理的，已按规定要求完成。

(9)《环境影响报告书》《环境影响报告表》要求建设单位采取措施削减其他设施污染物排放，或要求建设项目所在地地方政府或者有关部门采取“区域削减”措施满足污染物排放总量控制要求的，其相应措施得到落实。

3. 环境保护验收不合格的情况

建设项目环境保护设施存在下列情形之一的，建设单位不得提出验收合格的意见：

(1)未按《环境影响报告书》《环境影响报告表》及其审批部门审批决定要求建成环境保护设施，或者环境保护设施不能与主体工程同时投产或者使用的。

(2)污染物排放不符合国家和地方相关标准，《环境影响报告书》《环境影响报告表》及其审批部门审批决定或者重点污染物排放总量控制指标要求的。

(3)《环境影响报告书》《环境影响报告表》经批准后，该建设项目的性质、规模、地点、采用的生产工艺或者防治污染、防止生态破坏的措施发生重大变动，建设单位未重新报批《环境影响报告书》《环境影响报告表》或者《环境影响报告书》《环境影响报告表》未经批准的。

(4)建设过程中造成重大环境污染未治理完成，或者造成重大生态破坏未恢复的。

(5)纳入排污许可管理的建设项目，无证排污或者不按证排污的。

(6)分期建设、分期投入生产或者使用依法应当分期验收的建设项目，其分期建设、分期投入生产或者使用的环境保护设施的防治环境污染和生态破坏的能力不能满足其相应主体工程需要的。

(7)建设单位因该建设项目违反国家和地方环境保护法律法规而受到处罚，被责令改正，尚未改正完成的。

(8)验收报告的基础资料数据明显不实，内容存在重大缺项、遗漏，或者验收结论不明确、不合理的。

(9)其他环境保护法律法规等规定不得通过环境保护验收的。

第4节　建设项目环境监理

一、建设项目环境监理概述

1. 建设项目环境监理概念

建设项目环境监理是指具有相应资质的监理企业，接受建设单位的委托，承担其建设项目的环境管理工作，代表建设单位对承建单位的建设行为对环境的影响情况进行全过程监督管理的专业化咨询服务活动。包括主体工程和临时工程实施过程中的污染防治措施、生态保护措施的落实情况的监督检查及配套环境保护工程建设的监督检查，能够确保各项施工期环境保护措施、各项环境保护工程落到实处，发挥应有效果，满足环境影响评价文件及批复要求，符合工程环境保护验收的条件。

环境监理在时间上是对建设项目从开工建设到竣工验收的整个工程建设期的环境影响进行监理，在空间上包括工程施工区域和工程影响区域的环境监理，监理内容包括主体工程和临时工程的环境保护达标监理、生态保护措施监理及环境保护设施监理。

1)工作目标

建设项目环境监理的工作目标就是力求实现工程建设项目的环境保护目标，是将国家有关建设项目环境管理的法律法规、标准、建设项目环境影响报告文件及其批复文件要求，全方位地贯彻落实到建设项目的工程设计和施工管理全过程中，监督建设项目环境保护污染预防与治理设备设施符合“三同时”制度要求，加强建设项目施工期及施工现场的环境管理和污染防治、预防生态破坏监督控制工作力度，力求施工期施工现场、周围环境、污染物排放和区城生态保护达到国家规定标准或要求。

2)工作时段

建设项目环境监理工作，应从建设项目完成环境影响报告文件且生态环境保护行政主管部门批复后，建设项目施工准备阶段起至建设项目竣工，且提交项目环境监理总结报告为止，对项目建设过程施工阶段全过程实施环境监理。

建设项目在施工图设计、招标、施工开始前，建设单位应提前完成环境监理的委托工作。

2. 建设项目环境监理的主体与客体

1)建设项目环境监理的客体

建设项目环境监理的客体是工程项目建设，其监理活动都是围绕工程建设项目进行的；并以此界定施工期环境监测的范围，是直接为工程建设项目提供管理服务的。

2)建设项目环境监理的主体

建设项目环境监理的主体是社会化、专业化的工程环境监理单位及其监理工程人员和其他相关工程技术服务的经济组织。

环境监理工程人员是指环境监理单位中具有环境监理工程师资格证书和环境监理工程师岗位证书，并经政府环境保护行政主管部门认可(注册)，从事工程环境监理的专业技术人员。

建设项目环境监理属于工程环境监理的一部分，但与环境监察以及企业环境管理是不同的。政府环境保护行政主管部门对工程项目建设所实施的环境监察属于依法行政；企业环境管理是企业业主自行开展的环境监督管理，由于不具备社会化、专业化水平，且没有受委托的第三方，因而属于“自我监理”行为。

3. 建设项目环境监理的准则与条件

1) 建设项目环境监理的准则

建设项目环境监理所依据的准则主要有3个方面：①政府行政部门批准的工程建设文件，如工程可行性研究报告、规划、计划、环境影响评价文件批复及有关设计文件；②国家环境保护及有关工程建设各方面的法律法规、条例、规范、标准、规程等；③建设项目施工期环境监理合同和其他工程建设合同，如工程勘察合同、设计合同、施工合同、材料和设备供应合同等。

2) 建设项目环境监理的条件

建设市场发展中除甲方(项目业主)、乙方(承包商)外，还需要第三方来参与，工程环境监理单位在接受项目业主委托和授权之后再进行服务是由建设项目环境监理的特点决定的。在工程项目建设中，项目业主始终是以工程建设项目管理主体的身份掌握着工程项目建设的决策权，并承担工程建设的主要风险。建设项目环境监理的目的就是协助工程建设项目的业主实现其工程建设项目投资的目的，与此同时，做好环境保护和完成有关环境保护目标的监督管理。

二、建设项目环境监理的程序与方法

1. 建设项目环境监理的程序

主要程序如下：

(1) 勘察施工现场，环境监理单位与建设单位签订委托环境监理合同。

(2) 组建现场环境监理项目部，选派环境监理技术人员和其他工作人员，及时进场开展工作。

(3) 环境监理项目部编制建设项目环境监理实施方案。环境监理实施方案应包括以下内容：建设项目概况，环境监理工作范围，环境监理工作时段，环境监理工作内容，环境监理工作目标，环境监理工作依据，环境监理机构及人员岗位职责，环境监理工作程序，环境监理工作方法及措施，环境监理工作制度，环境监理设施。

(4) 环境监理项目部具体实施建设项目环境监理工作。

(5) 向建设单位提交建设项目施工期环境监理工作总结报告。工作总结报告必须包括以下内容：环境保护设施、污染防治措施、生态保护措施的落实完成情况，环境监测工作情况及其报告，环境监理工作情况，建设项目涉及环境保护的工程变更情况，环境监理工作结论，存在的问题及建议。

(6) 按照档案管理要求，整理、立卷、归档、移交环境监理档案。

2. 建设项目环境监理的方法

1)巡视检查

环境监理项目部对参建单位在施工过程中的行为定期或不定期进行的全面或局部的监督活动。

2)旁站

环境监理项目部对环境保护设施，污染防治、生态保护措施的关键工作或关键工序的施工进行的现场检查，记录的监督活动。

3)见证

对于污染防治、生态保护措施的重点工作或重点工序，环境监理项目部在现场对其全部过程完成情况进行监督，实施全过程的现场检查和记录。

4)环境监理会议

环境监理项目部定期或不定期召开的环境监理会议，包括环境监理例会和环境监理专题会议。会议由总环境监理工程师或由其授权的环境监理工程师主持，环境保护相关单位应派人员参加。

5)监测

根据环境影响评价文件要求，由建设单位或环境监理单位委托有资质的监测机构开展定期或不定期的环境质量监测、污染源监测、生态监测及水土流失监测等。

6)协调

环境监理对环境保护相关单位在建设项目施工、设计、污染防治设施运行过程中出现的环境保护问题和争议进行调解。

7)培训

环境监理针对环境保护相关单位环境保护专业知识及技能进行的培训。

8)记录

环境监理记录包括环境监理日志、环境监理巡视记录、环境监理旁站记录等。

9)文件

环境监理项目部采用环境监理工程暂停令、环境监理通知单、环境监理工作联系单、环境监理整改通知单、环境监理备忘录等文件形式进行施工过程中环境保护设施及污染防治措施的落实情况的控制和管理。

10)跟踪检查

环境监理项目部对其发出文件的执行情况进行检查落实，监督参建单位严格执行的过程。

11)工作报告

编制的环境监理报告包括环境监理月报、年报，环境监理专题报告，以及环境监理工作总结报告，报告应报送建设单位，环境监理月报、年报、工作总结报告的内容有相应的规范要求。

3. 建设项目施工期环境监理的工作内容

建设项目施工期环境监理的工作内容包括“五控制、两介入、一协调”。“五控制”为项目建设与批复要求符合性监理、环境保护达标监理、生态保护措施落实监理、环保设施建设与措施落实监理、环境风险防范措施监理；“两介入”为环境监理设计介入和验收介入；“一协调”为针对环境保护相关单位之间在建设项目施工过程中出现的环境保护相关事宜与问题进行调解。

(1)项目建设与批复要求符合性监理。

①项目选址、建设内容、规模、工艺、总平面布置、设备、配套污染防治设施、污染防治措施、生态环境保护措施等实际建设内容与环境评价文件及批复要求进行相符性监理。

②环境监理单位在实施项目监理过程中，发现与经批准的环境影响评价文件和环境保护主管部门批复意见不相符合的，应及时通知项目建设单位予以纠正，发现重大问题时，应及时向环境保护行政主管部门报告。

(2)环境保护达标监理。

监督检查项目施工建设过程中各种污染因子达到环境保护标准要求；控制项目施工期间废水、废气、固废、噪声等污染因子的排放，满足国家有关环境保护标准和环境保护行政主管部门的要求。

①监测：委托有资质的监测单位进行相关环境监测。定期或不定期对环境质量、污染源、生态、水土流失等进行监测，确定环境质量及污染源状况，评价控制措施的效果。衡量环境标准实施情况和环境保护工作的进展情况。

②水环境监理：对施工过程中的生产废水和生活污水的来源、排放量、水质指标及处理设施的建设过程进行检查、监督，检查废(污)水是否达到了环境影响评价文件及其批复的排放标准。

③废气环境监理：对施工过程中产生的废气和粉尘等大气污染状况进行检查并督促施工单位落实环境保护措施。

④固体废物监理：对施工过程中产生的固体废物(包括施工垃圾、生活垃圾和施工废渣)的处理是否符合环境影响评价文件及其批复的要求进行检查监督。

⑤噪声环境监理：对施工过程产生强烈噪声或振动的污染源，监督施工单位按设计要求进行防治，监理重点是环境影响评价文件中的噪声敏感区。

(3)生态保护措施落实监理。

监督检查项目施工建设过程中自然生态保护和恢复措施、水土保持措施和涉及自然保护区、文物古迹保护区、风景名胜区、水源保护区等的保护措施落实情况。

①控制施工场界范围：按照环境影响评价文件及其批复的要求，控制施工作业场界，禁止越界施工、占用土地。

②施工过程监理：检查监督建设项目的施工场地布置，采取环境友好方案，合理安排施工季节、时间、顺序，采取对生态环境影响较小的施工方法。

③因地制宜保护措施：结合建设项目所在区域的生态特点和保护要求，采用必要的生态保护措施，减少和缓和施工过程中对生态的破坏，减小不可避免的生态影响的程度和范围。

④移民安置区环保措施落实：检查监督移民村镇规划和选址是否避开文物古迹、自然保护区、风景名胜区等敏感区，安置点的水源是否满足人畜饮水要求，安置区是否存在严重的传染病、地方病等，以及移民安置区环境保护措施的落实情况。根据移民工程的进展情况，巡视检查移民安置点环境保护措施的执行情况，土地开发水保措施落实情况，以及绿化工程、移民饮用水供水、垃圾处理等的环保措施执行情况和存在问题。

⑤水土流失防治措施的落实：检查监督环境影响评价文件中涉及的防治水土流失工程、措施的落实情况。

⑥人群健康保护措施的落实：督促工程参建各方建立疫情报告和环境卫生监督制度，检查落实制定的保护措施，检查医疗卫生保障机制运行情况，检查保护水源地和饮用水消毒措施的落实情况，监督落实建设项目的电磁辐射安全防护距离。

(4)环境保护设施建设与措施落实监理。

监督检查项目施工建设过程中环境污染治理设施按照环境影响评价文件及其批复的要求建设情况，监督检查环境评价文件及其批复中所提出的各项污染治理工程的工艺、设备、能力、规模、进度是否按照设计文件的要求得到落实；监督检查各项环境保护措施是否得到有效实施。

①污水处理设施：检查监督新建污水处理设施是否按照“三同时”制度要求与主体工程同时设计、施工和投产，监理其建设的规模、处理能力、工艺流程是否与设计相一致。如依托原有污水处理场，则应充分考虑其处理容量、工艺流程是否满足要求，保证项目运行后产生的污水能够顺利进入原有污染治理设施并得到处理，避免暗排管线的建设。

②废气处理和回收设施：检查监督新建废气处理和回收设施是否按照“三同时”制度要求与主体工程同时设计、施工和投产，监理其建设的处理能力、处理工艺是否与设计相一致，是否能够满足各种废气的处理要求，如依托原有装置，则应充分考虑其处理容量、处理工艺是否满足要求，以及所依托的装置是否合理、有效、可靠。

③噪声控制设施：对装置本身应采用低噪声设备；对一般机泵、风机等尽可能选择

低噪声设备，将高噪声设备安置在室内，并采用减振、隔声、消声等降噪措施；在蒸汽放空口、空气放空口、引风机入口加设消声器；对无法避免的高噪声设备尽量布设在远离厂界的位置。

④固体废物治理设施：新建生活垃圾填埋场要按照建设要求进行建设，应符合生活垃圾处理厂的建设标准，如依托现有的垃圾填埋场，则填埋场应满足上述标准和要求。不能满足危险废物的填埋要求或者不具备场内处理条件的，则应将危险废物交由有危险废物处理资质的单位处置。监督检查危险化学品的管理措施、危险化学品的放置场所、使用行为及处置方法是否符合要求，保证危险化学品的安全使用和处置。

(5)环境风险防范措施监理。

对环境风险防范措施、各项风险对策情况进行检查，并评价各项风险对策的执行情况，检查是否有遗漏建设项目环境保护措施的风险，处理突发环境污染事件是环境监理工作必不可少的工作内容。

三、建设项目施工期环境监理的管理

1. 建设项目施工期环境监理的介入

1)建设项目施工期环境监理的设计介入

(1)参加建设单位组织的建设项目设计技术交底会议，掌握项目重要的环境保护对象和配套环保设施，掌握项目建设过程的具体环境保护目标，对敏感的环境保护目标作出标识，并根据环境影响评价文件缺陷和现场实际情况提出补充和优化建议。

(2)审查项目施工单位提交的施工组织设计、环境保护设施技术方案。对施工方案中环境保护目标和环境保护措施提出审查意见，审查环境保护规章制度的制定及污染防治关键岗位人员的资质及培训情况。

(3)组织开展参建单位环境保护知识教育与环境保护专业技能培训工作。

2)建设项目施工期环境监理的验收介入

建设项目施工期环境监理的验收介入主要是指有关部门参加项目及单项工程验收，签发项目及单项工程验收施工期环境监理意见；参加建设项目试生产核查、竣工环境保护验收、工作总结会议等。

2. 建设项目施工期环境监理的协调

建设项目施工期环境监理的协调针对环境保护相关单位之间在建设项目施工过程中出现的环境保护相关事宜与问题进行调解。

1)明确与工程监理之间的职责分工

工程监理负责建设项目的质量、进度、投资、安全4个方面的控制工作，包括环境保护单项工程、环保设施建设过程中4个方面的控制工作。环境监理负责建设项目的环境保护达标、生态措施的落实，特别是环境影响评价文件及批复符合性的监督检查，所开展工作针对建设项目的全过程。

2）明确与水土保持监理之间的职责分工

水土保持监理负责建设项目中水土保持工程的质量、进度、投资、安全4个方面的控制工作，负责水土流失防治措施及效果的控制，落实水土保持报告书及其批复；环境监理负责建设项目的环境保护达标、生态措施的落实，包括环境影响评价文件中涉及的水土保持工程、措施的落实，与水土保持监理侧重点不同，所开展工作针对建设项目建设的全过程。

3）参建单位的协调

参建单位协调的责任主要是协调建设单位、勘察与设计单位、施工单位、污染治理设施运行单位之间的环境保护相关问题。

4）环境保护相关单位的协调

配合建设单位做好环境保护主管部门，以及与建设项目相关的自然、生态、文物、风景、水源、土地、森林等保护管理部门的协调工作，提供环境保护政策、法规及环境保护技术支持。

3. 建设项目施工期环境监理的合同管理

1）暂停

在发生下列情况之一时，应由总环境监理工程师签发工程暂停令，要求施工单位暂时停工，并及时报告建设单位：

(1)建设项目的规模、主要设备装备、应配套建设的环境污染防治设施、环境风险防范设施、生态环境保护措施、污染因子达标排放等不符合环境影响评价文件和环境保护主管部门的批复意见。

(2)建设项目环境保护设计方案不符合经批准的建设项目环境影响评价文件及环境保护主管部门批复意见或相关技术标准、技术规范等。

(3)施工单位在施工过程造成了施工区及环境影响区的环境污染、生态破坏，且未及时处理。

(4)施工单位未按照批准的施工组织设计或方法施工，可能造成环境污染。

(5)施工单位拒绝服从环境监理机构的管理，造成严重后果。

(6)施工过程中发生突发性环境污染事件。

2）复工

在收到施工单位的复工申请后，环境监理机构应检查整改完成情况，确定具备复工条件后，签发复工通知，明确复工范围并监督施工单位执行。

3）变更

凡涉及环境影响评价文件中环境保护设施、污染防治、生态保护措施的变更时，可由建设单位、设计单位、工程监理单位、环境监理单位、施工单位、运行单位提出。

凡建设项目工程变更涉及污染防治、生态保护措施的变更时，环境监理机构应出具建议意见，建设单位协调各相关单位的意见后，签署相关变更文件。

4)撤场与恢复

环境监理项目部应在施工期结束时，完成合同委托的环境监理工作，在环境监理资料归档、移交后撤离施工现场并书面通知建设单位。

环境监理应在工程竣工验收前，监督检查施工场地的生态环境恢复或土地复垦工作按照国家、地方的法律法规、环境影响评价文件要求的完成情况。

另外，在建设项目施工期环境监理服务期满后，环境监理单位对应由其负责归档的环境监理资料整编、归档，移交建设单位。

第5节　其他建设项目的环境管理

一、一般项目与废物进口项目环境管理的区别

1. 环境保护部门管理职责的区别

在一般建设项目管理上，各级环境保护主管部门具有相同的职责；在进口废物项目管理上，各级环境保护部门的职责之间差别较大。

县及县级市环境保护部门在废物进口项目管理上只具有监督管理和对从事进口废物经营活动的单位进行现场检查权，而没有审查权。

地级市环境保护部门除具有县级环境保护部门的管理职责外，依照《废物进口环境保护管理暂行规定》还具有对本辖区内废物进口项目的初审权。

省级环境保护部门除具有地级市环境保护部门的管理职责外，依照《废物进口环境保护管理暂行规定》还具有废物进口项目的审查权和《进口废物环境风险报告书》或《进口废物环境风险报告表》的审查权。

国家生态环境部职责除具有省级环境保护部门的管理职责外，还具有对所有废物进口项目的最终审批权和对全国各级环境保护部门开展废物进口项目环境管理的监督职责。

2. 在管理程序上的区别

一般建设项目环境管理存在5个阶段；而废物进口项目管理主要有立项审批管理和环境评价管理两个阶段，不存在设计管理、施工管理和试生产管理阶段的环境管理。

3. 在评价要求上的区别

一般建设项目根据其项目的类型、规模、布局，有编写《环境影响报告书》《环境影响报告表》或填写《环境影响登记表》的不同要求。

而废物进口项目不分废物利用的类别和规模，必须进行环境风险评价，并填写《进口废物环境风险报告书》或《进口废物环境风险报告表》。

二、海岸工程建设项目和海洋工程建设项目环境管理

类似于废物进口项目环境管理，海岸工程建设项目和海洋工程建设项目的环境管理与一般建设项目的环境管理相比既有联系又有区别，或者说，二者之间既有共同性，又有特殊性。

共同性是这些开发、建设项目的环境管理程序是相同的，都存在着项目的立项审批管理、环境评价管理、设计管理、施工管理、试生产管理 5 个阶段，都要遵循环境预审、环境影响评价和“三同时”制度要求。

特殊性主要表现为两点：一是环境保护部门在《环境影响报告书》的审批和管理权限上与一般开发、生产建设项目的审批管理权限不同；二是对环境影响评价的要求不同。

为避免重复，本小节只对海岸工程建设项目和海洋工程建设项目环境管理的特殊性作以下介绍。

1. 海岸工程建设项目环境管理

1）环境保护部门关于海岸工程建设项目的审批和管理权限

《中华人民共和国海洋环境保护法》中明确规定，生态环境保护行政主管部门对海岸工程建设项目的《环境影响报告书》和配套的环保设施竣工验收具有最终审批权限。但在批准《环境影响报告书》之前，要经过海洋行政主管部门的审核，还必须先征求海事行政主管部门、渔业行政主管部门和军队环境保护部门的意见。这是环境保护主管部门在海岸工程建设项目管理权限上的变化。

2）对环境影响评价的要求

《中华人民共和国海洋环境保护法》中明确规定，一切海岸工程建设项目必须进行全面的环境影响评价，并在建设项目可行性研究阶段编报《环境影响报告书》。这是海岸工程建设项目与内陆建设项目的另一区别。

2. 海洋工程建设项目环境管理

1）环保部门关于海洋工程建设项目的管理权限

根据《中华人民共和国海洋环境保护法》的规定，在海洋石油勘探、开发等海洋工程建设项目的环境管理方面，海洋行政主管部门对海洋《环境影响报告书》和配套的环境保护设施竣工验收具有最终审批权，同时，对海洋工程建设项目环保设施的日常运行、拆

除、闲置具有管理权。

生态环境保护主管部门具有监督权而没有管理权，经海洋行政主管部门审核批准的《环境影响报告书》，上报生态环境保护主管部门备案，环境保护部门依此开展监督。

2）对环境影响评价的要求

与海岸工程建设项目一样，根据《中华人民共和国海洋环境保护法》的规定，一切海洋工程建设项目必须进行全面的环境影响评价，并在建设项目可行性研究阶段编报《环境影响报告书》。这是海岸工程建设项目与海岸工程建设项目共同的地方。

同时，该法律要求海洋行政主管部门在核准海洋《环境影响报告书》之前，必须征求海事行政主管部门、渔业行政主管部门和军队环境保护部门的意见。

总之，生态环境保护主管部门在海岸工程建设项目的环境管理方面具有监督和管理的双重权限，而在海洋工程建设项目的环境管理方面仅具有监督权限。这一点是生态环境保护主管部门在海洋工程建设项目管理权限与一般建设项目管理权限方面存在的主要区别。

知识拓展

◇案例介绍

案例名称： 东莞市沙田镇人民政府诉李永明固体废物污染责任纠纷案

基本案情：

生效刑事判决认定，2016年3~5月，李永明违反国家规定向沙田镇泥洲村倾倒了约60车600吨重金属超标的电镀废料，严重污染环境，其行为已构成污染环境罪。2016年7~9月，东莞市沙田镇人民政府（以下简称沙田镇政府）先后两次委托检测机构对污染项目进行检测，分别支出检测费用17500元、31650元。2016年8~9月，东莞市环境保护局召开专家咨询会，沙田镇政府为此支付专家评审费13800元。沙田镇政府委托有关企业处理电镀废料共支出2941000元。2016年12月，经对案涉被污染地再次检测，确认重金属含量已符合环保要求，暂无须进行生态修复，沙田镇政府为此支付检测费用19200元。沙田镇政府委托法律服务所代理本案，支付法律服务费39957元。

裁判结果：

广东省东莞市第二人民法院一审认为，沙田镇政府为清理沙田镇泥洲村渡口边的固体废物支出检测费用68350元、专家评审费13800元、污泥处理费2941000元，以上合计3023150元。沙田镇政府系委托具有资质的公司或个人来处理对应事务，并提交了资质文件、合同以及付款单据予以证明。李永明倾倒的固体废物数量占沙田镇政府已处理的固体废物总量的25.6%，故李永明按照比例应承担的损失数额为773926.4元。沙田镇政府为本案支出的法律服务费亦应由李永明承担。沙田镇政府对于侵权行为的发生及其损害结果均不存在过错。一审法院判决李永明向沙田镇政府赔偿电镀废料处理费、检测费、专家评审费773926.4元，法律服务费39957元。广东省东莞市中级人民法院二审判决李永明向沙田镇政府赔偿电镀废料处理费、检测费、专家评审费773926.4元。

典型意义：

本案系固体废物污染责任纠纷。生态环境是人民群众健康生活的重要因素，也是需要刑事和民事法律共同保护的重要法益。生效刑事判决审理查明的事实，在无相反证据足以推翻的情况下，可以作为民事案件认定事实的根据。本案审理法院正确使用《中华人民共和国环境保护法》，在依法惩治污染环境罪的同时，对于沙田镇政府处理环境污染产生的损失依法予以支持，体现了"谁污染、谁治理"的原则，全面反映了污染环境犯罪成本，起到了很好的震慑作用。本案对于责任的划分，特别是对地方政府是否存在监管漏洞、处理环境污染是否及时的审查判断，也起到了一定的规范、指引作用。本案的审理和判决对于教育企业和个人依法生产，督促政府部门加强监管有着较好的推动和示范作用。

复习思考题

1. 什么是建设项目，有哪些类型？
2. 什么是建设项目环境管理，有哪些程序？
3. 建设项目环境管理有几个阶段，其内容是什么？
4. 建设项目环境管理的依据有哪些？
5. 简述建设项目环境影响评价的分类管理要求。
6. 建设项目管理中公众参与的内容有哪些？
7. 简述建设项目竣工环境保护验收的主要程序。
8. 建设项目环境监理的任务是什么，要求在哪一个阶段开展？
9. 废物进口项目环境管理与一般建设项目环境管理有什么区别？
10. 海岸工程建设项目环境管理与内陆建设项目环境管理有哪些区别？
11. 海洋工程建设项目环境管理与内陆建设项目环境管理有哪些区别？
12. 环境保护部门的管理权在项目管理中是如何体现的？

第 6 章　企业环境管理

企业是人类产业活动的主体。人类通过产业活动，开采自然资源，并加以提炼、加工、转化，从而创造出所需要的生活和生产资料，最终形成物质财富。产业活动因创造物质财富而成为人类社会生存发展的基石，但不合理的产业活动也是破坏生态、污染环境的主要原因。因此，对企业进行环境管理，具有十分重要的意义。

企业环境管理不但要符合环境法律法规标准和公众的环境要求，而且要将“环境”纳入经营活动本身，使“关爱环境”成为推动企业追求经济效益的内在动力。当然，企业环境管理和经营既要接受政府的要求与监督，也要接受公众对企业环境经营提出的要求和监督。企业环境管理和经营应努力将这些外部的要求和监督内化为自身发展的需要，并将其视为自己的社会责任。

第 1 节　企业环境管理概述

企业环境管理是既是企业管理的一个重要组成部分，又是对企业环境的一种专业管理，也是国家环境管理的主要内容之一。

一、企业环境问题

企业环境问题是环境问题的主要组成部分，防止企业污染始终是污染防治工作的重点。以合理利用能源和资源为中心，结合企业技术改造，强化企业环境管理，将是一条解决环境污染的有效途径。

企业环境问题主要分为两个层面：一是环境污染，二是资源浪费。

环境污染指的是人类的生产活动和生活中排放到环境中的污染物，在环境中扩散、迁移、转化，超出了环境对废弃物的承载能力，导致环境质量的变化超过相应标准。因此，废弃物的排放是引起环境污染的原因。对于企业而言，所排放的废弃物是企业生产过程中的物料流失。在一定的经济技术水平下，企业对物料的加工深度是有限的，不可能 100% 地加以利用，对原材料和半成品的加工或提取只能进行到最有利的程度，且成品在生产过程中也会有泄漏。这些物料排放到环境中，一旦超过了环境的承载能力，就会导致环境污染。

环境污染通常伴随企业的生产活动而发生，例如，化工产品的生产，在生产的过程中有些材料由于技术和经济的原因，无法被回收利用而排放到环境中，这一方面会造成环境污染，另一方面也降低了资源的利用效率。

由此可见，企业排放废弃物一方面会污染环境，另一方面也会造成资源浪费。

二、企业环境管理的概念

企业环境管理是企业管理的一个重要组成部分，也是国家环境管理的主要内容之一，在企业中重视和提倡全过程的环境管理符合经济发展的要求，也与企业现代化发展的要求完全一致。

1. 企业环境管理的概念和特征

企业环境管理是指企业在宏观经济的指导下，运用行政、法律、教育、经济、技术等手段，对企业在生产建设活动过程中，对生态环境产生的影响进行综合调节和控制，以消减污染物的排放，使企业生产和环境保护协调发展，实现经济效益、社会效益和环境效益三者的统一。

企业环境管理有两个方面的含义：一方面是企业作为管理的对象而被其他管理主体(如政府职能部门)所管理，另一方面是企业作为管理的主体对企业内部进行自身管理。这两个方面的含意有着十分密切的内在联系。

企业环境管理有3个特征：①企业作为自身环境管理的主体，决定着企业环境管理的主要内容和方式，但同时还要受到法律法规、公众特别是消费者相关要求的外部约束；②企业环境管理的具体内容和形式与企业的行业性质密切相关，如从事资源开采、加工制造等行业的企业环境管理与金融业、旅游业等服务性行业的企业环境管理会有很大差异；③企业环境管理按其目标可以分为多个层次，最低层次可以是满足政府法律的要求；稍高是减少企业生产带来的不利环境影响，承担企业社会责任；更高层次则是通过企业环境管理创造优异的环境业绩乃至经济利益，甚至影响社会的消费方式。

2. 企业环境管理的意义和作用

企业在环境保护与经济发展中扮演着极其重要的角色，是保护环境的主力军。企业通过环境管理可以促进整个社会的可持续发展。

霍肯在其《商业生态学》一书中指出，企业是全世界最大、最富有、最无处不在的社会团体，其必须带头引导地球远离人类造成的环境破坏。这是对企业环境管理作用非常恰当的描述。

三、企业环境管理的理论和实践

1. 企业环境管理中存在的问题

由于各种历史和现实原因，企业的环境管理长期未能得到重视，这一现象在一些经济不发达的国家更为突出。以中国为例，企业在环境管理上存在的问题主要有：①在经营理念上认为企业的目标就是追求利润，而把环境治理当成政府和社会的责任，因此不重视甚至忽视企业环境管理；②许多企业没有专门的环境管理部门，没有规范的环境管理制度，更谈不上国际化的标准管理体系；③企业在生产经营上对自然资源无序无度滥采滥用，资源利用效率低下；④由于资金短缺、技术落后等原因，只对生产末端的污染物进行有限的治理，有的企业甚至不进行治理，因而造成了严重污染；⑤大多数企业的环境管理停留在以遵守国家法律法规和环境标准为最高要求的低水平上，缺乏对创造环境业绩、树立环境形象、承担环境责任等高层次目标的追求，企业环境管理还没有成为企业经营管理中不可缺少的重要内容。

以上这些问题，既与中国企业发展水平和企业自身环境管理能力相关，也与政府对企业的引导、约束，以及公众对企业环境行为的社会监督和要求有关。

2. 市场约束下的企业环境管理行为

在市场机制的约束下，企业环境管理行为可以大致分为3类：

(1)消极的环境管理行为。具体表现为企业在经济利益的刺激下不遗余力地降低成本，宁愿缴纳排污费和罚款也不治理污染，能够非法排污就不会运行环境治理设施，能够蒙混过关就不会在环保上投入资金。这种现象在很多中小企业中大量存在，引发了大量资源浪费、环境污染和生态破坏问题。

(2)不自觉的环境管理行为。在政府越来越严格的环境保护法律法规和标准要求，以及消费者对绿色产品越来越重视的双重作用下，企业为了提高竞争能力，会努力变革传统的粗放型生产经营方式，通过加强管理、改进技术、循环利用、清洁生产等措施实现节能降耗和生产绿色产品的目的。这样，企业在实现自身经济利益的同时，也在一定程度上不自觉地保护了环境。

(3)积极的环境管理行为。一些企业，特别是大企业在追求企业经济利益和投资者利润的同时，为实现“基业长青”的目标，也意识到企业还应该为提高人们生活质量、促进社会进步做出贡献，其方式就是主动承担起企业的社会责任。因此，一些企业会主动提出企业的环境政策，自觉减少资源、能源消耗和污染物排放，并通过遵守ISO14000环境管理系列标准等方式加强企业的环境管理，表出积极的环境管理行为。同时，在绿色供应链的要求下，大量与大公司有商业合作关系的其他企业，特别是中小企业，也不得不按国际通行标准建立自身的环境管理体系，满足大公司在环境保护方面提出的标准和要求，以维持与大公司的关系。在这种趋势下，积极的环境管理行为，变成企业自身发展的内在追求。

3. 企业社会责任与环境经营

企业社会责任要求企业应采取有利于环境保护的技术防止环境污染，尽可能地保护自然环境。同时，企业社会责任还要求企业在遵守法制、市场经济制度和不破坏自然环境的前提下，承担税收、就业、产品和人权等责任。

但从企业在社会发展中的性质和作用来看，环境保护与慈善事业一样，并不能成为企业社会责任的核心。因为企业的本质是创造财富，所以，当企业的税收、就业等责任，与企业的环境责任相冲突时，很多情况下，特别是在经济不发达的地区下，企业会选择先完成环境保护责任之外的其他社会责任。

因此，有必要强调"企业环境经营"的理念。如前所述，环境经营是在遵守法规标准、承担社会责任的基础上，进一步将环境保护纳入经营活动本身，从而既能创造经济效益，又能保护环境，甚至通过保护环境而创造更多的经济效益。

第 2 节　政府对企业的环境管理

一、概述

1. 政府对企业环境管理的概念和特征

政府对企业的环境管理是政府运用现代环境科学和政策管理的理论和方法，以企业活动中的环境行为作为管理对象，综合采用法律、行政、经济、技术和宣传教育的手段，控制企业在产业活动中资源消耗和废弃物排放，调整相关生产技术和设备标准等的管理行为的总称。

政府对企业的环境管理可根据管理对象分为微观管理和宏观管理两类。微观管理是以作为产业活动基本单元的企业为对象进行的管理；宏观管理是对从事某一行业的所有企业进行的管理。

政府对企业的环境管理有 3 个特征：①政府能够从经济社会发展的高度来调控整个产业发展方向和规模，具有强制性和引导性，它可以有效地克服企业个体发展选择的片面性和局限性；②管理的具体内容和形式与企业性质密切相关，针对不同行业的资源环境特点采取不同的管理模式，管理重点是那些资源和能源消耗量大、废弃物排放量大的行业，如冶金、化工、焦炭、电力等行业；③管理具有较强的综合性，它不仅需要政府环境保护部门的努力，同时也需要政府内部经济管理部门的参与，还需要政府外部的行业协会、咨询公司、公众和相关社会组织的参与。

2. 政府对企业环境管理的意义和作用

由于政府是整个社会行为的领导者和组织者，政府能否依据可持续发展的要求控制企业活动的资源消耗和废弃物排放，引导和帮助企业按资源节约型、环境友好型的目标实现良性发展，是企业环境管理中最主要的内容和最根本的目标。

严格环境执法和监管，创建并维护一个公平、自由、民主的法制环境，是政府能够在企业环境管理中应该做的最重要、最有意义的工作。因此，强调政府严格执法、监管，以及政府本身的依法、守法，对于企业环境管理来说非常重要。

二、政府对企业的微观环境管理

1. 对企业发展建设过程的环境管理

开展企业环境管理，必须对其发展建设过程的活动，特别是活动的全过程进行管理。政府对企业发展建设过程的环境管理，是对企业发展建设过程中各个环节进行的环境监督和管理。企业发展建设活动的全过程大体可以分为4个阶段：筹划立项阶段、设计阶段、施工阶段、验收阶段。

1)筹划立项阶段的环境管理

在企业建设项目筹划立项阶段，政府对企业进行环境管理的中心任务是对企业建设项目进行环境保护审查，组织开展建设项目和规划的环境影响评价，以保证建设项目和规划布局合理，制定恰当的环境对策，选择能够减轻对环境产生不利影响的措施，减少资源消耗和污染排放。

(1)建设项目的环境保护审查。

企业建设项目的环境保护审查，要依据国家，政府的政策和法律或行业规定进行。当然要注意地区的差异及行业的差异。主要内容包括：产品项目的审查、企业布局的审查、污染物排放情况的预审核

(2)建设项目的环境影响评价。

建设项目的环境影响评价是企业建设项目前期环境管理的重要内容之一，体现了“预防为主”的方针。对建设项目的厂址选择、产品工艺流程、使用原料及其排污等进行环境影响评价，是政府环境保护职能部门对企业发展行为进行环境管理及监控的有效手段，有利于促进经济与环境的协调发展。

由于企业是实行清洁生产的主体，因此，在进行环境影响评价时应注意应用清洁生产的思路和方法，以使新建项目投产后的清洁生产工作能落到实处。企业建设项目的环境影响评价应把下述与清洁生产有关的内容包括在内：

①项目建议书阶段，要对拟建项目工艺和产品是否符合清洁生产要求提出初评。

②项目可行性研究阶段，要重点评审原材料选用、生产工艺和技术、产品的生产方案，以最大限度地减少技术和产品的环境风险。

③对于使用国家规定限期淘汰的落后工艺和设备，以及不符合清洁生产要求的建设项目，环境保护主管部门不得批准其《环境影响报告书》。

④《环境影响报告书》所提出的清洁生产措施要与主体工程同时设计、同时施工、同时投产使用。

(3)审查环境对策和防治措施的实施原则：

①通过对企业建设项目的环境审查和环境影响评价，对企业建设项目的选址及污染防治措施等提出明确的审查意见。

②如果企业建设项目的厂址选择是当地环境所不能接受的，例如建成投产后可能造成周围环境不可恢复的破坏，排放的污染物负荷超过当地环境容量所容许的权限或超过人或生物所能容许的极限，等等，均应重新选择厂址。

③在审查企业建设项目的污染防治措施时，要重点审查《环境影响报告书》中提出的措施是否能得到落实，以确保新建项目排放的污染物能得到有效治理；同时，也要考虑到现有的国情条件，当地的技术水平、经济承受能力等因素，尽可能促使环境效益与经济效益的统一，实现经济与环境的协调发展。

2)设计阶段的环境管理

在企业建设项目生产工艺和流程设计阶段，环境管理工作的中心是监督促进建设项目将环境目标和环境污染防治对策转化成具体的工程措施和设施。因此，在企业建设项目的初步设计中，要把规定的各项环境保护要求、目标和标准贯彻到各个部分及专业的具体设计中去。

(1)生产工艺的综合防治设计。

生产工艺的综合防治设计要体现清洁生产和产品生命周期分析的思路，在生产过程的最前端，就将环境因素和预防污染的环境保护措施纳入产品设计准则之中，使环境保护准则成为产品设计固有的一部分，并且置于优先考虑的地位。其内容主要包括：

①合理利用资源和能源：尽量选用能充分合理利用资源和能源的综合生产工艺，避免因单一性利用资源而导致资源的流失和浪费。

②选用先进的工艺技术和设备：工艺设计和设备设计应尽可能选用高效率、少排污的先进工艺和设备，采用无毒无害或低害的原料路线和产品路线，以尽量减少生产过程中污染物的排放。

③节约能源，提高用水循环率：应尽量选用低能耗的工艺路线和设备，节约能源消耗，尽量减少消耗能源时烟尘和烟气排放量，避免余热、可燃气体逸散。另外，企业排水设计要从分类供水、局部循环、串级用水及提高监测管理水平等方面入手，以提高用

水循环率，减少新水补给量和废水排放量。

（2）环保设施设计。

选用的环境保护设备必须能使污染物的净化或处理效果达到设计排放标准，选用的处理或净化工艺和设备要保证环境保护设施能够长期稳定地运行。同时，还应在不降低排放污染物设计标准的前提下，注意技术经济指标的合理性。

对于经过处理设施净化、回收获得的废弃物，在设计时应考虑进一步资源化、无害化和综合利用，以防止造成二次污染。其中，特别要注意地区性的专业协作，力争使某个企业的废弃物能成为另外一个企业的原材料。

3）施工阶段的环境管理

在企业建设项目施工阶段，其环境管理的中心工作是督促检查环境保护设施的施工情况，以及防止施工现场对周围环境产生不利影响。

（1）环境保护设施的检查和落实。

①复查设计文件：结合施工现场情况复查设计文件中环境保护设施的设计落实情况，一旦发现环境保护设施设计不完善或不符合现场实际情况，应及时通知有关部门更改设计或补充设计。

②检查环境保护设施的施工进度：环境保护设施有的与生产设备交叉连接，有的独立自成体系，但都必须按照施工进度计划组织施工，落实设备、材料、人力。建设单位应及时向环境管理机构汇报项目执行进度。

③检查环境保护设施的施工质量：严格按照设计要求和验收规范规定的质量要求检查环境保护设施的施工质量，对不符合质量要求的施工应及时要求其返工。

④妥善处理环境保护设计的变更：不论什么原因，如果变更环境保护设计，则必须严格按照基建程序规定进行，建设单位和施工单位等均不得随意变更环境保护设施的设计工艺和设备技术标准。如果建设项目有较大的设计变更，如规模、工艺技术或厂址等，则必须重新修订环境影响报告书，并报原审批部门审批。

（2）控制施工现场作业对周围环境的影响。

在建设项目的施工中，不允许对施工现场的生态环境造成不能恢复或难以恢复的破坏，因此要结合建设项目的设计，合理安排施工现场，使绿化、复垦工程等能同时开工、同时完成。其中，特别要注意河道淤塞、水土流失、土地盐碱化等对自然生态系统的破坏。竣工后，施工单位应负责修整和复原在建设过程中受到破坏的自然环境。

在施工中，有时会产生粉尘、噪声、振动及有毒有害气体等，污染周围区域，施工单位要采取行之有效的防护措施，以防止或减轻施工现场对周围生活居住区的污染和危害。

4）验收阶段的环境管理

验收阶段的环境管理是企业环境管理的一个重要环节，其主要内容是验收环境保护设施的完成情况。

建设单位是建设项目竣工环境保护验收的责任主体，应当按照规范的程序和标准，组织对配套建设的环境保护设施进行验收，编制验收报告，公开相关信息，接受社会监督，确保建设项目需要配套建设的环境保护设施与主体工程同时投产或者使用，并对验收内容、结论和所公开信息的真实性、准确性和完整性负责，不得在验收过程中弄虚作假。

建设项目竣工后，建设单位应当如实查验、监测、记载建设项目环境保护设施的建设和调试情况，编制验收监测(调查)报告。验收监测(调查)报告编制完成后，建设单位应当根据验收监测(调查)报告结论，逐一检查是否存在不合格的情形，提出验收意见。

除按照国家规定需要保密的情形外，建设单位应当通过其网站或其他便于公众知晓的方式，向社会公开相关信息。同时，应当向所在地县级以上环境保护主管部门报送相关信息，并接受监督检查。

各级环境保护主管部门应当按照《建设项目环境保护事中事后监督管理办法(试行)》的规定，通过“双随机一公开”抽查制度，强化建设项目环境保护事中事后监督管理。要充分依托建设项目竣工环境保护验收信息平台，采取随机抽取检查对象和随机选派执法检查人员的方式，同时结合重点建设项目定点检查，对建设项目环境保护设施“三同时”制度要求落实情况、竣工验收等情况进行监督性检查，监督结果向社会公开。

验收时，环境保护设施必须与主体工程一起进行验收。建设项目配套建设的环境保护设施经验收合格后，其主体工程方可投入生产或者使用；未经验收或者验收不合格的，不得投入生产或者使用。

(1)验收依据。

验收的依据是经批准的设计任务书、初步设计方案或扩大初步设计方案，施工图纸和设备技术说明等文件，以及检测单位提交的检测报告。

(2)单项工程验收中的环境管理内容。

单项工程，如一个车间，若按设计要求建成并经调试、试运转考核已能满足生产条件或具备使用条件后，可以组织验收。其中，环境管理内容为：对照审批下达的环境保护设施清单，核对环境保护设施项目；检查环境保护设施的施工质量；清点交付的验收文件。

(3)总体验收中的环境管理内容。

在按国家规定的验收程序验收建设项目的总体工程时，环境管理的内容主要有：环境保护设施的调试、考核；各单项工程或车间的环境保护验收报告的审定；建设项目的环境保护对策的总体验收。

(4)验收中遗留问题的处理。

验收监测(调查)报告编制完成后，建设单位应当根据验收监测(调查)报告结论，逐一检查是否存在不合格的情形，并提出验收意见；存在问题的，建设单位应当进行整改，整改完成后方可提出验收意见。

验收意见包括工程建设基本情况、工程变动情况、环境保护设施落实情况、环境保护设施调试效果、工程建设对环境的影响、验收结论、后续要求等内容，验收结论应当明确该建设项目环境保护设施是否验收合格。

环境保护设施没有建成或达不到规定要求的不予验收；环境保护设施存在一定的问题但不会严重危害环境的可以采取同意投产、预留投资、限期解决的方式处理；对于暂时无法处理解决的遗留问题，应作为专题，拟定处理意见，上报主管部门会同有关部门审查批准后执行。

5)生产经营阶段的环境管理

在企业正常生产经营阶段，需要对企业污染源和污染物排放、污染收费、环境突发事件等工作进行管理。

在企业因各种原因关闭、搬迁、转产时，也要进行相应的环境管理。例如，对一些中心城区企业关闭和搬迁后可能造成的土壤和地下水污染情况进行风险评估，对企业转产进行相应的环境影响评价工作等。

2. 对企业生产过程的环境管理

政府对企业生产过程环境管理的核心是物质资源利用和消耗、生产的工艺流程、废弃物产生和排放这 3 个环节。

长期以来，对企业生产过程的环境管理主要依靠传统的八项环境管理制度，特别是环境影响评价制度、“三同时”制度、排污收费制度、限期治理制度、排污许可证制度和目标责任制度，它们对于工业企业污染源的管理发挥了重要作用。

1)对污染源排放的环境管理

政府环境保护部门对污染源排放的监督管理，并不是去代替企业治理污染源，而是依靠国家的政策、法规和排放标准，对污染源实行监控，以确保污染物排放符合国家及地方的有关规定。

(1)对现有污染源的环境管理。

对现有污染源的环境管理，主要是监控其排放是否符合国家及地方法定的排放标准，监控其在技术改造中是否采用符合规定要求。实践经验表明，从可持续发展的观念来看，忽视污染源之间及环境功能区之间的差别，仅采用浓度标准静态控制，难以有效控制区域环境污染的发展。因此，目前环境管理正逐渐由浓度控制向总量控制转移，由末端治理向源头控制、过程控制转移。

对于一家企业而言，进行总量控制的过程中，所得到的排放总量的允许份额。由于区域允许排放总量有限，各排污单位必然会十分关注自己的排污份额，因而会要求总量的分配公平合理。因此，总量控制并不仅仅是一个分配排污指标和签发排污许可证的简单过程，而是要建立起一个环境容量资源有偿使用机制，既要力求区域经济效益最好，污染削减费用最小，又要兼顾公平合理的原则。

(2)对新建项目污染源的环境管理。

目前新建项目污染源的环境管理大体可以分为两个阶段：第一阶段是在建设前进行环境影响评价，即对建设项目的厂址选择、产品的工艺流程、使用的原料及其排污等进行环境影响评价，提出预防污染的措施和对策，并作为整个建设项目可行性研究的一个组成部分；第二阶段是要保证环境影响报告书中提出的措施得到落实，确保新建项目排放的污染物能得到有效治理。

(3)对矿产资源开发利用的环境管理。

矿产资源的开发利用与其他建设项目相比，其对环境的影响范围及程度更大，特别是对自然生态环境的危害非常严重，甚至不可恢复。例如，露采矿石在剥离矿体覆盖层及运输、堆放废石时，将影响森林、草场、农田和植被的自然生长，使生态系统受到干扰和破坏；选矿场、尾矿池不仅占去大片土地，还会污染周围的水域环境；废石场可能出现的滑坡、露采场的基坑，以及采矿、选矿过程中的废弃物，经长期风吹雨淋和风化，其有毒、有害物质和放射性物质会随雨水或风转移，这些都可能会造成土地、地表水、地下水的严重污染，从而破坏自然生态环境。

矿产资源开发利用环境管理的主要内容和手段是进行环境影响评价，不仅要在开发前做好环境影响评价工作，而且要做好开发后的回顾性评价。在进行评价时，要考虑自然资源开发引起的自然风险和社会风险，注意资源开发的外部不经济性。具体而言，要在制定矿山开发利用方案的同时制定出全面、完善、切实可行的综合整治规划。例如，妥善处理“三废”，平整地面，恢复被破坏的植被，防止水土流失和污染水源，绿化隔离矿区的生产区与生活区，矿区四周营造大面积环境保护林，等等。

加强矿产资源开发利用的环境管理，还应对矿产资源开发利用的各个阶段进行必要的环境监测，获取信息，随时反馈，以便及时制定相应的补救措施。矿产资源开发主管部门应会同当地环境管理机构，建立事故应急小组，制定应急预案和计划，配备应急处理设备，以便在发生意外环境事故时能迅速采取行动，有效控制污染程度与污染范围，减轻对周围环境的影响，避免公害事故的发生。

2)对生产过程的环境审计

(1)环境审计的概念。

环境审计是近年来发展起来的一种对生产过程进行环境管理的方法。我国的环境审计是指审计机构接受政府授权或其他有关机关的委托，依据国家环保法律法规，对排放污染物企业的污染状况、治理状况及污染治理专项资金的使用情况，进行审查监督，并向授权人或委托人提交书面报告和建议的一种活动。

环境审计通过定期或不定期地审查企业污染治理状况及污染治理专项资金的使用情况，以及治理后的效益，监督企业在此过程中的行为，促使企业加强环境管理，积极治理污染。

环境审计的全过程是审计主体对于审计客体(对象)的生产过程进行全面的环境管理的过程。

环境审计主体包括国家审计机关和社会审计机构两类。前者为政府的职能部门，后者是一种社会性的民间审计机构。环境审计的客体，即环境审计的对象，它包括排放污染物的一切企业、事业单位。

(2)环境审计的层次划分。

随着环境保护工作的深入开展，环境审计工作也在逐步深化，出现了3个不同层次的环境审计：

①以审查执法情况为目的的环境审计：依据国家的、地方的和行业的法律法规，审查企业的执行情况和达标情况，从中发现问题，制定出有针对性的行动计划，改进企业的环境保护工作，防止污染事故的发生。

②以废物减量为目的的环境审计：从生产过程中发掘削减废物发生量的机会，通过分析评估，提出改进方案，从而使之对环境的污染减少至最低。

③以清洁生产为目的的环境审计：对某一产品的生产全过程进行总物料平衡、水总量平衡、废物起因分析和废物排放量分析，从原材料、产品、生产技术、生产管理及废物处理等整个生产过程的各个环节进行评估，寻找出存在的问题，通过审计评估，提出实施清洁生产的多层次方案。

3. 对企业其他环境行为的管理

随着现代企业环境保护工作的开展，企业环境管理的内容已经远远超过了单纯的污染源治理和清洁生产的范围，一些与企业环境保护相关的新生事物，如企业环境信息公开、企业ISO14000环境管理系列标准认证、企业环境绩效、企业环境行为评价、企业环境责任、企业环境安全、企业循环经济和企业绿色营销等不断出现，这些新出现的企业环境行为和活动很多都需要政府环境保护部门的协调、协作、监督和管理，有些已经成为现在政府对企业进行环境管理的新内容，举例如下：

在企业环境信息公开方面，根据《中华人民共和国清洁生产促进法》，一些污染严重的企业应公布其污染排放的相关数据，并接受政府和公众的监督。而政府管理部门的职责就是对企业发布信息的数量、质量、真实性进行核实。

在企业环境行为评价和企业环境绩效管理方面，政府可以制定专门的企业环境绩效管理计划，鼓励企业和政府管理部门签订自愿性的环境绩效管理协议，以推动企业提高其环境绩效，改善其环境行为。如“美国国家环境绩效跟踪计划”，以及中国的“国家环境友好企业”计划，都属于政府开展的对企业环境绩效的管理。

在企业环境安全方面，由于一些生产或者排放有毒有害物质的企业可能造成严重的环境影响和事故，其环境安全监管逐渐成为政府对企业进行环境管理的重要方面。这需要政府环境保护部门对其物料投放、泄漏、排放等问题进行经常性的监督，对生产过程进行定期检查，以消除事故隐患。

需要特别指出的是，在对于企业一些环境行为的管理中，单纯依靠政府本身的力量是远远不够的，还必须得到一些专门的环境公司及其他社会组织的帮助和支持。例如，在企业清洁生产审核中，技术审核工作只能由专业性的环境审核公司来完成，而不是由政府管理部门来进行；在企业环境绩效评估时，也要委托专业的研究机构、评估公司或高校来编写评估报告，再由政府机制根据评估报告进行审核。因此，政府对企业进行的环境管理，实际上是政府、企业和非政府组织相互配合、协调、互动的一项综合性工作。

三、政府对行业的宏观环境管理

1. 制定和实施行业环境技术政策

行业环境技术政策是由政府制定和颁布的，是提高行业技术发展水平、有效控制行业环境污染，引导和约束行业发展的技术性行动指导政策。

由于行业的多样性和特殊性，行业环境技术政策必须针对不同的行业进行制定。一般而言，行业环境技术政策包括行业的宏观布局、产品结构调整、产品设计、原材料和生产工艺的优选、清洁生产技术的推广、生态产业链条的建立、废弃物的再资源化与综合利用、污染物末端治理、排污收费、污染物总量控制等多个方面，这无疑是一项庞大而复杂的工作。

行业环境技术政策的制定需要政府部门与各行业协会、主要企业和相关社会组织的密切合作。例如，在绿色信贷方面，行业协会可以协助环境保护部门制定具体的鼓励类、限制类、淘汰类项目和工艺的名录，提供给金融机构作为信贷发放的依据；在环境污染责任保险方面，行业协会可以协助环境保护部门提出初期开展试点的投保重点行业、企业等，提高行业内防范环境风险的能力；在重污染企业退出机制方面，行业协会可以协助环境保护部门对行业中重污染企业的特点进行具体分析，提出改进方案和建议；在产品、工艺名录方面，行业协会可以向环境保护部门建议提出包含限制类、淘汰类的高污染、高环境风险产品名录，作为相关经济政策的参考；也可以提出鼓励类的清洁工艺、产品名录，用于企业所得税、增值税等税收优惠政策中。

2. 制定和实施能源资源的有关标准和政策

行业环境保护与该行业使用的能源和原材料密切相关。因此，政府有关煤、石油、电力等能源，以及土地、水、木材等资源的各项政策，对于行业发展起着重要的引导作用。从环境管理角度，这些政策、标准的制定和实施，有利于从根本上控制资源能源的浪费，从源头上减少污染物排放。因此，这也是政府对企业进行环境管理的重要方面。

3. 制定绿色采购制度促进企业环境管理

“绿色采购”是指政府在采购活动中，优先购买对环境负面影响较小的产品，以树立政府的绿色形象，促进企业环境行为的改善，从而对社会的绿色消费起到推动和示范作用。由于政府采购量大，采购产品和服务多样，采购对象广泛，完全可以培养和扶植一大批绿色产品生产企业，同时引导公众选择和购买绿色产品。

政府的绿色采购对于发挥政府在环境保护中的主导作用有重要意义。不难判断，绿色、公平、透明的政府采购制度，可以有效地激励和倡导企业生产和销售绿色产品。为此，世界上有很多国家都出台了政府绿色采购的专门法规。中国政府也于2005年制定了具有可操作性的绿色采购制度，这对于全社会的绿色消费具有强大的示范和推动作用。绿色采购不仅可以促进企业环境管理的改善，还可以推动国家绿色经济战略及其具体措施的落实，因此，这成为一个“绿色政府”的重要考核标准。

4. 制定优惠政策扶持环境保护产业发展

环境保护产业是整个社会产业活动有效预防和治理各种环境污染和生态破坏的物质基础，包括污水处理业、垃圾处理业、大气污染防治业、废弃物再资源化和再利用产业、环保设备制造业和环保服务业等。广义的环境保护产业还包括从事资源节约、生态建设等工作的行业，如水资源保护行业、绿化造林行业等。

环境保护产业直接决定了整个经济产业活动与自然环境和谐、协同的程度。随着全世界对环境保护给予了越来越高的重视，环境保护产业不仅成为国民经济发展的新增长点，而且成为一个国家或地区环境保护水平和能力高低的重要标志。因此，支持和鼓励环境保护产业的发展，是政府环境管理的重要方面。

第3节 以企业为主体的环境管理

以企业为主体的环境管理，指的是对企业内部实施的环境管理。企业环境管理是为了改善环境质量，加强企业对污染物排放的控制，防止生态环境破坏所进行的管理工作。

一、制定企业环境政策

企业环境政策，是指企业对于涉及资源利用、生产工艺、废物排放等与环境保护相关的领域环境管理的总体指导方针和基本政策，有时也称为企业环境方针、企业环境战略、企业环境理念、企业环境目标等。它体现出一家企业在环境管理方面总的理念和看法。

企业环境政策从企业发展战略的高度全面规定了企业环境管理的基本原则和方向，因而是企业环境管理的根本保证。

企业可以通过制定环境保护规划，协调发展生产与保护环境的关系，促进经济发展，不断改善环境质量，建设清洁、良好的生产和生活环境；尤其是针对企业的生产流程和废物产生情况，制定相应的污染物排放控制规划，从资源利用、废物产生到污染物的治理及废物的综合利用，制定全面规划，使企业实现发展生产与环境保护相协调。

二、建立环境管理制度体系

1. 建立环境管理制度体系的重要性

传统意义上，企业环境管理制度体系是指在企业内部建立全套从领导、职能科室到基层单位，在污染预防与治理、资源节约与再生、环境设计与改进，以及贯彻执行国家和地方的环境保护方针、政策，遵守政府有关法律法规等方面的各种规定、标准、制度、操作规程、监督检查制度的总称。在这种管理体系下，企业根据自身需要设计管理体系，并操作执行。目前，我国大多数企业的环境管理都属于这种情况。

企业内部的环境管理体系是企业环境管理行为的系统、完整、规范的表达方式，它有利于高效、合理、系统地调控企业的环境行为(对环境结构与状态产生影响的各个方面、各个环节、各种类型企业经济活动)，促进企业兑现对社会的环境承诺，保证环境承诺和环境活动所需的资源投放，通过循环反馈，保持企业环境管理体系的动态完善。

ISO14000 环境管理系列标准是由国际标准化组织(ISO)制定的，它的初衷是通过规范全球工业、商业、政府、非营利组织和其他用户的环境行为，改善人类环境，促进世界贸易和经济的可持续发展。ISO14000 环境管理系列标准主要包括环境管理体系及环境审核、环境标志、生命周期评价三大部分。ISO14000 环境管理系列标准的提出和实施，为环境管理体系的认证提供了合适的规范，使企业环境管理更加规范有序，同时也为企业国际交往提供了共同语言。

1993 年，国际标准化组织颁布了 ISO14000 环境管理系列标准后，ISO14000 环境管理系列标准已经迅速成为企业建立环境管理体系的主流标准和指南。根据 1996 年颁布的 ISO14001(环境管理体系规范与使用指南)中的定义，环境管理体系是一个组织内全面管理体系的组成部分，它包括为制定、实施、评审和保持环境方针所需的组织机构、规划活动、机构职责、惯例、程序、过程和资源，还包括组织的环境方针、目标和指标等管理方面的内容。“一个组织可以通过展示对本标准的成功实施，使相关方确信它已建立了妥善的环境管理体系”，因此，ISO14001 不仅可以用作认证的规范，也可以直接用于指导一个组织或企业建立、实施和完善有效的环境管理体系。我国企业应对照 ISO14001 的要求，根据自身的经济、技术条件，采取切实措施使企业环境管理逐步向 ISO14000 环境管理系列标准靠拢。

2. 按照 ISO14001 标准建立环境管理体系

按照 ISO14001 标准建立环境管理体系，包括为制定、实施、实现、评审和保持环境方针所需的组织机构、规划活动、职责、惯例、程序、过程和资源、环境管理体系原则和要求的环境管理体系运行模式。环境管理体系围绕环境方针的要求展开环境管理，管理的内容包括制定环境方针，实施并实现环境方针所要求的相关内容，对环境方针的实施情况与实现程度进行评审并予以保持，等等。这一环境管理体系遵循了传统的 PDCA 管理模式，即规划（PLAN）、实施（DO）、检查（CHECK）和改进（ACTION），并根据环境管理的特点及持续改进的要求，将环境管理体系分为 5 个部分，完成各自相应的功能。

1）环境方针

环境方针是组织环境管理的宗旨与核心，由组织的最高管理者制定，并以文件的方式表述出环境管理的意图与原则。

2）规划

从组织环境管理现状出发，明确管理重点，识别并评价出重要环境因素；准确获取组织适用的法律法规及其他规范；根据组织所确定的重要环境因素和技术经济条件，确定组织的环境目标和指标要求；提出明确的环境管理方案。

3）实施与运行

明确组织各职能与层次的机构与职责，任命环境管理代表；实施必要的培训，提高员工环境保护意识和工作技能；及时有效地沟通和交流有关环境因素和环境管理体系的信息，注重相关方所关注的环境问题；形成环境管理体系文件并纳入严格的文件管理；确保与重大因素有关的活动均能按规定进行；对于潜在的紧急事件和事故采取有效的预防措施和应急响应措施。

4）检查和纠正措施

对有重大环境影响的活动进行监测，及时发现问题并及时采取纠正与预防措施；环境管理活动应有相应的记录以追溯环境管理体系的实施与运行。组织还要定期进行环境管理体系的内部审核，从整体上了解组织环境管理体系的实施情况，判断其有效性和对 ISO14001 标准的符合性。

5)管理评审

由组织的最高管理者进行的评审活动，从而在组织内外部变化的条件下确保环境管理体系的持续适用性、有效性和充分性。支持组织持续改进，从而持续满足ISO14001标准的要求。环境管理体系强调持续改进，因此，上述过程是一个开环系统，通过管理评审等手段提出新一轮要求与目标，从而实现环境绩效的改进与提高。

三、绿色设计、绿色制造

绿色设计和绿色制造是采用生态、环保、节约、循环利用的理念和方法进行产品的设计和生产，以减少产品在生产、流通、消费、废弃等过程产生的资源消耗、废物排放和生态破坏。广义的绿色设计还包括绿色材料、绿色能源、绿色工艺、绿色包装、绿色回收、绿色使用等环节的设计。

产品生命周期评估方法(Life Cycle Assessment，LCA)是开发绿色产品进行绿色设计的有力工具。借助LCA的理念和方法，就有可能将环境管理从行业、企业的宏观层次渗透到产品设计的微观层次。

四、绿色营销

绿色营销是用生态的理念和方法对企业传统的营销方式进行的一种变革和创新。具体内容包括采取新的宣传方式，如在广告中除了强调产品的高性能，还要强调产品的无污染和更节能；采取更为多样的销售方式，如以租代售、以旧换新，主动回收废旧产品，等等。绿色营销已经成为现代企业营销的重要内容，广义的绿色营销还包括绿色信息、绿色产品、绿色包装、绿色标志、绿色销售渠道、绿色促销策略、绿色服务、绿色回收等。

绿色营销也为商家带来了巨大利润。例如，世界最大的包装公司之一——索诺科公司在1990年就提出了“我们既制造了它，我们就要回收它”的承诺，开始从用户手中回收使用后的产品，这一政策得到了客户的热烈支持，该公司目前有2/3的原材料来自回收的材料，并创造了收入和销售的新纪录。

这样的公司和商业模式还有很多，例如，农药生产公司正转变成为农业害虫管理公司，使用天敌、物理诱捕和农药结合的方式杀虫，从而减少农药使用；家具生产公司正转变成为家具及室内布置服务公司，等等。表6－1所示为新旧商业模式变化的对比。

表6－1　商业模式变化的对比

对比项目	注重产品生产和销售的传统模式	注重销售功能和服务的环保商业模式
产品形态	有形的产品	无形的产品
购买方式	产品的购买	功能的购买，体验服务，确保满意为止

续表

对比项目	注重产品生产和销售的传统模式	注重销售功能和服务的环保商业模式
服务期	约定保修期	整个使用期
产品所有权	归消费者	归服务提供者
功能更新	产品功能固定不变	可灵活更换服务获取新的功能
投入	初始投入高	没有初始投入
环境物质流动	物质单向流动	物质循环

五、治理废物、开展清洁生产和发展循环经济

减少各种自然资源和能源消耗，减少各种废水、废气、废渣、噪声等废弃物的产生和排放，是企业环境保护最基本的任务。

1. *治理废物*

企业环境保护应坚持预防为主、防治结合、综合治理的方针，减少能源与原材料消耗，采用清洁生产工艺，促进资源回收与循环利用。由于受经济、技术等条件的制约，企业在生产过程中产生一定量的废物是难以避免的。因此，在合理利用环境自净能力的前提下，企业对产生的废物进行厂内治理，将其所产生的外部不经济性内部化，以达到国家或地方规定的有关排放标准和污染物总量控制的要求，是企业环境管理的重要内容。废物治理包括废气、废水、固体废物和噪声污染等方面的防治工作，具体涉及改善能源结构、采取新工艺、建设末端治理设施等技术手段。

2. *开展清洁生产*

清洁生产是从生产的全过程来控制污染物的一种综合措施。联合国环境规划署在1999年首次将清洁生产定义为：“清洁生产是一种新的创造性的思想，它将整体预防的环境战略持续应用于生产过程、产品和服务中，以增加生态效率和减少人类及环境的风险。对于生产过程，清洁生产要求节约原材料和能源，淘汰有毒原材料，减少所有废物的数量并降低其毒性；对于产品，清洁生产要求减少从原材料提炼到产品最终处置的全生命周期的不利影响；对于服务，清洁生产要求将环境因素纳入设计和所提供的服务之中。”

开展清洁生产的本质在于实行污染预防和全过程控制，它将给企业带来不可估量的经济、社会和环境效益。它是实现可持续发展的重要途径，是控制环境污染的有效手段。清洁生产彻底改变了过去被动的、滞后的污染控制手段，强调在污染产生之前就予以削减，即在产品生产、服务中减少污染物的产生和对环境的不利影响。开展清洁生产可以大大减轻末端治理的负担，从根本上扬弃了末端治理的弊端，通过生产的全过程控制，减少甚至消除污染物的产生和排放。这样，不仅可以减少末端治理设施

的建设投资，而且减少了日常运转费用，大大减轻了企业的负担。开展清洁生产是提高企业市场竞争力的最佳途径；而提高企业的市场竞争力，是企业的根本要求和最终归宿。

清洁生产是一项系统工作，一方面，它提倡通过工艺改造、设备更新、废物回收利用等途径，实现节能、降耗、减污、增效，从而降低生产成本，提高企业的综合效益；另一方面，它强调提高企业的管理水平，提高包括管理人员、工程技术人员、操作工人在内的所有员工在经济观念、环境意识、参与意识、技术水平、职业道德等方面的素质。同时，清洁生产还可以有效改善工人的劳动环境和操作条件，减轻生产过程对员工健康的不良影响，为企业树立良好的社会形象，促使公众对其产品给予更多支持，提高企业的市场竞争力。图 8 –1 所示为清洁生产全过程控制管理模式。

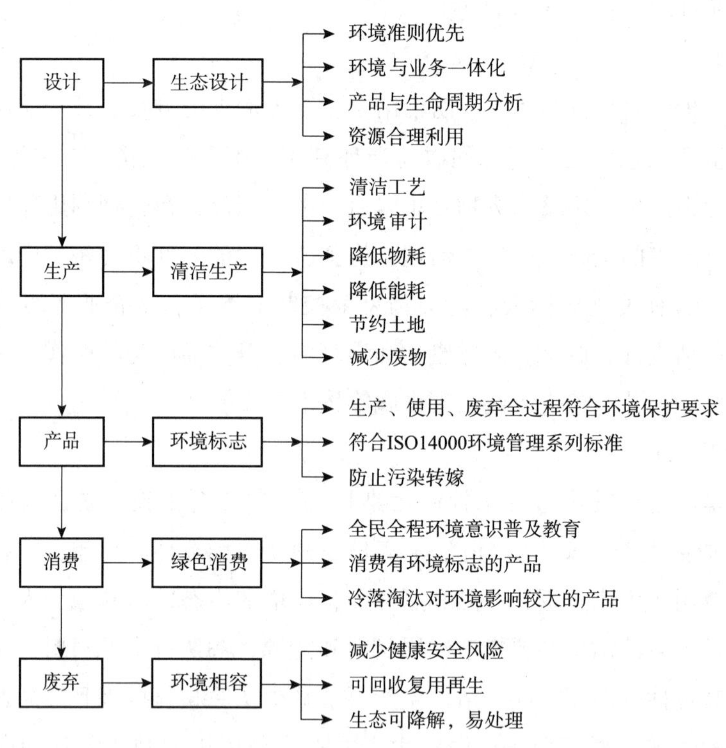

图 6 –1　清洁生产全过程控制管理模式

3. 发展循环经济

传统的经济发展是以“资源 – 产品 – 废物”为表现形式的线性模式，这是造成目前环境问题日益严重的经济学根源。循环经济则是立足于提高资源利用效率，在生产和再生产的各个环节按“物质代谢”关系安排生产过程和产业链条，形成一种以“资源 – 产品 – 废物 – 再生资源”为表现形式的经济发展模式。

循环经济是一种以资源的高效利用和循环利用为核心，以“减量化、再利用、资源化”为原则，以低消耗、低排放、高效率为基本特征，符合可持续发展理念的经济增长模式，是对“大量生产、大量消费、大量废弃”的传统增长模式的根本变革。表6－2所示为循环经济与传统经济模式的对比。

表6－2　循环经济与传统经济模式对比

对比项目	线性经济	循环经济
别名	开放经济	封闭经济
比喻	牧童经济或牛仔经济，“从摇篮到坟墓”	太空经济或宇宙飞船经济，“从摇篮到摇篮”
基本特征	高投入、高消耗、高排放、高产出	低投入、低消耗、低排放、高效益
指导思想	机械主义发展观	科学发展观(中国语)，可持续发展观(世界语)
前提假设	资源供给是无限的，环境自净能力是无限的，自然环境是丰富的自由物品	资源供给是有限的，环境自净能力是有限的，自然环境是稀缺的经济物品
经济与生态的关系	矛盾冲突：经济增长以生态破坏为代价	和谐共生：经济增长与生态保护实现良性互动
人与自然的关系	人是自然的主宰，人凌驾于自然之上	人与自然是和谐的，人是自然的一部分

对于企业而言，发展循环经济要使生产中的各种物质，特别是废弃物尽可能再循环利用起来，并纳入区域层次上构建的生态产业链条，以最大限度地提高自然资源利用效率，减少废物排放。

六、发布企业环境报告书

企业环境报告书，是一种企业向外界公布其环境行为和环境绩效的书面年度报告，它反映了企业在生产经营活动中产生的环境影响，以及为了减轻和消除有害环境影响所进行的努力及其成果。企业环境报告书的主要内容包括企业环境方针、环境管理指导思想、实施计划、具体措施和取得的环境绩效等。

目前，定期公开发布环境报告书已经成为很多著名企业环境管理的重要内容。对于这些企业而言，环境报告书是对企业环境工作和管理的总体概括，是宣传企业环境绩效和环境形象的重要方式；对于政府而言，这些企业自愿发布环境报告书是企业在主动遵守法律法规基础上的进一步行动，当然是政府所希望和鼓励的；对于公众而言，环境报告书是全面了解企业、认识企业环境行为的重要途径。由此可见，企业主动发布环境报告书不仅是企业环境管理的重要方面，也是那些环境绩效优秀、环境形象良好、主动担负起可持续发展社会责任的企业自愿与政府、公众在环境管理方面相互沟通交流的重要方式。因此，发布环境报告书是一个企业环境管理水平高低的重要标志。

除了上述内容，企业环境管理还包括开展环境评价、环境监测、环境保护技术研究、开展环境保护宣传教育等。

第4节 ISO14000环境管理系列标准

对现代企业而言，ISO14000环境管理系列标准的建立和运行，是企业环境管理和环境经营最重要、最基本的内容。简单地说，企业是社会的一个组织，而ISO14000环境管理系列标准就是一个以组织为单位，以系列标准的形式规范和约束组织活动(包括政府组织和非政府组织)的环境管理体系。该体系已经在世界范围内广泛推广和应用，成为现代企业环境管理的重要内容和主流方向。

一、ISO14000环境管理系列标准的产生背景

从20世纪80年代起，美国和欧洲的一些公司为了响应可持续发展的号召，提高在公众中的形象以获得经营支持，开始建立各自的环境管理模式。例如，荷兰率先于1985年提出建立企业环境管理体系的概念，在1988年试行实施，到1990年又推行标准化和许可制度。1990年后，欧盟一些国家开展了环境管理体系、环境审核工作，并由第三方予以认证以证明企业的环境绩效。这些实践活动奠定了ISO14000环境管理系列标准产生的基础。

在1992年联合国环境与发展大会之后，各国政府领导、科学家和公众认识到要实现可持续发展，就必须改变工业污染控制战略，从加强环境管理入手，建立污染预防的新理念。通过企业的“自我决策、自我控制、自我管理”方式，将环境管理融于企业全面管理之中。为此，国际标准化组织(International Organization for Standardization，ISO)从1992年起正式制定环境管理系列标准，以引导和规范企业和社会团体等组织活动、生产产品和提供服务的环境行为。

二、ISO14000环境管理系列标准的框架结构

ISO成立于1946年，总部设在瑞士日内瓦，由100多个国家的标准化组织构成，是世界上最大的非政府国际组织。ISO的任务是推动标准化，使之成为促进国际贸易的一种手段。ISO标准都是文件化的、协调一致的技术规定，各国的厂家、公司可以将它们作为指南，确保原材料和产品符合规定和要求。随着ISO9000、ISO14000、ISO18000、ISO26000等系列标准在全球范围内的推广应用，标准化已经成为保障现代工业社会顺利运行必不可少的基本条件。

ISO在1992年成立了一个技术委员会TC207，负责起草ISO14000环境管理系列标准。TC207下设6个分委员会：SC1～SC6，每个分委员会下设若干个工作组，具体起草

一个标准。ISO 秘书处为 TC207 安排了 100 个标准代号，即 ISO14000～ISO14100，其基本构成如表 6－3 所示。

表 6－3 ISO14000 环境管理系列标准的基本构成

分委员会	主题	标准号
SC1	环境管理体系（EMS）	ISO14000～ISO14009
SC2	环境审核（EA）	ISO14010～ISO14019
SC3	环境标志（EL）	ISO14020～ISO14029
SC4	环境行为评价（EPE）	ISO14030～ISO14039
SC5	生命周期评估（LCA）	ISO14040～ISO14049
SC6	术语和定义（T&D）	ISO14050～ISO14059
WG1	产品标准中的环境因素	ISO14060
	备用	ISO14061～ISO14100

根据 ISO 资料显示，已颁布的 ISO14000 环境管理系列标准如表 6－4 所示。

表 6－4 ISO14000 环境管理系列标准

标准号	标准名称	发布时间
ISO14001：2004	环境管理体系－规范及使用指南	2004 年 11 月 15 日
ISO14004：2004	环境管理体系－原则、体系与支持技术指南	2004 年 11 月 15 日
ISO14015	现场和组织的环境评价（EASO）	2004 年 11 月 15 日
ISO14011	质量和/或环境管理体系审核指南	2002 年 10 月 1 日
ISO14020	环境标志和声明－通用原则（第二版）	2000 年 9 月 15 日
ISO14021	环境标志和声明－自我环境声明（Ⅱ型环境标志）	1999 年 9 月 15 日
ISO14024	环境标志和声明－Ⅰ型环境标志－原则和程序	1999 年 4 月 1 日
ISO/TR14025	环境标志和声明－Ⅱ型环境标志－原则和程序	2000 年 3 月 15 日
ISO14025（修订）	环境标志和声明－Ⅲ型环境标志（CD3 阶段）	2006 年
ISO14031	环境表现评价－指南	1999 年 11 月 15 日
ISO/TR14032	环境表现评价－ISO14031 应用案例	2004 年 11 月 15 日
ISO14040	生命周期评价－原则与框架	1997 年 6 月 15 日
ISO14041	生命周期评价－目的与范围的确定和清单分析	1998 年 10 月 1 日
ISO14042	生命周期评价－生命周期影响评价	2000 年 3 月 1 日
ISO14043	生命周期评价－生命周期解释	2000 年 3 月 1 日
ISO/TR14047	生命周期评价－ISO14042 应用示例	2003 年 10 月 13 日
ISO/TR14048	生命周期评价－生命周期评价数据文件格式	2002 年 4 月 1 日
ISO/TR14049	生命周期评价－ISO14041 应用示例	2000 年 3 月 15 日
ISO14050	环境管理－术语和定义（第二版）	2002 年 5 月 20 日
ISO/Guide64	产品标准中对环境因素的考虑指南	1997 年 3 月 5 日

续表

标准号	标准名称	发布时间
ISO/TR14061	ISO14001/14004 在林业企业的应用指南与信息	1998 年 12 月 15 日
ISO/TR14062	产品开发中对环境因素的考虑(DFE)	2002 年 11 月 1 日
ISO14063	环境交流 指南与示例(DID 阶段)	2005 年
ISO14064－1	第 1 部分 温室气体 对组织排放和减排的量化、监测和报告规范(CD2 阶段)	2005 年
ISO14064－2	第 2 部分 温室气体 对项目排放和减排的量化、监测和报告规范(CD2 阶段)	2005 年
ISO14064－3	第 3 部分 温室气体 确认和验证规范和指南	2005 年
ISO14065	温室气体　对从事温室气体合格性鉴定或其他形式认可的确认与验证机构的要求(WD 阶段、CD2 阶段)	2007 年

注：TR—技术报告；AWI—已通过的工作项目；CD—委员会草案；DAM—草案修订；DIS—标准草案；WD—工作草案；FDIS—国际标准最终草案。

三、ISO14000 环境管理系列标准的定义和适用范围

ISO14000 环境管理系列标准是 ISO 制定的第一套组织内部环境管理体系的建立、实施与审核的通用标准。它可以指导并规范组织建立先进的管理体系，指导组织取得和表现出正向的环境行为，引导组织建立自我约束机制和科学的管理行为标准。

ISO14000 环境管理系列标准具有极其广泛的适用性。具体表现在：

(1)它规定了环境管理体系的要求，而该环境管理体系适用于任何类型与规模的组织，并适用于各种地理、文化和社会条件。

(2)在管理对象上，它适用于那些可以被组织所控制，以及希望组织对其施加影响的因素。

(3)适用于任何具有下列愿望的组织：①实施、保持并改进环境管理体系；②自己确信能符合所声明的环境方针；③向外界展示这种符合性；④寻求外部组织对其环境管理体系的认证/注册；⑤对符合该标准的情况进行自我鉴定和自我声明。

(4)ISO14001 环境管理系列标准没有要求组织一定要在整个公司或集团的层次上实施环境管理体系，相反，可以选择特定的设施、部门或运作单元来实施 ISO14001 环境管理系列标准，前提是这些选定的组织单位应该具有自己的行政管理职能。

(5)在 ISO14000 环境管理系列标准中，ISO14001 环境管理系列标准是唯一能用于第三方认证的标准，其附录为其使用提供了指南。

四、ISO14000 环境管理系列标准的特点

ISO14000 环境管理系列标准与法律、行政、经济手段相比有很大的不同，具有如下一些特点：

(1)以消费者行为为根本动力。以往的环境保护工作是由政府推动，依靠制定法律法规来强制企业执行的；ISO14000 环境管理系列标准强调的是非行政手段，用市场及人们对环境问题的共识来达到促进生产者改进环境行为的目的。环境意识的普遍提高，使消费者的行为成为环境保护的第一动因。

(2)是自愿性的标准，不带任何强制性。企业建立环境管理体系、申请认证完全是自愿的。越来越多的企业出于商业竞争、企业形象、市场份额的需要，在企业内部实施 ISO14000 环境管理系列标准，并以此向外界展示其实力和对保护环境的态度。

(3)没有定量的设置，以各国的法律法规要求为基准。整个标准没有对环境因素提出任何数据化要求，强调通过系列标准的推广以达到设定的目标，并符合各国的法规要求。

(4)强调持续改进和污染预防。要求企业实施全面管理，尽可能把污染消除在产品设计、生产过程之中，要求企业注重环境行为的持续改进。

(5)强调管理体系，特别注重体系的完整性。要求采用结构化、程序化、文件化的管理手段，强调管理和环境问题可追溯性体现出的整体特色。

(6)强调生命周期思想的应用。对产品进行“从摇篮到坟墓”的分析，从根本上解决环境问题。

五、ISO14000 环境管理系列标准的运行模式

ISO14001 环境管理系列标准规定了环境管理体系的 5 个要素，即环境方针、环境规划、实施与运行、检查与纠正措施和管理评审。这 5 个要求的运行模式如图 6－2 所示。

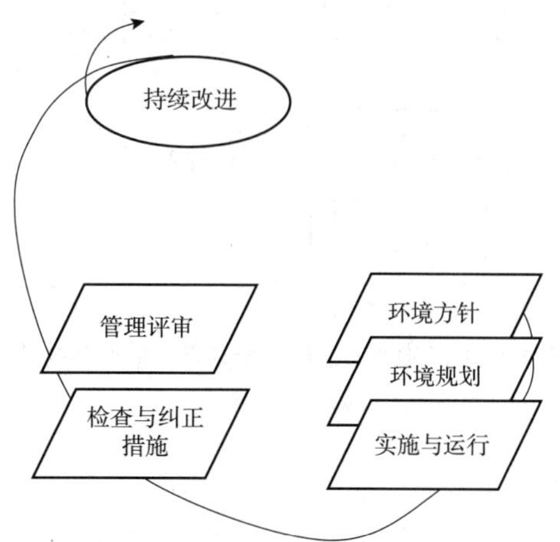

图 6－2 环境管理体系的运行模式

可见，这 5 个要素将一个环境管理体系紧密联系在一起。在环境方针的指导下制定实施方案并监测其运行状况，达成所制定的目标，再通过管理评审进一步改进提高。这

些步骤相辅相成，共同保证了体系的有效建立与实施。再加上持续改进的原则，就构成了螺旋式上升和动态循环的环境管理体系。

六、ISO14000 环境管理系列标准的实践和发展趋势

ISO14000 环境管理系列标准的最终目标是通过建立符合各国环境保护法律法规要求的标准，在全球范围内推广 ISO14000 环境管理系列标准，以达到改善全球环境质量，促进世界贸易、消除贸易壁垒的最终目标。目前，全球已经有数以万计的企业通过了 ISO14000 环境管理系列标准认证，建立了符合国际化标准的企业环境管理体系，这已经逐渐成为现代企业发展的基本条件之一。

ISO14000 环境管理系列标准的发展趋势与 ISO9001 质量管理体系、OHSAS18001 环境职业健康安全管理体系呈现一体化的倾向(图 6－3)。这三大系列的标准管理体系都是国际性标准，都遵循自愿原则，都执行 PDCA 管理模式，都具有相似的核心精神，在标准应用的相关方等方面也大致相同。因此，对于现代企业来说，这三大类标准的一体化，有利于全方面地应对管理活动，构建企业生产和服务行为、社会行为和环境行为的标准规范。

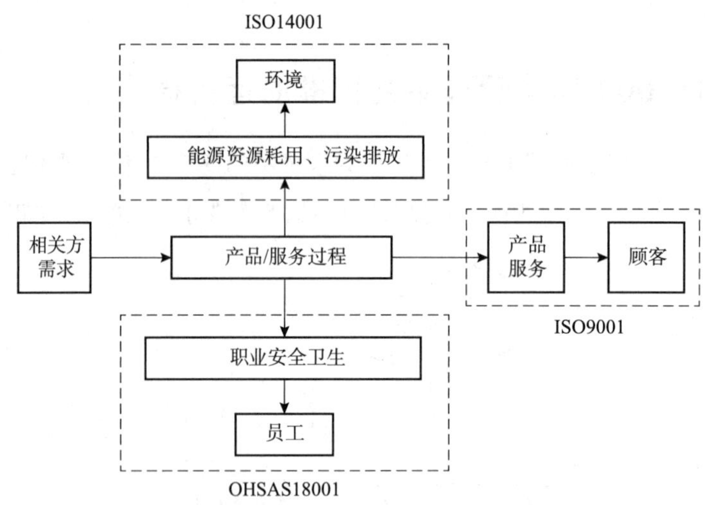

图 6－3　ISO14000、ISO9001、OHSAS18001 系列标准的一体化趋势

知识拓展

◇案例介绍

长三角再添一座生态市：太仓投巨资编织供水、污水处理、垃圾处理、集中供热、绿色生态五张生态网

地处“长江尾、黄海头”的江苏省太仓市，打开殷实的生态之“仓”向人们报告：太仓

市正式被评定为国家生态市。这标志着太仓市生态建设已取得了阶段性成果，生机勃发的长三角地区再添一座生态城市。

1）统筹“五网”建设

近年来，太仓市直接用于环境改善和生态保护的投入占GDP总量的4%以上，重点统筹“五网”建设：

（1）统筹城乡供水网建设。按照实施城乡供水一体化建设目标，先后投资5亿元实施长江引水工程及“镇镇通”“村村通”工程，全面禁采地下水，实现市域环网集中供水。

（2）统筹城乡污水处理网建设。市区、港区建有3个生活污水处理厂，5个乡镇生活污水处理厂及其配套主管网工程，使全市污水日处理能力达到14.5万吨。

（3）统筹城乡垃圾处理网建设。建成日处理能力500吨的市垃圾焚烧发电厂，全市各镇（区）配建14个压缩式垃圾中转站，规划建设121座村级小型垃圾中转站，实现对全市生活垃圾“组保洁、村收集、镇转运、市处理”无害化处置。

（4）统筹城乡集中供热网建设。市域全面禁煤、控煤，集中供热面积达120平方千米，确保城市空气环境质量优良天数连续多年超过90%。

（5）统筹城乡生态绿网建设。按照绿网、路网、水网“三网合一”原则，大力实施城乡植树造林，恢复生态。

2）激励政策促减排

在污染减排工作中，为能确保持续实现年度既定的目标任务，江苏省太仓市更新观念，改革思路，以创新污染减排机制为突破口，坚持减排规划先行，实施“以奖代补”助推，在江苏省率先闯出了一条持续减排的新途径。

太仓市围绕“总量控制、区域平衡”原则，制定减排规划，编制完成了《2006—2020年太仓市主要污染物总量控制和减排规划》并通过专家评审，成为全国县级市中第一个通过评审的减排规划。

对落实完成减排工程的企业，明确减排奖励政策，2008～2010年，从市级污染防治基金中拨出2400余万元，采取“以奖代补”方式，鼓励企业COD或SO_2项目减排工程的实施，重点对工业减排项目给予支持，确保减排约束性指标的完成。

采取限期治理和挂牌督办等法律形式，促使企业开展污染治理工作。对全市26家电镀企业和50家印染企业实施限期治理，并要求其中水回用率分别达到50%和30%，分别召开电镀、印染行业的限期治理现场推进会，已有数十家企业基本完成限期治理任务。

3）三大层面发展循环经济

太仓市从企业、产业园、社会三大层面入手，大力发展循环经济。

在企业层面，以推广清洁生产技术和ISO14000环境管理系列标准为抓手，积极推进企业生态化改造，涌现出电厂脱硫脱氮及副产品再利用、再生资源加工等一批循环经济典型。

在工业园区层面，积极推动传统工业园区向生态工业园区的转变，新区依托区内基础较好的德资小区、同济科技园、外贸科技园开展了生态工业园创建工作。

在社会层面，根据建设资源节约型社会和环境友好型社会的要求，积极倡导绿色消费、适度消费，推广节水节能技术和产品，全市工业用水重复率达到56.77%；太阳能、天然气等清洁能源利用得到普及推广。

4）集中供热覆盖港区

太仓市环保局按照努力把太仓建成一座生态良好、环境优美、人与自然和谐统一的生态城市的要求，加快实施蓝天工程，切实改善港区大气环境质量。太仓港协鑫发电有限公司完成了供热系统和管网改造工程，供热能力达一小时700吨，压力等级达2.5兆帕，供热发电机组成为苏州地区最大的热电联产机组之一，集中供热能力可以满足整个港区需要。

港区充分利用自身优势，编制集中供热规划，选择太仓港协鑫发电有限公司热电机组为唯一热源，淘汰18台燃煤锅炉，大力推进集中供热工程，不断加快区域基础设施建设。太仓港协鑫发电有限公司按照“远近结合、以近期为主、合理布局、统筹安排、分期实施”的原则，在加快功能区开发、项目开发的同时，投入1400多万元资金加快实施集中供热工程，不断改造供热系统和管网，铺设了15千米的供热管线，覆盖了石化区和浏家港等地区，吸引了区域41家企业使用蒸汽，不仅减少了大气污染排放点源，改善了港区投资环境，而且为全市节能减排工作做出了贡献。

5）农村环境整治“三集中”

为了使广大农村保持干净整洁，太仓市全面调整市域城镇空间结构，实现工业向园区集中、居住向城镇集中、农民向社区集中。目前全市城市化水平达到55.71%，90%以上的企业集聚在工业园区，已形成农民集中居住区11个，接纳2.4万人入住。

目前，太仓市加大了农村改水改厕力度和河坡道路绿化力度，无害化卫生户厕率达97.25%，农村环境面貌焕然一新。3年来，共投入5000多万元，完成农田水利建设土方1200万平方米，疏浚整治农村河道350条共500千米，清淤土方600万平方米，做到了辖区内河道无暴露垃圾，河面无漂浮物。在防治农村面源污染中，不断推广先进施肥技术，大量使用生态有机肥、高效缓释肥和作物专用肥。明确畜禽养殖总量控制，划定禁养区，对现有规模养殖场实行限期治理，市、镇两级财政每年还拨出专款，补贴奖励治理达标企业，对于循环利用畜禽粪便的生产企业给予补贴，使畜禽粪便污染得到了有效治理和资源化利用。

6)农村生态多点并进

环境漂亮了，生态变美了，记者走访的协心村和电站村就是两个典型的生态村落。协心村依托通江河道进行老村改造，形成了“条条河溪入双沟，双沟河水入长江”的活水体系。有关人士介绍说，协心村生活污水处理工程由南京大学环境学院负责设计施工，根据协心村地形和农户分散情况共建有3种模式的污水处理系统，这3种模式均具有COD、总氮、总磷、氨氮去除率高，运行费用低等优点。农村的生活污水经过处理后，COD含量不超过30，清澈见底，野生的小鱼在水中游来游去，与水面上漂浮着的睡莲构成了一幅美丽的图画。

电站村地处太仓市城厢镇北部，在经济快速发展的同时，电站村十分注重环境和生态工作。积极推进生态农业建设，目前已建成2150亩现代高效农业示范区，种植西甜瓜、美国提子等绿色林果蔬菜及各类花卉苗木，同时实施原产地品种保护工程；加速村域内企业向工业小区集中，电站工业小区目前占地780亩，已有内外资企业38家。2007年电站村全面启动老村落改造工程，投资800万元，对386户农户墙面进行粉刷，进行二次改厕，宅前屋后整治并绿化，自然村落进行绿化景点布置及行道树种植，已建成国家级生态村。

7)“两个100”引以为自豪

记者在采访中了解到，太仓市德资园里的德资企业超过100家；太仓港集装箱年吞吐量突破100万标箱。这“两个100”让太仓人无不引以为自豪。

太仓的生态环境让德国投资者非常满意，他们纷纷增资。于是，太仓经济开发区把引进德资企业为主的欧美企业作为招商引资的主攻方向。以十分注重生态保护著称的德资企业，看到太仓良好的生态环境，纷纷来到这里“安家”。到目前为止，已有舍弗勒、慧鱼等101家德资企业落户，项目总投资近10亿美元。有趣的是，有些德资企业的老总们还自愿当起了这里的招商代表。

太仓港，满眼都是喜人的繁忙景象，100万标箱表明太仓港进入了世界级大港的行列。太仓是江苏沿江产业竞争力和环境竞争力一起提升的缩影。近年来，江苏省沿江港口呈现出跨越式发展的新态势：2006年总吞吐量突破5亿吨大关，集装箱吞吐量300万标箱，比2002年分别增长了1.1倍和2倍。

一种良好的发展态势已经在太仓呈现，太仓将继续努力，在国家生态市建设取得的成就基础上更好、更快地向前发展。

（文章来源：中国环境报　作者：李玉芳，闫艳，高杰；略有改动。）

课程思政

建设美丽中国是一个系统工程，不仅涉及社会的各阶层、各方面、各行业，而且不同时期有不同的目标、内容和要求；既要做好顶层设计，明确方向、目标和任务，又要采取有效措施，扎实推进。

建设美丽中国，核心就是要按照生态文明要求，通过建设资源节约型、环境友好型社会，实现经济繁荣、生态良好、人民幸福，其关键是要处理好经济发展与环境保护的关系。离开经济发展抓环境保护是“缘木求鱼”，脱离环境保护搞经济发展是“竭泽而渔”。不保护环境，经济就会陷入“增长的极限”。通过保护环境优化发展，才能实现经济发展的可持续的增长。要加快推进环境保护历史性转变，促进环境保护与经济增长并重、环境保护与经济发展同步，以环境保护优化经济发展。

建设美丽中国，需要探索在发展中保护、在保护中发展的环境保护新道路。环境保护是建设美丽中国的主干线、大舞台和着力点，探索环境保护新道路是通往建成美丽中国的一个路标。要坚持在发展中保护、在保护中发展的指导思想，遵循代价小、效益好、排放低、可持续的基本要求，形成节约、环保的空间格局、产业结构、生产方式、生活方式，推进环境保护与经济发展的协调融合。广大环境保护工作者要争做建设美丽中国的引领者和实践者，先行一步，走在前列。

建设美丽中国，需要构建全社会共同参与的大格局。建设美丽中国，是全社会共同参与共同建设共同享有的事业，关键是政府、企业、公众各尽其责各尽其能各尽其力。

建设美丽中国，需要加强和深化生态示范创建。生态示范创建是建设美丽中国的重要方式。要坚持典型引路、试点示范，因地制宜、循序渐进，通过开展生态省(市、县)、环境优美乡村、绿色学校、绿色社区、绿色医院等创建活动，形成全社会共同推进美丽中国建设的良好局面。

一个人的力量是微小的，无数人的力量是巨大的。聚少成多，积沙成塔，集腋成裘。每个人都付出智慧与汗水，生态文明和美丽中国才能在潺潺溪水汇集成的巨大洪流中成为现实，我们憧憬的美好愿景才能早日到来。

复习思考题

1. 企业环境问题有哪些表现?
2. 企业环境管理的概念是什么?
3. 政府对企业环境监督管理的内容有哪些?
4. 以企业为主体的环境管理，主要内容有哪些?
5. 如何建立企业环境管理体系?
6. 什么是清洁生产？如何实施清洁生产?
7. 什么是循环经济？循环经济与传统经济发展模式的区别有哪些?
8. 如何开展绿色设计、绿色制造、绿色营销?

9. 某化工企业准备对本厂的一条硫酸生产线进行技术改造，使其年生产能力由原来的 1×10^5 吨提高到 3×10^5 吨，请问：该企业在实施这一技术改造建设项目的过程中应该怎样落实国家有关环境管理的政策规定？

要求：到图书馆收集《建设项目环境保护管理条例》资料，以项目建设单位的名义组织工作小组，拟定该项目报批程序。

目标：学习项目报批程序的相关管理政策，同时为该项目在建设过程和投入生产后制定相应的环境管理制度。

10. 某电镀厂生产多层印刷电路板，生产中使用了化学镀铜工艺和蚀刻工艺，产生了大量的酸性含铜电镀废水，请你从清洁生产的角度分析如何进行环境管理。

要求：收集有关印刷电路板生产工艺及排放含铜废水专项治理的技术资料，按照清洁生产的审计程序找出问题所在。

目标：提出环境管理的无费方案或少费方案。

第二篇　环境规划

第7章　环境规划概述

环境规划是为了有目的地预先调控人类自身的活动，减少资源浪费与破坏，预防与减缓污染和生态退化的发生，从而更好地保护人类生存、经济和社会持续稳定发展所依赖的基础环境。环境规划是实行环境目标管理的科学依据和准绳，是环境保护战略和政策的具体体现，也是国民经济和社会发展规划体系的重要组成部分。科学编制和有效实施环境规划对于协调人与环境、经济与环境的关系，保证国家长治久安和可持续发展具有深远的意义。

第1节　环境规划的概念和功能

一、环境规划的概念

环境规划是人类为使环境与经济社会协调发展而预先对自身活动和环境所做的时间和空间的合理安排，是政府履行环境职责的综合决策过程之一，是约束和指导政府行政行为的纲领性文件。环境规划的定义规定了环境规划的目的、内容和科学性要求。环境规划的基本任务是依据一定区域内有限的环境资源及其承载能力，对人们的经济和社会活动进行约束；根据社会经济发展和居民生活的需求，对环境保护和建设开发活动进行安排和部署，以调控人类自身行为，协调人与自然的关系。据此，环境规划实质上是一项为克服人类社会经济活动和环境保护活动出现的盲目性和主观随意性而实施的科学决策活动。

二、环境规划的功能

环境规划的目的是指导人们进行各项环境保护活动，按既定的目标和措施合理分配排污削减量，约束排污者的行为，改善生态环境，防止资源破坏，保障环境保护活动纳入国民经济和社会发展计划，以最小的投资获取最佳的环境效益，促进环境、经济和社会的可持续发展。环境规划担负着整体和战略层次上统筹规划、研究和解决环境问题的任务，对于可持续发展战略的顺利实施起着十分重要的作用。

在环境保护内部，真正处于统筹兼顾、远近结合、目标与措施相统一的综合宏观调控位置的只能是环境规划。这是因为，首先，规划目标集中体现了法律赋予政府的职能——地方各级人民政府应当对辖区内的环境质量负责；其次，规划业经过批准，就是政府环境保护决策在“时间、空间上的具体安排”，具有很强的指令性，而其他各项环境保护工作，仅是围绕“一定时期的环境保护目标”所采取的措施；再次，只有规划才能使目标与措施相联系，措施之间相协调，目标、技术与资金相平衡，不同规划期与不同层次规划之间相衔接，并成为国民经济与社会发展的有机组成部分。所以环境规划的地位必须给予应有的肯定，其重要作用必须得以充分的发挥。本小节就环境规划的主要功能展开分析。

1. 促进环境－经济－社会可持续发展

环境问题的解决必须注重预防为主、防患于未然，否则损失巨大、后果严重。环境规划的重要作用就在于协调环境与经济、社会的关系，预防环境问题的发生，促进环境与经济、社会的可持续发展。

2. 保障环境保护活动纳入国民经济和社会发展计划

我国经济体制由计划经济转向社会主义市场经济之后，制定规划、实施宏观调控仍然是政府的重要职能，中长期计划在国民经济中仍起着十分重要的作用。环境保护是我国经济活动中的重要组成部分，它与经济、社会活动有密切联系，必须将环境保护活动纳入国民经济和社会发展计划之中，进行综合平衡，才能得以顺利进行。环境规划就是环境保护的行动计划，为了便于纳入国民经济和社会发展计划，对环境保护的目标、指标、项目和资金等方面都需进行科学论证和精心规划。

3. 合理分配排污削减量、约束排污者的行为

根据环境的纳污容量及“谁污染谁承担削减责任”的基本原则，公平的规定各排污者的允许排污量和应削减量，为合理的、指令性的约束排污者的排污行为、消除污染提供科学依据。

4. 力求以最小的投资获取最佳的环境效益

环境是人类生存的基本要素，生活质量的重要指标，又是经济发展的物质源泉。在有限的资源和资金条件下，特别是对发展中的中国来讲，如何用最小的资金，实现经济和环境的协调发展，显得十分重要。环境规划正是运用科学的方法，力争在发展经济的同时，以最小的投资获取最佳环境效益的有效措施。

5. 实行环境管理目标的基本依据

环境规划制定的功能区划、质量目标、控制指标和各种措施，以及工程项目给人们

提供的环境保护工作的方向和要求，可以指导环境建设和环境管理活动的开展，对有效实现环境管理起着决定性作用。环境规划具体体现了国家环境保护政策和战略，所作出的宏观战略、具体措施、政策规定，为实行环境管理目标提供了科学依据，是各级政府和环境保护部门开展环境保护工作的依据。

三、环境规划与其他规划的关系

环境是经济和社会发展的基础和支撑条件。环境问题与经济和社会发展有紧密的联系，因而环境规划也与许多其他规划相容或相关。但是，环境规划又与这些规划有着明显的差异，具有自己独立的内容和体系。

1. 环境规划与国民经济和社会发展规划

国民经济和社会发展规划是国家或区域在较长一段历史时期内经济和社会发展的全局安排。它规定了经济和社会发展的总目标、总任务、总政策，以及发展过程中重点要经过的阶段、采取的战略部署和重大的政策与措施。防治环境污染、保持生态平衡，是国民经济和社会发展规划中所涉及的重点内容之一。

环境规划是国民经济与社会发展规划体系的重要组成部分，是一个多层次多时段的有关环境方面的专项规划的总称。因此，环境规划应与国民经济和社会发展规划同步编制，并纳入其中。环境规划目标应与国民经济和社会发展规划目标相互协调，并且是其中的重要目标之一。环境规划所确定的主要任务，如重大环境污染控制工程和环境建设工程等，都应纳入国民经济和社会发展规划，参与资金综合平衡，保证同步规划和同步实施。

环境规划对国民经济和社会发展规划起着重要的补充作用。环境规划的制定与实施是保障国民经济和社会发展规划目标得以实现的重要条件。

环境规划与国民经济和社会发展规划关系最密切的有 4 个部分：①人口与经济部分，如人口密度、素质，经济的规模及生产技术水平等；②生产力的布局和产业结构，它对环境有着根本性影响和作用；③因经济发展产生的污染，尤其是工业污染，这始终是环境保护的主要控制目标；④国民经济能够给环境保护提供多少资金，这是确定和实现环境保护目标的重要前提。

环境规划纳入国民经济和社会发展规划后，可以从环境的角度提出人口控制和经济发展的合理政策，促进生产力布局和产业结构合理化，并从预防为主的观念出发，将污染控制的末端治理转变为全过程控制，将污染控制与技术改造、设备更新、工艺改革及提高生产效益结合起来，实现环境与经济的协调发展。

2. 环境规划与经济区划

经济区划是按照地域经济的相似性和差异性，对全国各地区进行战略划分、战略布局，构成具有不同地域范围、不同内容、不同层次的各具特色的经济区，如农业区、林业区、城市关联地区、流域地区、工农业综合发展地区等。

开展经济区划的主要目的是在综合分析比较各地区经济发展的有利条件和不利因素的基础上，因地制宜，发挥地区优势，为人类创造更多的物质财富。

通过不同层次的经济区划，有助于明确各地区在全国或大的地域范围内的地位和作用，其与相邻地区的分工和协作关系，以及该地区经济与社会合理发展的长远方向。所以，经济区划工作既为编制地区经济与社会发展长期计划提供重要的科学依据，同时，也为开展区域环境规划打下良好基础。

环境规划是进行经济区战略布局和划分的补充和完善，有利于经济区合理开发利用资源，有利于经济区原料基地、生产基地合理安排和建设，有利于经济区形成工业生产链，有利于资源优势、经济优势的发挥和形成，能够促进区域内经济、社会、环境协调可持续发展。

3. 环境规划与国土规划

国土规划是对国土资源的开发、利用、治理和保护进行全面规划。它的内容包括：对土、水、矿产和生物等自然资源的开发利用；工业、农业、交通运输业的布局和地区组合与发展；环境保护问题及影响地区经济发展的要害问题的解决，等等。

国土规划主要是进行自然资源和社会资源合理开发的战略布局，它包括对重大项目建设的可行性研究，但对重大项目的建设方案、选址定点和计划安排等，还不可能做出具体规定。国土规划是经济建设综合开发方案性的规划，因此，它给国民经济长远计划和环境规划提供了可靠的依据。

环境规划是国土规划的重要组成部分，为国土资源的合理开发利用、国土环境综合整治，提供技术支持和科学依据。

4. 城市环境规划与城市总体规划

城市环境规划既是城市总体规划的主要组成部分之一，又是城市建设中的一项独立规划。城市环境规划与城市总体规划互为参照和基础。城市环境规划目标是城市总体规划的目标之一，并参与城市总体规划目标的综合平衡。由于城市是人与环境的矛盾十分突出和尖锐的地方，因此城市总体规划中必须包括城市环境保护这一重要内容。

城市总体规划是为确定城市性质、规模、发展方向，通过合理利用城市土地，协调城市空间布局和各项建设，实现城市经济和社会发展目标而进行的综合部署。

城市环境规划与城市总体规划的差异在于：城市环境规划主要从保护生产力的第一要素——人的健康出发，以保持或创建清洁、优美、安静、适宜生存的城市环境为目标，是一种更深、更高层次的经济和社会发展规划要求，并含有污染控制和污染治理设施建设及运行等内容。

城市总体规划和城市环境规划的相互关联主要有3个方面：①城市人口与经济，②城市的生产力和布局，③城市的基础设施建设。城市环境规划的制定与实施可以促进城市建设的发展，保障城市功能的更好发挥，保护城市特色和居民的健康，使城市建设走上健康发展的道路。

综上所述，国民经济和社会发展长期计划、经济区划、国土规划、城市总体规划和专业规划与环境规划有着紧密的联系，它们共同构成了一个完整的规划体系。

第2节　环境规划的原则、类型和特征

一、环境规划的原则

1. 经济建设、城乡建设和环境建设同步原则

经济建设、城乡建设、环境建设同步规划、同步实施和同步发展，实现经济效益、社会效益和环境效益的统一，促进经济、社会和环境持续、协调发展。这条原则是第二次全国环境保护会议上提出的中国环境保护工作的基本方针。它标志着中国的发展战略从传统的只重发展经济而忽视环境保护的思想，向环境与经济社会持续、协调发展战略思想的转变。这一转变是我国在总结了几十年，甚至近百年国际和国内环境保护工作经验、教训的基础上，做出的明智的选择。这个原则对近十年我国的环境保护工作起到了非常重要的作用，因而是环境规划编制最重要的基本原则。

2. 遵循经济规律，符合国民经济计划总要求的原则

环境与经济存在着互相依赖、互相制约的密切联系，经济发展要消耗环境资源，向环境中排放污染物，并产生环境问题；自然生态环境的保护和污染防治需要的资金、人力、技术资源和能源，受到经济发展水平和综合国力的制约。在经济与环境的双向关系中，经济起着主导作用。因此，环境问题归根结底是一个经济问题，环境规划必须遵循经济规律，符合国民经济计划的总要求。

3. 系统原则

环境规划的对象是一个综合体，用系统论方法进行环境规划有更强的实用性，只有把环境规划研究作为子系统，与更高层次的系统建立广泛联系和协调关系，即用系统的观念对子系统进行调控，才能达到保护和改善环境的目的。

4. 遵循生态规律，合理利用环境资源的原则

在制定环境规划时，必须遵循生态规律，利用生态规律为社会主义建设服务。对环境资源的开发利用要遵循开发利用与保护增值同时并重的原则，防止开发过度造成恶性

循环。对环境载力的利用要根据环境功能的要求，适度利用、合理布局，减轻污染防治对经济投资的需求；坚持以提高经济效益、社会效益、环境效益为核心的原则，促进生态系统良性循环，使有限的资金发挥更大的效益。

5. 预防为主，防治结合的原则

“防患于未然”是环境规划的根本目的之一。在环境污染和生态破坏发生之前，予以杜绝和防范，减少其带来的危害和损失是环境保护的宗旨。同时，由于我国环境污染和生态破坏现状已比较严重，因此，预防为主、防治结合是环境规划的重要原则。

6. 坚持依靠科技进步的原则

大力发展清洁生产和推广“三废”综合利用，将污染消灭在生产过程之中，积极采用适宜规模的、先进的、经济的治理技术。同时，环境规划还必须寻求支持系统，数据收集、统计、处理和信息整理等，都必须借助科技的力量。目前，我国的环境规划支持系统还有待完善。环境规划也是一项重大决策过程，有宏观定性规则，也有定量的具体措施规则，必须二者结合，完善环境规划的分析过程，从而获得更准确、更有力的规划结果。

7. 强化环境管理的原则

十几年来，我国环境保护工作形成了一条具有中国特色的环境保护道路，其核心是强化环境管理运用法律的、经济的和行政的手段保证和促进环境保护事业的发展，因而环境规划要体现出这一特点，必须使经济发展与环境相协调，才能起到环境规划的先导作用，为环境管理服务。

二、环境规划的类型

1. 按规划期划分

环境规划按规划期可以分为长远环境规划、中期环境规划，以及年度环境保护计划。长远环境规划一般跨越时间为10年以上，中期环境规划一般跨越时间为5~10年，5年环境规划一般称“五年环境计划”。五年环境计划便于与国民经济社会发展计划同步，并纳入其中；年度环境保护计划实际上是五年计划的年度安排，它是五年环境计划的分年度实施的具体部署，也可以对五年环境计划进行修正和补充。这些环境规划的内容也有所不同，一般跨越时间越长的规划内容越宏观。长远环境规划侧重于对长远环境目标和战略措施的制定，而年度环境保护计划则是具体措施，以及工程、项目、任务的具体安排。由于我国国民经济计划体系是以五年计划为核心的计划体系，所以五年环境计划也是各种环境规划的核心。

2. 按环境与经济的辩证关系划分

1)经济制约型环境规划

经济制约型环境规划的目的是满足经济发展的需要。环境保护服从于经济发展的需求，一般表现为在经济发展过程中出现了环境问题后，为解决已发生的环境污染和生态破坏而制定相应的环境保护规划。这是早期发达国家已经走过的"先污染后治理"的道路，是为了解决经济发展导致的环境后果而制定的规划。

2)协调型环境规划

协调型环境规划反映了对经济与环境之间协调发展的促进作用，此类规划以提出经济和环境目标为出发点，以实现这一双重目标为重点。协调型环境规划是协调发展理论的产物，协调发展在今天已经被全世界公认为处理发展经济和保护环境之间关系的最佳选择，世界上已有很多国家根据本国特点找到了适合于本国国情的协调发展途径。

3)环境制约型环境规划

环境制约型环境规划是从充分、有效利用环境资源出发，同时防止在经济发展中产生环境污染而制定的环境保护规划。此类环境规划充分体现出经济发展应服从环境保护的需要，经济发展的目标是建立在环境保护基础上的，即经济发展受环境保护的制约。

3. 按环境要素划分

1)大气污染控制规划

大气污染控制规划，主要是在城市或城市中的小区内进行的。其主要内容是对规划区内的大气污染进行控制，提出基本任务、规划目标和主要的防治措施。

2)水污染控制规划

水污染控制规划包括区域、水系、城市的水污染控制。水污染控制规划的主要内容是对规划区内水域(河流、湖泊、地下水和海洋)进行污染控制，提出基本任务、规划目标和主要防治措施。

3)固体废物污染控制规划

固体废物污染控制规划是针对省市、区、行业和企业等的规划，主要对规划区内固体废物的处理处置、综合利用进行规划。

4)噪声污染控制规划

噪声污染控制规划一般指城市、小区、道路和企业的噪声污染防治规划。

环境规划还包括土地利用规划、生物资源利用与保护规划等。

4. 按照行政区划和管理层次划分

按行政区划和管理层次可以将环境规划分为国家环境规划、省(区)市环境规划、部门环境规划、县区环境规划、农村环境规划、自然保护区环境规划、城市综合整治环境规划和重点污染源(企业)污染防治规划。其中，国家环境规划范围很大，涉及整个国家，是全国发展规划的组成部分，其目的是协调全国经济社会发展与环境保护之间的关系。国家环境规划对全国的环境保护工作起指导性作用，各省(区)、市(地)、各级政府和环保部门都要依据国家环境规划提出的奋斗目标和要求，结合实际情况制定本地区的环境规划，并加以贯彻和落实。

区域环境规划中的“区域”，我国习惯上认为是省或相当于(或大于)省的经济协作区。区域环境规划的综合性和地区性很强，它是国家环境规划的基础，又是制定城市环境规划、工矿区环境规划的前提。部门环境规划包括工业部门环境规划、农业部门环境规划和交通运输部门环境规划等。

以上各类环境规划构成一个多层次结构(图7－1)。各层次的环境保护规划又可以根据不同情况按环境要素分为水、气、固体废物和噪声污染控制规划，以及生态环境保护规划等。层次之间既有区别，又有密切的联系。上一层次的规划是下一层次规划的依据和综合，下一层次规划是上一层次规划的条件和分解，因而下一层次规划的实现是上一次层次规划完成的基础。省、市、自治区、直辖市和计划单列市环境保护规划应包括次级层次的主要内容，在制定规划中要上下联系、综合平衡，以实现整体上的一致和协调。

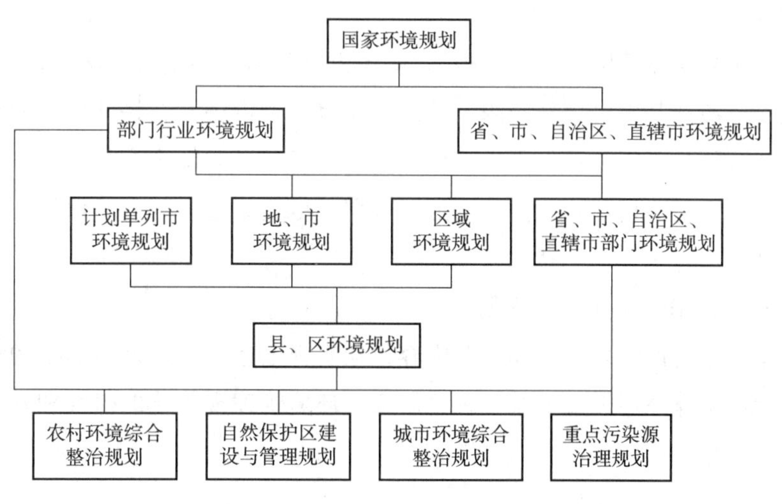

图7－1　我国环境规划的层次结构

5. 按性质划分

环境规划从性质上可以分为生态规划、污染综合防治规划、专题规划(如自然保护规划)和环境科学技术与产业发展规划等。

1)生态规划

在编制国家或地区经济社会发展规划时，不是单纯考虑经济因素，应把当地的地球物理系统、生态系统和社会经济系统紧密结合在一起进行考虑，使国家或地区的经济发展能够符合生态规律，既能促进和保证经济发展，又不使当地的生态系统遭到破坏。一切经济活动都离不开土地利用，各种不同的土地利用对地区生态系统的影响是不一样的，在综合分析各种土地利用的“生态适宜度”的基础上，制定土地利用规划，通常称之为生态规划。

2)污染综合防治规划

污染综合防治规划也称为污染控制规划，是当前环境规划的重点。按内容可以分为工业(行业、工业区)污染综合防治规划、农业污染综合防治规划和城市污染综合防治规划。根据范围和性质的不同又可以分为区域污染综合防治规划和部门污染综合防治规划。

(1)常见的区域污染综合防治规划有经济协作区能源基地、城市和水域等的污染综合防治规划等。

(2)常见的部门(或专业)污染综合防治规划有工业系统污染综合防治规划、农业污染综合防治规划、商业污染综合防治规划、企业污染综合防治规划等。工业系统污染综合防治规划还可以按行业分为化工污染综合防治规划、石油污染综合防治规划、轻工污染综合防治规划和冶金工业污染综合防治规划等。

3)自然保护规划

自然保护规划虽然范围广泛，但根据《中华人民共和国环境保护法》规定，该规划主要是保护生物资源和其他可更新资源，此外，还有文物古迹、有特殊价值的水源地和地貌景观等。我国幅员辽阔，不但野生动植物等可更新资源非常丰富，而且有特殊价值的保护对象也比较多，迫切需要分类统筹加以规划，尽快制定全国自然保护发展规划和重点保护区规划。

4)环境科学技术与产业发展规划

环境科学技术与产业发展规划主要内容包括实现上述各类规划所需要的科学技术研究、发展环境科学体系所需要的基础理论研究、环境管理现代化的研究和环境保护产业发展研究。

三、环境规划的特征

环境规划具有整体性、综合性、区域性、动态性、信息密集和政策性强等基本特征。

1. 整体性

环境规划具有的整体性特征表现为环境的要素和各组成部分构成一个有机整体。虽然各要素之间也有一定的联系，但各要素自身的环境问题特征和规律则有其十分突出且相对确定的分布结构和相互作用关系，从而各自形成独立的、整体性强、关联度高的体系。按环境要素分类，环境规划可以分为污染防治规划和生态环境规划两大类；污染防治规划则可以按照水、大气、固体废物、噪声及其他物理污染等要素划分为不同内容的规划。

环境规划的整体性还表现为规划过程各技术环节之间关系紧密、关联度高，各环节的影响和制约关系密切相关，同时又受到其他因素的影响和制约。因此，规划工作应从环境规划的整体出发全面考察研究，单独从某一环节着手并进行简单的串联叠加难以获得有价值的系统结果。

2. 综合性

环境规划的综合性表现为它涉及的领域广泛，影响因素众多，对策措施综合，部门协调复杂。随着人类对环境保护认识的提高和实践经验的积累，环境规划的综合性及集成性越来越有显著的加强。当代环境保护的兴起和发展是从治理污染、消除公害开始的，并大体经历了以单纯运用工程技术措施治理污染为特征的第一阶段，以污染防治相结合为核心的第二阶段，以环境系统规划与综合管理为主要标志的第三阶段。21 世纪的环境规划将是自然、工程、技术、经济、社会相结合的综合体，也是多部门的集成产物。

3. 区域性

环境问题的地域性特征十分明显，因此，环境规划必须注重“因地制宜”。所谓地方特色主要表现为环境及其污染控制系统的结构不同，主要污染物的特征不同，社会经济发展方向和发展速度不同，控制方案评价指标体系的构成及指标权重不同，各类模型中参数、系数的实地修正不同，各地的技术条件和基础数据条件不同。总结精炼出的环境规划的基本原则、规律、程序和方法必须融入地方特征才是有效的。

鉴于环境的行政管理是解决环境问题的主要依靠，因此，综合考虑管理层次和地域范围就成为环境规划区域划分的主要依据。从分类上可以归结为全国环境规划、大区(如经济区)环境规划、省域环境规划、流域环境规划、城市环境规划、区县环境规划、乡镇环境规划、小区(控制单元)环境规划、企业环境规划等。环境系统是一种开放型系统，各层次和地域之间，必然有其相互的联系和影响。在上述各种层次的环境规划中，企业环境规划对于区域环境规划而言只是一个污染源的控制计划，控制单元环境规划是最小的基层区域规划；城市环境规划虽然也受到省域和流域环境规划的制约，但具有较强的独立性，具有承上启下作用。因此，城市环境规划的设计和实施具有其完整性和代表性，是通常主要的讨论对象。当然，在城市环境规划的设计和制定过程中，还必须对它作进一步的区划，构成由若干控制单元组成的环境污染控制规划管理体系。

4. 动态性

环境规划具有较强的时效性。它的影响因素在不断变化，无论是环境问题(包括现存的和潜在的)还是社会经济条件等，都在随时间发生着难以预料的变动，基于一定条件(现状或预测水平)制定的环境规划，随着社会经济发展方向、发展政策、发展速度及实际环境状况的变化，势必要求环境规划工作具有快速响应和更新的能力。因此，从理论、方法、原则、工作程序、支撑手段、工具等方面逐步建立起一套滚动环境规划管理系统以适应环境规划不断更新调整、修订的需求，是目前的发展方向。

5. 信息密集

信息的密集、不完备、不准确和难以获得是环境规划所面临的一大难题。在环境规划的全过程中，自始至终需要收集、消化、吸收、参考和处理各类相关的综合信息，规划的成功与否在很大程度上取决于搜集的信息是否较为完全，取决于能否识别、提取准确可靠的信息，取决于是否能有效地组织这些信息，还取决于能否很好地利用(参考和加工)这些信息。由于这些信息覆盖了不同类型、来自不同部门、存在于不同的介质之上、表现出不同的形式，因此，这是一项信息高度密集的智能活动，仅凭人脑是难以胜任的，需要一种基于电脑的信息集中储存、处理的环境来支持和帮助规划人员完成这一工作。基于地理信息系统(GIS)的计算机，辅之以环境规划系统，将对环境规划有较大的促进和改善作用。

6. 政策性强

政策性强也是环境规划的一个特征。从环境规划的最初立题、课题总体设计到最后的决策分析，制定实施计划的每个技术环节中经常会面临从各种可能性中进行选择的问题，完成选择的重要依据和准绳是我国现行的有关环境政策、法规、制度、条例和标准。目前，我国在环境政策、法规、制度、条例和标准方面的国家一级总体系框架已经形成，地方性的相关工作正在逐步进行和完善中，在国家级的体系框架中要为地方工作留有一定的余地和发展空间。因此，区域环境规划既有较为固定、必须遵守的一面，也有需要根据地方实际、灵活掌握的一面，这就要求规划决策人员具有较高的政策水平和政策分析能力。环境规划的过程也是环境政策分析和应用的过程。

第 3 节　环境规划的理论基础

一、环境承载力

环境承载力又称为环境承受力或环境忍耐力。它是指在某一时期，某种环境状态下，某一区域环境对人类社会、经济活动的支持能力的限度。环境承载力是环境科学的一个重要而又区别于其他学科的概念，它反映了环境与人类的相互作用关系，在环境科学的许多分支学科得到了广泛的应用。

1. 主要特征

1)客观性和主观性

环境承载力的客观性体现在一定时期、一定状态下的环境承载力是客观存在的，是可以衡量和评价的，它是该区域环境结构和功能的一种表征；主观性体现在人们用怎样的判断标准和量化方法去衡量它，也就是人们对环境承载力的评价分析具有主观性。

2)区域性和时间性

环境承载力的区域性和时间性是指不同区域、不同时期的环境承载力是不同的，相应的评价指标的选取和量化评价方法也应有所不同。

3)动态性和可调控性

环境承载力的动态性和可调控性是指环境承载力是可以随着时间、空间和生产力水平的变化而变化的。人类可以通过改变经济增长方式、提高技术水平等手段来提高区域环境承载力，使其向有利于人类的方向发展。从环境承载力的定义和特征可以看出，环境承载力既不是一个纯粹描述自然环境特征的量，也不是一个描述人类社会的量，它与环境容量是有区别的。环境容量是指某区域环境系统对该区域发展规模及各类活动要素的最大容纳阈值。这些活动要素包括自然环境的各种要素(大气、水、土壤、生物等)和社会环境的各种要素(人口、经济、建筑、交通等)。环境容量侧重于反映环境系统的自然属性，即内在的禀赋和性质；环境承载力则侧重于体现和反映环境系统的社会属性，即外在的社会禀赋和性质，环境系统的结构和功能是其承载力的根源。在科学技术和社会关系发展的一定历史阶段，环境容量具有相对的确定性、有限性，而一定时期、一定状态下的环境承载力也是有限的，这是两者的共同之处。

2. 定量描述

要将环境承载力运用于实际工作，不仅要建立起概念模型，还要将其量化。环境承载力是环境系统固有功能的表现，它不仅与环境系统本身的结构有关，还与外界(人类社会经济活动)的输入、输出有关。若将环境承载力(EBC)看成一个函数，那么它至少包含3个自变量：时间(T)、空间(S)、人类经济行为的规模与方向(B)：

$$\mathrm{EBC} = f(T,S,B) \tag{7-1}$$

在一定时刻、一定区域范围内，可以将环境系统自身的固有特征视为定值，则环境承载力随人类经济行为规模与方向的变化而变化。

可以看出，环境承载力的特征表现为时间性、区域性以及与人类社会经济行为的关联性。不同的时刻、不同的地点、不同的经济行为作用力，会导致不同的环境承载力。环境承载力既是一个客观的表现环境特征的量，又与人类的主要经济行为息息相关。

3. 量化与应用

环境承载力是一个多维向量，每一个分量也可能有多个指标，主要分为3个部分：

(1)资源供给指标，包括水、土地、生物量、能源供给量等。

(2)社会影响指标，包括经济实力(如固定资产投资与拥有量)、污染治理投资水平、公用设施水平、人口密度、社会满意程度等。

(3)环境容纳指标，包括排污量、绿化状况、净化能力等。

在实际应用中，可以进一步列出更加具体的指标，进行分区定量研究。以环境承载力为约束条件，对区域产业结构和经济布局提出优化方案，可以使人类社会经济行为与资源环境状态相匹配，不断改善环境，提高环境承载力，以同样的环境创造更多的财富。

4. 环境承载力与环境规划的关系

环境规划工作应面向可持续发展的目标，并在环境规划学的指导下进行，因此，它应该有自己的理论体系和框架，以克服单纯凭经验做规划、缺乏科学理论依托的弊端。环境规划不仅要对重点污染源的治理做出安排，还要以环境承载力为约束条件，在环境承载力的范围内对区域产业结构和经济布局提出最优方案。

环境规划的目标是协调环境与社会、经济发展的关系，使社会、经济发展建立在不破坏或少破坏环境的基础之上，甚至在发展经济的同时不断改善环境质量。换句话说，其目标是不断提高环境承载力，在环境承载力范围之内制定经济发展的最优政策。环境规划将提供环境与社会经济相协调的最优发展方案，使人类的社会经济行为与相应的环境状态相匹配，使作为人类生存、发展基础的环境在发展过程中得到保护和改善。

二、人地系统协调共生理论

1. 人地系统协调共生的熵变描述

人地关系形成耗散结构的过程，正是靠系统开放而不断向其内部输入低熵能力物质和信息，从而产生负熵流得以维持的过程。

根据热力学第二定律，人地系统遵循熵方程：

$$dS = d_iS + d_eS \tag{7-2}$$

式中，d_iS 为人地关系的熵产生，$d_iS \geqslant 0$；d_eS 为人地关系系统与环境之间的熵交换引起的熵流，其值可正可负可为零；dS 为人地系统的熵变，可以衡量人地关系状态的变化。

人地系统协调共生状态的熵变类型可以分为：①人地系统 $dS<0$ 的协调共生型；②人地系统 $dS>0$ 的人地冲突型；③人地系统 $dS=0$ 的警戒协调型；④人地关系 dS 不确定的混沌型。

2. 人地协调共生的机理响应

区域可持续发展战略旨在以人地协调共生为核心，把人类活动系统的熵产生降至最低，把地理环境系统为人类活动系统提供负熵的能力提到最高。达到这一目的的重要手段就是编制区域环境规划。

3. 人地系统持续发展理论

1)人地系统持续发展的动力学过程

人地系统持续发展的动力学过程如图 7－2 所示。

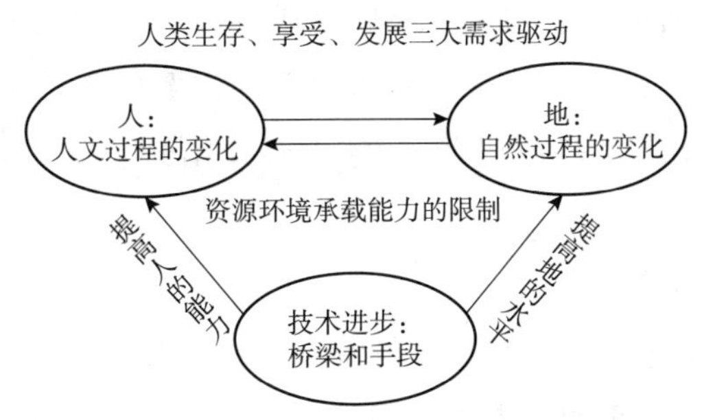

图 7－2 人地系统持续发展的动力学过程

2）人地系统持续发展的相互作用

人地系统持续发展，可以看作资源开发、产业结构调整、经济增长、社会进步、环境保护等物质实体发展，以及包括科技教育、政策体制、法规标准等在内的非物质实体发展的多维综合协调发展过程。人地系统持续发展，把人类的生存利益同经济效益相结合，把经济活动同改革社会活动相结合，从而提高社会整体宏观效益。

三、复合生态系统

环境本身是一个由社会、经济、自然组成的复杂系统。因此，环境规划工作必须结合多学科进行综合研究，借助相关学科的理论支持，而复合生态系统是其重要支持理论之一。

1. 复合生态系统理论

马世骏院士认为，当代若干重大社会问题，不能仅单一地视为社会问题、经济问题或自然生态学问题，而是多种系统相结合的复杂问题，因而被称为社会－经济－自然复合生态系统问题。

复合生态系统的行为遵循生态控制论规律。王如松等从我国几千年人类生态哲学中总结出 8 条生态控制论原理：开拓适应原理、竞争共生原理、连锁反馈原理、乘补协同原理、循环再生原理、多样性主导性原理、生态发育原理、最小风险原理。

2. 复合生态系统的结构和功能

人的生存环境，可以用水、土、气（能）、生物、矿及其之间的相互关系来描述。首先是水，水资源、水环境、水生境、水景观和水安全，各要素有利有弊，既能成灾，也能造福；第二是土，人类依靠土壤、土地、地形、地景、区位等提供食物、纤维，支持社会经济活动，土是人类生存之本；第三是气和能，人类活动需要利用太阳能及太阳能转化成的化石能，由于能的驱动导致了一系列空气流动和气候变化，提供了生命生存的气候条件，但也造成了各种气象灾害、环境灾害；第四是生物，即植物、动物、微生物，特别是我们赖以生存的农作物，还有灾害性生物，比如病虫害甚至流行病毒，与我们的生产和生活都戚戚相关；最后是矿，人类活动从地下、山里、海洋开采大量的建材、冶金、化工原料以及对生命活动至关重要的各种微量元素，但我们只使用了其中很少的一部分，大多数以废弃物的形式出现，又都返回自然环境中造成污染。

3. 复合生态系统的特征

社会系统受人口、政策及社会结构等的制约，具有开放性、运行有序性等特征。社会系统本质上可以体现人类理想意志的发展过程，而有序性无疑成为人类社会发展所追求的价值目标。

经济系统具有自然性和人工性。自然性一方面表现在经济系统的构成离不开自然资源，另一方面则表现在经济系统的运行有其自然的客观规律，不以人的意志为转移。人们可以根据系统运行的状态和环境条件的变化，适时调整系统结构，从而使经济系统具有了信息反馈的功能。

自然系统的突出特征是，这是一个联系和不断发展的体系。各要素在空间上彼此相互联系，形成一个更大的系统，在时间上前后相继，形成一个不断发展的体系。复合生态系统能够通过不断改善自身功能，不断提高有序性，实现自组织运行。

4. 复合生态系统与环境规划的关系

环境规划是为环境与经济、社会协调发展而对自身活动和环境所做的合理安排。它具有整体性、综合性、区域性、动态性以及信息密集和政策性强等特征。在编制环境规划的过程中，信息的收集、储存、识别、核定，功能区的划分，评价指标体系的建立，环境问题的识别，未来趋势的预测，方案对策的制定，环境影响的技术经济模拟，多目标方案的评选，等等，都与复合生态系统的功能密不可分。

人类活动对复合生态系统的任何一个子系统，任何一个功能造成影响，都将干扰系统的运行机制及状态，进而破坏复合生态系统。当前人类与自然环境之间，即社会－经济－自然复合生态系统内部存在着4个主要矛盾：①人类生活对自然生态环境条件的相对稳定性的要求与当前自然生态环境急剧变化的矛盾；②人类改变自然环境的快速性与自然环境恢复和调节的缓慢性之间的矛盾；③地球上蕴藏的矿产和地下水资源等的有限性与人类的需要及开采能力的无限性之间的矛盾；④地球的体积是有限的，物质的生产也是有一定限度的，人口的发展则是无限的。

为促进环境、经济、社会的协调发展，保障环境保护活动纳入经济和社会发展计划，合理分配排污削减量，有效获取环境效益，制定指导各种环境保护活动的环境规划是非常必要和重要的。并且，规划应从社会、经济、自然3个子系统的结构和功能入手，探索各子系统之间相关联的方式、范围及紧密程度，改善复合生态系统的运行机制，保证社会、经济、自然3个子系统之间的良性循环，以达到环境规划的最终目标，实现可持续发展。

5. 复合生态系统对环境规划的指导作用

研究了解一个区域的复合生态系统，对区域的环境规划有着深刻的指导作用。环境规划实质上是一种克服人类经济社会活动和环境保护活动盲目性和主观随意性的科学决策活动。它的基本任务为：①依据有限环境资源及其承载能力，对人们的经济和社会活动具体规定其约束和需求，以便调控人类自身的活动，协调人与自然的关系，②根据经济和社会发展，以及人民生活水平提高对环境越来越高的要求，对环境的保护与建设活动做出时间和空间的安排和部署。

因此，环境规划要以经济和社会发展的要求为基础，针对现状分析和趋势预测中的主要环境问题。通过对相关资源和能源的输入、转换、分配、使用和污染全过程的分析，确定主要污染物的总量及发展趋势，厘清制约社会经济发展的主要环境资源要素。结合环境承载力分析，从复合生态系统的结构、特性、规模与发展速度的角度，协调与环境的关系，提出相应的协调因子，再反馈给复合生态系统，并针对这些协调因子的实现，从政策和管理方面提出建议，同时归纳出环境措施和战略目标。

1) 自然子系统对环境规划的指导作用

自然环境是环境演变的基础，也是人类生存发展的重要条件，它制约着自然过程和人类活动的方式和程度。自然环境的结构、特点不同，人类利用自然发展生产的方向、方式和程度亦有明显的差异；人类活动对环境的影响方式和程度，以及环境对于人类活动的适应能力，对污染物的降解能力也随之不同。同时，随着现代科学技术的发展，人类能够在很大程度上能动地改造自然，改变原来自然环境的某些特征，形成新的环境。现代环境在自然环境的基础上叠加社会环境的影响，形成不同于自然环境的演化方向，因此，必须综合研究区域的复合生态系统，从而研究其区域特征和区域差异，寻求编制环境规划的方法，使编制出来的规划能充分体现地方特色，符合当地社会经济发展规律，有利于区域当地环境质量状况的实质性改观。

2) 社会、经济子系统对环境规划的指导作用

复合生态系统中，社会、经济、自然 3 个子系统之间互相联系和制约，且总是在不断的动态发展之中。因此，环境规划必须考虑到社会和经济的发展及发展速度。如果社会和经济的发展速度调整时，环境规划未能做出相应调整，那么环境规划会因与实际情况相差太远而失去意义。

科学技术的发展促使人类生态不断由低级向高级方向发展，然而，对自然资源不合理的利用，社会、经济的发展引起的环境质量下降和生态退化，最终将影响人类自身的生活、健康和福利。也就是说，许多的环境问题都是由社会、经济活动引起的，要处理好这些环境问题、做好环境规划，就必须认清复合生态系统中社会、经济的位置，脱离

这两个子系统而编制的环境规划，必定是不切实际甚至毫无使用价值的。

四、空间结构理论

空间结构理论是一定区域范围内社会经济各组成部分及其组合类型的空间相互作用和空间位置关系，以及反映这种关系的空间集聚规模和集聚程度的理论，是在古典区位理论基础上发展起来的、总体的、动态的区位理论。任何一个区域或国家，在不同的发展阶段，都有不同特点的空间结构。完善、协调、与区域自然基础相适应的空间结构对区域社会经济的发展具有重要意义。

空间结构理论的主要内容包括：社会经济各发展阶段的空间结构特征，合理集聚与最佳规模，区域经济增长与平衡发展间的倒“U”形相关，位置级差地租与以城市为中心的土地利用空间结构，城镇居民体系的空间形态，社会经济客体在空间的相互作用，“点－轴”渐进式扩散与“点－轴系统”，等等。空间结构理论在实践中可用来指导制定国土开发和区域发展战略，是地理学和区域科学的重要理论基础。

1. 城市空间结构理论与城市环境功能区划

1)城市空间结构理论

(1)城市形态。

城市空间结构的核心要素是城市形态。城市形态是聚落地理中的一个十分重要的概念，它包含了城市的空间形式，人类活动和土地利用的空间组织，城市景观的描述和类型学分类系统等多方面的内涵。

(2)城市相互作用。

城市是一个复杂的适应性系统，这种适应性系统的重要特征在于它的开放性。因此，它与外部环境以及系统内各组成要素之间的相互关系在每个组成要素或系统整体内可能产生有意义的变化。这种特征可能存在于某一个城市，也可能存在于某一组城市，其中某一个要素或城市的变化对相互关联的所有要素或城市都将产生影响。一般地，在适应性系统内的相互联系都是通过流态的集聚与扩散形式连接起来的。这些流态有的来自城市内各组成要素的联系，有的来自外部的城市间的联系，它们通过城市结构和城市体系的变化达到自组织和自适应的目的。将这些流态和联系与上述城市空间形式结合起来就形成了城市相互作用。

(3)城市结构。

城市结构实质上就是城市形态和城市相互作用网络在理性的组织原理下的表达方式。德国学者科尔所用的聚落比较方法、拉采尔的城市聚落定义，以及克里斯特勒的中心理论以及美国学者索尔的景观形态学，等等，都反映了城市结构面的研究成果。

(4)城市空间结构。

城市空间结构则主要从空间的角度来探索上述城市形态和城市相互作用网络在理性组织原理下的表达方式，即在城市结构的基础上增加了空间维度的描述。

2)城市环境功能区划

考虑到环境污染对人体的危害及环境投资效益两方面的因素，在确定环境规划目标前常常要先对研究区域进行功能区的划分，然后根据各功能区的性质分别制定各自的环境目标，这种对区域内执行不同功能的地区从环境保护角度进行的划分称为环境功能区划。

环境功能区划的目的：考虑到环境污染对人体的危害及环境投资效益两方面的因素，在确定环境规划目标前常常要先对研究区域进行功能区的划分，然后根据各功能区的性质分别制定各自的环境目标。

环境功能区划的内容：①在所研究的范围内，根据各环境要素的组成、自净能力等条件，合理确定使用功能的不同类型区，确定界面，设立监测控制点位；②在所研究的范围的层次上，根据社会经济发展目标，以功能区为单位，提出生活和生产布局，以及相应的环境目标与环境标准的建议；③在各功能区，根据其在生活和生产布局中的分工职能以及所承担的相应环境负荷，设计出污染物流和环境信息流；④建立环境信息库，以便对生产、生活和环境信息进行实时处理，及时掌握环境状况及其发展趋势，并通过反馈做出合理的控制对策。

2. 城市空间结构的环境经济效益与集聚规模效益

城市环境规划的目的是取得最佳的经济、社会和环境效益。也就是说，以最小的土地、人力、物力、财力、时间和环境投入费用，获得最大的环境经济效益。合理的地域结构能够提高劳动生产率，减少各方面的费用。

1)城市空间结构的环境经济效应

(1)企业的集聚效应。

城市边缘工业的集聚和市中心商业、服务业的集聚能够使其共同使用公用交通运输、环境治理及其他基础设施；有利于区域内各企业之间技术、产品和信息交流；便于统一的环境管理和污染治理，从而产生巨大的环境经济效益。

(2)功能区的邻近效应。

例如居民区邻近工业区会产生正效应，而受到工业污染时会产生反效应。因此，要把工业区置于常年主导风向的下风向位置，在邻近工业区的上风向位置或交通方便的地段安置居民区。

(3)城市设施间的协调效应。

城市内的市政公用设施(交通、电力、给排水、供热、防火等)，生产和经营设施

(工业、商业、服务业、农业等)，以及社会设施(文教、卫生、科研、环境保护、绿化、旅游等)，如果布局合理，配合紧密，不仅能够方便生产和生活，城市建设费用也将大大降低，实现这些目标必须进行统一和长远的规划。

(4)土地利用的密度效应。

按照杜能的地租理论，土地利用的集约化程度从中心至外围逐渐降低，这一规律同样适用于现代城市。我国人多地少，更应该通过征收级差地租，提高城市土地利用的集约化程度，如建筑向高空和地下发展，园林绿化立体化和多样化，珍惜使用每一寸土地，使城市绿地真正起到净化环境、美化生活的作用。

(5)时间的经济效应。

现代化的城市要求高效率、快节奏的运转，随着城市的扩展和功能结构的复杂化，各环节之间衔接不当会造成延误。因此，通过采取一定措施，例如，将各种站场集中布置，商业区和大型公共场所靠近交通站、停车场，可以减少转换过程中时间的浪费。

(6)城市合理配置及对外联系效应。

城市与郊区及其卫星城，区域(省区)内各城市之间要进行生产协作，存在着产品、信息的交流。区域性环境规划通过对区内各城市的规模、生产结构和工业布局进行合理配置，可以使环境经济效益得到统一。

2)城市空间结构的集聚规模经济

所谓集聚规模经济是指产出和平均投入随经济规模而变化的一种经济现象。一般情况下，在生产规模扩大的初期，平均成本会逐渐下降；然而，如果投入过多，其平均产出反而会减少。因此，企业、工业区和城市存在一个合理规模问题。规模经济包括3种类型：①企业内部规模经济，这是对单个企业而言的；②布局规模经济，是指同一行业序列的一些企业的集聚；③城市化规模经济，是指不同行业的各类企业的集聚。企业本身或集聚规模扩大的初期，由于降低了成本，加强了联系，规模经济效益显著；但如果人口、经济活动和土地利用过分密集，则会使得交通、地租等成本过高，生态环境恶化，则出现“规模不经济”现象。关于区域规模经济的衡量指标(H)，应为内部规模经济(ISE)、布局规模经济(LSE)和城市化规模经济(USE)的函数，即：

$$H = f(\mathrm{ISE}, \mathrm{LSE}, \mathrm{USE}) \tag{7-3}$$

通常可以采用投入产出表等动态分析方法使3种规模经济的总效益达到最佳，至于由于集聚规模的扩大引起的生态环境和社会损失的负效应，亦应转换成经济指标加以考虑，这也是区域性规划的主要任务和研究内容。

五、生态经济学理论

生态经济系统、生态经济平衡和生态经济效益作为生态经济学的3个基本理论范畴，它们之间形成了一种互相联系和相互制约的辩证关系。从正向作用来看，生态经济系统是经济活动的载体，其建立决定了生态经济平衡的建立；而生态经济平衡推动了生态经济系统物质循环和能量转换的运动，从而产生了最终的生态经济效益。从其逆向的反作用来看，人们追求生态经济效益的具体情况，必然会影响生态经济平衡的状态；而生态经济平衡的状态也会左右生态经济系统，甚至于影响它的存亡。

第4节　环境规划的发展历程和前景

一、我国环境规划的发展历程及成果

自1973年至今，我国召开了多次全国环境保护会议，每次会议都推进了环境规划工作的向前发展。根据全国环境保护会议划分我国环境规划的发展历程，大体可以分为三大阶段：

第一，起步阶段(1973～1983年)。1973年第一次全国环境保护会议上，中国提出了对环境保护和经济建设实行“全面规划、合理布局”的指导思想。20世纪70年代，沈阳市、北京东南郊和图们江流域开展了环境质量评价和污染防治途径研究，这些工作为环境规划探索了积极经验。1981年，中国环境工程学会组织了地质、水利、市政、工业和环保等方面的专家，对济南市环境规划进行了评议，提出了建议，得到当地政府的赞许。

第二，发展阶段(1983～1996年)。1981～1985年，国家科学技术委员会组织了科技攻关，其中，在环境保护方面开展了大气和水环境容量的研究，对自然环境的自净能力进行了大规模的实验研究，剖析了污染物在大气和水环境中的迁移转化规律，对环境容量进行了定量描述，建立了气、水污染物扩散模式，对如何利用环境自净能力，以最小的投资达到保护环境质量的目的做了有益的探讨，并将研究成果落实到环境规划中。在1983年第二次全国环境保护会议上，中国提出了“三同步”方针，表明中国深刻认识到环境与经济建设、城市建设之间的内在联系，这对于环境规划具有重大而深远的影响。该阶段，环境规划工作开始结合计算机技术，并在建立数据库、模型库，模拟污染过程等方面开展了大量工作，取得了显著成果。

第三，提升阶段(1996年至今)。这一阶段是环境规划发展史上一个非常重要的时期，中国实施了污染物排放总量控制和跨世纪绿色工程规划两大举措，加快了环境规划实施的进程。“十一五”期间，环境规划的地位最突出表现为COD和SO_2排放总量减排指标，不再仅仅作为国家经济发展的约束性指标，而且还成为考核各地方首长政绩的刚

性指标。加强环境规划体系建设，建立一个科学、统一、协调、完整的环境规划体系已成为必然的发展趋势。

未来的环境规划体系应包括环境规划法规体系、环境规划技术体系、环境规划管理体系、环境规划行政体系、环境规划理论体系和环境规划教育体系等，将成为一个比较系统和完善的体系，切实发挥环境规划促进环境、经济与社会协调发展的作用。

二、我国环境规划的趋势展望

1. 我国环境规划现存问题

环境规划研究在控制论、信息论、系统学的支持下，努力进行系统化尝试，而在理论上却是以数学逻辑对规划过程加以抽象化、简单化，其结果往往不太理想。在实践中应用的环境规划技术不能满足区域环境复合系统的时变、高阶、复杂性要求。

环境规划管理目前还缺乏完善的法律支持体系，以及多学科交叉融合理论支持，因而难以统一、综合、全面、协调贯彻实施环境规划。

总之，我国环境规划的理论体系和技术方法还不完善，环境规划学的研究尚处于前科学阶段。因此，开展环境规划学理论和方法体系的研究，促进环境规划学全面、成熟发展，应是我国环境规划学发展的重要方向之一。

2. 我国环境规划的发展前景

环境规划的制定、实施、检查和完善是环境管理工作的主线。环境与经济协调规划亟须得到重视，并使之成为热点，环境规划技术路线将彻底从末端治理转向全过程的管理控制；污染治理方式将更突出区域集中控制；污染物总量控制规划将得到全面开展；城市生态规划越来越受到重视；环境规划决策支持系统的建立将会成为该领域的研究重点之一，全球环境规划合作的意义也将更加突出。

第5节　环境规划的基本程序和主要内容

一、环境规划的步骤和程序

(1)准备阶段：包括建立环境规划组、计划安排、明确任务、调查资料、评价。

(2)预测阶段：包括环境预测，环境功能区划分，确定环境规划目标、污染物总量控制目标，以及产生污染物的最大容许排放量和削减量。

(3)规划阶段：包括削减量计算，确定环境目标，建立规划目标体系，产业结构调整和布局，提出污染防治措施，提出规划方案并进行优化，专家审批通过，等等。

(4)环境规划实施阶段：包括将环境规划分解成年度计划，组织实施、修改和补充。

二、环境规划的主要内容

1. 环境调查与评价

环境规划所应用的各种科学数据信息，主要是通过对环境的调查和环境质量评价获得的，环境调查与评价是制定环境规划的基础。

2. 环境预测

环境预测是通过现代科学技术手段和方法，对未来的环境状况和环境发展趋势进行描述(定量、半定量)和分析，没有环境方面的科学预测，就不可能编制出一个理想的环境规划。因此，环境预测是编制环境规划的先决条件。

3. 环境区划

环境区划从整体空间观点出发，根据自然环境特点和经济社会发展状况，把特定的空间划分为不同功能的环境单元，研究各环境单元环境承载能力(环境容量)及环境质量的现状与发展变化趋势，提出不同功能环境单元的环境目标和环境管理对策。

4. 环境目标

确定恰当的环境目标是制定环境规划的关键。环境目标太高，环境保护投资多，超过经济负担能力，则环境目标无法实现；环境目标过低，则不能满足人们对环境质量的要求或会造成严重的环境问题。因此，在制定环境规划时，确定恰当的环境保护目标十分重要。

5. 环境规划设计

环境规划设计主要依据：①环境问题；②各有关政策和规定；③污染物削减量；④环境目标；⑤投资能力及效益；⑥措施的可行性。

环境规划设计的主要有：①环境区划及功能分区；②提出污染综合防治方案；③生产力布局及产业结构调整；④自然生态保护。

6. 环境规划方案的选择

环境规划方案主要是指实现环境目标应采取的措施以及相应的环境投资。通过方案选择，最后得出经济上合理，技术上先进，满足环境目标要求的几个最佳推荐方案。

方案的比较和优化是环境规划过程中的重要工作方法，在整个规划的各个阶段都存在方案的反复比较，如环境预测阶段，环境目标的选择和确定，等等。

确定环境规划方案时应考虑如下问题：

(1)方案要有鲜明特点，比较项目不要过多，要抓住起关键作用的问题作比较，注意可比性。

(2)确定的方案要结合实际，针对不同方案的关键问题提出不同方法。

(3)综合分析各方案的优缺点，取长补短。

在方案选择时，应对比各方案的环保投资和三个效益的统一，力求达到投资少、效果好的目标，不能片面追求先进技术或过分强调投资。

7. 环境规划的实施支持和保障

环境规划的实施支持和保障包括投资预算、编制年度计划、技术支持、强化环境管理等。

环境规划没有固定模式，因此，在规划之前应该明确环境规划类型、环境规划步骤，环境规划使用的技术和方法、环境规划的目标、环境系统评价标准及环境系统预测等问题。

知识拓展

案例介绍

盐边——描绘人与自然和谐共生的美丽天堂

盐边县是攀西最年轻的县城，是因二滩电站建设而新建的移民城。盐边县过去是贫困县，又经历了一场声势浩大的移民工程，在这样的背景下，不但县域经济的发展受到影响，同时城市规划也受到了很大的影响。但是，盐边县委、县政府在经历了相当长一段时期的实践后，结合调查研究，慎重做出的一项重大战略决策，就是以“绿色幸福盐边”为主题对盐边进行规划建设。

“绿色幸福盐边”包括两个方面：一方面是充分享受物质发展的成果，另一方面是充分享受发展带来的精神快乐。“绿色幸福盐边”是一个全方位的系统工程，包括政治、经济、文化等各个方面。

围绕打造“绿色幸福盐边”，当地开展了一系列工作。在战略决策方面，把建设“绿色幸福盐边”这一目标确定为全县今后乃至相当长一段时期的发展战略。此外，按照宏观、中观和微观的格局，全方位推进有关规划建设工作。此后，展开广泛的交流和学习，与国内有关区县、绿色生态城市示范区(如滨海新区、长沙大河西等)展开交流和学习，还参加了国家住房和城乡建设部组织的有关研讨会。盐边县具有丰富的太阳能资源，因此，当地政府将可再生能源利用作为“绿色幸福盐边”建设的重要组成部分。另外，还引导群众科学利用沼气。实践证明，沼气在盐边各乡镇具有很好的发展前景。“绿色幸福盐边”是一项系统工程，必须有系统的机制作为支撑，因此，当地政府研究制定了系列配套政策，并对城乡居民和农户进行全员动员培训，把城乡居民和农户的积极性调动起来，参与到这项浩大的工程中。

目前，我国绿色生态城镇的发展主要集中在东部、中部地区，且多为地市级城市。

"绿色幸福盐边"模式将探索西部经济水平较低的县，如何在尊重和保护生态环境的前提下，以绿色、生态、低碳方式实现创新跨越式发展，创新城镇化发展模式。

◇课程思政

当今世界，以绿色经济、低碳经济为代表的新一轮产业和科技变革方兴未艾，可持续发展已成为时代潮流，绿色、循环、低碳发展正成为新的趋向。我们党深刻把握这一发展新趋向，提出和推进生态文明建设。与可持续发展相比，生态文明建设要求从文明进步的新高度来清醒把握和全面统筹解决资源环境等一系列问题，从经济、政治、文化、社会、科技等领域全方位着眼着力，在更高层次上实现人与自然、环境与经济、人与社会的和谐，为增强我国可持续发展能力，实现中华民族永续发展提供了更科学的理论和方法论指导。

1. 什么是环境规划，你是如何理解的？
2. 环境规划的功能有哪些？请具体阐述。
3. 请简单说明环境规划与其他规划的关系。
4. 环境规划的类型是如何划分的？
5. 环境规划的特征和基本原则是什么？
6. 什么是环境承载力，它在环境规划中的作用如何？
7. 从环境规划学的角度，如何理解人地系统的协调共生理论？
8. 复合生态系统的功能、特性、结构是什么？
9. 论述空间结构理论对环境规划的作用。
10. 概括环境规划的主要内容和程序。
11. 结合我国环境规划的发展历程，说明其特点和发展前景。

第8章　环境规划的技术方法

环境规划的技术方法主要指环境规划过程中所涉及的评价、预测与决策技术方法。它们贯穿渗透在环境规划过程的许多活动环节中，是进行环境评价、环境预测，以及环境规划决策的重要技术支持。本章重点围绕环境规划中的这些主要活动环节，介绍环境规划常用的评价、预测与决策的基本技术方法。

第1节　环境调查与评价方法

一、环境特征调查

环境特征调查包括自然环境特征、社会环境特征、经济社会发展规划和环境污染因素调查。

1. 自然环境特征

自然环境特征包括水文、地形、地势、地貌、植被、气候等。

1）水文特征

河流的水文特征一般包括径流量、含沙量、汛期、结冰期、水能资源、流速及水位，而外流河的水文特征一般包括河流的水位、流量、汛期、含沙量、有无结冰期等。影响河流水文特征的因素主要是气候因素。夏季降水丰沛，河流流量大增，水位上升；冬季降水少，河流水量减少，水位下降。降水量的季节性变化大，河流流量的季节变化也大。

2）地形特征

地面的形状，指地理位置陆地表面各种各样的形态，总称地形。按其形态可以分为山地、高原、平原、丘陵和盆地5种类型。地形是内力和外力共同作用的效果，它时刻在变化着。此外，在外力作用下还可以形成河流、三角洲、瀑布、湖泊、沙漠等。

3）地势特征

地表形态起伏的高低与险峻的态势称为地势。地势包括地表形态的绝对高度和相对高差或坡度的陡缓程度。不同地势往往是由不同条件下内、外动力组合作用而形成的。人类对地势的利用表现在工程水利、建筑和军事等许多方面。我国西部以山地、高原和盆地为主，东部则以平原和丘陵为主，地势总的特征是西部高、东部低。

4）地貌特征

地貌特征一般是指地貌类型，是地貌形态成因类型的简称。自然界中地貌形态可以分为大型、中型、小型或微型等，地貌成因类型是相当复杂的。例如，剥蚀地貌有河蚀、湖蚀、海蚀、溶蚀、冻蚀、风蚀；堆积地貌有冲积、洪积、湖积、海积、冰碛、风积；构造地貌有褶皱的、断块的；气候地貌有湿热气候地貌、干旱气候地貌等。

地貌类型是指陆地表面形态特征的归类，即以成因和形态的差异，划分的不同地貌类别。同类型地貌具有相同或相近的特征，不同类型地貌则有明显的特征差异。地貌类型按照成因可以分为构造类型、侵蚀类型、堆积类型等。其中，侵蚀类型和堆积类型又可以分为河流地貌、湖泊地貌、海洋地貌、冰川地貌等，分别还可以分成更细一级类型。地貌类型按照形态特征可以分为山地、丘陵和平原三大类。其中，山地的主要特征是起伏大，峰谷明显，高程在500m以上，相对高程在100m以上，地表有不同程度的切割；根据高程、相对高程和切割程度的差异，山地又可以分为低山、中山、高山和极高山，丘陵是山地与平原之间的过渡类型，主要特征是切割破碎，构造线模糊，相对高程在100m以下，起伏缓和；平原是指地面平坦或稍有起伏但高差较小的地形。此外，地貌类型还可以按动力、形态等进行分类，每一种大类型下都可继续分出次一级类型。

5）植被特征

植被指地球表面某一地区所覆盖的植物群落。依植物群落类型划分，可以分为草甸植被、森林植被等。它与气候、土壤、地形、动物界及水状况等自然环境要素密切相关。全球范围内的植被可以分为海洋植被和陆地植被两大类。但由于陆地环境差异大，因而形成了多种植被类型，可将其进一步划分为植被型、植物群系和群丛等多级系列。植被还可以分为自然植被和人工植被。人工植被包括农田、果园、草场、人造林和城市绿地等；自然植被包括原生植被、次生植被等。

植被地理分布主要决定于热量和降水量，水热结合导致植被沿纬度呈地带性分布；从沿海向内陆，植被随着降水量变化而沿经度呈地带性更替；海拔的高度变化也形成了植被的垂直地带性。

6）气候特征

气候是大气物理特征的长期平均状态，与天气不同，它具有稳定性。时间尺度为月、季、年、数年到数百年以上。气候以冷、暖、干、湿这些特征来衡量，通常由某一时期的平均值和离差值表征。

2. 社会环境特征

在自然环境的基础上，人类通过长期有意识的社会劳动，加工和改造了的自然物质，创造的物质生产体系，积累的物质文化等所形成的环境体系，是与自然环境相对的概念。社会环境一方面是人类精神文明和物质文明发展的标志，另一方面又随着人类文明的演化而不断地丰富和发展，所以也有人把社会环境称为文化社会环境。

所谓社会环境，就是我们所处的社会政治环境、经济环境、法制环境、科技环境、文化环境等宏观因素的综合。社会环境对我们的职业生涯乃至人生发展都有重大影响。狭义的社会环境仅指人类生活的直接环境，如家庭、劳动组织、学习条件和其他集体性社团等。社会环境对人的形成和发展进化起着重要作用，同时，人类活动给予社会环境以深刻的影响，而人类本身在适应和改造社会环境的过程中也在不断变化。

1）社会环境的构成

社会环境是一个由硬环境和软环境两大子系统构成的开放性的复杂的巨系统。社会环境系统内部各子系统和各因子之间的结构，及它们之间的关系，比自然环境系统复杂得多、精细得多、微妙得多，但也具有一定的脆弱性，也很容易发生根本性的变异——动乱和革命。

社会环境对人类生存发展的作用，在未来将会越来越大。因为随着科学技术的发展，人类对自然环境的认识和利用改造日益深入，人工环境（社会硬环境）已在很大程度上局部地替代自然环境。人类面临的自然环境问题，是通过社会环境作为桥梁和中介实现的。

人类对于社会环境系统，因诸多原因还缺乏深入和正面的研究，特别是忽视对它作为人类和自然环境间桥梁和中介作用的研究，因此，环境伦理学中要特别重视对这问题进行深入研究，并发挥其重要作用。

2）社会环境的分类

社会环境包括政治环境、经济环境、法制环境、科技环境、文化环境。所谓社会环境，就是对我们所处的社会政治环境、经济环境、法制环境、科技环境、文化环境等宏观因素的综合。社会环境对我们职业生涯乃至人生发展都有重大影响。

在自然环境的基础上，人类通过长期有意识的社会劳动，加工和改造了的自然物质，创造的物质生产体系，积累的物质文化等所形成的环境体系，是与自然环境相对的概念。社会环境一方面是人类精神文明和物质文明发展的标志，另一方面又随着人类文明的演进而不断丰富和发展，所以也有人把社会环境称为文化－社会环境。

3）社会环境的特点

社会环境具有多样性、复杂性、稳定性、变化性的特点。如前所述，社会环境有狭义和广义之分。狭义的社会环境指人类生活的直接环境；广义的社会环境则包括社会政治环境、经济环境、文化环境和心理环境等大的范畴，它们与组织的发展息息相关。组织开展公共关系活动，对组织生存、发展的大环境和小环境都有积极的建设意义。

3. 经济社会发展规划

经济与社会发展规划是政策和法律相耦合的社会规范表现形式，它对我国经济社会发展发挥了积极促进与指导作用。在推进规划体制改革的过程中，为科学编制与实施规划，要处理好经济社会发展规划与发展规划相关法律的关系，应当完善与拓展政策与法律相耦合的形式，明确政府规划行为的公定力，提高公众参与度，健全经济与社会发展规划法制体系，完善国家宏观调控体系。

国民经济和社会发展规划依据是《国务院关于加强国民经济和社会发展规划编制工作的若干意见》和《国家级专项规划管理暂行办法》。土地利用总体规划依据是《中华人民共和国土地管理法》，分为国家、省、市、县和乡(镇)5级。城乡规划依据是《中华人民共和国城乡规划法》，规划类型包括城镇体系规划、城市规划、镇规划、乡规划和村庄规划。城市规划、镇规划分为总体规划和详细规划。

国民经济和社会发展规划是政府对未来一段时期经济社会发展全局或重要领域、重点区域发展作出的谋划、安排、部署。编制和实施发展规划的目的主要有3个方面：阐述政府的战略意图和政策导向；明确政府的工作重点；规范和引导市场主体行为。

发展规划的主要作用在于3个方面：①规划既有约束性，也有引导性，是政府实施宏观调控的一种重要手段；②规划也是政府履行经济调节、市场监管、社会管理和公共服务职责的重要依据；③科学的规划有利于合理有效地配置公共资源，引导市场发挥资源配置的基础性作用。

总体规划是国民经济和社会发展的战略性、纲领性、综合性规划。总体规划是编制本级和下级专项规划、区域规划，以及制定相关政策和年度计划的依据。总体规划由本级政府组织编制，具体工作由发展改革部门承担。总体规划须报经同级人民代表大会审议通过。国家和省级总体规划的规划期一般为5年，可展望到10年，市县级总体规划根据需要确定。专项规划是以特定行业领域为对象编制的规划，是总体规划在特定领域的深化、细化。专项规划是政府指导该领域发展以及审批、核准重大项目，安排政府投资和财政支出预算，制定特定领域相关政策的依据。

专项规划一般还包括：跨部门/行业的重点领域专项规划、重点领域的发展建设规划和重大项目建设规划。专项规划一般由有关行业主管部门负责编制，其中，重点领域专项规划由发展改革部门会同有关部门编制。专项规划由同级政府批准。专项规划的规划期一般与总体规划一致。

二、污染源调查与评价方法

1. 污染源调查

污染源调查是根据控制污染、改善环境质量的要求，对某一地区(如一个城市或一个流域)造成污染的原因进行调查，建立各类污染源档案，在综合分析的基础上选定评价标准，估量并比较各污染源对环境的危害程度及其潜在危险，确定该地区的重点控制对象(主要污染源和主要污染物)和控制方法的过程。

1)污染源调查的任务

如果是为了制定某一区域的综合防治规划或环境质量管理规划，污染源调查的任务就是全面了解区域内的污染源情况，以便确定主要污染源和主要污染物；如果是为了治理一个区域内某一类污染源，如电镀废水污染源，调查的任务就是弄清区域内电镀车间的分布情况，各个车间的生产状况、排污情况及其对环境的影响；如果是为了给日常的污染源管理提供资料，调查的任务就是查明各类污染源的情况及其对环境质量的影响等。

2)污染源调查程序

污染源调查的第一步是普查，查清区域内的污染源和污染物的一般情况，并将调查材料进行分类整理；第二步是根据区域内环境问题的特点(如主要是大气污染还是水体污染)确定进一步调查的对象，进行深入调查；最后是整理调查资料，写出调查报告和建立污染源档案。

3)污染源调查内容

普查的主要内容是污染源的名称、位置、污染物名称、排放量、排放强度、排放方式、排污去向(排向大气、水体等)和排放规律(定时集中排放、连续均匀排放等)。进一步调查的内容因污染源类型而异。

(1)工业污染源的调查内容：主要产品种类、产量、总产值、利润、职工人数、原材料种类、原材料(包括燃料、原料和水等)消耗总量和定额、生产工艺过程、主要设备和装置、排污情况、治理现状和计划等。

(2)农业污染源的调查内容：调查对象重点是农药、化肥使用不合理产生的环境污染物，包括对农药、化肥使用情况的调查，农业废弃物的调查，以及农业机械使用情况调查。

(3)生活污染源的调查内容：人口、上下水道状况、燃料构成和消耗量、每人每日的排污量等。在污染源调查报告中除了综述一般情况外，还应提出治理方法的建议。

(4)交通污染源的调查内容：交通噪声和汽车尾气是调查的主要对象。具体内容包括机动车的种类、数量、年耗油量、单耗指标、燃油构成、燃油成分、排气量，尾气中氮氧化物、碳氢化合物、二氧化硫、铅化合物、苯并芘等的含量、以及噪声类别、声源规律、数量、等级、与居民的关系。

污染源档案主要是以统计图表的方式记录下来的各个污染源的基本情况。

开展好污染源调查应当做到：①把污染源、环境和人群健康作为一个体系来考虑，不仅要注意污染物的排放量和特点，而且要注意污染途径和对人体健康的影响，还要考虑环境经济问题；②保证调查所得资料的可靠性和数据的准确性，为使所得材料具有可比性，必须按统一要求搜集资料和数据，并统一监测、估算和数据处理方法。

4)污染源调查方法

(1)社会调查方法：深入到工厂、企业、机关、学校进行访问，召开各种类型座谈会。

(2)详查：重点污染源调查。应选择污染物排放量大、影响范围广泛、危害程度大的污染源作为重点污染源，进行蹲点调查。

(3)普查：对区域内所有污染源进行全面调查，一般以调查表的方式进行。

5)污染物排放量的确定

(1)实测法。通过现场测定，得到污染物的浓度(P_i)和流体排放量(Q)，然后计算污染物排放量(G_i)：

$$G_i = Q \cdot P_i \tag{8-1}$$

该方法只适用于已投产的污染源，计算时要注意单位。

(2)物料衡算法。根据物质守恒定律，在某一衡算范围(生产过程、设备、局部)内，对指定物料进行衡算：

$$\text{投入总量} \sum G_{\text{投入}} = \text{产品所含物料量} + \text{物料流失量} \tag{8-2}$$

如果物料流失全部由烟囱或由排水排放，则污染物排放量等于物料流失量。

(3)经验计算法。根据单位产品的排污系数推算：

$$Q = KW \tag{8-3}$$

式中，K 为单位产品经验排污系数，kg/t；W 为单位时间产量，t/h。

2. 污染源的评价方法

污染源评价是对污染源的潜在污染能力进行鉴别和比较。

污染源的潜在污染能力主要取决于污染源本身的性质，即污染源排放污染物的种类、性质、方式等。污染源评价的目的：找出主要污染源和主要污染物，为环境影响评价提供基础数据，为环境污染综合防治指出目标、提供依据。

在完成污染源调查之后，为了评价不同污染源的危害程度，确定主要污染源和主要污染物，应注意选择合适的评价标准。

为了使评价结果尽可能地反映实际情况，可以从不同角度选用几个评价标准做出几组评价，再从几组评价的综合分析中得出评价结论。另一方面，必须有一个比较各类污染源性质的共同指标，即对污染物和污染源进行标化计算，污染源评价方法如下：

(1)类别评价：根据各类污染源某一种污染物的排放浓度、排放总量、统计指标等评价污染源和污染物的污染程度。

(2)综合评价：不仅考虑污染物的种类、浓度、排放总量与方式，还考虑排放场所的环境功能。

(3)评价方法：污染源潜在污染能力评价方法主要有 3 种，即等标污染负荷法、排毒系数法、等标排放量法。

使用等标污染负荷法时，主要内容如下：

(1)污染物的等标污染负荷。

某污染物的等标污染负荷(P_{ij})定义为：

$$P_{ij} = (\rho_{ij}/\rho_{0i}) \cdot Q_{ij} \tag{8-4}$$

式中，j 为污染源序号；i 为污染物序号；P_{ij}为第 j 个污染源第 i 种污染物的等标污染负荷，m^3/s；ρ_{ij}为第 j 个污染源第 i 种污染物排放浓度，废水单位为 mg/L，废气单位为 mg/m^3(标)；ρ_{0i}为第 i 种污染物排放标准，与ρ_{ij}单位相同；Q_{ij}为第 j 个污染源第 i 种污染物的流体排放量，废水单位为 m^3/s 或 m^3/d、废气单位为 m^3(标)/s 或 m^3(标)/d。

第 j 个污染源的总等标污染负荷等于该污染源内各种污染物的等标污染负荷之和：

$$P_j = \sum_{i=1}^{n} P_{ij} \tag{8-5}$$

评价区的第 i 个污染物的总等标污染负荷等于评价区内各污染源的该污染物的等标污染负荷之和：

$$P_i = \sum_{j=1}^{m} P_{ij} \tag{8-6}$$

评价区的总等标污染负荷等于评价区内各污染源的总等标污染负荷之和：

$$P = \sum_{j=1}^{m} P_j = \sum_{i=1}^{n} P_i \tag{8-7}$$

(2)等标污染负荷比。

第 j 个污染源中，第 i 种污染物的等标污染负荷比 K_{ij}为：

$$K_{ij} = P_{ij}/P_j \tag{8-8}$$

评价区内，第 i 种污染物的等标污染负荷比 K_i 为：

$$K_i = P_i/P \tag{8-9}$$

评价区内，第 j 个污染源的等标污染负荷比 K_j 为：

$$K_j = P_j/P \tag{8-10}$$

(3)主要污染物和主要污染源的确定。

主要污染物的确定：按评价区内污染物的等标污染负荷比由大到小排序，然后由大到小计算累计等标污染负荷比，累计污染负荷比等于80%左右的总等标污染负荷比时所包含的污染物为主要污染物；等标污染负荷比最大者为首要污染物。

主要污染源的确定：按评价区内污染源的等标污染负荷比由大到小排序，然后由大到小计算累计等标污染负荷比，累计污染负荷比等于80%左右的总等标污染负荷比时所包含的污染源为主要污染源；等标污染负荷比最大者为首要污染源。

采用等标污染负荷法确定主要污染物和污染源时，排放量小、毒性大、易于积累的污染物及其污染源有可能被遗漏，故最后确定时，应全面考虑、综合分析。

三、环境质量评价方法

1. 环境质量评价对象和内容

环境质量评价是利用近期的环境监测数据，对照环境质量评价标准，评价环境系统的内在结构和外部状态对人类及其他生物生存、繁衍的适宜性程度。

环境质量评价的对象是环境质量与人类生存发展需要之间的关系，也可以说环境质量评价所探讨的是环境质量的社会意义。环境质量评价对象包括水环境质量、环境空气质量、土壤环境质量、声环境质量、生态环境质量。

环境质量评价的内容包括自然环境和社会环境两大环境，自然环境包括水环境、大气环境、土壤环境、生态环境、地质环境等，社会环境包括人口、经济状况、政治、法律文化、教育、宗教信仰、生活环境等。

环境质量现状评价包括：污染源调查与评价，确定环境污染物监测项目，布设环境监测网点，获得环境监测数据，建立环境质量指数系统并进行综合评价，得到环境质量现状评价结论。

环境质量评价程序：①准备工作阶段，②现状监测阶段，③现状分析评价阶段，④评价报告书编写阶段。

2. 环境质量评价方法

1)污染源调查与评价

(1)污染源：通常是指向环境排放或释放有害物质，或对环境产生有害影响的场所、设备和装置。

(2)污染物：通常是指所有以不适当的浓度、数量、速度、形态和途径进入环境系统，并对环境产生污染或者破坏物质和能量。

2)污染源分类

(1)按产生性质分类：自然污染源，人为污染源。

(2)按对环境要素影响分类：大气污染源，水体污染源，土壤污染源，生物污染源。

(3)按污染物性质分类：物理性污染源，化学性污染源，生物性污染源。

(4)按生产行业分类：工业污染源，农业污染源，交通运输污染源，生活污染源。

3)污染源调查目的和对象

(1)污染源调查的目的：用其污染物的种类、数量、方式、途径及污染源的类型和位置，判断出主要的污染物和主要污染源，为环境评价与环境治理提供依据。

(2)污染源调查的对象：工业污染源、生活污染源、农业污染源。

第 2 节　环境预测方法

一、环境预测

环境预测是一类针对环境领域有关问题的预测活动，通常指在环境现状调查评价和科学实验基础上，结合经济社会发展情况，对环境的发展趋势做出的科学分析和判断。环境预测在环境影响的分析评价中起着重要作用。

环境影响通常被视为环境质量的一个或多个度量值的具体变化，对于这类变化的分析把握是环境预测的核心内容。

在环境规划中，为实现协调环境与经济发展所能达到的目标，环境预测是不可缺少的环节，这也是环境规划决策的基础。

1. 环境预测的依据

环境规划预测的主要目的就是预先推测出经济社会发展达到某个水平年时的环境状况，以便在时间和空间上做出具体的安排和部署。所以这种环境预测与经济发展的关系十分密切，且把社会经济发展规划(发展目标)作为经济预测的主要依据。

规划区的环境质量评价是环境预测的基础工作和依据，通过环境评价可以探索出经济社会发展与环境保护之间的关系和变化规律，从而为建立环境规划的预测或决策模型奠定基础。

规划区经济开发和社会发展规划中各水平的发展目标是环境预测的主要依据，这是因为一个地区的经济社会发展与环境质量状况存在一定的相关性，利用这种相关性才能做出未来环境状况的科学预测。

村镇、城市建设发展规划，城镇总体发展战略和发展目标，交通运输等有关资料都是环境预测的依据资料，例如城市集中供热、发展型煤及煤化气、绿化和建立污水处理厂等，都会直接关系到未来环境的状况，这些数据资料都是环境预测所不可缺少的。

环境预测不仅仅是独立的针对环境的预测，它与经济社会发展密切相关，也就是与人类社会发展密切相关。

2. 环境预测遵循的基本原则

环境预测应遵循下述原则：

(1)经济社会发展是环境预测的基本依据，要尊重经济社会与环境各系统之间和系统内部的相互联系和变化规律。

(2)科学技术是第一生产力，科学技术对经济社会发展的推动作用和对环境保护的贡献是影响预测的重要因素。

(3)要重点抓住那些对未来环境发展动态而言最重要的影响因素。这不仅可以大大减少工作量，而且可增加预测的准确性。

(4)具体问题具体分析，环境预测涉及面十分广泛，一般可分为宏观和中观两个层次，要注意不同层次的特点和要求。

3. 预测的类型

按预测目的可以分为：

(1)警告型预测(趋势预测)。

警告型预测指在人口和经济按历史发展趋势增长，对环境保护投资、防治管理水平、技术手段和装备力量均维持目前水平的前提下，预测未来环境的可能状况。其目的是提供环境质量的下限值，也就是在工业结构等不发生重大变化，环境保护投资的比例不变的前提下，按目前的状况等比例发展下去，预测未来环境所能达到的环境质量状况。

(2)目标导向型预测(理想型预测)。

目标导向型预测指人们主观愿望想达到的水平。其目的是提供环境质量的上限值，是为了使水平年。污染物浓度达到环境保护要求，而确定的排污系数应有的递减速率及污染排放量应达到的基准。

(3)规划协调型预测(对策型预测)。

规划协调型预测指通过一定手段，使环境与经济协调发展所能达到的环境状况。这也是预测的主要类型，是规划决策的主要依据。这是一种在充分考虑技术进步、环境保护治理能力、企业管理水平和产业结构更新换代等动态因素的前提下，对环境质量的切合实际的预测。

4. 预测的一般程序

预测一般程序为：①确定预测的目的和任务；②收集和分析有关资料；③选择合适

的预测方法；④建立预测模型；⑤进行预测计算；⑥对预测结果进行鉴别和分析。

二、社会经济发展预测

社会经济预测并不是环境预测本身的基本内容，但它们直接影响着环境排放与环境质量预测的结果。

1. 人口预测

人口预测是指根据一个国家、一个地区现有人口状况及可以预测到的未来发展变化趋势，测算在未来某个时间人口的状况，是环境规划与管理的基本参数之一。进行人口预测，主要关心的是未来的人口总数，常见的预测模型有：

(1)算数级数法：

$$N_t = N_{t_0} + b(t - t_0) \tag{8-11}$$

(2)几何级数法：

$$N_t = N_{t_0}(1 + K)^{(t-t_0)} \tag{8-12}$$

(3)指数增长法：

$$N_t = N_{t_0} 2.718^{k(t-t_0)} \tag{8-13}$$

式(8-11)~式(8-13)中，N_t 为预测年的人口数量，万人；N_{t_0}为基准年的人口数量，万人；b 为逐年人口增加数(即 t 变动一年的 N_t 增加数)，万人；t，t_0 分别为预测年和基准年，a；k 为人口自然增长率，是人口出生率与死亡率之差，通常用于表示为人口每年净增的千分数。

上述预测的关键是求算 k。其计算方法是：在一定时空范围内，人口自然增长数(出生人数减死亡人数)与同期平均人口之比，并用千分比表示。而平均人口数是指计算期(如年)初人口总数和期末人口总数之和的1/2。k 值的选取除与时间(t)有关外，还与预测的约束条件有关，即与社会的平均物质生产水平、文化水平、战争与和平状态、人口政策和人口年龄结构等有密切关系。

2. 国内生产总值(GDP)预测

国内生产总值是指一国所有常驻单位在一定时期内所生产的最终物质产品和服务的价值总和。

通过大量数据的回归分析，我国国内生产总值预测的常用经验模型是：

$$Z_{GDP_t} = Z_{GDP_0}(1 + a)^{t-t_0} \tag{8-14}$$

式中，Z_{GDP_t}为 t 年的国民生产总值；Z_{GDP_0}为 t_0 年，即预测起始年的国民生产总值；a 为GDP年增长率,%。

规划期国内生产总值的平均年增长率是国民经济发展规划的主要指标。环境预测可直接用它来预测有关的参数。

3. 能耗预测

在环境规划中进行的能耗计算，主要包括原煤、原油、天然气3项，按规定折算成每千克发热量7000kcal(29.31×10^6J)的标准煤，折算的系数是：原煤0.714kg/m^3，原油1.43kg/m^3，天然气1.33kg/m^3。

1)能耗指标

(1)产品综合能耗。

单位产值综合能耗为总能耗量与产品总产值之比。

单位产量综合能耗为总能耗量与产品总产量之比。

(2)能源利用率。

能源利用率为有效利用的能量同供给的能量之比。

(3)能耗弹性系数。

能耗弹性系数(e)为规划期内平均能耗量增长速度与平均经济增长速度之比。

$$e = (\Delta E/E)/(\Delta G/G) \tag{8-15}$$

式中，E为能耗量；G为总产值。

经济增长速度可以采用工业总产值、工农业总产值、社会总产值或国民收入的增长速度等表示。

2)能耗预测方法

目前常用的能耗预测方法主要是人均能耗法和能耗弹性系数法两种。

(1)人均能耗法。

人均能耗法是按人民生活中衣食住行对能源的需求来估算生活用能的方法。根据美国对84个发展中国家进行的调查表明，当每人每年的消耗量为0.4t标准煤时，只能维持生存；为1.2~1.4t时，可以满足基本的生活需要。在一个现代化社会里，为了满足衣食住行和其他需要，每人每年的能耗量不低于1.6t标准煤。

(2)能耗弹性系数。

这种方法是根据能耗与国民经济增长之间的关系，求出能耗弹性系数，再由已决定的国民经济增长速度，粗略地预测能耗的增长速度。计算公式为：

$$\beta = e\cdot\alpha \tag{8-16}$$

式中，β为能耗增长速度；e为能耗弹性系数；α为工业产值增长速度。

能耗弹性系数受经济结构的影响。一般来说，在工业化初期或国民经济高速发展时期，能耗的年平均增长速度超过国民生产总值年平均增长速度1倍以上；能耗弹性系数大于1，甚至超过2以后，随着工业生产的发展和技术水平的提高，人口增长率的降低，国民经济结构的改变，能耗弹性系数将下降，大都小于1，一般为0.4~1.1。

若已知能耗增长速度，规划期能耗预测计算公式如下：

$$E_t = E_0 (1 + \beta)^{t - t_0} \tag{8-17}$$

式中，E_t 为预测年的能耗量；E_0 为基准年的能耗量；t，t_0 分别为预测年和基准年，a。

4. 用水预测方法

水的使用，直接关系着污(废)水的产生排放，影响着水资源与水环境的可持续性。环境规划中对各类用水量的预测，从简单到复杂，方法多样，如时间序列法、投入产出分析法，乃至根据用水器具的预测分析方法。以下对比较常用且简便的定额法介绍如下。

1)用水总量预测

对一区域用水总量的供需平衡预测，可采用下式：

$$Q_t = K_t Z_{\mathrm{GDP}_t} \tag{8-18}$$

式中，Z_{GDP_t}为规划期 t 年国内的生产总值，万元/年；K_t 为用水系数，t/万元；Q_t 为规划期 t 年用水总量，万 t/年。

其中，用水系数值需要在调查、统计等的基础上，通过综合分析确定，既要考虑以往的用水水平，又要注意技术进步、节水措施等的作用。

2)生活用水量预测

生活用水通常包括城镇综合生活用水和农村生活用水两部分。其中，城镇综合生活用水由生活用水和公共市政用水组成。生活用水主要指居民家庭用水、工矿企业用水、机关用水、学校用水、宾馆用水，以及餐厅的饮用水、洗涤用水、烹调用水和清洁卫生用水等，公共市政用水主要指公共建筑用水、浇洒道路和绿化用水、消防用水等。

对于生活用水量，可通过人均生活用水定额来预测：

$$Q = N \cdot q \cdot k \tag{8-19}$$

式中，Q 为生活用水量；N 为规划年的人口数；k 为规划年用水普及率；q 为用水定额，包括城镇综合生活用水定额和农村生活用水定额。

3)工业用水量预测

利用万元工业增加值用水定额，可以对工业用水量进行预测：

$$Q = \sum_{i=1}^{n} W_i \cdot A_i \tag{8-20}$$

式中，Q 为工业用水量，m^3；W_i 为不同行业 i 在规划年的万元工业增加值取水量，m^3/万元；A_i 为不同行业 i 在规划年的工业增加值，万元。

4)农业灌溉用水

农业灌溉用水可以按作物类型分别进行用水预测，然后求其总和，表示如下：

$$Q = \sum_{i=1}^{n} K_i S_i \tag{8-21}$$

式中，Q 为预测年农业灌溉用水总量，万 t/年；S_i 为预测年某种作物 i 的灌溉面积，hm^2/年；K_i 为预测年某种作物 i 的灌溉系数，万 t/hm^2。

第 3 节　环境决策方法

一、环境规划的决策分析

1. 环境决策过程及特征

依照系统工程的原理，一般环境规划的决策过程从广义来看包含 4 个基本环节（图 8－1）：①找出问题，确定目标；②拟订备选行动方案；③比较和选择最佳行动方案；④方案的实施（即规划的执行）。

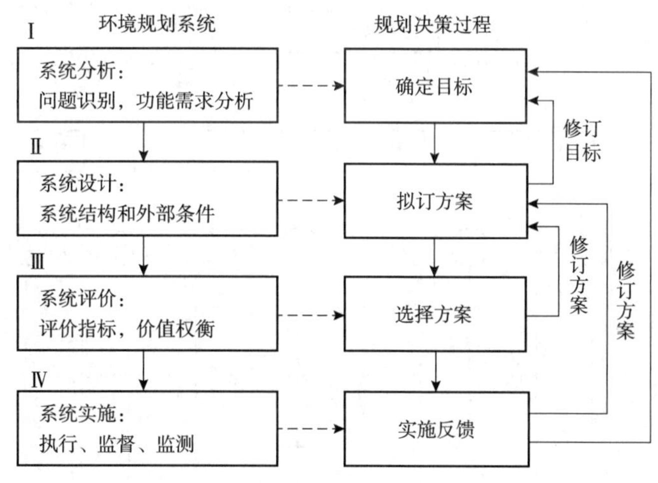

图 8－1　环境规划决策过程

图 8－1 所描述的系统规划决策过程，其顺序与步骤并不完全是静态的、一次性完成的过程，而是一个多次反复循环反馈的过程。这种循环反馈过程，不仅反映在对上一过程环节的修正调整，还反映在规划制定后，由于外部条件随时间变化所引起的在实施过程中的反馈修订（目标和方案）。上述环境系统规划决策的 4 个环节中，“实施反馈”（系统实施）环节属于当此规划制定后，通过实施、反馈进行规划执行或规划修订的过程，它可以视为滚动式规划的又一次启动过程。

本节将集中对第三个过程：“选择方案”（系统评价）进行具体的分析。选择方案这一过程虽然仅是广义决策过程的一个组成部分，但在决策科学中也经常被作为一个独立过程来描述。它体现了决策过程（特别是最终作出决定）的核心和基本内容。因此，可以将选择方案这一环节视为狭义的决策过程。基于这样的认识，一个决策问题，又可以表达为从各种备选的设计方案中，按照预定的准则，选取一个最令人满意(最好或最适当)的系统方案的问题。数学上，这一决策问题可以描述为：

$$D = \{A, Y, P, O, C\} \tag{8-22}$$

式中，D 为决策活动空间；A 为备选方案集；Y 为决策的环境条件；O 为决策的目标集；P 为 $O \times A \times Y$ 的映射，即备选方案 A_i 在不同决策环境条件 Y_j 下，对各目标 O_k 的贡献；C 为决策准则。

2. 环境规划的决策分析

针对环境规划具有多方案、多目标决策问题的特征，可采用决策树这样的结构框架进行分析，即将这种多方案、多目标的决策过程，按因果关系、隶属层次和复杂程度分成若干有序的方案和若干等级的目标，形成由对策－目标组成的递阶展开的“树枝状”决策分析系统(图 8－2)。

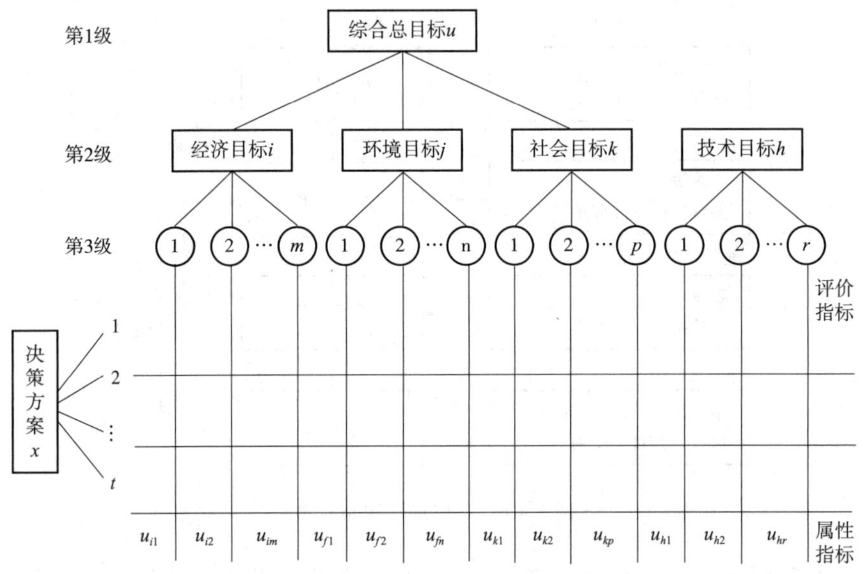

图 8－2 “树枝状”决策分析图

在上述对策－目标决策分析树系统中，如果能通过价值观念的评价实现对复杂因素的量化，把不同性质的环境、经济、社会目标指标，置于统一的价值系统之中，就可以对任意方案 x，求得其各级目标值(属性指标值)及其综合总目标的价值(u)，从而得出各个方案的相对优劣排序。在决策树分析过程中，关键问题在于不同性质目标之间的价值应如何综合比较分析。显然这种价值的估计带有很强的主观成分，这与分析者和决策者以及两者的配合直接有关。但是原则上还是可以通过价值的测定，取得能反映出客观现实的价值共识，获得较为统一的认识和普遍接受的决策结果。

3. 环境系统规划的决策分析模式

根据环境规划决策分析基本框架，在实际应用中，系统规划的决策分析可以归纳为两种类型：一种是基于最优化技术来构造的环境系统规划决策分析模型，可以称之为“最优化决策分析模型”；另一种是基于各种备选方案进行系统目标的模拟分析，从而选择理想方案，可以称之为“模拟优化决策分析模型”。

环境系统规划的最优化决策分析模型，通常是利用数学规划方法，建立数学模型并一次求解行动方案的决策分析过程。其定量化程度和计算机化程度高，但需要在一定条件下进行简化并建立模型，因而存在局限性：①优化过程的目标函数是单一的，经常需将其他目标因素表达作为约束条件(如简单的水质约束)，因而往往并不与实际的规划控制方案相对应；②决策分析过程不便于决策者和其他专家的参与；③数据不足时，建模困难、可靠性差。正因为最优化决策分析模型存在上述问题，导致许多环境系统规划的范围、条件和因素往往不能满足构成的(已经简化了的)最优化规划模型的要求，因而无法将决策问题的多种考虑直接容纳到最优规划的目标和约束之中，社会影响因素更无法直接表达在最优模型中。

因此，许多情况下，这种最优决策分析模型难以适应环境系统规划决策分析的实际需求。虽然在某些相当简化的条件下，研究开发了几种有关的水、气环境最优化规划模型，可以在一定场合或简单决策问题时作为规划决策分析应用，但对于复杂的系统规划决策分析而言，则很少有实际应用。模拟优化决策分析模型是直接基于环境规划决策分析的对策－目标树框架，就各个备选组合方案，分别进行多种目标和综合指标的模拟(包括环境质量、费用及社会影响等)和评估的决策分析过程。这一决策分析过程基于多目标决策的基本思维方式，如既考虑环境质量的功能需求，也考虑污染源控制等问题，从而可以提供综合目标对应的协调方案的决策分析信息。由于这种决策分析的过程，便于决策者、分析者、受影响者及有关专家的交流和参与，有利于对各种方案的相对优劣程度得出较为统一和适当的认识。因此，模拟优化决策分析模型往往成为复杂系统规划决策分析所采纳的方式。

二、环境规划决策分析的技术方法

现代决策科学已经形成了许多有效的决策分析技术方法，特别是通过将决策论、系统分析和心理学等多领域研究成果融合起来，朝着定量和计算机化方向发展起来的决策分析技术方法及其计算工具，正在广泛地渗透到各种决策问题及其决策过程中。在环境规划中，目前使用较为普遍的决策分析技术方法大体包括：费用－效益(效果)分析方法、数学规划方法和多目标决策分析方法3种基本类型。

1. 费用 – 效益分析方法

实施环境规划管理措施和技术方案时，需要一定的投入，此后，会收获环境功能的恢复和改善，从而减少环境污染、资源破坏所带来的损失。对于这种环境效益和相应的投入代价，在环境规划中选择不同方案时，最直接的思路类似于一般活动的经济分析，通过费用 – 效益的分析方法进行。

费用 – 效益分析是用于识别和度量一项活动或规划的经济效益和费用的系统方法，其基本任务是分析计算规划活动方案的费用和效益，然后通过比较评价，从中选择净效益最大的方案。费用 – 效益分析是一个典型的经济决策分析框架。将其引入环境规划中，可以作为一项工具手段用于进行环境规划的决策分析。总之，费用 – 效益分析方法作为一类传统的经济评价方法，用于环境规划决策中，尽管还存在许多未能解决的问题，但作为一种决策分析框架，它依然发挥着重要的决策支持作用。

2. 数学规划方法

数学规划方法是指利用数学规划最优化技术进行环境规划决策分析的一种技术方法。从决策分析的角度看，这类决策分析方法的使用，需要根据规划系统的具体特征，结合数学规划方法的基本要求，将环境系统规划决策问题转化成在预定的目标函数和约束条件下，对由若干决策变量所代表的规划方案，进行优化选择的数学规划模型。目前，用于环境规划的数学规划决策分析方法主要有线性规划、非线性规划和动态规划等。

1)线性规划

线性规划是一种最基本也是最重要的最优化技术。从数学上说，线性规划问题可以描述为：①通过一组未知量(又称决策变量)表示规划的待定方案，这组未知量的确定值代表了一个具体方案，通常要求这组未知量取值是非负的；②对于规划的对象，存在若干限制条件，这些限制条件均以未知量的线性等式或不等式约束来表达；③存在一个目标要求，这个目标由未知量的线性函数来描述，按所研究的规划问题的决策规则不同，要求目标函数值实现极大化或极小化。

2)非线性规划

在环境系统规划管理中，不少决策问题可以归纳或简化为线性规划问题，其目标函数和约束条件都是决策变量的线性关系式。但是，实际规划中存在着大量复杂的非线性关系(例如污水处理费用与污染物去除量(率)间的函数关系等)，由于精确化需要，不宜直接通过线性关系的模型来描述，如果在规划模型中，目标函数和约束条件表达式中存在至少一个关于决策变量的非线性关系式，那么这种数学规划问题称为非线性规划问题。

一般地，非线性关系的复杂多样性，使得非线性规划问题求解比线性规划问题求解困难得多。因此，不像线性规划那样存在着普遍适用的求解算法。目前，除在特殊条件下可以通过解析法进行非线性规划求解外，绝大部分非线性规划采用数值求解。数值方法求解非线性规划的算法大体分为两类：一类是采用逐步线性逼近的思想，即通过一系列非线性函数线性化的过程，利用线性规划方法获得非线性规划的近似最优解；另一类是采用直接搜索的思想，即根据非线性规划的一些可行解或非线性函数在局部范围的某些特性，确定一个有规律的迭代程序，通过不断改进目标值的搜索计算，获得最优或满足需要的局部最优解。各种非线性规划求解算法各有所长，这需要根据具体非线性规划问题的数学特征选择使用。

3）动态规划

动态规划是处理具有多阶段决策过程问题的优化方法。所谓多阶段决策过程问题，是指对于由一系列相互联系的阶段活动构成的过程，如何在预定的活动效果评价准则（目标函数）下，使其各阶段所做出的一系列活动选择，达到活动整体效果最佳的问题。多阶段决策问题中，每一阶段可供选择的活动决策往往不止一个，由于活动过程各阶段相互联系，任一阶段决策的选择不仅取决于前一阶段的决策结果，而且影响下一阶段活动决策的选择。因此，对于这种具有相互联系的多阶段活动过程优化问题，其决策序列的选择确定，通常很难通过线性或非线性规划优化方法来描述并求解，特别是对于离散性多阶段决策问题，处理连续性问题的数学规划方法更无用武之地，这时，动态规划方法便是一种有效的建模和优化手段。

任何多阶段决策问题的最优决策序列，都具有一个共同的基本性质，这就是动态规划问题的最优化原理（或称贝尔曼优化原理）。该原理可以概括为：一个多阶段决策问题的最优决策序列中，对其任一决策，无论过去的状态和决策如何，若以该决策导致的状态为起点，其后一系列决策必须构成最优决策序列。根据这一基本原理，可以把多阶段决策问题表达成一个连续的递推关系。这种递推关系，若为逆序的方式，则应从多阶段活动过程的终点向起点方向，对有 N 个阶段的活动过程建立模型。

3. 多目标决策分析方法

客观世界的多维性或多元化，使得人们的需求具有多重性，因而绝大多数决策问题都具有不同程度的多目标特征。环境规划的某些决策问题，虽然可经概括、简化，一定程度上将其处理为单一目标的数学规划问题，并以相应的优化方法求解，进行规划方案的选择确定，但多目标决策分析方法能够更好地体现环境系统规划决策问题多目标的本质特征，支持环境规划决策问题的分析过程。

知识拓展

◇阅读材料

生态设计助力生态文明建设

生态空间设计：创新工具优化空间功能。

生态设计作为一种创作与创意活动，是关注持续发展、注重绿色转型、显现生态效益的活动。生态设计必须基于主体功能区空间区分进行：在重点生态功能区，促进田、河、湖、林、湿地系统等生态系统自我调节体系发挥作用；在限制开发区域，生态设计中应做好用地管控、产业管控、交通管控、环保管控，用地管控应加强对建设项目选址的引导，产业管控应严禁生态红线内有损主导生态功能的产业活动，交通管控应注重水陆生态廊道建设中各种污染源对生态的破坏，环境管控应注重减少能耗高、污染大的项目；在优化开发区域，压缩粗放发展方式，为新经济、新业态腾出空间、地盘；在重点开发区，要大力促进与生态保护融合度高的产业，合理扩大生态保护范围，保证生态国土面积只增不减，工业发展要注重生态技术推广，注重生态环境优化。

为此，生态设计要在创新工具细化生态空间布局、优化生态空间功能上下功夫。建设生态功能区要依靠绿色经济项目、绿色建设项目来推动。生态空间设计要基于企业、项目绿色识别，为生态空间设计、布局提供新工具。比如，浙江湖州率先建立了我国首个绿色企业和项目认定体系，将绿色企业、绿色项目分为“深绿”“中绿”“浅绿”3 个等级。借鉴这种识别体系，生态设计要注重区域主体功能与绿色企业、项目的匹配：重点生态功能区主要匹配“深绿”企业及项目；重点开发区域，倒逼“非绿”项目、企业退出，根据环境容量促进绿色理念与各项建设的融合；限制开发区域，力求形成“深绿”“中绿”“浅绿”梯度分布的合理布局，控制“浅绿”项目；优化开发区域，要促进“浅绿”向“中绿”、“中绿”向“深绿”转型，在“增绿”中促进功能空间的绿色转型。

生态产业设计：多维设计繁荣生态经济。

生态经济设计重在打通“绿水青山”变成“金山银山”的通道，需要由产品设计到产业布局再到标准设计，打通转化通道，促进生态经济的繁荣。

注重业内产品生态设计。一方面，注重生态产品设计全覆盖。在农业产品、工业产品、服务产品设计上，为了实现绿色生态的目标，在原材料选用、生产、销售、使用、回收、处理等环节对产品进行全覆盖设计，谋求低消耗可循环、强化生态功能、引领绿色时尚、实现高性价比，减小对环境的负面影响，增大产品的生态功能。另一方面，注重生态产品设计多途径。要制定促进功能区改进的生态设计方案，设立各区域优先发展生态产品的目录指南，形成重点生态产品培育方向；要根据各自重点生态产品设计需求，以乡镇为单元组织设计人才组建设计工作室，为生态设计提供支撑；要注重区域生态产品设计研究，组建生态设计联盟，组织力量进行设计研究、设计交流、设计培训，提高生态产品设计水平。

注重产业布局生态设计。第一，注重生态农业设计。将立体种养模式与农场规模经营同步推进，发展生态农业，以立体种养模式等作为生态农业设计推进发展的样本。第二，注重加工生态设计。注重涉农加工业的发展，如推进脱水蔬菜产业的发展。建设绿色工厂、实施绿色制造、加大循环利用，减量化排放废弃物。第三，注重生态旅游设计。注重以美丽乡村助推旅游业发展，在风貌设计上注重保持乡村的"肌理"，在文化展示上注重留住农村的"风情"，在功能布局上注重体现各自的"底色"。第四，注重"一产接二连三"。探索新模式促进第一、第二、第三产业之间的融合发展，注重"互联网+"，注重"文化+"，在融合中显现生态价值。

注重产业标准生态设计。第一，各类功能区的核心产品、核心企业、核心产业、核心园区、核心景区，生态设计标准注重选择应用国际标准。特别是在重点生态功能区，鼓励市场主体应用国际标准。第二，各类功能区都要严格执行国家标准、行业标准，从开发设计到生产，从供应链到客户端，从现场与客户两端双向驱动，全程推进产品质量管理达标。第三，各类功能区在缺乏标准的领域，应制定地方标准，如以循环经济设计理念设计相关产品循环使用的标准，便于材料变废为宝、产品"死后重生"。

生态村镇设计：以人为中心构建美好家园。

生态设计是以人为中心的，最终要以宜居的村镇建设，为人们美好生活找到寄寓之所。生态村镇设计要体现人的需求，要设计创新、设计特色。

满足人的需求，解决为谁设计的问题。生态村镇设计必须符合人们对美好生活的需求，让生态经济生产、生活更有价值。当前，生态村镇设计需要具有更广阔的视野，不仅要满足当地人对美好生活的向往，还要满足更大范围内人们对美好生活的向往，吸引更多外部人到此创新创业、观光休闲。因此，生态村镇设计(如民居设计)不仅要满足当地人的生活习性，还要对旅游者等的需求予以充分考虑，在生态设计中优化生态、集聚人气、发展经济。

兼容设计手法，科学选择设计方法。设计的本质是要协调人与自然、社会、文化、技术之间的关系，使村镇骨架清晰、经脉畅通、形象鲜明、文赋神韵。要注重自然主义的风格，尊重自然格局，恪守乡土传统，建设"修旧如旧"，拒绝同质化，注重异质性。要注重建构主义的手法，引进现代风格，注重整体重建，注重模仿、追求时尚。生态村镇设计要采用兼容主义手法，尽量保留原有的村镇"肌理"，同时也给村镇注入时代元素，从而构建起生态村镇的新优势。

聚焦设计重点，特色设计彰显价值。生态经济区建设需要优先发展特色小镇、田园乡村，然后以点带面全面推进生态示范区的建设。特色小镇、田园乡村建设要聚焦特色资源开发，通过生态设计显现生态经济效益。生态设计，第一步，要注重“概念设计巧构架”，将特色小镇、田园乡村作为复合的生态系统，让自然地理环境与人文历史因素紧密联系，让建筑群落与水系陆路有机融合；第二步，要注重“功能设计妙安排”，考虑生态系统的调节功能，以及生态子系统之间的响应和反馈，把握好人在环境中的体验；第三步，要注重“装饰设计大手笔”，融入人文、艺术因素，把村镇布局做得精、巧、美，最终构建美好生活新家园。

◆**课程思政**

“绿水青山”变成“金山银山”需要生态设计。生态设计首先是生态空间设计，要创新工具优化空间功能；生态设计关键是生态产业设计，需要由产品设计到产业布局再到标准设计，打通通道促进生态经济繁荣；生态设计以人为中心，并最终要以人为中心构建美好家园。

复习思考题

1. 环境特征调查主要从哪几个方面入手？
2. 污染源调查的方法有哪些？
3. 污染源的评价是如何进行的？
4. 什么是环境预测，它的内容及程序是怎样的？
5. 社会经济发展预测包括哪些方面？
6. 环境预测应遵循哪些基本原则？
7. 论述环境规划的决策过程。
8. 什么是决策分析？
9. 试从方法学上讨论费用－效益分析方法、数学规划方法、多目标决策分析方法3类技术方法在处理环境规划决策问题方面的差异与内在联系。
10. 环境规划决策分析的技术方法有哪些？

第9章　水环境规划

水是人类赖以生存的重要资源。社会经济高速发展，一方面加重了水资源枯竭、水环境污染及水生态退化的趋势；另一方面，人类发展对水量、水质和水生态服务功能的需求却越来越高。如何协调人类社会经济发展与水环境保护之间的关系与矛盾，将直接影响到对水资源的节约利用，对水环境的有效保护，乃至人类社会的可持续发展。作为协调人类社会经济发展与水环境保护之间关系的重要途径和手段，水环境规划在水资源危机纷呈的背景下产生和发展，并随着水资源与水环境问题的加剧而受到普遍重视，在实践中得到了广泛应用。水环境规划的内容和技术方法也随之得到更新和发展，与环境管理和环境政策的融合也日益紧密。

第1节　水环境现状调查与评价

一、水环境现状调查

现阶段，进行水环境现状调查的主要依据是《环境影响评价技术导则》。但是，由于其针对性较为宽泛，且不同行业在具体的应用过程中经常存在不同的认识，尤其是应用在电力行业中时，经常存在比较大的分歧。这样一来，就给电力工程地下水环境的勘测与评价工作带来了不便。在进行实际的调查与评价的过程中，要根据具体项目的实际状况，合理进行地下水环境的现状调查与研究工作。

在进行地下水环境的调查与评价工作时，主要程序分为以下几个阶段：①进行调查的准备工作；②进行现场的现状调查和评价；③地下水环境的预测和评价；④根据调查数据得出相应的结论。地下水环境的等级判定将会对评价范围的界定以及评价报告的编写工作造成一定的影响。在进行调查与评价工作时，要根据建设项目类别及其对于环境敏感程度的不同，进行综合性的判定、评价。

二、水环境现状评价

水环境现状评价是一种具有科学性及准确性的评价方法。它主要通过相关的数理方法来对当前我国相关流域的水环境质量现状进行定量的描述与分析，是一种量化的分析方法。通过该类评价方法，能够对相关流域的水环境质量现状进行实时的数据监测，从而为我国相关部门进行水环境保护提供重要的数据参考，并及时地发现相关水域存在的水环境污染问题，以便于能够更加准确地采取措施改进问题、解决问题。

1. 水环境现状评价方法体系

1)产生意义

水环境现状评价方法主要是指针对不同的水域环境，通过搜集各个水域相应的具体数据参数(如水质参数、水流径流量参数等)进行分析，并采取最为合适的方式方法进行科学计算及评价分析，从而得出相应的评价结果。水环境现状评价的主要目的是对相关水域的水环境现状及质量情况进行更为科学的数据分析及展示，从而为人们提供更为直观的数据参考。为了能够更加科学、准确地帮助相关部门及时掌握水环境质量现状，发掘水污染现象产生的主要原因，采用合理的评价方法对水环境现状进行分析显得尤为必要。

2)水环境现状评价方法

我国幅员辽阔，各个水域的气候及环境各具特点，因此，我国水环境现状评价方法也得到了更加多样化的发展。当前，为适应不同水域的数据需求，相应的水环境评价方法种类也逐渐增多，其中，主要分为确定性数学评价方法及不确定性数学评价方法两类，而确定性数学评价方法又包含了评估污染指数方法、层次评价法、水质综合指数鉴定方法等不确定性数学评价方法，进一步还可以细分为物质元素可扩展方法、模糊数学评价法、灰色系统评价分析法等。

2. 水环境现状评价方法的分析

1)污染指数评价法

污染指数评价法是当前我国水环境现状评价方法中应用十分广泛的一种评价方法。其主要是通过对相关水域的整体水质进行达标监测，并将所监测到的数据与国家规定的相关标准进行对比，从而得出相应的比值指数。因此，污染指数评价法是最为直观的展现相关水域整体水体质量及污染问题的一种评价方法。通过污染指数评价法的有效实施及得出的相关数据指数，能够帮助相关部门对水环境现状及污染程度提供重要的评估标准，同时还能够及时反映水环境污染的产生根源及影响范围。

2)主成分分析评价法

主成分分析评价法是水环境现状评价方法中十分常用的一种方法。它主要是通过应用数学变换在保持原有变量总方差值的前提下把最大方差值变成第一变量和主要成分，第二变量作为第二主成分，以此类推，划分各个变量成分。实质上就是将多个数据指标通过数学变换转换为几个主要关键指标，从而对其整体数据指标进行分析。因为不同的水域所包含的水体物质及水体成分各不相同，不同水域的各种成分及因子之间也不具备相应的关联性，因此，为降低对水环境现状的评价难度，采用主成分分析评价方法更为合适。

3)综合水质标识指数法

综合水质标识指数法是一种准确性很高的水环境现状评价方法，该方法根据相应的综合水质标识指数(WQI)来进行对相关水域的水环境现状分析与评价。综合水质标识指数需要通过严格的数学运算得到：

$$WQI = X_1X_2X_3X_4 \tag{9-1}$$

式中，X_1 为综合水质级别；X_2 为检测区水域内综合水质在该级别水质区间内的水平；X_3 为在对相关水域内单项水质指标进行分析统计的过程中产生的仅次于水环境功能区目标的指标个数；X_4 为综合水质的污染程度。

3. 水环境现状评价方法的探讨

1)水环境现状评价方法的对比

当前，我国的水环境现状评价方法随着人们的需求提高而逐渐增多。由于各个区域及水域的水环境质量现状及污染情况都大不相同，因此，并没有哪一种水环境评价方法是最有价值的。同时，相关水域的水环境现状也在不断发生变化，其不稳定性也决定了不同水环境现状评价方法的适用性。上述几种水环境评价方法及其他各种评价方法都有各自的优势及缺陷，在具体实行的过程中，相关部门要结合不同水域水环境现状来选择和采用更具可行性的评价方法。

2)水环境现状评价方法的展望

当前，我国的水环境现状评价方法正在不断完善，人们对相关方法的探索及研究也在不断深入，因此，我国水环境现状评价方法所产生的评价结果也会越来越科学准确。

第2节 水环境功能区划

水环境功能区又称水质功能区，是为全面管理水污染控制系统，维护和改善水环境的使用功能而专门划定和设计的区域。水环境功能区通常由水域和排污控制系统两部分构成。建立水环境功能区的目的在于使特定的水污染控制系统在管理控制上具有可操作性，以便使水环境质量及各种影响因素的信息得到有效的科学管理。因此，一个水质功能区应具备下述要求：①对水域及其排污系统(包括产污、排污、治理到水体的各水质控制断面)的结构及其空间位置给以系统的确定和定量化；②建立起水污染控制系统的污染物流及其信息流的监控手段；③建立起系统内各过程的关联关系及各种关键信息间加工转换的定量模型和软件。这样，既能满足全面管理水质的需要，又能满足高效率加工转换水质管理信息的要求，以便用尽可能少的基础数据获得有关水质监测、模拟、评价、预测、控制、规划等信息。

一、目的和意义

水环境功能区划不同于水资源保护规划，也不同于国土整治中的水域功能划分，而是根据水域环境污染状况、水环境承受能力(环境容量)、环境保护目标而确定重点保护区域，通过对实现各种环境目标的排污削减量的优化分配，实施水污染物排放总量控制，执行排污许可证制度，其目的在于有效控制污染源排放，落实水环境保护政策，为实现水环境保护目标提供科学依据。

进行水环境功能区划意义十分重大，水环境功能区划分在水上，落实在陆上，将环境管理目标落实到具体水域和污染源，为陆上的污染源管理、产业布局的优化提供了决策基础。它是水环境分级管理工作和环境管理目标责任制的基石，是科学确定和实施水污染物排放总量控制的基本单元。

二、水环境功能区划的原则

1. 可持续发展的原则

水环境功能区的划分应与社会经济发展规划相结合，合理地开发利用水资源，保护当代和后代人赖以生存的水环境，保障人体健康及动植物正常生存，实现可持续发展。

2. 集中式生活饮用水源地优先保护的原则

应以集中式生活饮用水源地为优先保护对象。禁止向生活饮用水源地一级保护区排放污水，禁止新建扩建与供水设施和保护水源无关的建设项目，禁止从事旅游、游泳和其他可能污染生活饮用水水体的活动；禁止在生活饮用水源二级保护区内新建、扩建向水体排放污染物的建设项目，改建项目必须削减污染排放量，禁止设立装卸垃圾、油类及其他有毒有害物品的码头。

3. 地下饮用水水源地污染预防为主的原则

当地表水作为地下饮用水源地的补给水，或地质结构造成明显渗漏时，应考虑对地下水饮用水源地的影响，防止地下水饮用水源地的污染，将地表水和地下水及陆上污染源进行统筹考虑，保护地下水水质。

4. 不得降低现状使用功能的原则

划分水环境功能区时不得降低现状水质对应的使用功能。对于水资源丰富且水质尚好但尚未开发的地区，确因发展经济的需要要求降低水体现状功能时，应论证降低水质要求是否会影响该区未来水环境质量提高要求，并作降低现状使用功能必要性说明。

5. 水域兼有多种功能时按高功能保护的原则

当同一水域兼有多类功能时，依最高功能划分水环境功能区－跨省界等水域还应按相应标准中的高标准值保护，在各省有不同的水质标准时，也依高标准管理。

6. 对专业用水区及跨界管理水域统筹考虑的原则

属于专业用水单一功能的水域(如渔业部门划定的渔业水域等)，分别执行专业用水标准，由相应管理部门依法管理。跨界管理水域应规定跨界控制断面的水质要求和允许排污总量指标。对可以由生物富集、环境累积的有毒有害物质，应在源头严加控制。对跨界水域，以下游对水质的功能要求作为划分依据。

7. 与调整产业布局、陆上污染源管理紧密结合的原则

为实现水环境功能区保护目标，应与陆上产业合理布局、工农业发展、城市建设发展规划相结合；将区域点源与面源污染源控制方案、区域污染物总量控制实施方案与水环境功能区水质目标的实现相结合，使水环境功能区的划分与区域(城市)总体规划相协调，体现水环境功能区划分在水上，目标落实在陆上。

8. 实用可行、便于管理的原则

划分方案应实用可行，有利于强化目标管理，解决实际问题，确保行政区域内管理得力，相邻行政区监督有效。

三、水环境功能区划分

1. 分类

依据地表水水域环境功能和保护目标，按功能可将水环境功能区划分为5类：

Ⅰ类：主要适用于源头水、国家自然保护区。

Ⅱ类：主要适用于集中式生活饮用水地表水源地一级保护区、珍稀水生生物栖息地、鱼虾类产卵场、仔稚幼鱼的索饵场等。

Ⅲ类：主要适用于集中式生活饮用水地表水源地二级保护区、鱼虾类越冬场、洄游通道、水产养殖区等渔业水域及游泳区。

Ⅳ类：主要适用于一般工业用水区及人体非直接接触的娱乐用水区。

Ⅴ类：主要适用于农业用水区及一般景观要求水域。

2. 功能区对应的环境质量标准

对应地表水上述5类水域功能，将地表水环境质量基本项目标准值分为5类，不同功能类别分别执行相应的标准。水域功能类别高的标准值严于水域功能类别低的标准值。同一水域兼有多类使用功能的，执行最高功能类别对应的标准值。依据我国地下水水质现状、人体健康基准值及地下水质量保护目标，参照生活饮用水、工业用水、农业用水水质最高要求，把地下水质量划分为5类。

Ⅰ类：主要反映地下水化学组分的天然低背景含量，适用于各种用途。

Ⅱ类：主要反映地下水化学组分的天然背景含量，适用于各种用途。

Ⅲ类：以人体健康基准值为依据，主要适用于集中式生活饮用水水源及工业、农业用水。

Ⅳ类：以农业和工业用水要求为依据，适用于农业和部分工业用水，适当处理后可以作为生活饮用水。

Ⅴ类：不宜饮用，其他用水可根据使用目的选用。

第3节　水环境影响预测

一、预测准备

1. 预测条件的确定

1）预测范围

由于地表水文条件的特点，其预测范围与已确定的评价范围相一致。

2）预测点的确定

为了全面反映拟建项目对该范围内地表水环境的影响，一般选以下地点为预测点：

(1）已确定的敏感点。

(2）环境现状监测点，以便于进行对照。

(3）水文条件和水质突变处的上、下游，水源地，重要水工建筑物及水文站附近。

(4）在河流混合过程段选择几个有代表性的断面。

(5）排污口下游可能出现超标的点位附近。

3）预测时期

地表水预测时期分为丰水期、平水期和枯水期3个时期。一般来说，枯水期河流自净能力最小，平水期居中，丰水期自净能力最大。但个别水域由于非点源污染严重，可能使丰水期的稀释能力变小，水质不如枯水期、平水期。冰封期是北方河流特有的情况，此时期的自净能力最小。因此，对于一、二级评价项目，应预测自净能力最小和一般的两个时期的环境影响；对于冰封期较长的水域，当其功能为生活饮用水、食品工业用水水源或渔业用水时，还应预测冰封期的环境影响；对于三级评价项目或评价时间较短的二级评价项目，可以只预测自净能力最小时期的环境影响。

4）预测阶段

建设项目一般可以分为建设过程、生产运行和服务期满后3个阶段。所有拟建项目均应预测生产运行阶段对地表水体的影响，并按正常排污和不正常排污(包括事故)两种情况进行预测。对于建设过程超过一年的大型建设项目，如产生流失物较多且受纳水体要求水质级别较高(在Ⅱ类以上)时，应进行建设阶段环境影响预测。个别建设项目还应根据其性质、评价等级、水环境特点及当地的环保要求预测服务期满后对水体的环境影响(如矿山开发、垃圾填埋场等)。

2. 预测方法的选择

预测建设项目对水环境的影响，应尽量利用成熟、简便且能满足评价精度和深度要求的方法。

1)定性分析法

定性分析法包括专业判断法和类比调查法两种。

(1)专业判断法：根据专家经验推断建设项目对水环境的影响。运用专家判断法、幕景分析法和德尔斐法有助于更好地发挥专家的专长和经验。

(2)类比调查法：参照现有相似工程对水体的影响，来推测拟建项目对水环境的影响。该方法要求拟建项目和现有工程的污染物来源、性质和受纳水体情况相似，并在数量上大体有比例关系。但实际的工程条件和水环境条件往往与拟建项目有较大差异，因此，类比调查法给出的是拟建项目影响大小的估值范围。

定性分析法具有省时、省力、耗资少等优点，并且在某种情况下也可以给出明确的结论。例如分析判断建设项目对受纳水体的影响是否符合功能和水质要求。定性分析主要用于三级和部分二级的评价项目和对水体影响较小的水质参数，或解决目前尚无定量预测方法的问题(如感官性状、pH 沿程恢复过程和有毒物质在底泥中的释放及积累等)，或由于无法取得必需的数据而开展的数学模型预测等情况。

2)定量预测法

定量预测法通常指应用物理模型和数学模型进行预测的方法。其中，应用水质数学模型进行预测是最常见的。

3. 污染源和水体的简化

为了进行模型预测，通常需要对污染源和水体进行简化。

1)污染源的简化

拟建项目排放废水的形式、排污口数量和排放规律是复杂多样的，在应用水质模型进行预测前，通常需要对污染源进行如下简化：

(1)排放形式的简化：排放形式分为点源和非点源两种，以下情况可简化为均匀分布的非点源：无组织排放和均匀分布排放源(如垃圾填埋场及农田)；排放口很多且间距较近，最远两排污口间距小于预测河段或湖(库)岸边长度的1/5。

(2)排入河流的两个排放口距离较近时，可以简化为一个，其位置假设在两者之间，

其排放量为两者之和；距离远时，应分别预测。

(3)排入小型湖(库)的两个排放口间距较近时，可以简化为一个，其位置假设在两者之间，其排放量为两者之和。两个排放口间距较远时，可以分别考虑。

(4)当两个或多个排放口间距或面源范围小于沿方向差分网格的步长时，可以简化为一个，否则，应分别单独考虑。

以上所提排放口远近的判别标准为：两排污口距离不大于预测河段长度的1/20时，认为较近。

2)地表水环境简化

自然界的水体形态和水文、水力要素变化复杂，而不同等级的评价，各有不同的精度要求，为了减小预测的难度，可在满足精度要求的基础上，对水体边界形状进行规则化处理，对水文、水力要素进行适当的简化，以便用比较简单的方法达到预测的目的。

(1)河流的简化。

为使河流断面和岸边形状规则化，可以将河流简化为矩形平直河流、矩形弯曲河流和非矩形河流3类。

设河流水面宽为B，平均水深为H，断面积为A，流量为Q。

对于$Q>15\text{m}^3/\text{s}$的大、中型河流，$B/H<20$且水流变化较大(如变断面、变水深或变坡降)的，一级评价时，应按非矩形、非平直河流计算，即：

$$A=\int_0^B H(B)\,\mathrm{d}B \tag{9-2}$$

除此之外，均可简化为矩形平直河流，即：

$$A=B\cdot\overline{H} \tag{9-3}$$

$Q>15\text{m}^3/\text{s}$、弯曲系数大于1.5的，可以定义为弯曲河流，除此之外均可简化为平直河流。

水文特征或水质有急剧变化的河段，可以在急剧变化处进行分段预测。在分段时，要根据河网特点和评价等级，突出主要干支流，略去小支流，对河网作简化处理。

一级评价时，如江心洲较大，则宜分段进行预测，除此之外，均可以不考虑江心洲的影响，按平直河流预测。

(2)湖泊(水库)的简化。

湖泊(水库)可以分大湖(库)、小湖(库)和分层湖(库)3类。

湖泊(水库)的简化，由评价等级和污染物在湖泊(水库)中停留的时间等条件确定：

一级评价时，可以按大湖(库)对待，如停留时间较短也可以按小湖泊(库)对待；

二级评价时，可以按小湖(库)对待，如停留时间较长也可以按大湖(库)对待；

三级评价一律按小湖(库)对待。

小湖(库)评价可采用沃兰韦德模型或卡拉乌舍夫模型。

水深超过 15 m，且存在斜温层的湖泊(水库)，按分层湖(库)对待。

停留时间较短的狭长湖，可简化为河流，并按河流的简化方法对其形状及水文要素进行简化。

二、影响预测模型

在水环境管理和规划中，不仅需要知道水污染物的排放状况，而且还需知道污染物的迁移转化规律及水质未来的变化趋势，这两个方面构成水环境污染预测的基本内容。

1. 水污染源预测

1)工业废水排放量预测

工业废水排放量预测，通常采用下式进行：

$$m_t = m_0(1 + r_m)^t \qquad (9-4)$$

式中，m_t 为预测年工业废水排放量，$10^{-4}m^3$；m_0 为基准年工业废水排放量，$10^{-4}m^3$；r_m 为工业废水排放量年平均增长率；t 为基准年至某水平年的时间间隔，a。

式(9-4)中，预测工业废水排放量的关键是求出 r_m，如果资料比较充足，可以采用统计回归方法求出 r_m；如果资料不太完善，则可结合经验判断方法估计 r_m。为了使预测结果比较准确，一般常采用滚动预测的方式进行。

2)工业污染物排放量预测

工业污染物排放量预测可以采用下式进行：

$$m_i = (V_i - V_0)\rho_{B_0} \times 10^{-2} + m_0 \qquad (9-5)$$

式中，m_i 为预测年某污染物的排放量，t；V_i 为预测年工业废水排放量，$10^{-4}m^3$；V_0 为基准年工业废水排放量，$10^{-4}m^3$；ρ_{B_0}为某污染物废水工业排放标准或废水中污染物的浓度，mg/L；m_0 为基准年某污染物排放量，t。

污染物的排放量与厂矿的生产规模及工业的生产类型有直接关系，同时又必须看到，污染防治技术的进步，也可以使污染物的排放量减少。污染防治技术的进步对污染物排放量的作用，可以考虑一特定的指标，即技术进步减污率，它表示由于治理技术的进步，可以使污染物减少的程度。各行业技术水平不同，减污率亦不同。

3)生活污水排放量预测

对于生活污水，其排放量预测可以根据下式计算：

$$q_V = 0.365AF \qquad (9-6)$$

式中，q_V 为生活污水排放量，$10^4m^3/a$；A 为预测年人口，10^4 人；F 为预测年人均生活污水量，L/(d·人)。

通常情况下，预测年人均生活污水量可以用人均生活用水量取代，并根据国家有关标准换算；预测年人口可采用地方人口规划数据，无地方人口规划数据时，可以根据基准年人口增长率计算获得，其计算公式为：

$$A = A_0(1 - P)n \tag{9-7}$$

式中，A_0 为基准年人口；P 为人口增长率；n 为规划年与基准年的年数差值。

2. 水质相关法

1)水质相关法

(1)水质流量相关法。

水质相关法中，如将流量作为影响水质的主要因素，与水质参数建立相关关系，则称为水质流量相关法。

这种模型中假设难降解的有机污染物与流量无关，是一个常数；而易降解的有机污染物随流量呈指数衰减。例如对于河流，其有机污染物总量预测可以表达为：

$$L_t = L_R + L_a \exp(-Kn/q_V) \tag{9-8}$$

式中，L_t 为有机污染物总量，kg/s；L_R 为难降解的有机污染物量，kg/s；L_a 为易降解的有机污染物量，kg/s；K 为常数；q_V 为流量，m^3/s；n 为比例常数。

(2)河流、湖泊水质的灰色预测模型。

若给出河流、湖泊或水库水质一个时间序列，则可以用灰色建模方法建立 GM(1，1)模型，进行水体水质预测。其预测模型的形式为：

$$\begin{cases} \hat{C}^{(1)}(k+1) = \left[C^{(0)}(1) - \dfrac{u}{a}\right]e^{-ak} + \dfrac{u}{a} \\ \hat{C}^{(0)}(k+1) = \hat{C}^{(1)}(k+1) - \hat{C}^{(1)}(k) \end{cases} \tag{9-9}$$

$$\hat{C}^{(0)}(k) = \left(\frac{1-0.5a}{1+0.5a}\right)^{k-2}\left[\frac{u - aC^{(0)}(1)}{1+0.5a}\right] \tag{9-10}$$

水质灰色预测模型的实质是一种利用水质自身相关关系的预测方法。

(3)河流、湖泊水质的多元回归分析。

由于河水和湖水中污染物浓度的变化，主要受沿河或沿湖地区工农业生产的发展，以及河流、湖泊水文条件的影响，因此，可以根据历年河水或湖水中污染物浓度实测值和沿河或沿湖地区工农业产值及河流或湖泊的水文资料进行多元回归分析，从而建立河流或湖泊的水质预测模型。

设河流或湖泊中某污染物的浓度与其影响因素$(x_1, x_2, \cdots, x_m)$之间存在线性相关关系，其多元回归方程为：

$$\rho_B = a + b_1x_1 + b_2x_2 + \cdots + b_mx_m \tag{9-11}$$

式中，ρ_B 为河水或湖水中某污染物浓度，mg/L；a，b_1，b_2，…，b_m 均为回归方程中的待定系数；x_1，x_2，…，x_m 均为影响河流或湖泊水质的有关因素。

2)水质模型法

(1)完全混合模型。

一股废水排入河流后能与河水迅速完全混合，则混合后的污染物浓度(C_0)为：

$$C_0 = (C_1 \cdot Q + C_2 \cdot q)/(Q + q) \qquad (9-12)$$

式中，Q 为河流的流量，m^3/s；C_1 为排污口上游河流中污染物浓度，mg/L；q 为排入河流的废水流量；C_2 为废水中的污染物浓度，mg/L。

(2)一维模型。

在稳态条件下，一维模型可以写作：

$$E_x \frac{\partial^2 C}{\partial x^2} - u_x \frac{\partial C}{\partial X} - KC = 0 \qquad (9-13)$$

对于非持久性或可降解污染物，若给定 $X=0$ 时，$C=C_0$，则得：

$$C = C_0 \exp\left[\frac{u_x x}{2E_x}\left(1 - \sqrt{1 + \frac{4+4KE_x}{u_x^2}}\right)\right] \qquad (9-14)$$

对于一般条件下的河流，推流形成的污染物迁移作用要比弥散作用大得多，在稳态条件下，弥散作用可以忽略，则有：

$$C = C_0 \exp\left(-\frac{K_x}{u_x}\right) \qquad (9-15)$$

式中，u_x 为河流的平均流速，m/d 或 m/s；E_x 为废水与河水的纵向混合系数，m^2/d 或；m^2/s；K 为污染物的衰减系数，d^{-1}或 s^{-1}；x 为河水(从排放口)向下游流经的距离，m。

(3)二维模型。

在稳态条件下二维模型可以写作：

$$E_x \frac{\partial^2 C}{\partial x^2} + E_y \frac{\partial^2 C}{\partial y^2} - u_x \frac{\partial C}{\partial x} - u_y \frac{\partial C}{\partial y} - KC = 0 \qquad (9-16)$$

①无边界的连续点源排放。

无边界均匀流场中，可以得到解析解：

$$C(x,y) = \frac{Q_A}{4\pi h(x/u_x)\sqrt{E_x E_y}} \exp\left[-\frac{(y - u_y x/u_x)^2}{4E_y x/u_x}\right] \exp\left(-\frac{K_x}{u_x}\right) \qquad (9-17)$$

式中，Q_A 为单位时间内排放的污染物量，即源强，g/d 或 g/s；h 为河流平均水深，m；x，y 分别为预测点离排放口的纵向和横向距离，m；E_y 为横向混合系数，m^2/d 或 m^2/s。

如果忽略 E_x 和 u_y，则得解：

$$C_1(x,y) = \frac{Q_A}{u_x h\sqrt{4\pi E_y x/u_x}} \exp\left(-\frac{u_x y^2}{4E_y x}\right) \exp\left(-\frac{K_x}{u_x}\right) \qquad (9-18)$$

该式可用于大型湖泊岸边排放的污染预测。

②无限宽河流（如长江）岸边排放。

这相当于图 9－1(a)中，当 $B\to\infty$ 时，河中任意一点的浓度 C_2 为：

$$C_2(x,y) = 2C_1(x,y) \tag{9-19}$$

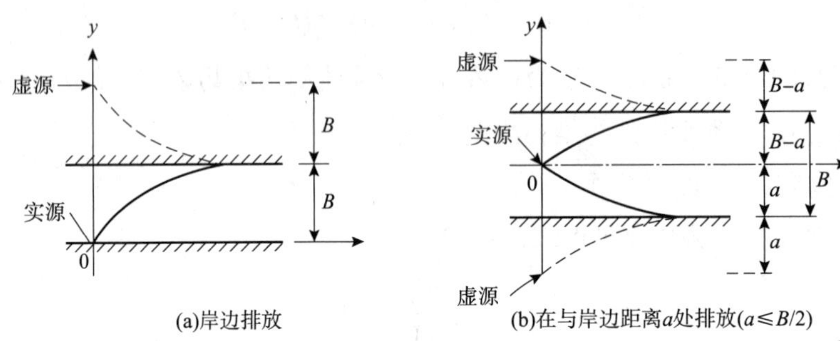

图 9－1　边界有限的点源排放

③有边界的连续点源排放。

实际的河流是有边界的，污染物的扩散会受到边界的反射，这种反射类似于一个虚源的排放[图 9－1(b)]。如果存在有限边界，即有两个边界，这时的反射次数 P 将是无限的，如果排放口处在两个边界之间，则如下式：

$$C(x,y) = \frac{Q_A}{u_x h\sqrt{4\pi E_y x/u_x}}\left\{\exp\left(-\frac{u_x y^2}{4E_y x}\right)+\sum_{n=1}^{P}\exp\left[\frac{u_x(nB-na-y)^2}{4E_y x}\right]+\sum_{n=1}^{P}\exp\left[-\frac{u_x(na+y)^2}{4E_y x}\right]\right\}\exp\left(-\frac{K_x}{u_x}\right) \tag{9-20}$$

在实际计算中，一般取反射次数 $P=2\sim4$。

如果河流的宽度为 B，污染物为岸边排放[图 9－1(a)]，则同样可以通过假设对应的虚源来模拟边界的反射作用，则：

$$C(x,y) = \frac{2Q_A}{u_x h\sqrt{4\pi E_y x/u_x}}\left\{\exp\left(-\frac{u_x y^2}{4E_y x}\right)+\sum_{n=1}^{P}\exp\left[\frac{u_x(2nB-y)^2}{4E_y x}\right]+\sum_{n=1}^{P}\exp\left[-\frac{u_x(2nB+y)^2}{4E_y x}\right]\right\}\exp\left(-\frac{K_x}{u_x}\right) \tag{9-21}$$

(4)河流 pH 值模型。

河水中含有的碳酸盐和重碳酸盐能对受纳的酸性或碱性废水起中和作用，保持水体的 pH 值在容许的范围内发挥一定作用。在中和后 pH 值≤9 的情况下，可以由水的酸碱平衡机理计算混合后的 pH 值。

①充分混合段。

如果废水能与河水较快地充分混合，则在充分混合断面上，计算模型如下：

排放酸性废水：

$$pH = pH_2 + \lg\left[\frac{C_{bh}(Q_p + Q_h) - C_{ap}Q_p}{C_{bh}(Q_p + Q_h) + Q_p C_{bp} K_{a1} \cdot 10pH_h}\right] \tag{9-22}$$

排入碱性废水：

$$pH = pH_2 + \lg\left[\frac{C_{bh}(Q_p + Q_h) + C_{ap}Q_p}{C_{bh}(Q_p + Q_h - Q_p C_{bp} K_{a1} \cdot 10pH_h}\right] \tag{9-23}$$

上述两式中，pH_h 为河流上游水的 pH 值；C_{bh}为河水的碱度，mg/L；C_{ap}为排放废水的酸度，mg/L；Q_p 为废水排放量，m^3/s；Q_h 为河流流量，m^3/s；K_{a1}为碳酸一级平衡常数；C_{bp}为排放废水的碱度，mg/L。

②混合过程段。

由于目前尚没有预测混合过程段 pH 值的模型，如果预测点位于尚未充分混合的混合过程段，当受纳水体水质要求较高时可以按下述方法预测：假设拟排入的酸碱污染物在河流中只有混合作用，则可按照上述的方法预测该污染物在混合过程段各点的浓度，然后通过室内试验找出该污染物浓度与 pH 值的关系曲线，最后根据各点污染物的计算浓度查曲线，以近似求得相应点的 pH 值。

(5)水温模型。

当河流中水温在断面上是均匀的，拟建项目排放热废水能与河水较快混合时，则由热废水排放引起的河流水温变化可以采用一维日均水温模型计算。

①计算初始断面水温(T_0)：

$$T_0 = \frac{q(T_p - T_h)}{Q + q} + T_h = \frac{QT_h + qT_p}{Q + q} \tag{9-24}$$

式中，q 为废水排放量，m^3/s；Q 为河水流量，m^3/s；T_p 为废水水温,℃；T_h 为排放口上游河流水温,℃。

②一维日均水温(T)：

$$T = T_e + (T_0 - T_e)\exp\left(-\frac{k_s \cdot x}{\rho c'_p H u_x}\right) \tag{9-25}$$

式中，ρ 为水的密度，kg/m^3；c'_p为水的比热，J/(kg·℃)；H 为河流平均水深，m；其余符号同前。

(6)BOD－DO 耦合模型。

斯特里特和菲尔普斯于 1925 年提出了描述一维河流中 BOD 和 DO 消长变化规律的模型(S－P 模型)，经过数十年的发展，目前已发展出许多修正的模型。

①S－P 模型。

建立 S－P 模型时有以下基本假设：

a. 河流中 BOD 的衰减和溶解氧的复氧都是一级反应；

b. 反应速度是定常的；

c. 河流中的耗氧是由 BOD 衰减引起的，而河流中的溶解氧来源则是大气复氧。

S－P 模型是关于 BOD 和 DO 的耦合模型，可以写作：

$$\begin{cases}\dfrac{\mathrm{d}L}{\mathrm{d}t} = -K_1L \\ \dfrac{\mathrm{d}D}{\mathrm{d}t} = K_1L - K_2D\end{cases} \tag{9-26}$$

式中，L 为河水中的 BOD 值；D 为河水中的氧亏值；K_1 为河水中 BOD 衰减(耗氧)系数；K_2 为河流复氧系数；t 为河水的流行时间。

其解析式为：

$$\begin{cases}L = L_0\mathrm{e}^{-K_1C} \\ D = \dfrac{K_1L_0}{K_2-K_1}(\mathrm{e}^{-K_1t} - \mathrm{e}^{-K_2t}) + D_0\mathrm{e}^{-K_1t}\end{cases} \tag{9-27}$$

式中，L_0 为河流起始点的 BOD 值；D_0 为河流起始点的氧亏值。

如果以河流的溶解氧来表示，则：

$$O = O_s - D = O_s - \frac{K_1L_0}{K_2-K_1}(\mathrm{e}^{-K_1t} - \mathrm{e}^{-K_2t}) - D_0\mathrm{e}^{-K_2t} \tag{9-28}$$

式中，O 为河流中的溶解氧浓度；O_s 为饱和溶解氧浓度。

式(9－29)称为 S－P 氧垂公式。

②托马斯模型。

托马斯在 S－P 模型的基础上引进悬浮物沉降作用对 BOD 去除的影响，适用于沉降作用明显的河流。模型如下：

$$\frac{\mathrm{d}L}{\mathrm{d}t} = -(K_1+K_3)L \tag{9-29}$$

$$\frac{\mathrm{d}D}{\mathrm{d}t} = K_1L - K_3D \tag{9-30}$$

式中，K_3 为由沉降作用去除 BOD 的速度常数。

托马斯模型的解是：

$$\begin{cases}L = L_0\mathrm{e}^{-(K_1+K_3)t} \\ D = \dfrac{K_1L_0}{K_2-(K_1+K_3)}[\mathrm{e}^{-(K_1+K_3)t} - \mathrm{e}^{-K_2t}] + D_0\mathrm{e}^{-K_2t}\end{cases} \tag{9-31}$$

③奥康纳模型。

一个污染较重的河段，一般是先发生含碳有机物的氧化过程，然后再进行含氮化合物的硝化过程。但是，对于一个受污染较轻的河段，则两个过程可能同时发生。奥康纳在托马斯模型基础上考虑了硝化过程对溶解氧过程的影响，模型如下：

$$\begin{cases} \dfrac{\mathrm{d}L}{\mathrm{d}t} = -(K_1 + K_3)L \\ \dfrac{\mathrm{d}L_n}{\mathrm{d}t} = -K_L \\ \dfrac{\mathrm{d}D}{\mathrm{d}t} = K_1L + K_NL_n - K_2D \end{cases} \tag{9-32}$$

式中，L 为有机物碳化 BOD 值；L_n 为含氮化合物的硝化 BOD 值；K_N 为含氮化合物的衰减速率系数。

若给定初始条件为：当 $x=0$ 时，$L=L_0$，$L_n=L_N$，$D=D_0$，则解为：

$$\begin{cases} L = L_0 \cdot e^{-(K_1+K_3)t} \\ L_n = L_N e^{-K_N t} \\ D = D_0 e^{-K_2 t} - \dfrac{K_1 L_0}{K_2 - (K_1 + K_3)}\left[e^{-(K_1+K_3)t} - e^{-K_2 t}\right] + \dfrac{K_N L_N}{K_2 - K_N}(e^{-K_N t} - e^{-K_2 t}) \end{cases} \tag{9-33}$$

第4节 水环境目标与指标体系

根据国民经济和社会发展要求，同时考虑客观条件，从水质、水生态和水量3个方面确定水环境规划目标。规划目标是经济与水环境协调发展的综合体现，是水环境规划的出发点和归宿。环境规划目标的提出既要与经济发展的战略部署相协调，又要与目前的环境状况和经济实力相适应。规划目标的提出需要经过多方案比较和反复论证，在规划目标最终确定前要先提出几种不同的目标方案，在经过对具体措施的论证以后才能确定最终目标。

在实际规划过程中，可以首先由规划编制人员、相关专家、公众及政府部门共同协商，确定规划的总目标。在规划总目标确定的前提下，为能够指导规划方案的制定、实施，并评估其效果，需要提出规划指标体系，并分解得到规划具体指标和不同阶段应该达到的目标。以城市水环境规划为例，其指标体系常分为水环境保护指标、水资源开发指标、社会经济指标及环境管理指标等。具体指标的提出需要综合考虑研究城市的水环境现状，选择具有代表性的因子，参考相关规划并在与决策部门协商的基础上确定。常用的指标包括：城市水功能区水质达标率、水系水质、万元 GDP 的 COD 排放强度、集中式饮用水源水质达标率、城镇生活污水集中处理率、工业用水重复利用率、重点污染源工业废水排放达标率、COD 排放总量、NH_3-N 排放总量、单位 GDP 水耗、实施清洁生产企业的比例、规模化企业通过 ISO14000 认证比率、环境保护宣传教育普及率、公众对环境的满意率、城市水面比例及重点污染源自动在线监控率等。根据选择的指标，列出规划基准年的现状值，并分阶段提出预期可达到的目标值。

第 5 节　水环境规划的措施

在制定水环境规划的方案中，可供考虑的措施包括：经济结构和工业布局调整，实施清洁生产工艺，提高水资源利用率，充分利用水体的自净能力，农业与城镇非点源污染防治，水系生态修复，增加污水处理设施等。在水环境目标确定后，实现这一目标的途径、措施可能有多种方案，如何寻找最节约费用的方案是水环境规划的重要任务。在目前的水环境规划措施制定中，多采用环境经济大系统的规划方法，从污染末端治理向生产全过程控制转移。从产业的结构、布局、工艺过程来考虑，采取有利于环境的产业结构、布局、技术、装备和政策。

在水环境规划中，将环境因素介入生产过程，采取节能、低耗、少污染的工艺，有利于提高能源、资源的利用率。对于进入环境中的污染物，要通过合理利用环境的自然净化能力以及生态工程措施来消纳。最后，对水环境自净能力不能容纳的污染物，要采取无害化处理。无害化处理有多种形式，通常集中治理比分散治理的投资效益高，经济费用低。

水环境规划方案是由许多具体的技术措施构成的组合方案，这些技术措施涉及水资源开发利用、水生态保护和水污染控制的各个方面。水环境规划的方案对策通常可以归纳为：①源头控制，减少污染物排放负荷，对工业企业主要采取清洁生产工艺，对城镇与农业非点源污染多采用最佳管理措施；②提高或充分利用水体的自净能力；③生态修复技术；④末端治理措施；⑤水资源的保护与开发技术。

一、清洁生产和循环经济

清洁生产是指对生产过程和产品实施综合防治战略，以减少对人类和环境的风险。对生产过程，包括节约原材料和能源，革除有毒材料，减少所有排放物的排污量和毒性；对产品来说，则要减少从原材料到最终处理产品的整个生命周期对人类健康和环境的影响。清洁生产着眼于在工业生产全过程中减少污染物的产生量，同时要求污染物最大限度资源化；它不仅考虑工业产品的生产工艺，而且对产品结构、原料和能源替代、生产运营和现场管理、技术操作、产品消费，直至产品报废后的资源循环等诸多环节进行统筹考虑。清洁生产具有经济和环境上的双重目标，通过实施清洁生产，企业在经济上要能盈利，环境上也能得到改善，从而使保护环境与发展经济真正协调起来。

因此，实施清洁生产是深化我国工业污染防治工作、实现可持续发展战略的根本途径，也是城市水环境规划中应采纳的重要措施。循环经济的含义更为广泛，遵循减量、再利用与再循环的基本原则。实现清洁生产的途径很多，包括资源的合理利用、改革工艺和设备、企业物料循环、产品体系的改革、必要的末端处理及加强管理等。在城市水环境规划中，拟采取的详细清洁生产措施可以根据规划对象的具体要求来确定。

二、污水处理

建立污水处理厂是水环境规划方案中通常考虑采用的重要措施。一般污水处理程度可以分为一级处理、二级处理和三级处理。其中，一级处理和二级处理技术已基本成熟，三级处理不仅技术上要求严格，而且费用昂贵，但可以在二级处理后建设生态工程，如人工湿地等。污水处理费用主要为建厂投资和运转费用，可以用污水处理费用函数来表示。准确估算污水处理费用函数是评价污水处理厂费用的关键环节，有助于提高或充分利用水体纳污的容量。

1. 人工复氧

河内人工复氧是改善河流或小型城市湖泊水质的重要措施之一。它是借助于安装增氧器来提高水体中的溶解氧浓度，因而在溶解氧浓度很低的水体中使用这项措施尤为有效。人工复氧的费用可以表示为增氧机功率的函数。

2. 污水调节

在河流同化容量低的时期(枯水期)，用蓄污池把污水暂时蓄存起来，待河流的纳污容量高时释放，可以更合理地利用河流的同化容量，从而提高河流的枯水水质。这项措施称污水调节。污水在蓄存期间，其中的有机物还可降解一部分。污水调节费用主要是建池费用，因此如能利用原有的坑塘则更为经济。这种措施的缺点是占地面积大，有可能污染地下水等；如果是原污水还可能会产生恶臭并影响观瞻，因此目前使用较少。

3. 河流流量调控

实行流量调控可以利用现有的水利设施，也可以新建水利工程。利用现有水利工程提高河流枯水流量造成的损失，主要包括由于减少了可用于其他有益用途的水量而使来自这些用途的收益的减少量。新建流量调控工程除了控制水质方面的效益外，还同时具有防洪、发电、灌溉、娱乐等效益。由于水利工程具有多目标性，建立其费用函数难度很大。同时，由于流量调控效益的多重性，目前仍未找到把费用公平合理地分配给每种用途的方法。

目前把流量调控费用引入水质规划最优化模型常用的方法有两个：①分别把不同比例的流量调控费用武断地分配给水污染控制，研究与各比值对应的水质规划最优解下的流量调控量；②研究不同调控流量下系统的边际费用和经济效益。就目前情况而言，如何把水利工程的多重效益和损失定量化并引入水质模型中，这一问题尚未真正解决，相关研究有待加强。

三、生态修复技术

生态修复是水环境保护的重要技术，目前被广泛应用于湖泊湖滨带恢复及城市水系的治理之中。以城市水系为例，生态修复技术主要有 3 个方面的内容：①恢复城市水系环境：恢复河流水系的形态、结构和自然特征；②恢复水生态系统的结构和功能，恢复河流水系生态系统的结构(群落组成、营养结构、空间和季节结构)，以提高生态系统的功能，增强其净化水质的能力；③维护和改善河流水系的景观效果，这也是城市水系恢复的特殊之处。湖滨带的生态修复技术主要是通过在入湖河口、水陆交错带实施人工湿地和植被恢复等技术手段，增强湖滨带的生态功能。

生态修复需遵循两个重要的原则：①自然法则，自然法则是水系水质净化和生态恢复的基本原则，只有遵循自然规律，河流水质和生态系统才能得到真正的恢复，具体包括地域性原则、生态学原则、顺应自然原则、本地化原则等；②社会经济技术原则，社会经济技术条件和发展需求影响河流水系水质净化和生态恢复的目标，也制约着水质净化和生态恢复的可能性，以及恢复的水平和程度，具体原则包括可持续发展原则、风险最小和效益最大原则、生态技术和工程技术结合原则、社会可接受性原则和美学原则。水环境保护中常用的生态修复技术有：投菌净化技术、河道生物滤床技术、人工湿地净化技术、生物浮岛技术、水陆生物系统配置技术及生态堤岸技术等。

四、水资源开发利用与保护技术

水资源开发利用及保护的总体框架是：节水优先，治污为本，多渠道开源。其中，节水的途径包括农业、工业和生活用水节水等；治污的途径包括城镇污水处理、河道净化等；多渠道开源的途径包括中水回用、雨水综合利用、地表水利用、跨区域调水工程等。由此可见，相关的技术主要体现在治污、节水、开源和利用 4 个方面。其中，治污主要体现在通过城镇污水处理提供中水回用潜力和水体水质改善，实现区域水功能区划目标；节水是从根本上保护水资源，也是实现区域社会经济可持续发展的前提；开源是水资源保护的有效补充；开发利用则是实现社会经济可持续发展的重要基础。

◇案例介绍

践行“两山”理念，江苏泗洪尾水湿地变身生态公园

城因水而美、城由水而变，随着城镇化快速推进和社会经济迅速发展，人类对水的需求不断增加，水资源短缺、水污染严重和水生态退化等问题日渐成为制约城市发展的瓶颈。作为全国首批“两山”理论实践创新基地，泗洪县始终坚持走“生态优先、绿色发展”之路，始终突出“水”这一生态禀赋优势，探索建立污水处理厂尾水湿地公园，为全省乃至全国提供有影响、可借鉴的尾水净化新模式，获评江苏省2019年度十佳环境保护改革创新典型案例。

目前，泗洪城区已建成城南、城北两座污水处理厂，收集、处理能力达到8.25万吨/天，2019年实施城区雨污分流暨开发区污水处理厂新建工程，建成后污水处理能力达到10.75万吨/天。同时采用PPP模式，在全县各乡镇建成污水处理厂(站)130座，配套管网560千米，总处理规模3.8万吨/天，实现县、镇、村污水处理全覆盖。

污水处理厂尾水排放问题一直是泗洪县较为关切的问题，为此，2017年年底，泗洪县委县政府决定启动城北污水处理厂尾水水质提升及再生利用项目，采取人工湿地等处理方式，对泗洪城北污水处理厂尾水水质进行提质，使城北污水处理厂尾水流入洪泽湖后，对洪泽湖影响降到较低水平，进一步改善城区水环境。该项目占地280多亩，于2018年6月开工建设，并于2019年5月进行进水调试，总工程耗资约为4500万元，处理规模约5万吨/天。

尾水湿地分为生态塘、表流湿地区、沉水植物区和生态河道。其中，生态塘区总面积49808平方米，水面面积43124立方米，有效容积86248立方米，主要作用是降低水中COD；表流湿地区总面积37752平方米，水面面积32458平方米，该区域种植大量的水生植物，以生态的方式降低了尾水中的氮磷含量；沉水植物区总面积25639平方米，水面面积24407平方米，是一个具有完善生物链的区域，也是一个水质的保障区，可有效提高出水水质。

城北污水处理厂尾水经91个小时再次净化提质，实现含氮磷尾水的生态净化和营养盐削减目标，达到地表准Ⅳ类水后，排入城北污水处理厂东侧拦岗河，作为河道的生态补水，在城北污水处理厂非正常运行情况下或出现超标排放时，生态湿地短时间内可以起到生态缓冲作用，避免对外环境造成污染，确保城北污水处理厂出水稳定达标排放。目前，尾水湿地工程处理水量约4.2万吨/天，运行负荷约84%，一年预计可削减COD80吨、氨氮15吨、总氮2.5吨、总磷1.3吨，有效改善了泗洪县城区的水环境质量，为国、省考断面的水质达标奠定了良好的基础。

护一河清水入洪泽湖，还满城以生态绿色。城北污水处理厂尾水流进湿地公园，经过生态净化之旅，变成清流，不仅从源头上削减了污染负荷，节约大量水资源，还配套彩虹桥、亲水平台、休闲驿站等设施，为百姓提供了休闲健身的好去处，增强了人们亲水、爱水、护水的生态环境保护意识，实现了社会效益、经济效益、环境效益的有机统一。

课程思政

2012 年，党的十八大把生态文明建设纳入中国特色社会主义事业“五位一体”总体布局，我国生态文明顶层设计和制度体系建设加快推进，“两山理论”成为新发展理念的重要组成部分。2017 年，党的十九大将“必须树立和践行绿水青山就是金山银山的理念”写进大会报告。

我们必须持续践行“绿水青山就是金山银山”的绿色发展理念，补齐生态短板，增进生态福祉，在不断实践中续写“两山理论”新篇章，描绘美丽中国新画卷。

复习思考题

1. 什么是水污染，它给我们带来了哪些不便及危害?
2. 水环境规划的类型是如何划分的?
3. 水环境规划的内容有哪些?
4. 水环境影响预测的方法有哪些?
5. 论述水环境规划的具体措施。
6. 简述水污染控制系统规划的内容和特点。
7. 简述流域水污染控制规划研究的目的和内容。
8. 城市水污染控制规划主要包含哪些内容?
9. 简述水资源系统规划的目的、任务和规划层次。
10. 水环境功能区如何划分?
11. 水环境影响预测模型有哪些? 请简单列举。
12. 试评论我国的水环境规划的过去、现状与展望，以及存在的问题与建议。

第10章　大气环境规划

空气是地球表面一切有生命的物质赖以生存的基本条件。如果没有空气，人类的生存及其社会活动就无法维持下去，植物的光合作用不能进行，其他生物也不复存在。所以，当大气遭受污染之后，其成分、性质都发生了改变，这势必会对人体健康、动植物生长、生活以及生态平衡乃至各种器物的存放产生有害的影响。近年来，随着城市工业的发展，大气污染日益严重，空气质量进一步恶化，不仅危害到人们的正常生活，而且威胁着人们的身心健康。呼吸道疾病、温室效应、臭氧层破坏、酸雨、$PM_{2.5}$等，在这些名词频繁出现在我们日常生活中的当下，对大气污染的深刻认识和保护对策的思考变得刻不容缓。本章将围绕大气环境规划的相关内容展开介绍。

第1节　大气环境现状调查与分析

一、大气环境现状调查

大气环境现状调查是大气环境影响评价的重要组成部分，是通过环境大气质量现状的调查和监测，分析出污染因子的现状本底值，再通过环境质量指数来确定现有环境质量状况，是建设项目大气环境影响评价的一个重要组成部分。

1. 调查原则

空气质量现状调查方法主要有现状监测法、收集已有资料法。资料来源分为3种途径，可视不同评价等级对数据的要求采用：

(1)收集评价范围内及邻近评价范围的各例行空气质量监测点近3年与项目有关的监测资料。

(2)收集近3年与项目有关的历史监测资料。

(3)进行现场监测。

收集的资料应注意资料的时效性和代表性，监测资料应能反映评价范围内的空气质量状况和主要敏感点的空气质量状况。一般来说，评价范围内区域污染源变化不大的情况下，监测资料 3 年内有效。凡涉及《环境空气质量标准》(GB 3095—2012)中污染物的各类监测资料的统计内容与要求的，均应满足该标准中各项污染物数据统计的有效性规定。涉及《环境空气质量标准》(GB 3095—2012)中各项污染物的分析方法应符合《环境空气质量标准》(GB 3095—2012)对分析方法的规定。

监测方法应首先选用国家发布的标准监测方法。对尚未制定环境标准的非常规大气污染物，应尽可能参考 ISO 等国际组织和国内外相应的监测方法，在环评文件中详细列出监测方法、适用性及其引用依据，并报请环保主管部门批准。监测方法的选择，应满足项目的监测目的，并注意其适用范围、检出限、有效监测范围等监测要求。

2. 调查内容

1)大气污染源调查与分析对象

污染源调查对象和内容应符合相应评价等级的规定。重点关注现状监测值能否反映评价范围有变化的污染源，如包括对所有被替代污染源的调查，以及对评价范围内与项目排放主要污染物有关的其他在建项目、已批复环境影响评价文件的拟建项目等污染源的调查。对于一级、二级评价项目，应调查、分析项目的所有污染源(对于改建、扩建项目应包括新污染源、老污染源)，评价范围内与项目排放污染物有关的其他在建项目、已批复环境影响评价文件的未建项目等污染源。如有区域替代方案，还应调查评价范围内所有拟替代的污染源。对于三级评价项目，可以只调查、分析项目污染源。

2)污染源调查与分析方法

污染源调查与分析方法根据不同的项目可以采用不同的方式，一般对于新建项目可以通过类比调查、物料衡算或设计资料确定；对于评价范围内的在建和未建项目的污染源调查，可以使用已批准的环境影响报告书中的资料；对于现有项目和改建、扩建项目的现状污染源调查，可以利用已有有效数据或进行实测；对于分期实施的工程项目，可以利用前期工程最近 5 年内的验收监测资料、年度例行监测资料，或者进行实测。评价范围内拟替代的污染源调查方法参考项目的污染源调查方法。

(1)现场实测法。对于排气筒排放的大气污染物，例如由排气筒排放的 SO_2、NO_x 或颗粒物等，可以根据实测的废气流量和污染物浓度确定。

(2)物料衡算法。这是对生产过程中所使用的物料情况进行定量分析的一种科学方法。对于一些无法实测的污染源，可以采用此法计算污染物的源强。

(3)排污系数法。根据《产排污系数手册》提供的实测和类比数据，按规模、污染物、产污系数、末端处理技术及排污系数来计算污染物的排放量。《产排污系数手册》可以参考《第一次全国污染源普查工业污染源产排污系数手册》。

3）污染源调查内容

一级评价项目污染源调查内容如下：

（1）污染源排污概况调查在满负荷排放下，按分厂或车间逐一统计各有组织排放源和无组织排放源的主要污染物排放量；对改建、扩建项目应给出现有工程排放量、扩建工程排放量，以及现有工程经改造后的污染物预测削减量，并按上述3个量计算最终排放量；对于毒性较大的污染物还应估计其非正常排放量；对于周期性排放的污染源，还应给出周期性排放系数，周期性排放系数取值为0～1，一般可按季节、月份、星期、日、小时等给出周期性排放系数。

（2）点源调查内容：排气筒底部中心坐标，以及排气筒底部的海拔高度（单位：m）；排气筒几何高度（单位：m）及排气筒出口内径（单位：m）：烟气出口速度（单位：m/s）；排气筒出口处烟气温度（单位：K）；各主要污染正常排放量（单位：g/s），排放工况，年排放时长（单位：h）；毒性较大物质的非正常排放量（单位：g/s），排放工况，年排放时长（单位：h）。

（3）面源调查内容：面源位置坐标，以及面源所在位置的海拔高度（单位：m）；面源初始排放高度（单位：m）；各主要污染物正常排放量［单位：g/（s染物）］，排放工况，年排放时长（单位：h）。

（4）体源调查内容：体源中心点坐标，以及体源所在位置的海拔高度（单位：m）；体源高度（单位：m）：体源排放速率（单位：g/s），排放工况，年排放时长（单位：h）；体源的边长（单位：m）：体源初始横向扩散参数（单位：m），初始垂直扩散参数（单位：m）。

（5）线源调查内容：线源几何尺寸（分段坐标），线源距地面高度（单位：m），道路宽度（单位：m），街道街谷高度（单位：m）；各种车型的污染物排放速率（单位：g/km）；平均车速（单位：km/h），各时段车流量（单位：辆/h）、车型比例。

（6）其他需要调查的内容：建筑物下洗参数；颗粒物的粒径分布。二级评价项目污染源调查内容参照一级评价项目执行，可适当从简；三级评价项目可只调查污染源排污概况，并对估算模式中的污染源参数进行核实。

二、大气环境现状分析

1. 空气质量现状调查方法

现场监测应确定监测因子、监测时间和监测点位等，并提出监测需求，委托有资质的监测部门进行监测。监测因子应与评价项目排放的污染物相关，包括评价项目排放的常规污染物和特征污染物。

监测时间的选取应符合技术导则中关于监测制度的要求。

设置监测点位时，应根据项目的规模和性质，结合地形复杂性、污染源及环境空气保护目标的布局，综合考虑监测点位的设置数量。对于地形复杂、污染程度空间分布差异较大、环境空气保护目标较多的区域，可酌情增加监测点数目。对于评价范围大，区域敏感点多的评价项目，在布设各个监测点时，要注意监测点的代表性，环境监测值应能反映各环境敏感区、各环境功能区的环境质量，以及预计受项目影响的高浓度区的环境质量，同时布点还要遵循近密远疏的原则。具体监测点位可以根据局部地形条件、风频分布特征及环境功能区、环境空气保护目标所在方位作适当调整。各监测期环境空气敏感区的监测点位应重合。预计受项目影响的高浓度区的监测点位，应根据各监测期所处季节主导风向进行调整。

2. 空气质量现状监测数据的有效性分析

对于空气质量现状监测数据的有效性分析，应从监测资料来源、监测布点、点位数量、监测时间、监测频次、监测条件、监测方法及数据统计的有效性等方面分析其是否符合导则标准及监测分析方法等的有关要求。

对于日平均浓度值和小时平均浓度值，既可以采用现状监测值，也可以采用评价区域内近 3 年的例行监测资料或其他有效监测资料，年均值一般来自例行监测资料。监测资料应反映环境质量现状，对近些年区域污染源变化大的地区，应以现状监测资料和当年的例行监测资料为准。对于评价范围有例行空气质量监测点位的，应获取其监测资料，分析区域长期的环境空气质量状况。

凡涉及《环境空气质量标准》(GB 3095—2012)中的污染物各类监测资料的统计内容与要求，均应满足该标准中各项污染物数据统计的有效性规定。其他特征污染物监测资料的统计内容应符合相关引用标准中数据统计有效性的规定。

第 2 节　大气环境功能区划

大气环境功能区划是以城市环境功能分区为依据，根据自然环境概况、土地利用规划、规划区域气象特征和国家大气环境质量的要求，将规划城市按大气环境质量划分为不同的功能区。

一、大气环境功能区划的原则

大气环境功能区划的基本原则如下：

(1)应充分利用现行行政区界或自然分界线。

(2)功能区划宜粗不宜细。

(3)划分时既要考虑环境空气质量现状，又要兼顾城市发展规划，不能随意降低已划定的功能区类别。

大气环境功能区划分方法包括分析区域或城市发展规划，确定范围，准备底图；综合分析，确定每一单元的功能区；单元连片，绘制污染物日平均值等值线图；反复审核，确定最终的功能区。

二、大气环境功能区划的目的

大气环境功能区划的目的如下：

(1)具有不同的社会功能的区域(如：居民区、商业区、工业区、文化区、旅游区等)，根据国家有关规定要分别划分为一类、二类功能区(表 10－1)。各功能区分别采用不同的大气环境标准，来保证这些区域社会功能的发挥。

表 10－1 大气环境功能区划

功能区	范 围	执行大气质量标准
一类功能区	自然保护区、风景名胜区和其他需要特殊保护的区域	一级
二类功能区	居住区、商业交通居民混合区、文化区、工业区和农村地区	二级

(2)应充分考虑规划区的地理、气候条件，科学合理地划分大气环境功能区。一方面，要充分利用自然环境的界线(如山脉、丘陵、河流、道路等)，作为相邻功能区的边界线，尽量减少边界的处理；另一方面，应特别注意方向的影响，如一类功能区应放在最大风频的上方向；二类功能区应安排在最大风频的下风向，以此通过最大限度地开发利用大气自净能力，达到既扩大区域污染物的允许排放总量，又减少治理费用的目的。

(3)划分大气环境功能区，对不同的功能区实行不同大气环境目标的实现对策，有利于实行新的环境管理机制。

三、大气环境功能区的划分方法

大气环境功能区是不同级别的大气环境系统的空间表现形式，各种地域上的大气环境的系统特征是大气环境功能区的内容和性质。可以说，大气环境功能区是个非常复杂的问题，涉及的因素较多，采用简单的定性方法进行划分，不能很好地揭示城市大气环境在空间上的差异性及其多因素间的内在关系。划分大气环境功能区的方法一般有：多因子综合评分法、模糊聚类分析法、生态适宜度分析法及层次分析法等。现以多因子综合评分法为例说明如何进行大气环境功能区的划分。

根据国家有关规定，属于一类功能区的有自然保护区、风景名胜区及其他需要特殊保护的区域等。对于属于农村的区域，根据国家规定可以划为二类功能区。上述两部分在区域划分时较容易确定，只需将剩余的区域分成若干子区，如各小行政区等。依据各个子区所具有的社会功能、气候地理特征及环境现状中功能状态判别要素，将其中有定量描述的要素，按数量范围的变化定性化。在此基础上应采用多因子综合评分法，确定这些子区的环境功能划分。大气环境功能区划分可采取的步骤如下所述。

1. 确定评价因子

对于二类功能区，评价因子可以选择人口密度、商业密度、科教医疗单位密度、单位面积污染物排放量、风向(污染系数)、单位面积工业产值、污染程度等。

2. 单因子分级评分标准的确定

二类功能区单因子分级评分标准见表 10－2。单因子分级为 5 级，即很不适合、不适合、基本适合、适合、很适合。为了减少各评价因子定性描述带来的人为因素的影响，使评价结果能较好地与实际相符合，需要制定各评价因子的分级判断标准。对于人口密度、商业密度、科教医疗单位密度、单位面积工业产值及单位面积污染物排放量等，评价指标分别取子区各项指标与所有子区各项指标平均值之比值，根据比值的大小进行分级，评价描述可以分别为“很小”“较小”“一般”“较大”“很大”。风向或污染系数的分级判断标准确定为：在城市地图上与确定的风向(污染系数方位)平行的方向上，将城市分成 5 个区，各区分别位于确定的风向(污染系数方位)的上风向(上方位)、偏上风向(偏上方位)、中间、偏下风向(偏下方位)、下风向(下方位)。根据某一子区的大部分面积位于哪一个区来判定该子区在确定的风向的方位(污染系数方位)。对于大气质量指数也可以按有关规定划分为 5 级，大气污染程度分别描述为“很严重”“较严重”“一般”“较轻”“很轻”。

表 10－2　二类功能区单因子分级评分标准

<table>
<tr><th colspan="2" rowspan="2">指　标</th><th colspan="5">评　价</th></tr>
<tr><th>很不适合</th><th>不适合</th><th>基本适合</th><th>适合</th><th>很适合</th></tr>
<tr><td colspan="2">人口密度</td><td>很大</td><td>较大</td><td>一般</td><td>较小</td><td>很小</td></tr>
<tr><td colspan="2">商业密度</td><td>很大</td><td>较大</td><td>一般</td><td>较小</td><td>很小</td></tr>
<tr><td colspan="2">科教医疗单位密度</td><td>很大</td><td>较大</td><td>一般</td><td>较小</td><td>很小</td></tr>
<tr><td colspan="2">单位面积工业价值</td><td>很高</td><td>较高</td><td>一般</td><td>较低</td><td>很低</td></tr>
<tr><td rowspan="5">风向</td><td>主导风向</td><td>下风向</td><td>偏下风向</td><td>中间</td><td>偏上风向</td><td>上风向</td></tr>
<tr><td>主导污染系数方位</td><td>下方位</td><td>偏下方位</td><td>中间</td><td>偏上方位</td><td>上方位</td></tr>
<tr><td>最小风频</td><td>上风向</td><td>偏上风向</td><td>中间</td><td>偏下风向</td><td>下风向</td></tr>
<tr><td>最小污染系数方位</td><td>上方位</td><td>偏上方位</td><td>中间</td><td>偏下方位</td><td>下方位</td></tr>
<tr><td>基本风向</td><td>下风向</td><td>偏下风向</td><td>中间</td><td>偏上风向</td><td>上风向</td></tr>
<tr><td rowspan="3">污染系数</td><td>基本污染系数方位</td><td>下方位</td><td>偏下方位</td><td>中间</td><td>偏上方位</td><td>上方位</td></tr>
<tr><td>单位面积污染排放量</td><td>很大</td><td>较大</td><td>一般</td><td>较小</td><td>很小</td></tr>
<tr><td>大气污染程度</td><td>很严重</td><td>较严重</td><td>一般</td><td>较轻</td><td>很轻</td></tr>
</table>

3. 单因子权重的确定

划分大气环境功能分区时，采用的评价因子较多，每个因子所起的作用各不相同，因此，应给每个因子赋予一个权重。可以采用层次分析法等确定各评价因子的权重。

4. 单因子综合分级评分标准的确定

确定单因子综合分级评分标准就是要确定各评价级的综合评分值的上、下限。以二类功能区为例，可以取 7 个评价因子均是“很适合”时的平均评分值作为“很适合”的上限；取 4 个评价因子为“很适合”，另 3 个评价因子为“适合”时的平均评分值作为“很适合”的下限，“适合”的上限。同样地，也可以得到所有等级的上、下限。按照上述方法可以确定的二类功能区的单因子综合分级评分，评价描述分别为“很不适合”“不适合”“基本适合”“适合”“很适合”。

5. 评价结果的最终确定

对于每个子区，分别按上述方法对其划分为二类功能区的适合程度进行评价，若评价结果为“很适合”或“适合”，则该子区为二类功能区。

第 3 节　大气环境影响预测

大气环境影响预测是利用数学模型或模拟试验，计算或估计评价项目的污染因子在评价区域内对大气环境质量的影响。常用的大气环境影响预测方法是通过建立数学模型来模拟各种气象条件、地形条件下的污染物在大气中输送、扩散、转化和清除等的物理、化学机制。

一、大气环境影响预测的步骤

大气环境影响预测的前提是必须掌握评价区域内的污染源源强、排放方式和布局等有关污染排放的参数，同时还须掌握评价区域内大气传输与迁移扩散规律等。大气环境影响预测的步骤如下所述。

1. 确定预测因子

预测因子应根据评价因子而定，一般选取有环境空气质量标准的评价因子作为预测因子。对于项目排放的特征污染物，也应选择有代表性的作为预测因子。此外，评价区域内某种污染物浓度已经超标，如果建设项目也排放此污染物，即使排放量较低，也应该在预测因子中予以考虑。

2. 确定预测范围

预测范围至少应覆盖整个评价范围，同时还应考虑污染源的排放高度、评价范围的主导风向、地形和周围环境空气敏感区的位置等，并进行适当调整。此外，在计算污染源对评价范围的影响时，一般取东西向为 x 坐标轴、南北向为 y 坐标轴，项目位于预测范围的中心区域。

3. 确定计算点

计算点可以分为环境空气敏感区内网格点、预测范围内网格点，以及区域最大地面浓度点这 3 类，选择所有环境空气敏感区中的环境空气保护目标作为计算点。

4. 确定污染源计算清单

污染源的类型可以分为点源、面源、体源和线源，污染源计算清单可以根据污染源的类型来确定。对于点源污染源，其计算清单应包括排气筒底部海拔高度、排气筒高度和内径、烟气出口速度、烟气出口温度、年排放时长、排放工况、评价因子(烟尘、粉尘、SO_2 等)源强。

5. 确定气象条件

计算小时平均质量浓度需采用长期气象条件，进行逐时或逐次计算。选择污染最严重的(针对所有计算点)小时气象条件和对各种环境空气保护目标影响最大的若干个小时气象条件(可视对各种环境空气敏感区的影响程度而定)作为典型小时气象条件。

计算日平均质量浓度需采用长期气象条件，进行逐日平均计算。选择污染最严重的(针对所有计算点)日气象条件和对各种环境空气保护目标影响最大的若干个日气象条件(可视对各种环境空气敏感区的影响程度而定)作为典型日气象条件。

6. 确定地形数据

在非平坦的评价范围内，地形的起伏对污染物的传输、扩散会有一定的影响。对于复杂地形下的污染物扩散模拟需要输入地形数据。根据《环境影响评价技术导则 大气环境》(HJ2. 2—2018)的规定，原始地形数据分辨率不得小于 90m。此外，地形数据的来源应予以说明，地形数据的精度应结合评价范同及预测网格点的设置进行合理选择。

7. 确定预测内容和设定预测情景

大气环境影响预测的内容根据评价工作等级和项目的特点来确定，预测情景根据预测内容而定，一般考虑污染类别、排放方案、预测因子、气象条件和计算点这 5 个方面的内容。

8. 选择预测模式

采用推荐模式清单中的模式进行预测，并说明选择相应模式的理由。推荐模式包括估算模式、进一步预测模式和大气环境防护距离计算模式等。选择模式时，应结合模式的适用范围和对参数的要求进行合理选择。如果使用非推荐清单中的模式，则需要提供模式技术说明和验算结果。

9. 确定模式中的相关参数

针对不同的区域特征及不同的污染物、预测范围和预测时段，对模式参数进行分析比较，合理选择模式中的相关参数，并简要说明选择确定的理由以保证参数选择的合理性。

10. 进行大气环境影响预测与评价

根据选择的大气污染扩散模式，代入模式参数，针对各种工况(情景组合)分别进行计算，并对得出的各个关心点的预测浓度与相应的评价标准值进行比较，评价其是否超标。若超标则计算超标率、超标倍数等，且要根据具体影响分析超标的具体原因，并将达标需要采取的措施加入后重新计算结果，直到采取的措施能有效保护各关心点的功能后，再进行大气环境影响预测分析与评价。

二、大气环境影响预测的主要内容

1. 一级评价项目预测内容

一级评价项目预测内容如下：

(1)全年逐时或逐次小时气象条件下，环境空气保护目标、网格点处的地面质量浓度和评价范围内的最大地面小时质量浓度。

(2)全年逐日气象条件下，环境空气保护目标、网格点处的地面质量浓度和评价范围内的最大地面日平均质量浓度。

(3)长期气象条件下，环境空气保护目标、网格点处的地面质量浓度和评价范围内的最大地面年平均质量浓度。

(4)非正常排放情况，全年逐时或逐次小时气象条件下，环境空气保护目标的最大地面小时质量浓度和评价范围内的最大地面小时质量浓度。

(5)对于施工期超过一年，并且施工期排放的污染物影响较大的项目，还应预测施工期间的大气环境质量。

2. 二级评价项目预测内容

遵循一级评价项目预测内容中的(1)～(4)部分。

3. 三级评价项目预测内容

三级评价可以不进行上述预测，只需分析估算模式的计算结果。确定预测因子：以相关地区的空气质量标准的规定作为预测因子，重点对冶金行业的特征污染物和预测区域内污染严重的因子进行收集。因子的数量不能太多，一般3～5个即可(如当前大气污染物种类较多，则可以适当增加)。

三、大气环境影响预测的方法

预测方法大致可以分为经验方法和数学方法。经验方法主要是指在统计、分析原有资料的前提下，结合未来的发展规划进行预测；数学方法主要指利用数学模式进行计算或演验。

1. 源强预测

1）一般模型

源强预测的一般模型为：

$$Q_i = K_i W_i (1 - \eta_i) \tag{10-1}$$

式中，Q_i 为源强，对瞬时排放源以 kg 或 t 计，对连续稳定排放源以 kg/h 或 t/d 计；W_i 为燃料的消耗量，对固体燃料以 kg 或 t 计，对液体燃料以 L 计；对气体燃料以 100m^3 计，时间单位为 h 或 d；η_i 为净化设备对污染物的去除效率；K_i 为某种污染物的排放因子；i 为污染物的编号。

2）煤耗

（1）工业耗煤量预测。

工业耗煤量常用的预测方法包括弹性系数法、回归分析法、灰色预测等。以弹性系数法为例，其预测计算式如下：

设工业耗煤量平均增长率为 α，工业总产值平均增长率为 β，则有：

$$E = E_0 (1 + \alpha)^{(t-t_0)} \tag{10-2}$$

$$M = M_0 (1 + \beta)^{(t-t_0)} \tag{10-3}$$

若将上述两式变为 α、β 表达式，则：

$$\alpha = \left(\frac{E}{E_0}\right)^{\frac{1}{t-t_0}} - 1 \tag{10-4}$$

$$\beta = \left(\frac{M}{M_0}\right)^{\frac{1}{t-t_0}} - 1 \tag{10-5}$$

于是，工业耗煤量弹性系数可以表示为：

$$C_E = \frac{\alpha}{\beta} = \frac{\left(\frac{E_t}{E_0}\right)^{\frac{1}{t-t_0}} - 1}{\left(\frac{M_t}{M_0}\right)^{\frac{1}{t-t_0}} - 1} \tag{10-6}$$

上述各式中，E_t 为预测年的工业耗煤量，10^4t/a；E_0 为基准年的工业耗煤量，10^4t/a；M_t 为预测年的工业总产值，10^4 万；M_0 为基准年的工业总产值，10^4 万；t，t_0 分别为预测年和基准年，a。

（2）民用耗煤量预测。

民用耗煤量预测的计算式如下：

$$E_S = A_S \cdot S \tag{10-7}$$

式中，E_S 为预测年采暖耗煤量，10^4t/a；A_S 为采暖耗煤系数，t/m^2；S 为预测年采暖面积，m^2/a。

3）污染物排放量

（1）SO_2 排放量预测。

若将燃煤量记为 W，煤中的全硫分质量分数记为 S，根据硫燃烧的化学反应方程式，可以采用下式计算吨煤燃烧后 SO_2 排放量，即：

$$G_{SO_2} = 1.6W\omega \tag{10-8}$$

式中，G_{SO_2}为 SO_2 排放量，t/a；W 为燃煤量，t/a；ω 为煤中的全硫分质量分数，%。

（2）烟尘排放量预测。

预测公式为：

$$G_{尘} = W \cdot A \cdot \omega_B \cdot (1-\eta) \tag{10-9}$$

式中，$G_{尘}$为烟尘排放量，t/a；A 为煤的灰分，%；ω_B 为烟气中烟尘的质量分数，%；W 为燃煤量，t/a；η 为除尘效率，%。

（3）NO_x 与 CO 排放量预测。

燃煤过程中 NO_x 与 CO 的排放量，可以根据锅炉类型和用途，以及排放系数进行预测。

2. 大气环境质量预测

1）箱式模型

箱式模型是研究大气污染物排放量与大气环境质量之间关系的一种最简单的方式。利用箱式模型预测大气环境质量主要适用于城市家庭炉灶和低短烟囱分布不均匀的面源。通常对一个城市可以划分为若干个小区，把每个小区看作一个箱子，通过各箱的输入、输出关系，即可预测大气中污染物的浓度。用箱式模型预测大气污染物浓度的公式为：

$$\rho_B = \frac{Q}{u \cdot L \cdot H} + \rho_{B_0} \tag{10-10}$$

式中，ρ_B 为大气污染物浓度预测值，mg/m^3；Q 为面源源强，mg/s；u 为进入箱内的平均风速，m/s；L 为箱的边长，m；H 为箱高，即大气混合层高度，m；ρ_{B_0}为预测区大气环境背景浓度，mg/m^{3}N。

在应用箱式模型时，对模型中的大气混合层高度（H），有两种确定方法：一种是从预测地区气象部门直接获得；另一种是利用有关气象资料，通过绝热曲线法求解获得。

2）高斯扩散模型

高斯扩散模型是一种适用于预测环境空气质量的常用方法。它是在大气污染物浓度分布符合正态分布的情况下导出的。

高斯扩散模型的坐标系，其原点为排放点(无界点源或地面源)或高架源排放点在地面的投影点，x 轴正方向为平均风向，y 轴在水平面上垂直于 x 轴，正方向在 x 轴的左侧，z 轴垂直于水平面 xOy，向上为正方向，即为右手坐标系。

建立高斯扩散模式的基本假设为：①污染物浓度在 y、z 轴上的分布符合高斯分布(正态分布)；②在全部空间中风速是均匀的、稳定的；③源强是连续均匀的；④在扩散过程中污染物质量是守恒的(不考虑转化)。

在下风向任意点(x, y, z)的污染物浓度计算公式如下：

$$C(x,y,z,H) = \frac{Q}{2\pi \cdot \bar{u}\sigma_y\sigma_z}\exp\left(-\frac{y^2}{2\sigma_y^2}\right)\left\{\exp\left[-\frac{(z-H)^2}{2\sigma_z^2}\right]+\exp\left[-\frac{(z+H)^2}{2\sigma_z^2}\right]\right\} \tag{10-11}$$

式中，C 为任意点的污染物浓度，mg/m^3；Q 为污染物排放源强，mg/s；$\bar{u}$ 为平均风速，m/s；H 为烟流中心线距地面的高度，m；σ_y 为侧向扩散系数，用浓度标准差表示的 y 轴上的扩散系数，m；σ_z 为竖向扩散系数，用浓度标准差表示的 z 轴上的扩散系数，m；x 为污染源排放至下风向上任意一点的距离，m；y 为烟气的中心轴在直角水平方向上到任意点的距离，m；z 为从地表到任意一点的高度，m。

3)多源扩散模型

若一个接受点的污染物来源于 m 个排放源，那么，在 m 个排放源的相互独立作用下，该接受点大气污染物的浓度应由 m 个排放源贡献的浓度通过叠加计算，即：

$$C = \sum_{i=1}^{m} C_i(x,y,z,H) \tag{10-12}$$

式中，C_i 为第 i 个排放源对接受点的浓度贡献。

4)线源扩散模型

线源扩散模型主要用于预测机动车辆在行驶过程中对环境造成的污染问题。若将平坦的公路视为一个无限长线源，车辆在公路行驶时，它在横风向产生的浓度是处处相同的。因此，结合下式：

$$C(x,y,0,H) = \frac{Q}{\pi\bar{u}\sigma_y\sigma_z}\exp\left[-\frac{1}{2}\left(\frac{y}{\sigma_y}\right)^2\right]\exp\left[-\frac{1}{2}\left(\frac{H}{\sigma_z}\right)^2\right] \tag{10-13}$$

对变量 y 积分可以得到线源扩散模式，即：

$$C(x,0,0,H) = \frac{2Q'}{\sqrt{2\pi}\bar{u}\sigma_z}\exp\left[-\frac{1}{2}\left(\frac{H}{\sigma_z}\right)^2\right] \tag{10-14}$$

其表示风向与线源垂直时，连续排放的无限长线源下风向浓度的模式。

当风向与线源不垂直，无限长线源和风向交角为 φ 时，无限长线源下风向的浓度模式为：

$$C(x,0,0,H)=\frac{2Q'}{\sin\varphi\sqrt{2\pi}\bar{u}\sigma_z}\exp\left[-\frac{1}{2}\left(\frac{H}{\sigma_z}\right)^2\right] \quad (10-15)$$

式中，Q'为线源源强，g/(s·m)，可以根据每辆车的源强 Q 计算。

若线源为有限线源，此时其浓度的估算必须考虑由端点所造成的边界效应。随着与源的距离不断增大，这种效应会使横向距离扩大。为求横向有限线源的浓度，取通过要预测的接收点的平均风向为 z 轴，并把线源的范围规定为由 y_1，延伸到 y_2，其中 $y_1<y_2$，则有限线源浓度计算公式为：

$$C(x,0,0,H)=\frac{2Q'}{\sqrt{2\pi}\bar{u}\sigma_z}\exp\left[-\frac{1}{2}\left(\frac{H}{\sigma_z}\right)^2\right]\cdot\int_{P_1}^{P_2}\frac{1}{\sqrt{2\pi}}\exp\left(-\frac{1}{2}P^2\right)\mathrm{d}P \quad (10-16)$$

式中，$P_1=y_1/\sigma_y$；$P_2=y_2/\sigma_y$。

5)面源扩散模型

城市中小工厂、生活锅炉、居民炉灶等数量众多、分布面广、排放高度低的污染源，可以作为面源处理。即采用虚拟点源的面源扩散模型计算：

$$C(x,y,0,H)=\frac{Q}{\pi\cdot\bar{u}(\sigma_{y_0}+\sigma_y)\sigma_z}\cdot\exp\left[-\frac{1}{2}\left(\frac{y}{\sigma_{y_0}+\sigma_y}\right)^2\right]\cdot\exp\left[-\frac{1}{2}\left(\frac{H}{\sigma_z}\right)^2\right]$$

(10－17)

式中，Q 为面源源强，mg/(m^2·s)；σ_{y_0}为增加的初始扩散参数。

(1)先定出口 σ_{y_0}，σ_{z_0}，然后计算出自面源中心(等效点源位置)向上风向推移的虚点源的位置。

(2)可以确定初始扩散幅为 $\sigma_{y_0}=\frac{a}{4.3}$，代入得：

$$C(x,y,0,H)=\frac{Q}{\pi\cdot\bar{u}\left(\frac{a}{4.3}+\sigma_y\right)\sigma_z}\cdot\exp\left[-\frac{1}{2}\left(\frac{y}{\frac{a}{4.3}+\sigma_y}\right)^2\right]\cdot\exp\left[-\frac{1}{2}\left(\frac{H}{\sigma_z}\right)^2\right]$$

(10－18)

6)总悬浮微粒扩散模型

大气污染物除气态污染物外，还有颗粒态污染物。对于颗粒态污染物，它不能用气态污染物预测模式，一般采用倾斜烟云模式(高斯扩散－沉积模式)。预测总悬浮微粒地面浓度，计算公式为：

$$C=\frac{Q(1+\alpha)}{2\pi\cdot\bar{u}\sigma_y\sigma_z}\exp\left[-\frac{1}{2}\left(\frac{y}{\sigma_y}\right)^2\right]\cdot\exp\left[\frac{(H-v_g x/\bar{u})^2}{2\sigma_z^2}\right] \quad (10-19)$$

式中，α 为反射系数；v_g 为粒子的沉降速度，m/s；x 为源到计算点(预测点)的距离，m。

反射系数 $\alpha=0$ 时，表示地面全吸收，即沉降到地面的物质全部保留在地上；当 $\alpha=$

1时，表示地面如同一镜面，为一全反射壁，地面无迁移发生；一般 α 取值在 0～1 之间。α 值与粒径(D)、沉降速度(v_g)成反比关系。但是，当同样大小的粒子的真密度(ρ)不同时，α 值也不同，所以用粒子的沉降速度(v_g)去确定 α 值，较用粒径(D)更为合理。

粒子的沉降速度(v_g)可以用斯托克斯公式计算，即：

$$v_g = \frac{g\rho D^2}{18\mu} \tag{10-20}$$

式中，g 为重力加速度，m/s^2；ρ 为粒子密度，kg/m^3；D 为粒子粒径，m；μ 为空气黏度，$kg/(m \cdot s)$。

若 D 的单位为 μm，ρ 的单位为 g/cm^3，g 取 $9.8m/s^2$，μ 取 $1.81 \times 10^{-4} g/(cm \cdot s)$，则沉降速度($v_g$)可以表达为：

$$v_g = 3.008 \times 10^{-5} \rho D^2 \tag{10-21}$$

当 $D > D_{max}$ 时，v_g 用下式计算：

$$v_g = 14.96 \frac{Re}{D} \tag{10-22}$$

式中，Re 为粒子雷诺数；D 为粒径，μm。

适用斯托克斯公式的最大粒径(D_{max})，可以用下式计算：

$$D_{max} = 82.8983 \rho^{-\frac{1}{3}} \tag{10-23}$$

式中，ρ 为粒子密度，g/cm^3。

7)灰色预测模型

用灰色系统理论建立的微分方程模型称为灰色模型，即 GM 模型。用于预测的模型主要是 GM(1，1)模型，它是一阶单个变量的预测模型，其建模过程中仅利用预测对象本身数据的一个时间数列，而不考虑影响预测对象的其他各种因素。

GM(1，1)模型有6种形式，其中，用于预测的两种计算式有：

指数响应式：

$$\begin{cases} \hat{C}^{(1)}(k+1) = \left[C^{(0)}(1) - \frac{u}{a}\right]e^{-ak} + \frac{u}{a} \\ \hat{C}^{(0)}(k) = C^{(1)}(k+1) - \hat{C}^{(1)}(k) \end{cases} \tag{10-24}$$

灰指数式：

$$\hat{C}^{(0)}(k) = \left(\frac{1-0.5a}{1+0.5a}\right)^{k-2}\left[\frac{u-aC^{(0)}(1)}{1+0.5a}\right] \tag{10-25}$$

式中，$\hat{C}^{(0)}(k)$ 为预测对象时间序列；$\hat{C}^{(1)}(k)$ 为预测对象生成的时间序列；a，u 为待定参数。

GM(1，1)模型的指数响应式和灰指数式可以用于污染物排放量预测，也可以用于大气环境质量预测。

第4节 大气环境目标与指标体系

一、大气环境目标

环境规划的目的是为了实现预定的环境目标。所以，制定科学、合理的大气环境规划目标是编制大气环境规划的重要内容之一。大气环境目标是在区域大气环境调查评价和预测以及区域大气环境功能区划分的基础上，根据规划期内所要解决的主要大气环境问题和区域社会、经济与环境协调发展的需要而制定的。大气环境规划目标主要包括大气环境质量目标和大气环境污染总量控制目标。

1. 大气环境质量目标

大气环境质量目标是基本目标，在不同的地域和功能区而有所不同，是由一系列表征环境质量的指标来体现的。

2. 大气环境污染总量控制目标

大气环境污染总量控制目标是为了达到质量目标而规定的便于实施和管理的目标，其实质是以大气环境功能区环境容量为基础的目标，将污染物控制在功能区环境容量的限度内，其余部分为削减目标或削减量。

大气环境目标的决策过程一般是首先初步拟定大气环境目标，编制达到大气环境目标的方案；论证环境目标方案的可行性，当可行性出现问题时，重新修改大气环境目标和实现目标的方案，再进行综合平衡；经过多次反复论证，最后才能比较科学地确定大气环境目标。

二、大气环境指标体系

大气环境指标体系是用来表征所研究具体区域大气环境特性和质量的指标体系，确定大气环境指标体系是研究和编制大气环境规划的基础内容之一。目前，国内外已有了统一的、为大家所公认的大气环境系统的指标体系。在大气环境规划中，大气环境指标体系要同时考虑环境污染防治、环境建设等因素。大气环境指标体系必须具有以下特点：①能反映大气环境的主要组成要素；②必须是一个完整的指标体系，各个指标之间是相互关联的；③能定量或至少能半定量表达；④表征这些指标的信息是可以得到的。

根据这些基本要求和大气环境的基本特征，可以提出一般的大气环境指标体系。

1. 大气环境指标

我国的大气环境规划指标应分为气象气候指标、大气环境质量指标、大气环境污染控制指标、城市环境建设指标及城市社会经济指标等。各类指标的具体内容为：

(1)气象、气候指标。气象、气候等指标是决定大气扩散能力的最重要因素，也是进行大气环境规划前需要首先了解的基础大气资料。主要指标有：气温、气压、风向、风速、风频、日照、大气稳定度、混合层高度等。

(2)大气环境质量指标。其主要指标有：总悬浮颗粒物含量、飘尘含量、二氧化硫含量、降尘含量、氮氧化物含量、一氧化碳含量、光化学氧化剂含量、臭氧含量、氟化物含量、苯并芘含量和细菌总数等。

(3)大气环境污染控制指标。其主要指标有：废气排放总量、二氧化硫排放量、二氧化硫的回收率、烟尘排放量、工业粉尘排放量、工业粉尘回收量、烟尘及粉尘的去除率、一氧化碳排放量、氮氧化物排放量、光化学氧化剂排放量、烟尘控制区覆盖率、工艺尾气达标率、汽车尾气达标率等。

(4)城市环境建设指标。其主要指标有：城市气化率、城市集中供热率、城市型煤普及率、城市绿地覆盖率、人均公共绿地等。

(5)城市社会经济指标。其主要指标有：国内生产总值、人均国内生产总值、工业总产值、各行业产值、能耗、各行业能耗、生活耗煤量、万元工业产值能耗、城市人口总量、分区人口数、人口密度及分布、人口自然增长率等。

2. 筛选大气环境规划指标的方法

大气环境规划属于综合性的环境规划，因此指标涉及面广，内容比较复杂。为了编制环境规划，应从众多的统计和监测指标中科学地选取出大气环境规划指标。常用指标筛选方法主要有：综合指数法、层次分析法、加权平分法、矩阵相关分析法等。

第5节　大气污染物总量控制方法

大气污染物总量控制是解决大气污染的有效途径，它不仅将总量削减指标分配到源，而且有利于提高企业的自觉性和主动性，使环境管理具有更强的灵活性。

一、大气污染物总量控制的主要方法

大气污染物总量控制的主要方法包括3种：*A*－*P*值法、平权分配法和优化方法。

1. *A*－*P*值法

A－*P*值法是由国家颁布的制定地方大气污染物排放标准的技术方法，是用*A*值法计

算控制区域中允许排放总量，用修正的 P 值法分配到每个污染源的一种方法。它直接将 P 值控制方法结合到总量控制方法中，从而不仅使未来的总量控制吸收了 P 值控制法的优点，而且直接对污染源用国家正式颁布的标准加以评价，起到了基础平权作用。

1) A 值法

A 值法是基于箱式模型的大气污染物总量控制方法，将控制区域看成一个箱体，箱底和箱顶分别是区域下垫面和大气混合层顶，四周由区域的范围而定。简化后的表达式为：

$$Q_{\mathrm{a}} = \sum_{i=1}^{n} Q_{\mathrm{a}i} \tag{10-26}$$

$$Q_{\mathrm{a}i} = A_i (S_i / S) \tag{10-27}$$

$$A_i = AC_{\mathrm{s}i} \tag{10-28}$$

式中，Q_{a} 为城市区域内某种类污染物年允许排放总量限值，也是理想大气容量，即总量控制区某种污染物年允许排放总量限值，$10^4 \mathrm{t/a}$；$Q_{\mathrm{a}i}$ 为第 i 个分区内某类污染物年允许排放总量限值，$10^4 \mathrm{t/a}$；A 为地理区域性总量控制系数，$10^4 \mathrm{km^2/a}$；A_i 为城市第 i 个分区某种污染物总量控制系数；S 为总量控制区总面积；S_i 为第 i 个功能区面积；$C_{\mathrm{s}i}$ 为第 i 个区域某种污染物的年平均质量浓度限值，$\mathrm{mg/m^3}$，计算时应减去本地浓度；n 为功能区总数；i 为总量控制区内各功能分区编号。

2) P 值法

P 值法是一种烟囱排放标准的地区系数法，给定烟囱有效高度（h_{e}，单位：m）和当地点源排放系数 P，便可求出该烟囱允许排放率（Q_{p_i}，单位：t/h），烟囱有效高度的点源允许排放率为：

$$Q_{\mathrm{p}_i} = P \times C_{\mathrm{s}_i} \cdot 10^{-6} h_{\mathrm{e}}^{2} \tag{10-29}$$

式中，C_{s_i} 为排放质量浓度，$\mathrm{mg/m^3}$。

通过 A 值法确定控制区域的污染物排放总量，在此排放总量的约束下，通过 P 值法将污染负荷分配到各个污染源，这就是 $A-P$ 值法实现大气污染总量控制的思路。

$A-P$ 值法具有简便高效、可操作性强的优点，尤其适用于缺少详细气象资料和污染源资料的城市，并且具有一定的合理性和科学性，是环境保护部门进行城市大气环境管理的基本手段之一。但 $A-P$ 值法依赖简单的箱体模型作为污染源与城市污染浓度的响应关系，总量计算的浓度目标取箱体的混合平均浓度，与地面浓度达到环境质量目标的要求有偏差，其参数的确定也依靠经验数据。由于控制区内的高架点源往往对控制区仅产生部分影响，如果把基于 A 值法计算出的区域大气环境容量作为区域污染源最大的允许排污总量，又过于严格。P 值法主要是根据调查得到的各排放源的烟囱高度和给定的该地区的 P 值计算每个污染源的允许排放量，它忽略了污染源的地理分布，因为某个区域内的允许排放量会因污染源地理分布密集程度的不同而有所不同。因此，$A-P$ 值法的计算结果难免产生误差，精确性不高，在实际工作中如要制定更为完善、合理的总量控制方案，需在此基础上对各污染源进一步削减。

2. 平权分配法

平权分配法是基于城市多源模式的一种总量控制方法。它是根据多源模式模拟各污染源对控制区域中筛选出来的控制点的污染物浓度贡献率，若控制点处的污染物浓度超标，则根据各污染源贡献率进行削减，使控制点处的污染物浓度符合相应环境标准限值的要求。控制点是标志整个控制区域大气污染物浓度是否达到环境目标值的一些代表点，这些点处的浓度达标情况应能很好地反映整个控制区域的大气环境质量状况。

1）城市多源模式

城市多源模式即考虑到控制区内每一个污染源对一个控制点的浓度影响，对照控制点的目标浓度，确定各源的允许排放率，从而确定整个控制区的总量。它所依据的大气扩散模式主要为高斯模式和 K 理论模式。该模式主要包括污染源调查、气象条件选取、扩散模式的选取和控制点的选择这 4 个方面内容。

（1）污染源调查。包括污染源高度、污染源的空间分布、源强、污染物排放时间等。

（2）气象条件选取。利用当地多年常规观测的气象资料，对主要气象参数风向、风速、稳定度类别进行统计，建立各稳定度条件下的风向、风速联合频率表。

（3）扩散模式的选取。根据污染源和气象参数，选择合理的扩散模式将各个源在控制点上的浓度计算出来。在各类城市空气质量模式中，高斯模式仍是主要应用模式。

（4）控制点的选择。选取有代表性的点，如人群分布的社区、风景名胜区、自然保护区和一些比较敏感的保护区等，作为控制点。

高斯模式假定污染浓度满足正态分布，从而可以推导出一系列扩散公式，对小尺度扩散问题十分有效。因为多数城市范围不大，故多源模式多以高斯模式为基础。

K 理论又称湍流梯度扩散理论，它通过研究一个固定空间上的质量或动量通量，把平均场和脉动场联系起来，通过平均场求湍流扩散问题。

2）平权分配法

首先以各污染源现有排放量为源强，将污染源参数（源强、空间位置）和气象参数输入选定的扩散模式（高斯模式），计算出各污染源对各控制点的污染物浓度贡献。根据高斯模式的形式，当污染源与控制点相对位置确定，主要气象条件稳定时，污染源 i 的源强（q_i）与控制点 j 处的污染物浓度（C_{ij}）呈线性关系，即：

$$C_{ij} = a_{ij} \cdot q_i \qquad (10-30)$$

式中，a_{ij}为浓度传输系数，是一个常数。

然后根据各污染源对各控制点的污染物浓度贡献，若控制点处浓度超标，则对各源排放量进行削减，具体可以采用等比例削减法、浓度贡献加权法和传递系数加权法3种方法。

(1)等比例削减法。按“浓度贡献大，削减量大”的原则，即ΔC_{ij}应与C_{ij}成正比关系：

$$\Delta C_{ij} = K_j \cdot C_{ij} \tag{10-31}$$

(2)浓度贡献加权法。为了对浓度贡献大的污染源采用更大的削减率，设ΔC_{ij}应与C_{ij}^2成正比关系，体现“污染贡献大，削减率大”的原则：

$$\Delta C_{ij} = K_j C_{ij}^2 \tag{10-32}$$

(3)传递系数加权法。为了强调传递函数(F_{ij})的作用，设ΔC_{ij}与F_{ij}和C_{ij}成正比关系，体现“污染效应大，削减率大”的原则：

$$\Delta C_{ij} = K_j F_{ij} C_{ij} \tag{10-33}$$

式(10-31)~式(10-33)中，ΔC_{ij}为浓度削减量；K_j为削减率。

相对于$A-P$值法，平权分配法不直接计算区域的排污总量，通过保证控制点处浓度达标来控制该区域的大气环境质量，从而求得各污染源的排放量。只要控制点和大气扩散模式选取适当，其计算结果通常会较为合理。同时，平权分配法根据各污染源对控制点处的污染物浓度贡献来确定各源的排污量，明确了各污染源为使控制区域大气环境质量达标应承担的责任，对各污染源而言比较公平。但由于平权分配法的各污染源采取按最大削减原则进行削减，不能使区域排污总量达到最大，治理投资费用也较高，有些污染源甚至要求削减全部排放量才能达到要求，实际可操作性不强，因此，在实际工作中还需要结合其他方法进行调整。

3. 优化方法

优化方法是将大气污染控制对策的环境效益和经济费用结合起来的一种方法，它将大气污染总量控制落实到防治对策和防治经费上，运用系统工程的理论和原则，制定出大气环境质量达标、污染物总排放量最大、治理费用较小的大气污染总量控制方案。优化方法同样是利用城市多源模式模拟污染物的扩散过程，建立数学模型，设定目标函数，在控制点浓度达标的约束条件下，求得使目标函数最大(或最小)的最优解。根据目标函数的不同，优化方法模型通常分为总削减量最小模型和总投资费用最小模型两种。

1)总削减量最小模型

设地区有n个大气污染源，有k个控制点的污染物浓度超过了标准，可用如下模型寻找总削减量最小的污染物排放控制方案：

$$\begin{cases} \min Z = \sum_{t=1}^{n} Q_i^0 R_i \\ \sum_{i=1}^{n} P_{ik} R_i \geqslant \Delta C_k / C_k \quad (k = 1,2,3,\cdots,k) \\ 0 \leqslant R_i \leqslant R_i^0 \end{cases} \quad (10-34)$$

式中，P_{ik}为第 i 个源对 k 个控制点的浓度贡献；R_i为第 i 个源的排放削减率；$Q_i{}^0$为第 i 个源的初始排放量；$\Delta C_k/C_k$为第 k 个控制点的浓度超标率；R_i^0 为根据现有技术条件，第 i 个源排放量的最大削减量。

2)总投资费用最小模型

该模型为：

$$\sum_{i=1}^{N} f_i(\Delta Q_i) \rightarrow \min \quad (10-35)$$

式中，$f_i(\Delta Q_i)$为第 i 个源的削减费用函数，它的变量是该源的削减量 ΔQ_i，有如下关系：

$$\Delta Q_i = Q_i R_i \quad (10-36)$$

通常情况下，由于经济技术条件的限制，对每个源的削减率都有一个实际可行的范围，亦即有：

$$R_{i\text{下限}} \leqslant R_i \geqslant R_{i\text{上限}} \quad (10-37)$$

一般$f_i(\Delta Q_i)$可以用一个三次函数来表示：

$$f_i(\Delta Q_i) = a_i \Delta Q_i^3 + b_i \Delta Q_i^2 + c_i \Delta Q_i + d_i \quad (10-38)$$

式中，a、b、c、d 分别为各源削减费用函数的系数，如果能解出满足这个方程组的 R_i组合，就能得到符合削减要求并且削减费用最低的削减方案。

优化方法同样通过保证控制点处污染物浓度达标来控制整个区域的大气环境质量，从理论上讲，无论源强优化还是经济优化，从整体上都能得到最优方案，使得区域总排污量最大或者总治理费用最小。但优化方法在实施过程中，有些条件难以实现，因此，在行政上加以修饰使其变成比较优而不是最优。其次，总体投资费用最少，是总体上最优，也就是说，投资相同而治理环境效益最大的污染源要求多削减，反之要求少削减，这在总体上是合理的，但是对于污染源本身来讲则是不合理的。因此，此种优化方案造成的源与源之间的不合理的削减和分配是影响方案实施的一个不可忽略的问题。

二、大气污染物总量控制展望

通过对 3 种主要方法的分析可知，各种方法都存在优越性与不足，总体而言，$A-P$

值法简单方便，可操作性强，便于宏观规划管理，但结果准确度不高，只能作为一种基础性的宏观控制使用，不适宜作为控制城市污染源达到大气环境质量目标的方法。平权分配法基于城市多源模式，科学性更强，对各污染源也比较公平，但宏观上不具备优化特征，实施起来效果不佳。优化方法在理论上最优，较为科学合理，但其计算结果对于各污染源来说却可能造成不公平。因此，在结合各种方法优点的基础上，对其各自的不足之处进行改进，并在求解的过程中引入最新的技术方法，对于大气污染总量控制具有重要意义。

知识拓展

案例介绍

勇于担当作为，守护绿水蓝天，精心打造一流标杆型绿色火电企业

长江之畔的国家能源集团泰州发电有限公司，总装机容量400万千瓦，是江苏省内装机容量最大的发电公司。该公司创造了发电效率最高、煤耗指标最低、环保指标最优等三项“世界之最”，成为先进、清洁、高效火电技术的世界级“名片”。

从荒芜滩涂到江边绿洲，从“国家煤电节能减排示范电站”到“中国美丽电厂”，泰州发电有限公司对“生态优先、绿色发展”进行了不懈探索。

该公司主动探索清洁绿色发展的技术路线，实施环保改造，积极为企业发展创造先机。2012~2015年，该公司利用1、2号机组大小修机会，增设电除尘第五电场，取消脱硫系统旁路，进行了脱硫双塔双循环、低氮燃烧器和脱硝SCR、湿式电除尘等技术改造，主要污染物排放大幅下降，一期两台机组率先完成了百万机组的超低排放改造，2号机组被国家能源局定为超低排放改造示范机组。早在2012年，二期机组设计初期就率先提出“六电场+单塔双循环+湿式电除尘”的超低排放技术路线，高标准配备了环保设施，投产即实现超低排放，实现了该技术在“百万二次再热机组”的首次成功应用。泰州发电有限公司超低排放监测系统曾荣获江苏省电力科学技术进步二等奖，公司荣获“国家煤电节能减排示范电站”“中国美丽电厂”荣誉称号。

以“全厂不见灰、不见煤”为目标，泰州发电有限公司全面梳理固弃物装运、灰库、煤场、输煤廊道等重点环节和区域。输煤转运站降尘率达到了95%以上，实现固弃物综合利用率100%。率先建成码头岸电系统，实现船舶靠港期间发电机大气污染物“零排放”；并通过加装隔音、消音设备，结合厂区合理绿化等方式有效降低了公司厂界噪声。

围绕落实水污染防治行动计划，泰州发电有限公司谋划了含煤废水处理技术路线，建设了静电絮凝处理设备和回用水池，解决了输煤系统冲洗水回收治理的问题；创新提出了低品位余热浓缩、高品位热源干燥的废水处理技术路线，实现了低成本脱硫废水零排放，公司 2 号机脱硫废水零排放系统已投入运行，解决了脱硫废水世界性难题。

泰州发电有限公司二期工程是世界上首次将二次再热技术应用到百万千瓦超超临界燃煤发电机组，实现了机组能效、排放水平大幅提升，目前共获得专利授权 36 项。

围绕“两个转型”目标要求，泰州发电有限公司着力打造“智能、协同、融合、敏捷、安全、柔性”的智慧企业生态系统；持续科技创新，为绿色发展注入不竭动力，彰显出智慧的底色。“智慧发电、智能燃料、智慧管控”多管齐下，研发运用“智能信息管控平台”，积极推进“采制样一体化”技术改革，提升智能管理与精细化管理水平，全力打造智慧发电企业生态系统。

良好的生态环境，就是最普惠的民生福祉。实现人和自然的和谐共存、生产与环境的生态平衡，国家能源集团泰州发电有限公司“清洁生产，绿色生活”的努力，从未止步。不断挖掘大机组供热潜能，持续扩大供热的环保热价比例，实现了社会能耗水平降低和减少污染物排放。能源梯级利用，为周边企业的发展提供了可靠的供热保障，促进了地方经济发展。为进一步提高履责能力，泰州发电有限公司的二氧化硫、氮氧化物、烟尘等排放实时数据与省生态环境厅联网，做到环保状况完全透明公开，时刻接受社会监督。生态经营，扮靓“绿色电厂”，见空栽树，见缝种花，做到四季常青，月月有花，一座花园电厂的形象日益鲜活。

◇课程思政

2012 年 9 月，国务院批复了《重点区域大气污染防治“十二五”规划》，明确提出“协同、综合、联动”的一揽子防治政策措施，治理以 $PM_{2.5}$ 为特征的灰霾污染。第一，明确防治目标。到 2015 年，重点区域 $PM_{2.5}$ 年均下降 5%，对京津冀、长三角、珠三角区域提出更高要求，年均浓度下降 6%。第二，采取综合措施。统筹区域环境资源、优化产业结构与布局。加强能源清洁利用，控制区域煤炭消费总量。实施多污染物协同控制，既注重防治一次污染，又注重防治二次污染。在开展二氧化硫、氮氧化物总量控制的基础上，新增烟粉尘与挥发性有机污染物(VOCS)的控制要求，并提出八大减排工程，共计 1.3 万个减排项目，将有效削减各项污染物排放量。第三，完善联防联控。健全“统一规划、统一监测、统一监管、统一评估、统一协调”的区域大气污染联防联控工作机制，全面提升重点区域大气污染联防联控管理能力。

美丽中国，是时代之美、社会之美、生活之美、百姓之美、环境之美的总和。美丽中国是科学发展的中国，是社会和谐的中国，是生态文明的中国，是可持续发展的中国。经济持续健康发展是重要前提，人民民主不断扩大是根本要求，文化软实力日益增强是强大支撑，和谐社会人人共享是基本特征，生态环境优美宜居是显著标志。应当说，这些方面是建设美丽中国的必备条件。其中，优美宜居的生态环境最为重要。优美的生态环境，有利于增强人民群众的幸福感，有利于增进社会的和谐度，有利于拓展发展空间提升发展质量，从而实现国家的永续发展和民族的伟大复兴。

复习思考题

1. 大气污染物的组成及分类是怎样的？
2. 论述大气环境规划的主要内容。
3. 简述大气环境影响预测的步骤。
4. 为什么要进行大气功能区的划分？如何进行划分？
5. 请简单说明大气环境的指标体系。
6. 大气污染物总量控制方法有哪些？
7. 如何确定大气环境规划的目标？
8. 简述 *A* 值法、*P* 值法和平权分配法的区别。
9. 简述大气环境规划的组成及各组成部分在规划中所起的作用。
10. 大气综合防治措施有哪些？怎样综合应用各种措施进行防治？
11. 降低污染物排放量的有效措施有哪些？
12. 什么是大气总量控制？试述大气环境规划中实行总量控制的必要性。

第 11 章　固体废物管理规划

固体废物，特别是城市垃圾已经成为破坏城市景观和污染环境的重要污染物，并随着城市扩张、工业化进程和居民生活水平不断提高而逐渐成为危害环境的主要因素之一。因此，制定城市固体废物管理规划，对于减少其对环境和人体健康的影响和危害，有着非常重要的作用。本章首先介绍固体废物的来源、影响和危害，进而阐述固体废物管理规划的内容及其规划研究的技术路线，最后通过固体废物规划的应用实例详述建模和求解的过程。

第 1 节　固体废物管理规划的内容

一、固体废物管理规划基础

1. 固体废物管理

固体废物管理是指对固体废物的生产、收集、运输、贮存、处理和最终处置全过程的管理。在过去很长一段时期，我国对于固体废物没有进行专门的环境管理，一些有害固体废物被混入一般工业废渣中丢弃，缺乏专门的堆场，也没有足够的防渗措施，导致事故屡屡发生。工业固体废物，特别是一些排量大的工矿企业固体废物，处理利用率很低。城市垃圾清运能力也不高、机械化收运程度一般较差，无害化处理能力大大低于工业发达国家水平。此外，我国各类固体废物管理相关的环境法制体系还有待完善。

2. 固体废物管理系统

固体废物管理系统是由固体废物及其发生源、处理途径、处置场所和管理程序等构成的完整体系。对于固体废物的管理来说，很重要的一点是划定管理系统的边界，确定管理系统的各组成元素。只有明确了系统的组成(即管理的对象)，管理工作才能有针对性地进行。例如，新产品的上市可能会使城市垃圾的组成发生较大影响，但是，这种情况是管理人员无法控制或改变的，因此它不属于城市固体废物管理系统的元素。不同的固体废物管理系统不一定具有完全相同的元素，它与管理规划的层次、规划年限和固体废物的类型等有关。

3. 固体废物管理规划

固体废物管理规划是在资源利用最大化、处置费用最小化的前提下，对固体废物管理系统中的各个环节、层次进行整合调整调节和优化设计，进而筛选出切实的规划方案，以使整个固体废物管理系统处于良性运转状态。通常情况下，固体管理规划可以分为3个层次：操作运行层次、计划策略层次和政治制定层次。其中，计划策略层次是管理规划的重点。一般来说，该层次规划的系统主要由各固体废物产生源及各种处理和处置设施组成。

目前，我国对固体废物的管理控制缺乏系统规划的思想，法律中仅规定了全过程管理的原则，即对生产、排放、收集、贮存、运输、处理和处置固体废物的全部环节进行管理，尽管这种全过程管理的原则和方式对解决固体废物问题非常必要，但由于这种管理模式不讲求效益，没有从整个处理系统的角度来考虑固体废物管理全过程中的费用效益问题，因而使得固体废物在收集、运输过程中可能耗费大量的人力、物力和财力，填埋场及其他设备未得到有效利用，废物的资源性价值亦得不到最大限度的再利用。

国外应用系统规划的方法解决固体废物管理问题的尝试开始得较早。Rao(1975)应用动态规划方法成功地解决了一个城市地区不同时段内固体废物的处理问题。Baetz等(1989)使用DP法成功确定了一个城市的固体废物填埋场和焚烧设施在某个时段应该达到某种满意的规模。Huang和Moore(1993)使用不确定性动态规划方法对一个城市处理设施的处理能力、能力扩充、固体废物的流动分配及相关的运输问题做出了科学规划。

4. 固体废物污染预测

1)工业固废产生量预测

工业固体废物有不同的种类，应分别对其进行预测。常用的预测方法有如下3种：

(1)系数预测法。

系数预测法模型为：

$$W = P \cdot S \tag{11-1}$$

式中，W为预测年固体废物排放量，10t/a；P为固体废物排放系数，t/t(产品)；S为预测的年产品产量，10^4t/a。

(2)回归分析法。

该方法根据固体废物产生量与产品产量或工业产值的关系，可建立一元回归模型，即：

$$y = a + bx \tag{11-2}$$

若固体废物产生量受多种因素影响，则还可以建立多元回归模型进行预测。

(3)灰色预测法。

固体废物产生量灰色预测法是根据历年固体废物产生量序列来建立灰色预测模型。其基本方法可以参见大气、水环境污染预测的有关内容。

2)城市垃圾产生量预测

与工业固体废物预测一样，城市垃圾产生量预测也常采用系数预测法、回归分析法和灰色预测法进行。

3)固体废物的环境影响预测

固体废物对环境影响是多方面的，对于这类预测问题，一般是进行某种模拟实验，根据实验来建立预测模型，再进行相应环境问题的预测。常用的方法可以参考大气、水环境污染预测方法，以及因果关系分析法，等等。

二、固体废物管理规划的对象

在我国，对于危险废物，一般以法律或法规的方式规定其管理程序。国家环境保护局于 1987 年颁布了《城市放射性废物管理办法》，这是我国第一个关于危险废物管理的专门法规。该办法分为“总则”“放射性废物分类”“产生放射性废物单位的责任”“放射性废物的收运”“放射性废物库的管理”“监督管理”“收费”“奖惩”“附表”9 章，共 44 条。

概括来说，对危险废物的管理一般从 4 个方面入手：①制定危险废物判别标准；②建立危险废物清单；③建立危险废物的存放与审批制度；④建立危险废物的处理与处置制度。

工业固体废物是由特定发生源大量排出的，且每个发生源排出的固体废物性质、状态基本不变。基于这种情况，我国坚持企业自行处理的原则，开展资源化利用，并着眼于生产建材和各种“吃灰”“消渣”量大的应用途径研究。

由于危险废物由法律或法规规定了其管理方式，而工业固体废物的管理坚持企业自行处理的原则，因此，固体废物管理规划的对象主要是城市固体废物的管理系统，内容重要包括如何使城市垃圾的收集、运输费用最小，如何给各处理场所(如填埋地、堆肥场和焚化场等)分配合适的固体废物量，如何使城市或区域的垃圾处理费用最小，等等。

三、固体废物管理规划的内容

固体废物管理系统自身的复杂性，决定了其规划工作亦是一个较为复杂的过程，既有对大量数据的调查和分析，又有众多规划方法的运用和模型的构建，当规划方案产生后，还要对其进行对比分析，以求得最优化的结果。固体废物管理规划包括总体设计、数据调查与分析、规划模型开发、规划方案生成及后优化分析 4 个步骤。

1. 总体设计

总体设计包括两方面内容：

(1)固体废物管理规划系统的总体设计，确定规划的目的、对象、范围和内容等。

(2)规划系统结构与指标体系研究，设计规划的系统流程及规划的衡量指标体系。

2. 数据调查与分析

(1)固体废物污染源数据调查分析。实地考察固体废物的污染源，收集污染物排放数据，并进行统计分析。

(2)固体废物处置现状数据调查。确认规划区内固体废物的收集、存放、运输路线、固体废物处理方式现状、填埋场位置和规模、固体废物对环境的影响数据，以及有用固体废物回收利用状况，等等。

(3)社会经济数据调查分析。收集并分析相关的经济结构、产业结构、工业结构及布局现状，以及社会与经济发展愿景规划目标数据。

(4)其他数据调查。包括相关的环境质量、水文条件、气象条件、土地利用状况、交通和地形地貌数据等。

3. 规划模型开发

规划模型开发指采用适宜的规划方法，建立固体废物管理控制系统的规划模型，以获得反映实际系统本质的立项规划方案。具体内容包括：①固体废物管理技术经济评估；②固体废物生产排放预测；③固体废物处置场地选址及交通运输网络设计；④固体废物处理量优化分配；⑤固体废物相关的空气污染物扩散控制；⑥固体废物运输与处理相关的噪声污染控制。

4. 规划方案生成及后优化分析

1)规划方案生成

根据规划模型的结果，产生相应不同条件下的规划方案。

2)后台优化分析

为了增加规划方案的有效性，还可以采用一些风险分析方法，以及效用理论、回归分析等技术方法，加强与决策者和有关专家的交互过程，以获得有用的反馈信息，进而调整模型，分析比较不同规划方案的效果，力图获得更加切实可操作的优化方案。

四、固体废物管理规划的技术路线

由于目前我国的固体废物管理规划的主要研究对象是城市，因此，本小节仅就城市固体废物管理规划的技术路线进行介绍分析。概括地说，城市固体废物管理系统规划的主要技术路线为：①基础数据的调查分析；②污染源预测分析；③规划模型建立和调整；④规划方案的权衡分析。具体过程如图 11 – 1 所示。

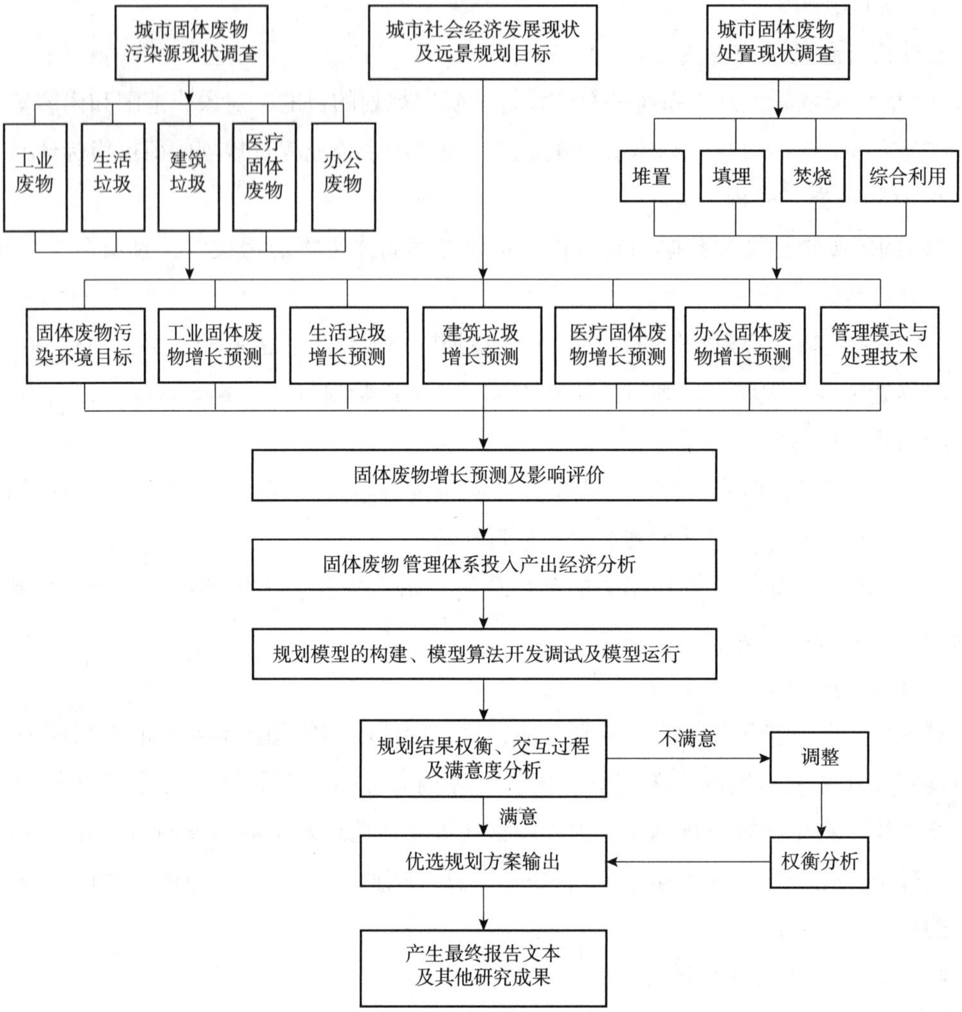

城市固体废物污染源现状调查
城市社会经济发展现状及远景规划目标
城市固体废物处置现状调查
工业废物
生活垃圾
建筑垃圾
医疗固体废物
办公废物
堆置
填埋
焚烧
综合利用
固体废物污染环境目标
工业固体废物增长预测
生活垃圾增长预测
建筑垃圾增长预测
医疗固体废物增长预测
办公固体废物增长预测
管理模式与处理技术
固体废物增长预测及影响评价
固体废物管理体系投入产出经济分析
规划模型的构建、模型算法开发调试及模型运行
规划结果权衡、交互过程及满意度分析
不满意
调整
满意
优选规划方案输出
权衡分析
产生最终报告文本及其他研究成果

图 11－1　城市固体废物管理规划技术路线

第 2 节　应用实例分析

本小节选取一个固体废物的选址分配模型进行固体废物管理规划的案例分析。

一、问题描述

有两个城市(城市 A 和城市 B)计划联合建设一个区域固体废物处理系统，处理它们的城市垃圾，可供选择的处理方式有 3 种：卫生填埋、焚化和投海。要求无论采用何种方式都必须达到环境标准或排放标准，且达到环境标准或排放标准所需的额外处理费用包括在总的处置费用中。值得注意的是固体废物处置包括运输和处理两个过程，其所需的总费用也是由这两个环节直接决定的。

已知城市 A 有 40000 人，固体废物产量为 700t/周；城市 B 有 65000 人，固体废物产量为 1200t/周。处理场 I，计划建成焚烧场，距城市 A 15km，距城市 B 10km；处理场 O，计划建成垃圾投海码头，与城市 A、城市 B 的距离分别为 5km 和 15km；卫生填埋场 L，距城市 A、城市 B 的距离分别为 30km 和 25km(图 11－2)。每个处理场的固定费用和可变费用及处理能力见表 11－1。运输费用是 0.5 元/(t · km)。此案例的问题为：应该建设哪种处置设施，可以使得两城市总的固体废物处置费用最小?

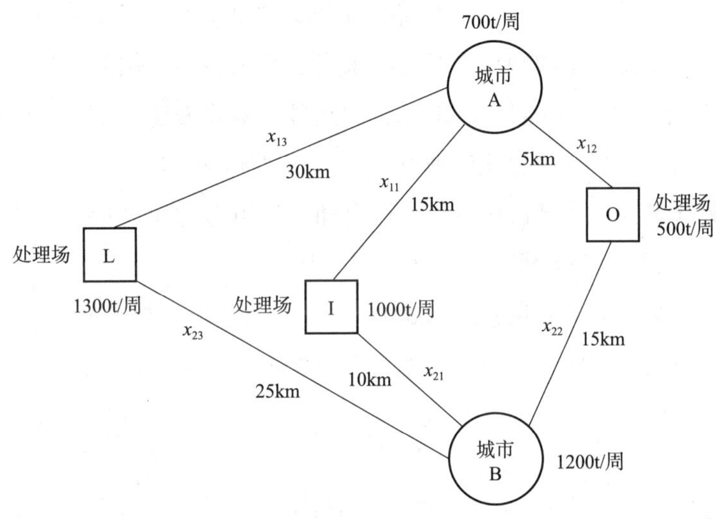

图 11－2　两城市的固体废物发生和处置系统(据海思，略有改动)

表 11－1　拟建固体废物处理场的费用和处理能力(据海思，略有改动)

处理场代号	处理方式	固定费用/(元/a)	可变费用/(元/t)	处理能力/(t/周)
I	焚化	200000	12.0	1000
O	投海	60000	16.0	500
L	卫生填埋	100000	6.0	1300

正如大多数此类问题一样，之所以要建立区域系统，是因为存在规模经济，这里与处理场建设和开工有关的固定费用的规模经济性是很明显的。一般地，焚化费用函数在原点处是不连续的，说明如果建立焚化场，就至少每年花费 200000 元的固定费用。以边际费用表示的固定费用可以反映规模经济性。由于固定费用会被更多的垃圾所分摊，随着焚化场处理量的增大，边际固定费用快速下降。例如，当处理能力为 10000t/a 时，边际固定费用为 32 元/t，若处理量增加到 80000t/a 时，则边际固定费用降为 14.5 元/t。

二、建模

由图11－2可知，该系统的主要组分为固体废物生产源城市A和城市B，以及3个处理场。规划的目的包括两个方面，一方面是使固体废物运输和处理的总费用最小，另一方面是使两个城市产生的所有固体废物都全部处理掉。对于这个问题，需要确定两类决策变量以对目标、质量平衡和技术约束进行描述。首先，考虑是否采取某一种处理方式，这需要定义一个离散变量。该离散变量应取整数，即：

$$y_j = \begin{cases} 1, \text{采取处理方式} j \\ 0, \text{不采取处理方式} j \end{cases}$$

这样，就可以在目标函数中加入线性项来表达固定费用。例如，焚化场的固定费用为200000元/52周≈3850元/周，把$3850y_j$加到目标函数表达式中，就可以正确反应焚化的固定费用。其中，当采用焚化处理时，$y_1=1$，否则$y_1=0$。

另一类决策变量为每个城市所焚化、投海和卫生填埋的垃圾量。将其定义为x_{ij}，即从城市i到城市j处理的固体废物量，单位为t/周。

这样，总共有9个决策变量，其中3个(y_1，y_2，y_3)为整数变量。

有了这些决策变量，就可以写出每个城市的固体废物平衡方程：

$$\sum_{j=1}^{3} x_{1j} = 700 \tag{11-3}$$

$$\sum_{j=1}^{3} x_{2j} = 1200 \tag{11-4}$$

式(11－3)和式(11－4)定量地表示了规划的第二个目的，即使两个城市产生的所有固体废物都全部处理掉。由于每个处理场都存在着处理能力的限制，3个处理场处理能力的约束可以写为：

$$\sum_{i=1}^{2} x_{i1} \leqslant 1000 \tag{11-5}$$

$$\sum_{i=1}^{2} x_{i2} \leqslant 500 \tag{11-6}$$

$$\sum_{i=1}^{2} x_{i3} \leqslant 1300 \tag{11-7}$$

然后分析目标函数。目标函数要表达的是规划的第一个目的，即使固体废物运输和处理的总费用最小。固体废物处理的费用包括3个部分：固定费用、运输费用和可变费用。固定费用的单位为元/周，其量值为$3850y_1+1150y_2+1920y_3$；运输费用由单位质量固体废物的单位距离费乘以运输量得到。则：城市A的总运费为$7.5x_{11}+2.5x_{12}+15.0x_{13}$；城市B的总运费为$5.0x_{21}+7.5x_{22}+12.5x_{23}$。

焚化、投海和卫生填埋的总可变费用，由单位质量垃圾的处理费用乘以每周的处理量得到。两个城市的总可变费用为：$12.0x_{11}+16.0x_{12}+6.0x_{13}+12.0x_{21}+16.0x_{22}+6.0x_{23}$。

把固定、运输和可变费用加在一起就是两个城市处理固体废物的总费用：$3850y_1+1150y_2+1920y_3+19.5x_{11}+18.5x_{12}+21.0x_{13}+17.0x_{21}+23.5x_{22}+18.5x_{23}$。

另外，为了完成模型，还需加上整数变量的约束条件：

$$y_j=\begin{cases}0 & x_{1j}+x_{2j}=0\\ 1 & x_{1j}+x_{2j}>0\end{cases} \tag{11-8}$$

模型中变量之间的其他关系式都是线性的，如果 y_j 的约束也是线性的，则此最优化模型就是一个混合整数规划（MVP）模型，可以用标准的计算机程序来求解。对 y_j 的取值存在一个明显的约束条件：

$$y_i\leqslant 1\ \forall_j \tag{11-9}$$

已知 y_j 为整数，则约束条件式（11-9）把 y_j 的取值限制为非0即1。如最优化模型以总费用表达式为目标函数，式（11-3）、式（11-7）和式（11-9）为约束条件，则最优解中总有 $y_j^*=0$。这是因为目标函数中 y_j 的系数为正值，要使费用最小，必然要求 y_j 尽可能地小。那么当 $x_{1j}+x_{2j}\neq 0$ 时，如何使 y_j 为1呢？考虑约束条件：

$$10000y_j\geqslant x_{1j}+x_{2j} \tag{11-10}$$

式中“10000”是一个任意数，它至少应与 $x_{1j}+x_{2j}$ 的最大可能值一样大。如果 $x_{1j}+x_{2j}>0$，则 y_j 也一定大于0，而且因为要满足上述约束条件，它必等于1。相反，若 $x_{1j}+x_{2j}=0$，y_j 则可以取0或1。可是如前所述，为使费用最小，y_j 必须为0。因此，约束条件式（11-9）和式（11-10）与约束条件式（11-8）是相同的。本案例中问题完整的最优化模型可以写成：

目标函数：

$$\min Z=3850y_1+1150y_2+1920y_3+19.5x_{11}+18.5x_{12}+21.0x_{13}+17.0x_{21}+23.5x_{22}+18.5x_{23} \tag{11-11}$$

约束条件：式（11-3）~式（11-7），式（11-9）、式（11-10），以及 $x_{ij}\geqslant 0$，$y_i\in(0,1,2,\cdots)$。

如果把约束条件式（11-5）~式（11-7）和式（11-10）合并成特定的整数约束条件，则可以得到较简单的模型。例如垃圾投海的两个约束条件：

$$\sum_{i=1}^{2}x_{i2}\leqslant 500 \tag{11-12}$$

和：

$$\sum_{i=1}^{2} x_{i2} \leqslant 10000y_2 \tag{11-13}$$

等价于下面的一个约束条件：

$$\sum_{i=1}^{2} x_{i2} \leqslant 500y_2 \tag{11-14}$$

约束条件式(11－10)可以从模型中删去，约束条件式(11－5)～式(11－7)可以分别由下式代替：

$$\sum_{i=1}^{2} x_{i1} - 1000y_1 \leqslant 0 \tag{11-15}$$

$$\sum_{i=1}^{2} x_{i2} - 500y_2 \leqslant 0 \tag{11-16}$$

$$\sum_{i=1}^{2} x_{i3} - 1300y_3 \leqslant 0 \tag{11-17}$$

由此得到的新的最优化模型系数如表 11－2 所示。

表 11－2　固体废物处理最优化模型系数(据海思，略有改动)

y_1	y_2	y_3	x_{11}	x_{12}	x_{13}	x_{21}	x_{22}	x_{23}	
3850	1150	1920	19.5	18.5	21.0	17.0	23.5	18.5	$=Z$
			1	1	1				=700
						1	1	1	=1200
-1000			1			1			≤0
	-500			1			1		≤0
		-1300			1			1	≤0
1									≤1
	1								≤1
		1							≤1

三、求解

以上的规划模型是一个整数规划模型，需要采用整数规划的割平面算法求解。最后，得到该问题的最优解：

$$\begin{cases} y_1^* = 1, x_{11}^* = 200(\text{单位:t/周}) \\ y_2^* = 1, x_{12}^* = 500(\text{单位:t/周}) \\ y_3^* = 1, x_{21}^* = 800(\text{单位:t/周}) \\ x_{23}^* = 400(\text{单位:t/周}) \\ Z^*(\text{最小费用}) = 41070(\text{单位:元}) \end{cases} \tag{11-18}$$

与该解相应的最优方案也可以用图 11－3 表示。

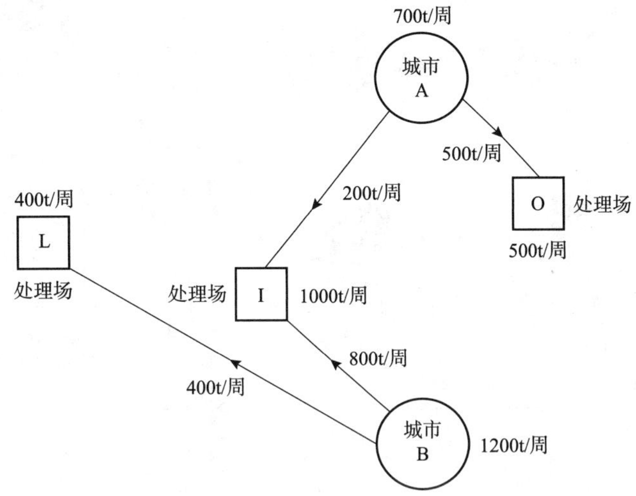

图 11－3　固体废物处理问题的最优方案(据海思，略有改动)

◇案例介绍

案例名称：大连生活垃圾“大分流、细分类”典型案例

实施地点：大连市西岗区

创新优势：

(1)遵循“大分流，细分类”的原则：“大分流”对大件垃圾和装修垃圾这两类生活垃圾实施专项分流收集收运处理；对其他类生活垃圾采取“细分类”，按资源化程度和性质分为厨余垃圾、可回收垃圾、有害垃圾、其他垃圾。

(2)采用“互联网＋分类回收”的模式：利用专业的垃圾分类指导系统，采用智能回收设备、非智能回收箱通过定时定点回收和上门回收等模式，结合环保理念宣传、垃圾分类指导、积分兑换和现金回馈体系，降低垃圾分类回收门槛，引导和鼓励居民积极参与垃圾分类，有效解决垃圾围城和资源浪费问题。

(3)实施“线上＋线下”的垃圾宣传方式：项目遍及 6 个行政社区，覆盖居民 1.3 万户，企事业单位 349 家。通过多元化的宣传手段和线下宣教督导，使居民知晓率达到 90%，参与率超过 70%。

(4)配备专业化的后端处置机构：厨余垃圾、大件垃圾、装修垃圾直接运至后端专业处置机构，可回收垃圾和有毒有害垃圾运至分拣中心进行二次分选、暂存后交由后端企业进行循环利用和无害化处理。垃圾分类专业化如图 11－4 所示。

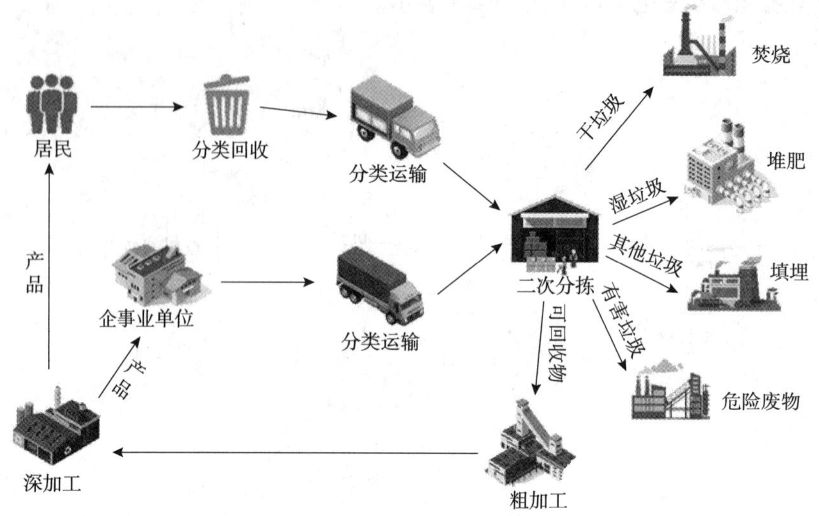

图 11－4　垃圾分类专业化示意图

◇课程思政

中共中央总书记、国家主席、中央军委主席习近平对垃圾分类工作曾作出重要指示。

习近平强调，实行垃圾分类，关系广大人民群众生活环境，关系节约使用资源，也是社会文明水平的一个重要体现。

习近平指出，推行垃圾分类，关键是要加强科学管理、形成长效机制、推动习惯养成。要加强引导、因地制宜、持续推进，把工作做细做实，持之以恒抓下去。要开展广泛的教育引导工作，让广大人民群众认识到实行垃圾分类的重要性和必要性，通过有效的督促引导，让更多人行动起来，培养垃圾分类的好习惯，全社会人人动手，一起来为改善生活环境作努力，一起来为绿色发展、可持续发展作贡献。

我们要深入学习贯彻习近平总书记关于生活垃圾分类工作的系列重要批示指示精神，积极行动起来，养成垃圾分类的好习惯，为改善生活环境作努力，为绿色发展、可持续发展作贡献。

复习思考题

1. 什么是固体废物？
2. 什么是固体废物管理系统？
3. 什么是固体废物规划？
4. 固体废物管理规划的内容有哪些？
5. 请简述固体废物规划的技术路线。

第 12 章　噪声污染控制规划

1981 年，在美国举行的一次现代派露天音乐会上，当震耳欲聋的音乐声响起后，有 300 多名听众突然失去知觉，昏迷不醒，100 辆救护车到达现场抢救。这就是一起骇人听闻的噪声污染事件。噪声研究始于 17 世纪，20 世纪 50 年代后，噪声被公认为一种严重的公害污染，有关噪声污染的事件也屡有报道。随着工业生产、交通运输的不断发展，城市化进程的加快，以及人口密度的增加，家庭设施(音响、空调、电视机等)的增多，环境噪声日益严重。近年来，噪声污染已经和大气污染、水污染及固体废物污染一起被认为是当今社会的四大污染公害，给人类发展带来了极其不利的影响。

噪声污染控制规划是控制噪声污染的有效手段之一。它在合理的功能分区基础上，根据各功能区的性质，规定各功能区所应达到的声学环境目标(以环境噪声为标准依据)，进而根据环境噪声评价、预测的结果，分析造成噪声污染的主要原因，并从合理布局、技术控制等方面拟定可行的规划方案，使各功能分区达到声学环境保护目标，进而优化编制防治方案。因此，噪声污染控制规划是城市或区域环境规划的重要组成部分。

第 1 节　噪声现状调查与评价

一、主要调查内容

1. 气象条件

调查项目所处区域的主要气象特征、年平均风速和主导风向、年平均气温、年平均相对湿度等。

2. 地形、地貌

根据评价对象的要求，收集评价范围内 1∶2000～1∶50000 地理地形图；说明评价范围内和声波衰减有关的地形、地貌特征，如声源和受声点之间的地形高差，树木、灌木等的分布情况，地面覆盖情况，构筑物情况，等等。

3. 土地使用功能区和声环境功能区划分

以图、表相结合的方式说明评价范围内不同区域的土地使用功能区和声环境功能区划分，以及各功能区的声环境质量状况。未进行声环境功能区划的区域，按《关于公路、铁路(含轻轨)等建设项目环境影响评价中环境噪声有关问题的通知》的要求确定评价范围内的声环境功能要求。

4. 主要敏感目标

调查评价范围内的噪声敏感建筑物、噪声敏感建筑物集中区域的名称、规模，明确人口分布情况，并以图、表相结合的方式说明敏感目标与拟建项目的关系(方位、距离、高差等)。

5. 噪声源

项目所处区域的声环境功能区的声环境质量现状超过相应标准要求，或噪声值相对较高时，应对区域内的主要噪声源及相关情况进行调查。

如噪声源为固定声源，应调查主要噪声源的名称、数量、位置及其影响的噪声级；如噪声源为流动声源，应调查道路的结构，交通流量昼夜变化情况(或轨道的布局，不同类型列车的运行情况，或机场飞机机型、运行的跑道、飞行动态等)，明确流动声源的相对位置及其影响的噪声级。

如评价项目为改、扩建项目，还需说明现有工程边界噪声的超、达标情况，如超标，则应说明超标的原因。

二、调查方法

1. 收集资料法

声环境现状调查时，应首先通过收集资料法获得现有的各种有关资料，但此方法只能获得第二手资料，而且往往不全面，不能完全符合要求，需要其他方法的补充。这种方法的优点是应用范围广、收效大，比较节省人力、物力和时间。

2. 现场调查法

现场调查法的重点是了解噪声的分布情况，查明主要噪声源的噪声特性，噪声的传播途径，以及建筑物所受的噪声影响，等等，直接获得第一手的数据和资料。这种方法的缺点是工作量大，需占用较多的人力、物力和时间，有时还可能受季节、仪器设备条件的限制。

3. 现场测量法

声级计是噪声测量中应用最广泛的仪器。它主要用于测量噪声的声级，并且和其他相应的仪器或附件配套，进行频谱分析及振动测量。声级计测量前，应检查声级计的电池电压是否满足要求，并用活塞发声器对声级计进行校正；测量时要避免风、雨、雪对噪声测量的干扰；进行测量时应将传声器尽量接近机械的辐射面，这样可以使噪声源的直达声源足够大，避免其他噪声源的干扰。声级计体积小、重量轻、便于携带。

声环境现状调查应根据噪声评价工作等级相应的要求确定采用的具体方法，一般采用一种方法或几种方法的组合。

三、现状监测

1. 监测布点原则

现状监测布点应覆盖整个评价区域，包括厂(或场)界和噪声敏感目标。当敏感目标是高层建筑时，还应在不同高度布设监测点。评价范围内没有明显的噪声源(如工业噪声、交通噪声、施工噪声等)，且声级较低时，可选择有代表性的区域布设监测点，进行环境现状监测。

评价范围内有明显的噪声源，或拟建项目为改、扩建工程时：

(1)如噪声源为固定声源，现状监测点应布设在距声源不同距离的敏感目标处，重点布设在受声源影响的敏感目标处。必要时可以在距声源不同距离处设衰减监测断面。

(2)如噪声源为流动声源，且呈现线声源特点时，现状监测点布设应兼顾噪声敏感目标的分布状况、工程特点(如交通流量、行车速度等)及线声源噪声影响随距离衰减的特点，布设在典型敏感目标处和确定的若干监测断面上。在监测断面上选取距声源不同距离(如15m、30m、60m、120m等)处布设监测点。

(3)对于改、扩建机场工程，可以在主要飞行航迹下离跑道两端不超过12km、侧向不超过2km范围内布设监测点，监测点一般布设在评价范围内的主要敏感目标处。

2. 监测要求

应根据不同的监测内容分别执行《汽车加速行驶车外噪声限值及测量方法》(GB 1495—2002)、《机场周围飞机噪声测量方法》(GB 9661—1988)、《工业企业厂界环境噪声排放标准》(GB 12348—2008)、《城市轨道交通车站站台声学要求和测量方法》(GB/T 14227—2006)、《摩托车和轻便摩托车加速行驶噪声限值及测量方法》(GB 16169—2005)、《声环境质量标准》(GB 3096—2008)等。

现状监测的测量指标按有关标准方法要求的测量指标而确定，该测量指标即现状评价量。

选择测量时段时应注意：

(1)应在声源正常运转或运行的工况条件下测量。

(2)每次测点，应分别进行昼间、夜间的测量。

(3)对于噪声起伏较大的情况(如道路交通噪声、铁路噪声)，应根据实际情况增加昼间、夜间的测量次数，必要时进行全天24小时监测。

第2节　声环境功能区划

一、声环境功能区划的意义

声环境功能区划可以确定各类功能区执行的声环境质量标准和噪声污染源限值标准，其意义为：

(1)有效控制噪声污染的程度和范围，提高声环境质量，为城市居民正常生活、学习和工作场所的安静环境提供保障。

(2)便于城市环境噪声管理和促进噪声治理。

(3)有利于城乡规划的实施和城乡改造，做到区划科学合理，促进环境、经济、社会协调发展。

二、声环境功能区划的基本原则

声环境功能区划的基本原则为：

(1)区划应以城市规划为指导，按区域规划用地的主导功能、用地现状确定，应覆盖整个城市规划区面积。

(2)区划应便于城市环境噪声管理和促进噪声治理。

(3)单块的声环境功能区面积，原则上不小于0.5km^2；山区等地形特殊的城市，可以根据城市的地形特征确定适宜的区域面积。

(4)调整声环境功能区类别时需进行充分的说明，应严格控制4类声环境功能区范围。

(5)根据城市规模和用地变化情况，声环境功能区划可以适时调整，原则上不超过5年调整一次。

三、声环境功能区划的程序

声环境功能区划的程序为：

(1)准备区划工作资料：城市区域用地现状统计资料、声环境质量现状统计资料、城市总体规划、分区规划和比例适当的工作底图。

(2)确定区划单元，依据区划方法初步划定各区划单元的区域类型。

(3)把多个区域类型相同且相邻的单元连成片，充分利用交通干线(主干线及以上级别干线）、区行政边界、河流、沟壑、绿地等地形地貌作为区划边界。

（4）对初步划定的区划方案进行分析、调整，并征求相关部门意见。

（5）确定区划方案并绘制区划图。

（6）系统整理区划工作报告、区划方案、区划图等资料。区划方案由地方环境保护主管部门组织评审。

（7）地方环境保护行政主管部门将区划方案报当地人民政府审批、公布实施，并报上级环境保护主管部门备案。

四、声环境功能区划分

依据国家《城市区域环境噪声标准》和《城市区域环境噪声适用区划分技术规范》，结合城区总体规划、城区环境噪声污染特点和城市环境噪声管理要求划分环境噪声功能区。

适用区域及执行标准如表 12－1 所示。

表 12－1　适用区域及执行标准

类别	适用区域	执行标准
0 类	康复疗养区等特别需要安静的区域	0 类标准
1 类	以居民住宅、医疗卫生、文化教育、科研设计、行政办公为主要功能，并需要保持安静的区域	1 类标准
2 类	以商业金融、集市贸易为主要功能，或者居住、商业、工业混杂，需要维护住宅安静的区域	2 类标准
3 类	以工业生产、仓储物流为主要功能，需要防止工业噪声对周围环境产生严重影响的区域	3 类标准
4a 类	高速公路、一级公路、二级公路、城市快速路、城市主干路、城市次干路、城市轨道交通（地面段）、内河航道两侧区域	4a 类标准
4b 类	铁路干线两侧区域	4b 类标准

第 3 节　噪声污染预测

噪声污染预测主要包括两个方面的内容：交通噪声预测和环境噪声预测。

一、交通噪声预测方法

常用的交通噪声预测方法主要有两种：①多元回归预测，即根据用车流量、道路宽度、本底噪声值与交通噪声等效声级之间的关系，建立多元回归预测模型进行预测；②灰色预测，即根据历年噪声等效声级值，通过原始数据生成处理，建立灰色预测模型进行预测。此外，还可以采用随机车流量预测方法。

二、环境噪声预测方法

常见的环境噪声预测方法主要有两种：①多元回归预测，即根据车流量、固定噪声源、本底噪声与噪声等效声级之间的关系，建立多元回归预测模型进行预测；②灰色预测，即根据历年环境噪声值，建立灰色预测模型进行预测。

建筑施工噪声问题是一类重要的环境噪声污染问题。来自建筑设备的噪声经常用声源在特定距离(r_1)的声压级(L_1)来表征。预测建筑噪声一般是用已知的 L_1、r_1 去求出声源在指定距离(r_2)上的声压级(L_2)。对于最简单的情况，即设备安装在没有障碍物影响声音传播的平地上，这时，由于“波的发散”，当与噪声源的距离增加时，散发出的声能散布到越来越大的表面积上，所以声音会随着原先距离的增加而减小。对此，声音的递减量用下面的公式描述：

$$L_2 = L_1 - 10\lg\left(\frac{r_2}{r_1}\right)^2 \tag{12-1}$$

式(12－1)适用于像空气锤这样的“点源”。而对于有固定运输流量的公路这样的“线源”，则使用另外不同的方程。式(12－1)有时称为“平方反比律”，它表明，对于有障碍而没有环境损耗的点源，距离每增加一倍，声压级就减少一定分贝。如果噪声源被附近的墙壁或建筑物干扰，由于障碍物表面对声波的反射，则必须对上述公式进行修正。声波的发散不是使声压级随距离增加而减少的唯一因素，物体障碍、大气吸收作用和气候影响等也会使声音进一步削弱。这种“额外衰减”的影响可以由式(12－1)求出的声压级减去一个具有代表性的经验因素(以 dB 为单位)来估算。

三、噪声污染控制规划目标

为防治环境噪声污染，保障人们良好的生活、工作、学习环境，以及社会的可持续发展，《中华人民共和国环境保护法》《中华人民共和国环境噪声污染防治法》《建设项目环境保护管理办法》规定了建设项目环境影响评价申报制度，这是贯彻“以防为主，防治结合”方针的重要一环。它要求环境噪声控制技术和管理的研究具有超前性，以社会经济和科技发展为依据，对环境影响进行预测，展望人类活动可能出现的对环境影响的性质、范围和程度，提出系统控制手段和防治技术对策，即应用自然科学和社会科学等有关学科的原理和方法，采用系统分析法，包括环境评价、规划、管理和治理对策，从区域的整体出发，进行环境噪声污染综合治理，并寻求解决环境问题的最佳方案，以达到改善环境噪声的目标，尤其是控制新的污染源，避免以往因“先污染，后治理”而带来的严重后果和经济上的巨大损失。

知识拓展

案例介绍

案例名称：一起噪声污染投诉案件——以案明法

2015 年 1 月 20 日，吴某通过“江苏省环境违法行为举报网上受理平台”向江苏省环境保护厅投诉，反映其住宅距离沿江高速公路 18 m，噪声白天达 70 dB、夜晚达 60 dB 以上，其身体健康受到很大损害，要求履行对噪声的管理和监督义务。

江苏省环境保护厅收到投诉后网上转交 A 市环境保护局办理，该局网上签收后又转交 B 市环境保护局办理。让吴某没想到的是，2015 年 1 月，B 市环境保护局通过邮局给其寄出的《信访事项不予受理告知书》称：“你反映的噪音扰民问题已向 B 市法院提起诉讼，目前针对你的部分诉讼请求 B 市法院已作出予以支持的判决。按照《信访条例》规定，属于不予受理的第二类情况。”这样的结果并没有让吴某满意，随后，吴某不服诉至法院，请求判令江苏省环境保护厅履行监督管理法定职责。

最终，法院的裁判结果是：南京市中级人民法院一审认为，沿江高速公路涉案地段环保验收工作系被告江苏省环境保护厅直接验收并公示的。被告在验收涉案工程时已经检测到该工程在“夜间都有不同程度的超标”，并称“正在实施安装隔声窗等降噪措施，计划 2006 年 6 月完成”，故对于该工程所产生的噪音扰民问题负有不可推卸的监督管理职责。被告对于原告吴某提出的履责要求，未采取切实措施，仅作为信访事项转交下级环境保护部门处理。原告诉请成立，法院予以支持。遂判决确认被告不履行环境保护行政管理职责行为违法；责令被告于判决生效之日起 30 日内针对原告的投诉履行相应法定职责。一审判决后，双方当事人均未上诉。

案例意义：

该案例中，人民法院通过调查，认定涉案高速公路环境保护验收工作系江苏省环境保护厅所为，其对群众投诉的噪声污染问题负有不可推卸的监管职责，法院裁判有利于避免行政机关之间相互推诿，有利于督促责任主体尽快履责，有利于减少公众投诉无门或乱投诉现象，彰显了司法保障民生的正当性。

复习思考题

1. 计算在公共汽车内和飞机强力发动机旁的声压级。已知：公共汽车内的声压为 0.2Pa，飞机强力发动机旁的声压为 200Pa。

2. 为测定某车间中一台机器的噪声大小，从声级计上测得声级为104dB，当机器停止工作，测得背景噪声为100dB，求该机器噪声的实际大小。

3. 某车间内有3台机器，通过试验(无本底噪声)测得3台机器单独运转时的声压级分别为$L_1=81$dB，$L_2=78$dB，$L_3=83$dB，在机器未开动之前，测得车间内本底噪声为70dB，试求3台机器同时工作时的合成噪声级。

4. 噪声的定义是什么？

5. 噪声可以分为哪些类型？

6. 声波是如何形成的，能否在真空中传播，为什么？

7. 简述噪声控制的一般方法。

8. 声环境功能区如何划分？

第 13 章　生态规划

目前，各种环境问题和环境与发展的关系问题正困扰着人类社会，其中最重要的问题之一是人口的剧增，这使得地球生命维持系统正承受着越来越大的压力。与此紧密相关的另一个问题是人类对地球上资源的大量开发和不合理利用致使各种资源不断减少，生态破坏和环境污染问题日趋严重。自然生态系统对人类生存和发展的支持和服务功能正面临着严重的威胁。造成上述问题的原因是复杂多样的，但人类的无知和贪婪是一个非常重要的方面。所幸，人们已经逐步认识到环境与发展问题的重要性。生态学的基本原理是适合人类与环境协调发展的重要原理，而那些危害人类生存环境的、急功近利的、非理智的活动，是与生态学原理和目标背道而驰的。因此，通过生态规划来协调人与自然环境和自然资源之间关系的方式正日益受到人们的重视，并获得迅速发展。

第 1 节　生态规划的概念和内涵

一、生态规划的概念

生态规划产生于 19 世纪末 20 世纪初的土地生态恢复、生态评价、生态勘测、综合规划等方面的理论与实践中，是在生态学自身发展与生态学思想传播的氛围中得到发展的。

芒福德等将生态规划的定义为，综合协调某一地区可能或潜在的自然流、经济流和社会流，为该地区居民的生活奠定适宜的自然基础。

现代生态规划奠基人麦克哈格认为，生态规划是在没有任何有害条件的情况下，或多数无害条件下，对土地的某种可能用途，确定其最适宜的地区。符合此种标准的地区便认定为本身适宜于所考虑的土地利用。利用生态学理论而制定的符合生态学要求的土地利用规划称为生态规划。

中国著名生态学家王如松认为，生态规划就是要通过生态辨识和系统规划，运用生态学原理、方法和系统科学手段去辨识、模拟、设计生态系统内部各种生态关系，探讨改善系统生态功能、促进人与环境持续协调发展的可行的调控政策。其本质是一种系统认识和重新安排人与环境关系的复合生态系统规划。

刘天齐认为，生态规划(或生态环境规划)是在生态学原理指导下的土地利用分区规划。

于志熙认为，生态规划是实现生态系统动态平衡、调控人与环境关系的一种规划。

欧阳志云从区域发展的角度指出，生态规划是指运用生态学原理及相关学科的知识，通过生态适宜性分析，寻求与自然相协调、与资源潜力相适应的资源开发方式与社会经济发展途径。

王祥荣认为，生态规划是以可持续发展的理论为基础，以生态学原理为指导，应用系统科学、环境科学等多学科手段辨识、模拟和设计人工复合生态系统的各种关系，确定资源开发利用与保护的生态适宜度，探讨改善系统结构与功能的生态建设对策，促进人与环境持续、协调发展的一种规划方法。

《环境科学辞典》对生态规划的定义为："生态规划是在自然综合体的天然平衡情况不做重大变化、自然环境不遭受破坏和一个部门的经济活动不给另一个部门造成损害的情况下，应用生态学原理，计算并安排(合理)天然资源的利用及组织地域的利用。"

可以看出，不同学科和领域对生态规划有不同的理解，早期生态规划多集中在土地空间结构布局和合理利用方面。随着生态学的不断发展及其在社会经济各个领域的广泛渗入，特别是复合生态系统理论的不断完善，生态规划已不仅仅限于土地利用规划、空间结构布局等方面，而是逐步扩展到经济、人口、资源、环境等诸多方面。因此，可以认为生态规划是以生态学原理为指导，应用系统科学、环境科学等多学科手段辨识、模拟和设计生态系统内部各种生态关系，确定资源开发利用和保护生态适宜性，探讨改善系统结构和功能的生态对策，促进人与环境系统协调、持续发展的规划方法。

生态规划有广义和狭义之分。仝川(1998)认为，广义的生态规划是作为一种方法论去指导其他一些具有很强操作性的规划(景观建筑规划、土地利用规划、园林规划等)，使其成为贯穿生态学原理的规划，这种生态规划应被景观设计师、城市规划师所掌握；而狭义的生态规划是在生态系统水平上所做的规划，应从定性描述和分析转变为定量描述和模拟分析，使其成为可实施的对策规划，并真正成为促进可持续发展的有力工具和可行途径。于志熙(1992)认为，广义的生态规划与区域规划、城市规划在内容和方法上应是重合的，在考虑问题的角度上，着重贯彻生态学的科学原理，强调生态要素的综合平衡；狭义的生态规划又称环境规划，是区域规划、城市规划的一部分。而傅博(2002)认为，狭义的生态规划并不同于环境规划，应是与环境规划并列的子规划，二者相互依托、相互补充。

二、生态规划的类型

1. 按地理空间尺度划分

1) 区域生态规划

区域生态规划的主要任务是编制区域自然、社会、经济和生态目录；明确区域发展的中长期规划要点，特别是提出各种不同的可供选择的土地利用及基础性公共设施、社会设施、交通运输等方案。

2) 景观生态规划

景观生态规划主要通过研究景观格局与生态过程及人类活动与景观的相互作用，在景观生态分析、综合及评价的基础上，提出景观最优利用方案和优化措施与建议。景观生态规划强调空间格局对生态过程的控制和影响，通过调整景观格局来维持景观功能的健康和安全。

3) 生物圈保护区规划

生态圈保护区规划的主要目标是保证生物圈现有生物多样性的完整性和永续利用。在保护区建设规划中，应采用生态学原理正确处理保护、开发、利用的关系，将保护、科研、生产、旅游等多层次、多目标规划有机结合，指导保护区的建设。

2. 按地理环境和生存环境划分

1) 陆地生态系统规划

陆地生态系统规划主要是建立自然保护区来保护我国丰富的野生生物、生态系统，以及文化和风景资源。采用科学的方法对保护区体系进行全面评价和总体规划，探索符合我国国情的生态系统保护区体系规划方法，可以提出我国国家级生态系统保护区体系，为我国自然保护区建设提供依据。

2) 海洋生态系统规划

海洋生态系统规划的目的主要是推进海洋环境治理修复，在重点区域开展系统修复和综合治理；推动海洋生态环境质量逐渐好转，构建海洋绿色发展格局，加快建立健全绿色低碳循环发展的现代化经济体系；加强海洋生态保护，全面维护海洋生态系统稳定性和海洋生态服务功能，筑牢海洋生态安全屏障；强化陆海污染联防联控，实施流域环境和近岸海域污染综合防治；防控海洋生态环境风险，构建事前防范、事中管控、事后处置的全过程、多层级风险防范体系。

3) 城市生态系统规划

城市生态系统规划主要通过遵循生态学与城市规划学的有关理论与方法，应用系统科学、环境科学等多学科的手段，辨识、模拟、设计人工复合生态系统内的各种关系，掌握城市生态系统的演变规律及其影响因素，通过对城市生态系统中各子系统的综合布局与安排，提出切实可行的生态规划方案，调整城市人类与城市环境的关系，以维护城市生态系统的平衡，实现城市的和谐、高效、可持续发展。

4)农村生态系统规划

农村生态系统规划的主要内容是通过农村生态适宜度分析，根据其农村生态环境特点，确定适宜的农业生产结构；通过增加和保护区域内物种，改良和增加农作物品种的措施，促进农业生态系统的稳定，增强其抵御自然灾害和各种病虫害的能力；采用和推广各种有效的农业技术，促进其合理利用，有效保护土地资源，发展生态农业；做好乡镇工业与管理，合理使用化学农药与化肥，减少化学物质对农作物的污染；合理规划农村居住生活环境，健全基础设施，美化农村环境。

3. 按社会科学门类划分

1)经济生态规划

经济生态规划主要是指在自然综合体系天然平衡，不发生重大变化，自然环境不遭破坏且一个部门的经济发展不给其他部门造成损害的情况下，计算并合理安排天然资源利用和组织地域利用的一种计划。生态经济规划将合理利用大自然各组成部分的原则和合理利用整个大自然的原则相结合，是能够满足人类社会活动中生产性领域需求和非生产性领域需求的综合性计划，具有极强的社会性和经济性。

2)人类生态规划

人类生态规划主要研究人与环境的关系，人类社会的自然资源利用情况，人类活动对自然界的作用，自然环境对社会发展的作用，等等。当前，主要探讨人对自然作用的不良后果(如环境污染和生态破坏)，寻找协调人与自然和谐发展的最优途径，解决人类所面临的人口、粮食、能源、资源和环境等重大问题。

3)民族文化生态规划

民族文化生态规划主要分析文化生态资源与文化生态，判定价值与特色，划定保护格局，确定保护方式与措施，合理利用非物质文化遗产，从而构建基于本国、本民族文化传统，符合本国国情的城乡规划理论，进而塑造更丰富的地域文化特色，坚持民族历史文化持续发展和文化自信。

第2节　生态规划的内容

一、生态现状调查与评价

1. 生态现状调查内容

生态现状调查与评价的目的，是掌握评价范围内生态环境现状(包括生态因子、生物种群、生态景观和生态环境敏感目标等)，为生态环境现状评价和建设项目对生态环境的影响预测评价提供基础资料。

1)生态背景调查

根据生态影响的空间和时间特点，调查影响区域内涉及的生态系统类型、结构、功能和过程，以及相关的非生物因子特征(如气候、土壤、地形地貌、水文及水文地质等)，重点调查受保护的珍稀濒危物种、关键种、土著种、建群种、特有种和天然的重要经济物种等。如涉及国家级和省级保护物种、珍稀濒危物种和地方特有物种时，应逐个或逐类说明其类型、分布、保护级别、保护状况等；如涉及特殊生态敏感区和重要生态敏感区时，应逐个说明其类型、等级、分布、保护对象、功能区划、保护要求等。

2)主要生态问题调查

调查影响区域内已经存在的制约本区域可持续发展的主要生态问题，如水土流失、沙漠化、石漠化、盐渍化、自然灾害、生物入侵和污染危害等，指出其类型、成因、空间分布、发生特点等。

2. 生态现状调查要求

生态现状调查是生态现状评价、影响预测的基础和依据，调查的内容和指标应能反映评价工作范围内的生态背景特征和现存的主要生态问题。在有敏感生态保护目标(包括特殊生态敏感区和重要生态敏感区)或其他特别要求的保护对象时，应进行专题调查。生态现状调查应在收集资料的基础上开展现场工作，生态现状调查的范围应不小于评价工作的范围。

一级评价应通过一定调查方法测定的生物量、物种多样性等数据，获取主要生物物种名录、受保护的野生动植物物种等调查资料；二级评价的生物量和物种多样性调查可以依据已有资料推断，或实测一定数量的、具有代表性的样方予以验证；三级评价可以充分借鉴已有资料进行说明。

3. 生态调查方法

1)资料收集法

资料收集法即收集现有的能反映生态现状或生态背景的资料。从表现形式上可以分为文字资料和图形资料，从时间上可以分为历史资料和现状资料，从收集行业类别上可以分为农业、林业、牧业、渔业和环境保护部门资料，从资料性质上可分为环境影响报告书、有关污染源调查、生态保护规划、生态保护规定、生态功能区划、生态敏感目标的基本情况及其他生态调查材料等。使用资料收集法时，应保证资料的及时性，引用资料必须建立在现场校验的基础上。

2)现场勘查法

现场勘查应遵循整体与重点相结合的原则，在综合考虑主导生态因子结构与功能的完整性的同时，突出重点区域和关键时段的调查，并通过对影响区域的实际踏勘，核实收集资料的准确性，以获取实际资料和数据。

3)专家和公众咨询法

专家和公众咨询法是对现场勘查的有益补充。通过咨询有关专家，收集评价工作范围内的公众、社会团体和相关管理部门对项目的意见，发现现场踏勘中遗漏的生态问题。专家和公众咨询应与资料收集和现场勘查同步开展。

4)生态监测法

当采用资料收集法、现场勘查法、专家和公众咨询法所获取的数据无法满足评价的定量需要，或项目可能产生潜在的或长期累积效应时，可以考虑选用生态监测法。生态监测时应根据监测因子的生态学特点和干扰活动的特点确定监测位置和频次，有代表性地布点。所采用的生态监测法须符合国家现行的有关生态监测规范和监测标准分析方法要求；对于生态系统生产力的调查，必要时需现场采样、实验室测定。

5)遥感调查法

当涉及区域范围较大或主导生态因子的空间等级尺度较大，进行人力踏勘比较困难或难以完成评价时，可以采用遥感调查法。遥感调查过程必须辅助必要的现场勘查工作。

4. 生态现状评价

1)评价要求

评价要求在区域生态基本特征现状调查的基础上，对评价区的生态现状进行定量或定性的分析评价，评价应采用文字和图件相结合的表现形式。

2)评价内容

评价内容主要包括：

(1)在阐明生态系统现状的基础上，分析影响区域内生态系统状况的主要原因。评价生态系统的结构与功能状况(如水源涵养、防风固沙、生物多样性保护等主导生态功能)，生态系统面临的压力和存在的问题，生态系统的总体变化趋势，等等。

(2)分析和评价受影响区域内动植物等生态因子的现状组成及分布。当评价区域涉及受保护的敏感物种时，应重点分析该敏感物种的生态学特征；当评价区域涉及特殊生态敏感区或重要生态敏感区时，应分析其生态现状、保护现状和存在的问题等。

二、生态功能区划

1. 基本原则和目标

1)基本原则

生态功能区划的基本原则包括下述几个方面：

(1)主导功能原则。区域生态功能的确定以生态系统的主导服务功能为主。在具有多种生态系统服务功能的地域，以生态调节功能优先；在具有多种生态调节功能的地域，以主导调节功能优先。

(2)区域相关性原则。在区划过程中，综合考虑流域上下游的关系、区域间生态功能的互补作用，根据保障区域、流域与国家生态安全的要求，分析和确定区域的主导生态功能。

(3)协调原则。生态功能区划是国土空间开发利用的基础性区划，是国民经济发展综合规划、国家主体功能区规划、土地利用规划、农业区划、城镇体系规划等区划、规划编制的科学基础。在制定生态功能区划时，与已经形成的国土空间开发利用格局现状进行衔接。

(4)分级区划原则。全国生态功能区划应从满足国家经济社会发展和生态保护工作宏观管理的需要出发，进行大尺度范围划分。省级政府应根据经济社会发展和生态保护工作管理的需要，制定地方生态功能区划。

2)目标

生态功能区划的目标包括下述几个方面：

(1)明确全国不同区域的生态系统类型与格局、生态问题、生态敏感性和生态系统服务功能类型及其空间分布特征，提出全国生态功能区划方案，明确各类生态功能区的主导生态系统服务功能及生态保护目标，划定对国家和区域生态安全起关键作用的重要生态功能区域。

(2)全面贯彻“统筹兼顾、分类指导”和综合生态系统管理思想，改变按要素管理生态系统的传统模式，增强生态系统的生态调节功能，提高区域生态系统的承载力与经济社会的支撑能力。

(3)以生态功能区为基础，指导区域生态保护与建设、生态保护红线划定、产业布局、资源开发利用和经济社会发展规划，构建科学合理的生态空间，协调社会经济发展和生态保护的关系。

2. 区划方法与依据

全国生态功能区划在生态系统调查、生态敏感性与生态系统服务功能评价的基础上，明确其空间分布规律，确定不同区域的生态功能，提出全国生态功能区划方案。

1)生态系统空间特征

我国地处欧亚大陆东南部，位于北纬4°15′~53°31′，东经73°34′~135°5′，自北向南有寒温带、温带、暖温带、亚热带和热带5个气候带。地貌类型十分复杂，由西向东形成三大阶梯，第一阶梯是号称“世界屋脊”的青藏高原，平均海拔在4000米以上；第二阶梯从青藏高原的北缘和东缘到大兴安岭－太行山－巫山－雪峰山一线之间，海拔为

1000～2000m；第三阶梯为我国东部地区，海拔在500m以下。我国气候和地势特征奠定了我国森林、灌丛、草地、湿地、荒漠、农田、城市等各类陆地生态系统发育与演变的自然基础，以及我国社会经济发展的空间格局。

(1)森林生态系统。

我国森林面积为190.8万平方千米，森林覆盖率为20.2%。我国森林生态系统主要分布在我国湿润、半湿润地区，其中，东北、西南与东南地区森林面积较大。从北到南依次分布的典型森林生态系统类型有寒温带针叶林、温带针阔叶混交林、暖温带落叶阔叶林、亚热带常绿阔叶林和温性针叶林、热带季雨林、雨林等。

(2)灌丛生态系统。

我国灌丛面积为69.2万平方千米，占全国国土面积的7.3%，主要类型有阔叶灌丛、针叶灌丛和稀疏灌丛。其中，阔叶灌丛集中分布于华北及西北山地，以及云贵高原和青藏高原等地，针叶灌丛主要分布于川藏交界高海拔区及青藏高原，稀疏灌丛多见于塔克拉玛干、腾格里等荒漠地区。

(3)草地生态系统。

我国草地包括草甸、草原、草丛，面积为283.7万平方千米，占全国国土面积的30.0%。温带草甸主要分布于内蒙古东部，高寒草甸主要分布在青藏高原东部。温带草原主要分布于内蒙古高原、黄土高原北部和松嫩平原西部，温带荒漠草原主要分布在内蒙古西部与新疆北部，高寒草原与高寒荒漠草原主要分布在青藏高原西部与西北部。草丛主要分布在我国东部湿润地区。

(4)湿地生态系统。

我国湿地类型丰富，湿地总面积为35.6万平方千米，居亚洲第一位、世界第四位，并拥有独特的青藏高原高寒湿地生态系统类型。在自然湿地中，沼泽湿地面积为15.2万平方千米，河流湿地面积为6.5万平方千米，湖泊湿地面积为13.9万平方千米。

(5)荒漠生态系统。

荒漠生态系统主要分布在我国的西北干旱区和青藏高原北部降水稀少、蒸发强烈、极端干旱的地区，总面积为127.7万平方千米，约占全国国土面积的13.5%，包括沙漠、戈壁、荒漠裸岩等类型。

(6)农田生态系统。

我国是农业大国，农田生态系统包括耕地与园地，面积为181.6万平方千米，占全国国土面积的19.2%，主要分布在东北平原、华北平原、长江中下游平原、珠江三角洲、四川盆地等区域。耕地包括水田和旱地，其中，水田以水稻为主，旱地以小麦、玉米、大豆和棉花等为主。园地包括乔木园地和灌木园地，乔木园地主要包括果园及海南、云南等地的热作园，灌木园地主要包括我国南方广泛分布的茶园。

(7)城镇生态系统。

全国城镇生态系统面积为25.4万平方千米，占国土面积的2.7%，主要分布在中东部的京津冀、长江三角洲、珠江三角洲、辽东南、胶东半岛、成渝地区、长江中游等地区。由于数千年的开发历史和巨大的人口压力，我国各类生态系统受到不同程度的开发、干扰和破坏。生态系统退化使得涵养水源、防风固沙、调蓄洪水、保持土壤、保护生物多样性等生态系统服务功能明显降低，并由此带来了一系列生态问题，区域生态安全面临严重威胁。

2)生态敏感性评价

生态敏感性是指一定区域发生生态问题的可能性和程度，用来反映人类活动可能造成的生态后果。生态敏感性的评价内容包括水土流失敏感性、沙漠化敏感性、冻融侵蚀敏感性、石漠化敏感性4个方面。根据各类生态问题的形成机制和主要影响因素，分析各地域单元的生态敏感性特征，可以将敏感程度划分为极敏感、高度敏感、中度敏感、低敏感4个等级。

(1)水土流失敏感性。

我国水土流失敏感性主要受地形、降水量、土壤性质和植被的影响。全国水土流失敏感区总面积为173.15万平方千米，其中极敏感区域面积为12.9万平方千米，占全国国土面积的1.4%，主要分布在黄土高原、吕梁山、横断山区、念青唐古拉山脉及西南喀斯特地区。高度敏感区面积为23.3万平方千米，占全国国土面积的2.4%，主要分布在太行山区、大青山、陇南地区、秦岭－大巴山区、四川盆地周边、川滇干热河谷、滇中和滇西地区、藏东南地区，南方红壤区，以及天山山脉、昆仑山脉局部地区。水土流失极敏感和高度敏感地区通常也是滑坡、泥石流易发生地区。

(2)沙漠化敏感性。

我国沙漠化敏感性主要受干燥度、大风日数、土壤性质和植被覆盖的影响。全国沙漠化敏感区总面积为182.3万平方千米，主要集中分布在降水量稀少、蒸发量大的干旱、半干旱地区。其中，沙漠化极敏感区域面积为124.6万平方千米，主要分布在塔里木盆地、塔克拉玛干沙漠、吐鲁番盆地、巴丹吉林沙漠、腾格里沙漠、柴达木盆地、毛乌素沙地等地区及其周边地区。沙漠化高度敏感区域主要包括准噶尔盆地、鄂尔多斯高原、阴山山脉及浑善达克沙地以北地区，面积为41.1万平方千米。

(3)冻融侵蚀敏感性。

我国冻融侵蚀敏感性主要受气温、地形，以及冻土、冰川分布的影响。全国冻融侵蚀敏感区总面积为170.9万平方千米，其中，冻融侵蚀极敏感区面积为0.6万平方千米，主要分布在青藏高原东部、天山高海拔地区；冻融侵蚀高度敏感区面积为10.3万平方千米，集中分布在阿尔泰山、天山、祁连山北部、昆仑山北部等地。

(4)石漠化敏感性。

我国西南石漠化敏感性主要受石灰岩分布、岩性与降水的影响。西南石漠化敏感区总面积为51.6万平方千米，主要分布在西南岩溶地区。极敏感区与高度敏感区交织分布，面积为2.3万平方千米，集中分布在贵州省西部、南部区域，包括毕节地区、六盘水、安顺西部、黔西南州、遵义、铜仁地区，广西百色、崇左、南宁交界处，云南东部文山、红河、曲靖及昭通等地。川西南峡谷山地、大渡河下游及金沙江下游等地区也有成片分布。

3)生态系统服务功能及其重要性评价

生态系统服务功能评价的目的是明确全国生态系统服务功能类型、空间分布与重要性格局，以及其对国家和区域生态安全的作用。全国生态系统服务功能分为生态调节功能、产品提供功能与人居保障功能3个类型。生态调节功能主要包括水源涵养、生物多样性保护、土壤保持、防风固沙、洪水调蓄等维持生态平衡、保障全国和区域生态安全等方面的功能；产品提供功能主要包括提供农产品、畜产品、林产品等功能；人居保障功能主要是指满足人类居住需要和城镇建设的功能，主要区域包括大都市群和重点城镇群等。生态系统服务功能重要性评价是根据生态系统结构、过程与生态系统服务功能的关系，分析生态系统服务的功能特征。按其对全国和区域生态安全的重要性程度分为极重要、较重要、中等重要、一般重要4个等级。

主要生态系统服务功能的极重要和较重要分布区特征分析如下：

(1)水源涵养。

水源涵养重要区是指我国河流与湖泊的主要水源补给区和源头区。其中，极重要区面积为151.8万平方千米，主要包括大兴安岭、长白山、太行山－燕山、浙闽丘陵、秦岭－大巴山区、武陵山区、南岭山区、海南中部山区、川西北高原区、三江源、祁连山、天山、阿尔泰山等地区；较重要区面积为101.6万平方千米，分布于藏东南、昆仑山、横断山区、滇西及滇南地区等地。

(2)生物多样性保护。

生物多样性保护重要区是指国家重要保护动植物的集中分布区，以及典型生态系统分布区。我国生物多样性保护极重要区域面积为200.8万平方千米，主要包括大兴安岭、秦岭－大巴山区、天目山区、浙闽山地、武夷山区、南岭山地、武陵山区、岷山－邛崃山区、滇南、滇西北高原、滇东南、海南中部山区、滨海湿地、藏东南等地区，以及鄂尔多斯高原、锡林郭勒与呼伦贝尔草原区等；较重要区面积为107.6万平方千米，主要包括松潘高原及甘南地区、羌塘高原、大别山区、长白山区及小兴安岭等地区。

(3)土壤保持。

土壤保持的重要性评价主要考虑生态系统减少水土流失的能力及其生态效益。全国土壤保持的极重要区面积为63.8万平方千米，主要分布在黄土高原、太行山区、秦岭-大巴山区、祁连山区、环四川盆地丘陵区，以及西南喀斯特地区等区域；较重要区域面积为76.4万平方千米，主要分布在川西高原、藏东南、海南中部山区及南方红壤丘陵区。

(4)防风固沙。

防风固沙重要性评价主要考虑生态系统预防土地沙化、降低沙尘暴危害的能力与作用。全国防风固沙极重要区主要分布在内蒙古浑善达克沙地、科尔沁沙地、毛乌素沙地、鄂尔多斯高原、阿拉善高原、塔里木河流域和准噶尔盆地等区域，面积为30.6万平方千米；较重要区主要分布在呼伦贝尔草原、京津风沙源区、河西走廊、阴山北部、河套平原、宁夏中部等区域，面积为44.1万平方千米。

(5)洪水调蓄。

洪水调蓄重要性评价主要考虑湖泊、沼泽等生态系统具有滞纳洪水、调节洪峰的能力与作用。全国防洪蓄洪重要区域面积为18.2万平方千米，主要集中在一、二级河流下游蓄洪区，包括淮河、长江、松花江中下游的湖泊湿地等，主要有洞庭湖、鄱阳湖、江汉湖群，以及洪泽湖等湖泊湿地。

(6)产品提供。

产品提供功能主要是指提供粮食、油料、肉、奶、水产品、棉花、木材等农、林、牧、渔业初级产品生产方面的功能。根据国家商品粮基地分布特征，主要可分为南方高产商品粮基地、黄淮海平原商品粮基地、东北商品粮基地和西北干旱区商品粮基地。南方高产商品粮基地包括长江三角洲、江汉平原、鄱阳湖平原、洞庭湖平原和珠江三角洲；黄淮海平原商品粮基地包括苏北和皖北两个地区；东北商品粮基地包括三江平原、松嫩平原、吉林省中部平原及辽宁省中部平原地区。我国的粮食主产区，如东北平原、华北平原、长江中下游平原、四川盆地等，同时也是水果、肉、蛋、奶等畜产品的主要生产区。水产品主产区主要分布在长江中下游和沿海地区。我国人工林主要分布在小兴安岭、长江中下游丘陵、广东东部、四川东部丘陵、东南丘陵、云南中部丘陵等地区。我国畜牧业发展区主要分布在内蒙古自治区东部草甸草原、青藏高原高寒草甸、高寒草原，以及新疆天山北部草原等地区。

(7)人居保障。

根据我国经济发展与城市建设布局，我国人居保障重要功能区主要包括大都市群、重点城镇群。大都市群主要包括京津冀大都市群、长江三角洲大都市群和珠江三角洲大都市群。重点城镇群主要包括辽中南城镇群、胶东半岛城镇群、中原城镇群、关中城镇群、成都城镇群、武汉城镇群、长株潭城镇群和海峡西岸城镇群等。

4)全国生态保护重要性综合特征

通过综合评估生态系统水源涵养、生物多样性保护、土壤保持、防风固沙、洪水调蓄等生态系统服务功能重要性，确定全国生态系统服务功能重要性空间分布。通过综合评估水土流失敏感性、沙漠化敏感性、冻融侵蚀敏感性、石漠化敏感性，确定全国生态敏感性空间分布。

全国生态保护极重要区面积为343.6万平方千米，较重要区面积为204.6万平方千米，分别约占全国国土面积的35.8%与21.3%。生态保护极重要区和较重要区总面积为548.2万平方千米，占国土面积的57.1%，提供了全国水源涵养总量的82.6%，保护生物多样性的自然栖息地总面积的75.9%，土壤保持总量的88.3%，固沙总量的64.3%。

3. 生态功能区划的方法

1)地理相关法

地理相关法运用各种专业地图、文献资料和统计资料，对区域各种生态要素之间的关系进行相关分析后进行区划。该方法要求将所选定的各种资料、图件等统一标注或转绘在具有坐标网格的工作底图上，然后进行相关分析，按相关紧密程度编制综合性的生态要素组合图，并在此基础上进行不同等级的区域划分或合并。

2)空间叠置法

空间叠置法以各个区划要素或各个部门的综合区划(包括水文地质区划、地形地貌区划、土壤区划、植被区划、水土流失区划、地震灾害区划、综合自然区划、生态敏感性区划、生态服务功能区划等)的图件为基础，通过空间叠置，以相重合的界限或平均位置作为新区划的界限。在实际应用中，该方法多与地理相关法结合使用。随着地理信息系统技术的发展，空间叠置分析得到了越来越广泛的应用。

3)主导标志法

主导标志法在生态功能区划时，通过综合分析确定并选取反映生态环境功能地域分异的主导因素的标志或指标，作为划分区域界限的依据。同一等级的区域单位按照这个主导标志或指标划分。用主导标志或指标划分区界时，还需用其他生态要素和指标对区界进行必要的订正。

4)景观分类法

景观分类法应用景观生态学的原理，编制景观类型图，在此基础上按照景观类型的空间分布及其组合，在不同尺度上划分景观区域。不同的景观区域其生态要素的组合、生态过程及人类干扰是有差别的，因而反映着不同的生态环境特征。景观既是一个类型，又是最小的分区单元，以景观图为基础，按一定的原则逐级合并，可以进行生态功能区划。

5)定量分析法

针对以定性为主的专家集成法在生态功能区划中存在的一些主观性过强、不够精确等缺陷，近年来，数学分析的方法和手段逐步被引入生态功能区划中，包括主成分分析、聚类分析、相关分析、对应分析、逐步判别分析等在内的一系列方法均在区划工作中得到广泛应用。

4. 生态功能分区

生态功能分区是将全国生态功能区按主导生态系统服务功能归类，分析各类生态功能区的空间分布特征、面临的问题和保护方向，形成全国陆域生态功能区。

1)水源涵养生态功能区

全国共划分水源涵养生态功能区47个，面积共计256.9万平方千米。其中，对国家和区域生态安全具有重要作用的水源涵养生态功能区主要包括大兴安岭、秦岭－大巴山区、大别山区、南岭山地、闽南山地、海南中部山区、川西北、三江源地区、甘南山地、祁连山、天山等。

(1)主要生态问题。

人类活动干扰强度大；生态系统结构单一，生态系统质量低，水源涵养功能衰退；森林资源过度开发、天然草原过度放牧等导致植被破坏、水土流失、土地沙化严重；湿地萎缩、面积减少；冰川后退，雪线上升。

(2)生态保护的主要方向。

对重要水源涵养区建立生态功能保护区，加强对水源涵养区的保护与管理，严格保护具有重要水源涵养功能的自然植被，限制或禁止各种损害生态系统水源涵养功能的经济社会活动和生产方式，如无序采矿、毁林开荒、湿地和草地开垦、过度放牧、道路建设等。

继续加强生态保护与恢复工作，恢复与重建水源涵养区森林、草地、湿地等生态系统，提高生态系统的水源涵养能力；坚持以自然恢复为主，严格限制在水源涵养区大规模人工造林；控制水污染，减轻水污染负荷，禁止导致水体污染的产业发展，开展生态清洁小流域的建设；严格控制载畜量，实行以草定畜，在农牧交错区提倡农牧结合，发展生态产业，培育替代产业，减轻区内畜牧业对水源和生态系统的压力。

2)生物多样性保护生态功能区

全国共划分生物多样性保护生态功能区43个，面积共计220.8万平方千米。其中，对国家和区域生态安全具有重要作用的生物多样性保护生态功能区主要包括秦岭－大巴山区、浙闽山区、武陵山区、南岭地区、海南中部、滇南山区、藏东南、岷山－邛崃山区、滇西北、羌塘高原、三江平原湿地、黄河三角洲湿地、苏北滨海湿地、长江中下游湖泊湿地、东南沿海红树林等。

(1)主要生态问题。

人口增加及农业和城镇的扩张，交通、水电水利设施建设，矿产资源开发，过度放牧，生物资源过度利用，外来物种入侵，等等，均可能导致生物资源退化，以及森林、草原、湿地等自然栖息地的破坏，使栖息地破碎化严重，生物多样性受到严重威胁，部分野生动植物物种濒临灭绝。

(2)生态保护的主要方向。

开展生物多样性资源调查与监测，评估生物多样性保护状况、受威胁的原因；禁止对野生动植物进行滥捕、乱采、乱猎。

保护自然生态系统与重要物种栖息地，限制或禁止各种损害栖息地的经济社会活动和生产方式，如无序采矿、毁林开荒、湿地和草地开垦、道路建设等；防止生态建设导致栖息环境的改变。

加强对外来物种入侵的控制，禁止在生物多样性保护功能区引进外来物种；实施国家生物多样性保护重大工程，以生物多样性重要功能区为基础，完善自然保护区体系与保护区群的建设。

3)土壤保持生态功能区

全国共划分土壤保持生态功能区 20 个，面积共 61.4 万平方千米。其中，对国家和区域生态安全具有重要作用的土壤保持生态功能区主要包括黄土高原、太行山区、三峡库区、南方红壤丘陵区、西南喀斯特地区、川滇干热河谷等。

(1)主要生态问题。

不合理的土地利用，特别是陡坡开垦、森林破坏、草原过度放牧，以及交通建设、矿产开发等人为活动，导致的地表植被退化、水土流失加剧和石漠化危害严重。

(2)生态保护的主要方向。

调整产业结构，加速城镇化和新农村建设的进程，加快农业人口的转移，降低人口对生态系统的压力；全面实施保护天然林、退耕还林、退牧还草工程，严禁陡坡垦殖和过度放牧；开展石漠化区域和小流域综合治理，协调农村经济发展与生态保护的关系，恢复和重建退化植被；在水土流失严重并可能对当地或下游造成严重危害的区域实施水土保持工程，进行重点治理；严格资源开发和建设项目的生态监管，控制新的人为水土流失；发展农村新能源，保护自然植被。

4)防风固沙生态功能区

全国划分防风固沙生态功能区 30 个，面积共计 199.0 万平方千米。其中，对国家和区域生态安全具有重要作用的防风固沙生态功能区主要包括呼伦贝尔草原、科尔沁沙地、阴山北部、鄂尔多斯高原、黑河中下游、塔里木河流域，以及环京津风沙源区等。

(1)主要生态问题。

过度放牧、草原开垦、水资源严重短缺与水资源过度开发导致的植被退化、土地沙化、沙尘暴等。

(2)生态保护的主要方向。

在沙漠化极敏感区和高度敏感区建立生态功能保护区，严格控制放牧和草原生物资源的利用，禁止开垦草原，加强植被恢复和保护；调整传统的畜牧业生产方式，大力发展草业，加快规模化圈养牧业的发展，控制放养对草地生态系统的损害；积极推进草畜平衡科学管理办法，限制养殖规模；实施防风固沙工程，恢复草地植被，大力推进调整产业结构、退耕还草、退牧还草等措施。

5)洪水调蓄生态功能区

全国共划分洪水调蓄生态功能区 8 个，面积共计 4.9 万平方千米。其中，对国家和区域生态安全具有重要作用的洪水调蓄生态功能区主要包括淮河中下游湖泊湿地、江汉平原湖泊湿地、长江中下游洞庭湖、鄱阳湖、皖江湖泊湿地等。这些区域同时也是我国重要的水产品提供区。

(1)主要生态问题。

湖泊泥沙淤积严重、湖泊容积减小、调蓄能力下降；围垦造成沿江沿河的重要湖泊、湿地萎缩；工业废水、生活污水、农业面源污染、淡水养殖等导致湖泊污染加剧。

(2)生态保护的主要方向。

加强洪水调蓄生态功能区的建设，保护湖泊、湿地生态系统，退田还湖，平垸行洪，严禁围垦湖泊湿地，增加调蓄能力；加强流域治理，恢复与保护上游植被，控制水土流失，减少湖泊、湿地萎缩；控制水污染，改善水环境；发展避洪经济，处理好蓄洪与经济发展之间的矛盾。

6)农产品提供功能区

农产品提供功能区主要是指以提供粮食、肉类、蛋、奶、水产品和棉、油等农产品为主的长期从事农业生产的地区，包括全国商品粮基地和集中连片的农业用地，以及提供畜产品和水产品的区域。全国共划分农产品提供功能区 58 个，面积共计 180.6 万平方千米，集中分布在东北平原、华北平原、长江中下游平原、四川盆地、东南沿海平原、汾渭谷地、河套灌区、宁夏灌区、新疆绿洲等商品粮集中生产区，以及内蒙古东部草甸草原、青藏高原高寒草甸、新疆天山北部草原等重要畜牧业区。

(1)主要生态问题。

农田侵占，土壤肥力下降，农业面源污染严重；在草地畜牧业区，过度放牧，草地退化沙化，抵御灾害能力低。

(2)生态保护的主要方向。

严格保护基本农田，培养土壤肥力；加强农田基本建设，增强抗自然灾害的能力；加强水利建设，大力发展节水农业；种养结合，科学施肥；发展无公害农产品、绿色食品和有机食品；调整农业产业和农村经济结构，合理组织农业生产和农村经济活动；在草地畜牧业区，要科学确定草场载畜量，实行季节畜牧业，实现草畜平衡；草地封育改良相结合，实施大范围轮封轮牧制度。

7)林产品提供功能区

林产品提供功能区主要是指以提供林产品为主的林区。全国共划分林产品提供功能区5个，面积10.9万平方千米，集中分布在小兴安岭、长江中下游丘陵、四川东部丘陵等人工林集中区。

(1)主要生态问题。

林区过量砍伐，蓄积量低，森林质量低，生态系统服务功能退化。

(2)生态保护的主要方向。

加强速生丰产林区的建设与管理，合理采伐，实现采育平衡，协调木材生产与生态功能保护的关系；改善农村能源结构，减少对林地的压力。

8)大都市群

大都市群主要指我国人口高度集中的城市群，主要包括京津冀大都市群、珠江三角洲大都市群和长江三角洲大都市群3个生态功能区，面积共计10.8万平方千米。

(1)主要生态问题。

城市无限制扩张，生态承载力严重不足，生态功能低，污染严重，人居环境质量下降。

(2)生态保护的主要方向。

加强城市发展规划，控制城市规模，合理布局城市功能组团；加强生态城市建设，大力调整产业结构，提高资源利用效率，控制城市污染，推进循环经济和循环社会的建设。

9)重点城镇群

重点城镇群指我国主要城镇、工矿集中分布区域，主要包括哈尔滨城镇群、长吉城镇群、辽中南城镇群、太原城镇群、鲁中城镇群、青岛城镇群、中原城镇群、武汉城镇群、昌九城镇群、长株潭城镇群、海峡西岸城镇群、海南北部城镇群、重庆城镇群、成都城镇群、北部湾城镇群、滇中城镇群、关中城镇群、兰州城镇群、乌昌石城镇群。全国共有重点城镇群生态功能区28个，面积共计11.0万平方千米。

(1)主要生态问题。

城镇无序扩张，城镇环境污染严重，环保设施严重滞后，城镇生态功能低下，人居环境恶化。

(2)生态保护的主要方向。

以生态环境承载力为基础，规划城市发展规模、产业方向；建设生态城市，优化产业结构，发展循环经济，提高资源利用效率；加快城市环境保护基础设施建设，加强城乡环境综合整治；城镇发展坚持以人为本，从长计议，节约资源，保护环境，科学规划。

三、生态影响预测

1. 生态影响预测的概念

生态影响预测就是以科学的方法推断各种类型的生态要素在某种外来作用下所发生的响应过程、发展趋势和最终结果，揭示事物的客观本质和规律，是在生态现状调查与评价、工程分析与环境影响识别的基础上，有选择、有重点地对某些评价因子的变化和生态功能变化进行预测。

2. 生态影响预测的基本方法

1）对生态完整性的影响预测

对自然系统生态完整性的影响预测要在以本底值估测作为类比标准，以背景值监测作为对照的基础上预测和评价。从技术方法上是采用图形叠置法，在GPS支持下，统计出工程在施工期和运行期占用的植被类型和面积，湖、河、海等水体要计算出占用的具有初级生产力水生生物的面积，根据不同类型现状的生产能力和系统稳定状况，测算出生产能力的损失数量和稳定状况可能的变化情况，据此进行评价。

2）对敏感生态保护目标的影响预测

根据不同敏感目标生态学特性的不同，预测和评价的方法也不相同。

（1）对自然保护区和生物多样性影响的预测是在种群生存力分析和最小可存活种群理论支持下，通过生存面积和生境多样性是否受到损失来判定工程的影响及影响的程度。

（2）对风景资源的影响是在现代美学理论的支持下，对工程建设是否改变了评价区景观资源的自然性、时空性、协调性和综合性进行预测和评价。这个评价要在生态制图的支持下，最好有三维动态仿真图的支持下进行。

（3）对地表和地下径流自然流态的阻隔影响预测一般要在水文地质观测资料的支持下进行，这里特别要注意对没有明显河道、漫流性质的生态用水的影响。

（4）对荒漠化的影响预测也很复杂，但一定要注意对地表和地下径流的阻断，要注意对地表覆盖层（植被等）的破坏。

（5）对地质遗迹的影响预测要在地质调查的基础上，根据遗迹成因，判定工程建设是否会破坏遗迹保存的条件，或加快破坏的外营力。

（6）对重要生态功能区和其他敏感区域的影响预测，要在调查和判定主要和辅助生态功能及完成功能所必需的生态过程的基础上，对工程可能对功能与过程的影响进行预测和评价。

四、生态规划目标与指标体系

1. 生态规划的意义、目标和原则

1）生态规划的意义

通过生态规划，在利用自然资源和能源，以及改造自然环境的过程中，不会破坏人和生物与自然环境的良性关系，使可更新资源和能源越用越多，越用越好；使不可更新资源能得到充分合理的利用，实现可持续发展的目标。一个科学的生态规划，能够在理论上保证资源和能源的合理使用，以及在工农业生产过程中不会出现环境问题。

2）生态规划的目标

生态规划的目标主要体现在保护人体健康和创建优美环境，合理利用自然资源，保护生物多样性及完整性 3 个方面。生态规划的目标可以概况为：在区域规划的基础上，以区域的生态调查与评价为前提，以环境容量和承载力为依据，把区域内环境保护、自然资源的合理利用、生态建设、区域社会经济发展与城乡建设有机地结合起来，培育美的生态景观，诱导和谐统一的生态文明，孵化经济高效、环境和谐、社会适用的生态产业，确定社会、经济和环境协调发展的最佳生态位，建设人与生态和谐共处的生态区，建立自然资源可循环利用体系和低投入高产出、低污染高循环、高效运行的生态调控系统，最终实现区域经济、社会、生态效益高度统一的可持续发展。

3）生态规划的原则

生态规划作为区域生态建设的核心内容、生态管理的依据，与其他规划一样，具有综合性、协调性、战略性、区域性和实用性的特点，规划要遵守以下原则：

（1）整体优化原则。从生态系统原理和方法出发，强调生态规划的整体性和综合性，规划的目标不只是生态系统结构组分的局部最优，而是要追求生态环境、社会、经济的整体最佳效益。生态规划还需与城市和区域总体规划目标相协调。

（2）协调共生原则。复合系统具有结构的多元化和组成的多样性特点，子系统之间及各生态要素之间相互影响、相互制约，直接影响着系统整体功能的发挥。在生态规划中就是要保持系统与环境的协调、有序和相对平衡，坚持子系统互惠互利、合作共存，提高资源的利用效率。

（3）功能高效原则。生态规划的目的是要将规划区域建设成为一个功能高效的生态系统，使其内部的物质代谢、能量的流动和信息的传递形成一个环环相扣的网络，从而使物质和能量得到多层分级利用，废物循环再生，物质循环利用率和经济效益高效。

（4）趋势开拓原则。生态规划在以环境容量、自然资源承载能力和生态适宜度为依据的条件下，积极寻求最佳的区域或城市生态位，不断地开拓和占领空余生态位，以充分发挥生态系统的潜力，强化人为调控未来生态变化趋势的能力，改善区域和城市生态环境质量，促进生态区建设。

(5)保护生物多样性原则。生态规划要坚持保护生物多样性，从而保证系统的结构稳定和功能的持续发挥。

(6)区域分异原则。不同地区的生态系统有不同的特征，生态规划过程和功能、规划的目的也不尽相同，生态规划要在充分研究区域生态要素的功能现状、问题及发展趋势的基础上因地制宜地进行。

(7)可持续发展原则。生态规划遵循可持续发展原则，在规划中突出“既满足当代人的需要，又不危及后代满足其发展需要的能力”的原则，强调资源的开发利用与保护增值并重，合理利用自然资源，为后代维护和保留充分的资源条件，使人类社会得到公平持续发展。

2. 生态规划指标体系

1)生态规划指标体系的概念

生态规划指标体系是由一系列相互联系、相互独立、相互补充的生态以及环境规划指标所构成的有机整体，是多个指标所构成的综合体。

在实际进行的生态规划中，由于规划的目的、要求、范围、内容等不同，所要求建立的生态规划指标体系也不尽相同。

2)生态规划指标体系的制定原则

生态规划指标体系的制定要遵循一定的原则，在此原则的指导下制定出最为适合规划对象发展的，科学的、操作性强的指标体系。主要原则如下：

(1)科学性。以“城市生态环境是复合生态系统”的生态学观点为基础，单项指标要能反映城市生态环境在时间、空间上的变化特征和水平，以及环境的主体现状；评价指标概念明确并具有一定的独立内涵。

(2)针对性。指标体系包括城市生态环境的自然、社会和经济生态的主要因子，为使评价结果更科学，评价指标应针对目前存在的突出环境问题。

(3)可比性。充分考虑城市发展的阶段性和环境问题的不断变化，使确定的指标既有社会发展阶段性，又有纵向的连续性和可比性，保证评价指标具有一定的适用范围。

(4)可量化性。指标要易于量化，只有能够量化的指标才能进行定量评价。

(5)可操作性。尽可能利用现有反映环境问题的统计指标，在实际操作过程中，指标数据易于通过整理统计资料获得或直接从有关部门获得，以便评价结果能提供有效的信息。

3)生态规划指标体系的分类

规划指标按其表征对象、作用及在生态环境规划中的重要度或相关性分为环境质量指标、污染物总量控制指标、环境规划措施与管理指标及相关性指标。

(1)环境质量指标主要表征自然环境要素(大气、水)和社会经济环境的质量状况，一般以环境质量标准为基本衡量尺度。环境质量指标是环境规划的出发点和归宿，所有其他指标的确定都是围绕完成环境质量指标进行的。

(2)污染物总量控制指标根据一定地域的环境特点和容量来确定，其中又分为容量总量控制和目标总量控制两种。前者体现环境的容量要求，是自然约束的反映；后者体现规划的目标要求，是人为约束的反映。我国现在执行的指标体系是将二者有机结合起来同时采用。

污染物总量控制指标将污染源与环境质量联系起来考虑，其技术关键是寻求源与汇(受纳环境)的输入响应关系，这是与目前常用的浓度标准指标的根本区别。浓度标准指标虽对污染源的污染物排放浓度和环境介质中的污染物浓度作出了规定，易于监测和管理，但此类指标体系对排入环境中的污染物量无直接约束，未将源与汇结合起来考虑。

(3)环境规划措施与管理指标是达到污染物总量控制指标进而达到环境质量指标的支持和保证性指标。这类指标有的由环境保护部门规划与管理，有的则属于城市总体规划，但这类指标的完成与否与环境质量的优劣密切相关，因而将其列入环境规划中。

(4)相关性指标主要包括经济指标、社会指标和生态指标 3 类。相关性指标大都包含在国民经济和社会发展规划中，都与环境指标有密切的联系，对环境质量有深刻影响，但又是环境规划所包容不了的。因此，环境规划将其作为相关性指标列入，以便更全面地衡量环境规划指标的科学性和可行性。

五、生态规划的措施

1)加强组织领导，落实规划责任

各级政府要有高度的历史责任感和使命感，把生态保护与建设作为贯彻落实科学发展观的具体实践。地方各级政府对生态保护与建设工作负总责，建立起由地方政府统一领导下的部门分工协作的生态保护与建设目标责任制。各有关部门在全国生态环境建设部际联席会议制度的统一协调指导下，各司其职、强化责任、加强沟通、通力合作，做好任务落实和监督检查，做好国家重点生态功能区和重点工程的规划及实施。

2)加大政策扶持，拓宽资金渠道

调整财政支出结构，切实加大政府投入，积极引导社会参与，逐步建立与经济社会发展水平相适应的生态保护与建设多元化投入机制。建立反映市场供求和资源稀缺程度、体现生态价值和代际补偿的生态补偿制度，加大对生态保护与建设的财政转移支付力度，增强资源环境税费的生态保护功能，鼓励开展区域间生态补偿。加大农牧业结构调整力度，促进生态保护和农牧业生产。积极探索市场化生态投入模式，开发适合生态保护与建设特点的金融产品，完善财政支持下的森林保险制度。

3)深化体制改革，增强动力活力

进一步理顺生态保护与建设的体制机制。深化集体林权制度改革，积极探索国有林场和国有林区改革。稳定和完善草原承包经营制度。加强用水总量控制、用水效率控制、水功能区限制纳污控制，统筹生活、生产、生态用水需求，保证基本生态用水；积极推进水价改革，制定合理的生态用水价格政策与机制。完善重点海域污染物排海总量控制制度，探索建立自然岸线保护制度。积极探索水权交易、碳汇交易等市场化模式，调动社会资本参与生态建设的积极性。

4)依靠科技进步，提高治理成效

加大对生态保护与建设科学技术研发的支持。开展生态系统综合观测评估、生态系统演变及重大问题、生态系统碳汇研究，加强生态保护与建设技术研发与示范，加快技术创新示范基地建设，推进产、学、研相结合的生态保护与建设技术创新队伍、服务平台建设，积极推广先进适用技术，增强生态保护与建设科技成果转化能力。加快生态保护与建设标准、技术规程的制(修)订。加强国际交流与合作，引进和推广国外先进技术。

5)健全法制体系，完善监督管理

建立健全生态保护与建设法制体系。不断完善《中华人民共和国森林法》等现有法律法规，健全海洋生态损害赔偿的评估和测算标准、办法等。经济社会活动要严格遵守生态保护相关法律法规，把生态影响作为重要衡量因素。建设项目征/占用林地、草地、湿地与水域、海域，要严格管理，依法补偿。采取各种措施加强宣传教育，增强全民生态文明意识和法制观念。加大林业资源、国土资源、水资源、海洋资源管理等方面的执法监督力度，加强部门联动配合，加大对生态违法案件的查处力度，严厉打击破坏生态的违法行为。完善地下水管理制度。

6)加强宣传发动，引导社会参与

充分利用电视、广播、报纸、网络等宣传媒体，加大对生态保护与建设的宣传教育，增强全民生态意识，营造爱护生态环境的良好风气。大力开展植树节、“爱鸟周”、“世界防治荒漠化和干旱日”等活动，提高全社会对生态保护与建设的关注。将自然保护区、森林公园、湿地公园等，作为普及生态知识的重要阵地，提高社会公众生态文明意识。建立和完善生态保护与建设的激励机制，充分调动广大人民群众和各种社会组织积极参与生态保护和建设。

7)强化生态监测，保障规划实施

加大对森林、草原、荒漠、湿地与河湖、城市、海洋等生态系统以及生物多样性、

水土流失的监测力度。强化监测体系和技术规范建设；强化部门协调，建立信息共享平台；强化生态状况综合监测评估，实行定期报告制度，以适当方式向社会公布相关信息。建立规划中期评估机制，对规划实施情况进行跟踪分析和评价。

知识拓展

案例介绍

山东滨河绿地的生态景观设计

滨河绿地是城市景观绿化建设的重要内容，良好的生态滨河绿地景观对于提高城市环境质量、丰富居民生活、改善城市风貌等具有重要的意义。滨河绿地以其优越的亲水性、舒适的游玩性大大满足了现代人的生活、休闲、娱乐等需要，这是很多其他类型的城市绿地所无法比拟的。河流作为生态链中重要的一部分，对保持生态平衡、改善局部气候等起着重要的作用，因此，在城市建设中，我们在关注城市河流的景观价值的同时，更要注重其生态价值。滨河绿地的建设是一个复杂的综合问题，涉及多个领域，这就决定了滨河绿地的规划设计必须是一个满足多方需求的设计，这需要我们放眼全局，在研究其生态性的高度上进行景观规划与设计。

1. 项目概况

该案位置位于烟台市福山区仉村河杏坛路与河滨南路交界处，是仉村河综合治理工程中的景观河段。该景观规划河段为自仉村河入内夹河口(桩号0+000)至仉村李村(桩号1+550)段，共长1.55km，现状河道底宽25~42m，此段河道东连河滨南路，南靠烟台汽车工程职业学院，北接仉村李、仉村张二村，河床条件良好，但仍需要进行清淤、除杂等清理工作，总体具有良好的景观建设条件。

2. 设计原则

该案例作为滨河绿地，景观规划设计要依据河道整治的总体规划进行整体布局，加强自然山水的保护，降低城市景观的破碎度。由于该案拥有天然的河道和广阔平坦的地势，因而应以大面积绿化为主，采用段落式布局，依据河流走向沿河建设绿道及休憩停留点，合理营造景观氛围。在尊重现状环境及地势的基础上，合理进行微地形调整，在适当开阔的区域设计滨河公园，发展区域文化，形成“一条绿色走廊，一条生态恢复区，一个滨水公园，一条文化生活带”的生态和景观结构体系。主要设计原则如下：

(1)可持续发展的原则。该案例的景观建设要“既满足当代人的需要，又不对后代人满足其需要的能力构成危害”。在植物配置上尽量选择乡土树种，适地适树。

(2)生态性原则。生态优先，任何景观建设都不能在破坏生态的基础上进行。在研究当地的动植物生态系统的基础上进行植物配置，整治河道的过程中尽量不破坏水体的生态平衡。整体设计要突出“大绿量”的特点，让人们走进绿色，让绿色融入人们生活。

(3) 以人为本的原则。充分考虑参与者的使用感受，考虑人的舒适性、参与性、娱乐性需求，滨水区域适当设置亲水区域，功能设施和场地尺度要人性化。

(4) 特色性原则。主题鲜明，富有特色，景观设计要突出主题，因地制宜，传承当地区域文化，建设独特的景观风格，打造水、绿、堤、景、路、道、桥有机融合的整体和谐景观。

3. 总体设计方案

总体设计以“临澜赏翠”为主题，以滨河景观为中心建立自然景观，建设一个高起点、高品位、开放式的滨河公园。节点布置以“赏翠”为中心，旨在通过合理和空间布局及场地设计，更大程度地将其生态功能体现出来。使仉村河滨河绿地不仅成为居民的乐园，还是沿河生物的乐园，以及所在生态系统的调节器。整个景观河段以自然式驳岸外观为主，结合部分河段的自嵌式挡土墙，软硬结合的方式进行布置，达到生态自然效果的同时保证其功能性。该案例的驳岸处理，能够很好地考虑河流在常年水位及丰水期的水位要求，并且在泄洪期仍能最大程度保护其景观效果。

4. 节点设计

沿着河流两岸有很多景观节点，这些景点有节奏地散落在各处，由穿梭在绿地中的“绿道”相连。为了保证滨河公园的游憩、娱乐功能，广场、步道、小品、亭廊必不可少；而为了保证整个滨河绿地的生态功能，硬景比例不能过大，且最好设置在靠近道路和出入口的地方，当地的原生植物群落不可破坏，也不能随意更改现有山体及地形的形状；除此之外，还要去完善其生态功能，如在水边设置防止水土流失的自然挡土设施，对已被破坏和不完整的植物群落进行补充和修复，增加绿量，修复自然驳岸等等。

1)“风之韵”

“风之韵”节点是整个滨河绿地的中心景观，主景点包括道路交叉口的“风之语”雕塑，上升广场，背景山体上的翠澜亭与赏翠栈桥。路边点缀花境景观，整个场景丰富且视野开阔，坐落路角的同时具有视觉引导作用，引人进入滨河公园绿地，促使绿地功能得到充分应用。此节点的雕塑和硬质景观都集中在靠近道路的位置，经上升广场过渡之后，是结合现状山体的背景山林，极大地保留了现有的植物群落和山体形状，在靠近河边的位置设计了部分挡土设施以预防山体的水土流失。

2) 意林广场、听林苑

意林广场与听林苑位于滨河绿地中段，是主要观景的连续性林下广场，在布局上统一路段流线型设计，广场中布置围树座凳、桌椅等大量的休憩器材，种植白蜡、栾树、银杏等树种，树池内配以鲜艳耐阴地被植物，创造一个半闭合的休闲空间的同时，达到良好的过渡效果。此段绿地宽度较窄，连续性的林下广场既保证了居民的活动场地，又保证了树林的连续性，上层大乔木和下层耐阴地被植物组成简单的植物群落，达到“人在林中，亦林亦场”的效果。

3) 涛语栈桥

涛语栈桥是滨河绿地中段的连接桥，主要功能是连接河流两岸，方便居民通行，同时，作为一个重要的景观节点，能够前后观赏到整个滨河景观，栈桥设计为折桥模式，避免机动车通行，只为行人提供便利，因河道均为自然式驳岸，桥上景观得到极大的改善，丰水季节更有碧波荡漾的景色。

4) 观景台、湖心岛

观景台位于仉村村口桥畔，由橡胶坝拦截的水面相对开阔，水面中心小岛作为远视景观的点睛之笔，岛上雕塑“风之舞”与滨河景观中心“风之韵”主题公园相呼应，岸边依据地势设置下行广场，既可以作为河畔景观，又可以作为桥上景观，正如“你站在桥上看风景，看风景的人在楼上看你。明月装饰了你的窗子，你装饰了别人的梦”。

5) 浣碧木台

河流北岸主要景观在于“绿道”模式的演变，贯穿始终的园路流畅自然，将绿道概念中的停留处设置为亲水平台——浣碧木台。木台探出驳岸，亲入水中，最大限度接近水面，置身其中，有远离世俗之感。亲水木台的设置极大地保护了自然驳岸的连续性和完整性，挑空的平台下方水生植物仍可自由生长，河里的鱼虾也能自由通过，同时也更拉近了人和自然的距离。

6) 知书园

知书园是整个滨河公园的文化广场，主要是通过特色景墙、小品、座凳、雕塑的设置向人们展示当地的文化及传统。由当地知名书法家提供的墨宝被篆刻在特色景墙上，诉说着过去，又寄希望于未来。书本形状的雕塑及竹简模样的座凳都一一诉说着这个广场的文化内涵，是一个寓教于乐的理想场所。

5. 植物配置

仉村河滨河绿地的植被类型和植物种类的配置着重考虑以下几个方面：

(1) 考虑植被和植物的生态功能，沿道路边缘的绿化带一般种植较低矮的灌木、地被或者草坪，选用女贞、黄杨类；集中的大片绿地注重植物群落的配置，采用三层或四层的乔灌草结合的群落结构；对于公园和小游园，由于居民经常在此锻炼，除了考虑植物群落的配置之外，还考虑到居民的健康问题，栽培了一些对健康有利的植物，如能增加空气中负离子含量或挥发杀菌消毒物质的马尾松、亮叶桦、栓皮栎等。二氧化硫是大气的主要污染物之一，因此，选种了对二氧化硫有较强吸收能力的植物，如臭椿、夹竹桃、银杏、罗汉松、龙柏等。

(2)体现地方特色，每个区域都有自己独特的气候和土壤环境，不同的环境适合不同种类植物的存活和生长。因此，在规划设计时，充分了解了选用树种的生长习性，采用乡土树种与引进树种相结合的方式，保证选用树种能在当地正常生长。国槐和紫薇分别是烟台的市树和市花，在市树市花评选活动中，苹果树和樱花在市民中的呼声很高，所以在条件适合的场所，增加栽培这些植物，以体现地方特色。

(3)讲究景观美化功能景观建设中的绿地建设并不是单纯的扩大绿地面积、种树植草这么简单，优秀的园林景观必有高质讲究的植物搭配。讲究绿地建设的质量，往往可以反映出一个地方的文化素养和欣赏水准。速生树种与慢生树种的合理搭配、植被的季相特征的利用、草坪与花卉的形状搭配、色叶植物的配置等，无不需要从美学的角度进行精心设计。运用彩色树种，包括彩叶乔木及花灌木、宿根花卉，打造三季有色彩，四季常青的明显季相变化的景观，如黄栌、红叶千头椿、银杏(春绿、夏花、秋果或叶红黄)，雪松、龙柏、云杉(四季常青)，紫薇、榆叶梅、腊梅、木槿(花期花色不同且花期长)，红叶石楠、景天、沙地柏(四季常青且部分冬天叶红)，千屈菜、福禄考、鸢尾等宿根花卉(可露地越冬，使地被增加色彩)。

仉村河景观绿化方案的设计是景观性和生态性的完美结合，承载了绿道、生态恢复区、亲水乐园、文化交流走廊的综合功能。相信这对当地的生态保护和区域形象建设都有着积极的作用，能够促进人与自然的和谐相处。

◇课程思政

生态景观设计应遵循：①可持续发展的原则，即既满足当代人的需要，又不对后代人满足其需要的能力构成危害；②生态性原则，即生态优先，任何景观建设都不能在破坏生态的基础上进行。

人与自然的协调共生，人类必须建立新的道德观念和价值标准，学会尊重自然、师法自然、保护自然，与之和谐相处。科学发展观把社会的全面协调发展和可持续发展结合起来，以经济社会全面协调可持续发展为基本要求，指出要促进人与自然的和谐，实现经济发展和人口、资源、环境相协调，坚持走生产发展、生活富裕、生态良好的文明发展道路，保证一代接一代地永续发展。从忽略环境保护受到自然界惩罚，再到最终选择可持续发展，是人类文明进化的一次历史性重大转折。

复习思考题

1. 生态规划的概念是什么？
2. 生态调查的内容和方法有哪些？

3. 生态功能区划包含哪些内容？
4. 生态影响预测的基本方法什么？
5. 生态规划的基本原则是什么？
6. 什么是生态规划指标体系？生态规划指标体系可以分为几类？
7. 简述生态规划的措施。

第三篇　环境规划与管理实训

第14章　环境规划实训

环境规划实训是大学生培养过程中巩固所学知识、提升实践能力的重要环节，对于帮助学生培养调查研究能力、观察能力、分析及解决问题能力具有重要作用。因此，要将书本理论与实践结合起来，增强对环境规划的学习兴趣和热情，不断开阔眼界、丰富知识、增强理性认识并学会和掌握环境规划的基本理论、基本内容和方法，锻炼规划编制、辅助决策和独立调研的能力，并培养综合分析与解决问题的能力，进一步培养与时俱进、发展新方法和新技术的创新思维和创新能力，为今后从事各领域的环境规划与管理工作打下坚实的基础。

第1节　数据分析与处理

一、环境预测的基础知识

1. 环境预测的内容

1)社会发展和经济发展预测

社会发展预测的重点是人口预测，其他要素因时因地而定。经济发展预测要注意经济社会与环境各系统之间和系统内部的相互联系和变化规律，重点是能源消耗预测、国民生产总值预测、工业总产值预测，同时对经济布局与结构、交通和其他重大经济建设项目进行必要的预测与分析。经济发展预测要注重选用社会和经济部门(特别是计划部门)的资料和结论。

2)污染产生与排放量预测

污染产生与排放量预测参照环境规划指标体系的要求选择预测内容，污染物宏观总量预测的重点是确定合理的排污系数(如单位产品和万元工业产值排污量)和弹性系数(如工业废水排放量与工业产值的弹性系数)，从而得到相应的污染物产生和排放量。主要内容包括：大气污染物排放量预测，废水排放量预测，噪声和废渣污染预测，农业污染源(土地中农药、化肥施用量、积累量，粮食、菜、水果中农药含量)预测，环境污染治理和环境保护投资预测，等等。

3)环境质量预测

根据污染物在环境中的扩散、迁移和转化规律及相关影响因素，预测各类污染物在大气、水体、土壤等环境要素中的总量、浓度及分布，预测可能出现的新污染种类和数量。环境质量预测的要点是确定排放源与汇之间的输入响应关系(剂量反应关系)。

4)生态环境预测

预测分析的基本思路是，首先按原始运行(或无有力措施)的状况，预测分析主要生态指标的变化，再根据经济发展和城市建设规划，预测分析主要生态指标的变化，然后综合分析各种状况可能引起的生态环境变化，为编制生态环境规划，调整城市建设总体规划提供依据。主要内容包括：水资源合理开发利用情况预测，城市绿地面积及环境影响预测，土地利用现状及城市发展趋势，等等。

5)环境资源破坏和环境污染造成的经济损失预测

此类预测主要内容包括：资源不合理开发利用造成的经济损失(资源损失、植被覆盖变化、地质灾害损失等)预测，环境污染造成的经济损失(农业减产、加工成本增加、减产损失等)预测，环境污染引起的人体健康损失预测。

2. 环境预测的原则

环境预测的原则如下：

(1)经济社会发展是环境预测的基本依据。要注意经济社会与环境各系统之间和系统内部的相互联系和变化规律。

(2)科学技术是第一生产力。科学技术对经济社会发展的推动作用和对环境保护的贡献是影响预测的重要因素。

(3)突出重点。突出重点即抓住那些对未来环境发展动态最重要的影响因素，这不仅可以大大减少工作量，而且可以增加预测的准确性。

(4)具体问题具体分析。环境预测涉及面十分广泛，一般可以分为宏观和中观两个层次，要注意不同层次的特点和要求。

3. 环境预测方法选择与结果分析

1)基本思路

环境预测是在环境调查和现状评价的基础上，结合经济发展规划，通过综合分析或一定的数学模拟手段，推求未来的环境状况。其技术关键是：①把握影响环境的主要经济社会因素并获取充足的信息；②寻求合适的表征环境变化规律的数学模式或了解预测对象的专家系统；③对预测结果进行科学分析，得出正确的结论(这一点取决于规划人员的素质和解决综合问题的能力与水平)。

2)预测方法选择

(1)定性预测方法。

可泛指经验推断方法、启发式预测方法等。这类方法的共同点主要是依靠预测人员的经验和逻辑推理，而不是靠历史数据进行数值计算。但它又不同于凭主观直觉作出预言的方法，而是充分利用新获取的信息，将集体的意见按照一定的程序集中起来形成的。属于定性预测方法的有特尔菲法、主观概率法、集合意见法、层次分析法、先导指标预测法等。

(2)定量预测方法。

主要是依靠历史统计数据，在定性分析的基础上构造数学模型进行预测的方法。按照预测的数学表现形式可以分为定值预测和区间预测。这种方法不靠人的主观判断，而是依靠数据分析，计算结果比定性分析具体、精确得多。属于定量预测方法的有趋势外推法、回归分析法、投入产出法、模糊推理法、马尔柯夫法等。

3)预测结果综合分析

(1)资源态势和经济发展趋势分析。

分析规划区的经济发展趋势和资源供求矛盾，并对重大工程的环境影响、经济效益进行分析说明。同时分析影响经济发展的主要制约因素，以此作为制定发展战略、确定环境规划区功能的重要依据。

(2)环境污染发展趋势分析。

明确须控制的主要污染物、污染源、污染地域或受污染的环境介质。明确大气、水体的环境质量变化趋势，指出其与功能要求的差距，确定重点保护对象。必要时，可以定量确定污染造成的危害和损失等，以此加强环境规划的重要性和说服力。

(3)环境风险分析。

环境风险有两种类型：一类是指一些重大的环境问题，例如全球气候变化、臭氧层破坏或严重的环境污染问题等，一旦发生会造成全球或区域性危害甚至灾难；另一类是指偶然的或意外发生的事故对环境或人群安全和健康造成的危害。这类事故所排放的污染物往往量大、集中、浓度高，危害也比常规排放严重。如核电站泄漏事故、化工厂爆炸、采油井喷、海上溢油、水库溃坝、交通运输中有毒物质的溢泄和尾矿库或电厂灰库溃坝等。对环境风险的预测和评价，有助于有针对性地采取措施，防患于未然；或者制定应急措施，从而在事故发生时减少损失。

二、实践内容

1. 人口预测

1)人口增长预测

某地区人口预测如表14－1所示。

表 14－1　某地区人口预测（年均增长率 3.5‰）

时间（年）	人数/万人
2010	103.65
2015	
2020	

2）人口趋势预测

根据表 14－2 所示某地数据分析人口自然增长率变化趋势（表 14－2），预测 2015～2030 年人口数。

表 14－2　某地人口自然增长率变化趋势

时间（年）	人数/万人	出生率/‰	死亡率/‰
1991	249.19	11.49	5.29
1992	252.21	11.9	5.34
1993	254.71	11.78	5.87
1994	257.11	11.94	5.62
1995	259.96	11.62	5.32
1996	261.16	10.68	5.88
1997	261.87	9.23	5.79
1998	262.93	8.49	5.79
1999	264.41	9	6.02
2000	266.29	11.12	6.69
2001	268.19	8.03	5.53
2002	270.46	9.72	5.41
2003	273.29	7.76	5.29
2004	275.82	9.89	7.41
2005	278.64	10.96	5.19

2. GDP 预测

1）GDP 增长预测

某地区 GDP 预测如表 14－3 所示。

表 14－3　某地区 GDP 预测（年均增长率 10%）

时间	GDP/亿元
基准年（2010 年）	1532.5
近期（2015 年）	
中期（2020 年）	
远期（2030 年）	

2) GDP 结构分析

根据表 14－4 所示某地一产、二产、三产 GDP 数据做柱形分析图，求年产值并做 xy 散点图分析其发展趋势。

表 14－4 某地一产、二产、三产 GDP 数据

时间(年)	一产	二产	三产
2005	33. 71	64. 95	73. 58
2006	38. 28	73. 23	89. 45
2007	41. 63	85. 48	103. 6
2008	44. 06	93. 56	111. 88
2009	41. 83	97. 22	123. 94
2010	39. 02	103. 91	142. 47
2011	40. 26	109. 38	157. 68
2012	41. 7	123. 75	170. 21

3. 能耗预测

某地区能耗预测如表 14－5 所示。

表 14－5 某地区能耗预测

时间(年)	β/万 t	e/万 t	α/万 t	GDP/万元
2010				1532
2015	0. 075	0. 75	10%	
2020	0. 075	0. 75	10%	

4. 大气污染预测

1) 源强预测

某地区工业耗煤量预测、生活耗煤量预测、耗煤量统计及大气污染物预测结果，分别如表 14－6～表 14－9 所示。

表 14－6 某地区工业耗煤量预测

时间(年)	CE/万 t	β/万 t	α/万 t	耗煤量/万 t
2010				22. 5
2015	0. 65	0. 15		
2020	0. 5	0. 13		

表 14－7 某地区生活耗煤量预测

时间(年)	人数/人	人均耗煤量/[t/(户・a)]	耗煤量/(t/a)
2015	12196	1. 5	
2020	9169	1. 5	

表 14－8　某地区耗煤量统计

时间(年)	工业耗煤量	生活耗煤量	合计
2015			
2020			

表 14－9　某地区大气污染物预测结果

时间(年)	类别	耗煤量/(t/a)	TSP 排放量/(t/a)	SO_2 排放量/(t/a)	备注
2015	工业				除尘效率 75%，脱硫效率 55%
	生活				
	合计				
2020	工业				除尘效率 90%，脱硫效率 65%
	生活				
	合计				

2）大气环境质量预测

城区某工厂锅炉耗煤量为6000kg/h，煤的硫分为1%，采用湿法脱硫除尘设施处理烟气，脱硫效率为50%，烟囱几何高度为160m，10m 高度处风速为1.5m/s，试求在大气稳定度为弱不稳定类，烟囱抬升高度为40m 的情况下，计算下风距离1000m 处地面的轴线浓度。

5. 水污染预测

1）水污染物排放量预测

某地区工业用水、排水量预测及生活污水排水量预测如表 14－10、表 14－11 所示。

表 14－10　某地区工业用水、排水量预测

规划目标和指标	2010 年	2015 年	2020 年
工业产值	3.2 亿元	增长率 12%	增长率 10%
万元产值耗水量/(t/万元)		10.9	3.5
工业用水量/万 t			
工业排水量/万 t		占用水量的 45%	占用水量的 30%

表 14－11　某地区生活污水排水量预测

规划目标和指标	2015 年		2020 年	
	市区	市域	市区	市域
人数/人	7438	9272	7550	9411
人均用水定额/[L/(人·d)]	70	60	70	60
生活污水排放量/万 t				

2)水环境质量预测

(1)零维模型。

河流上游来水流量为8.7m^3/s，COD_{cr}浓度为14.5mg/L，污水排放源强COD_{cr}浓度为58mg/L，污水排放量为1.0m^3/s。如果忽略排污口至起始断面间的水质变化，且起始断面的水质分布均匀，则起始断面的COD_{cr}浓度是多少？

(2)一维模型。

现需预测某一个工厂投产后废水中的挥发酚对河流下游的影响。污水的挥发酚浓度为100mg/L，污水的流量为2.5m^3/s，河水的流量为25m^3/s，河水的流速为3.6m/s，河水中原不含挥发酚，请问在河流的下游2 km处(完全混合)，挥发酚的浓度为多少mg/L？查手册知挥发酚的降解系数为0.2/d。

(3)$S-P$模型。

拟建一个化工厂，其废水排入工厂边的一条河流，已知污水与河水在排放口下游1.5km处完全混合，在这个位置BOD_5浓度为7.8mg/L，DO浓度为5.6mg/L，河流的平均流速为1.5m/s，在完全混合断面的下游25km处是渔业用水的引水源，河流的耗氧系数(K_1)为0.35/d，$K_2=0.5/d$，若从DO的浓度分析，该厂的废水排放对下游的渔业用水有何影响？设水温为20℃。

(4)二维模型。

有一污水口位于岸边且连续稳定排放，污水流量为19440m^3/d，BOD_5浓度为81.4mg/L；河流宽50m，流量为6m^3/s，平均水深1.2 m，平均流速0.1m/s，平均坡降为0.9/1000，河水BOD_5浓度为6.16mg/L，经实验得到耗氧系数(K_1)为0.3/d，试计算混合过程段长度，如果忽略BOD在该段的降解，预测距完全混合段下游10千米处BOD_5浓度。

第2节　模型求解与应用

一、环境规划方案的生成和优化

1. 环境规划方案的设计

1)环境规划方案的作用

环境规划方案的设计是整个规划工作的中心，与确定目标一样都是工作重点。它是在考虑国家或地区有关政策规定、环境问题和环境目标、污染状况和污染削减量、投资能力和效益的情况下，提出具体的污染防治和自然保护的措施和对策。

2)环境规划方案的设计原则

具体原则如下：

(1)因地制宜，紧指目标。依据自身能力，抓住问题实质，对准目标。

(2)以提高资源利用率为根本途径。不但可以减轻污染，而且可以减小资源对环境造成的压力。

(3)遵循国家或地区有关政策法规。要在政策允许范围内考虑设计方案，提出政策和措施。

3)环境规划方案的设计过程

主要设计过程如下：

(1)分析调查评价结果。主要明确环境现状、治理能力和污染综合防治水平。

(2)分析预测的结果。明确环境现有承载能力，污染物削减量，可能的投资和技术支持等实际存在的问题和解决问题的能力。

(3)详细列出环境规划总目标和各项分目标。明确现实环境与环境目标的差距。

(4)制定环境发展战略和主要任务。从整体上提出环境保护方向、重点、主要任务和步骤。

(5)制定环境规划的措施和对策。重要的是运用各种方法制定针对性强的措施和对策，如区域环境污染综合整治措施、生态环境保护措施、自然资源合理开发利用措施、生产布局调整措施、土地规划措施、城乡建设规划措施和环境管理措施。

2. 环境规划方案的优化

1)环境规划方案优化的内涵

在制定环境规划时，一般要做多个不同的规划方案，经过对比各方案，确定经济上合理、技术上先进、满足环境目标要求的几个最佳方案作为推荐方案，供最终决策。方案优化是编制环境规划的重要步骤和内容。方案的对比要具有鲜明的特点，比较的项目不宜太多，要抓住起关键作用的因素作比较。对比各方案的环境保护投资和3个效益的统一情况，达到投资少、效果好的目的。

2)环境规划方案优化的步骤

主要优化步骤如下：

(1)分析、评价现存和潜在的环境问题，寻求解决的方法和途径，研究为实现预定环境目标而采取的措施。

(2)对所有拟定的环境规划草案进行经济效益分析、环境效益分析、社会效益分析和生态效益分析。

(3)分析、比较和论证各种规划草案，建立优化模型，选出最佳总体方案。

(4)预测评价区域环境规划方案的实施对社会、经济发展和环境产生的影响。

(5)概算实施区域环境规划所需的投资总额，确定投资方向、重点、构成与期限，评估投资效果，等等。

二、环境规划方案的决策

1. 环境规划方案的决策过程

所谓“决策”，是指为了解决某一问题而对拟采取的行动所做出的决定，由于决策的内容直接来源于所要解决的问题并受其制约，因此，这个待解决的问题就构成了决策问题。

针对一个决策问题做出决定时，应先明确决策者对要解决问题所抱有的目的。因此，一个合理的决策问题，首先要确定决策的目标或决策者所希望达到的行动结果或状态。这种有目的的行动，一般由3种活动所组成，即设计备选方案、选择行动方案和实施行动方案。

2. 环境规划方案决策的特征

1)非结构化特征

非结构化决策所涉及的信息知识具有很大程度的模糊性和不确定性，问题的性质无法以准确的逻辑判断描述，缺乏例行的决策规则，结果重现性较差，很难用数学方法和程式化方式解决。

2)多目标特征

(1)冲突或矛盾性。某一目标的改进往往导致其他目标实现程度的降低，而且会涉及广泛的环境、经济、社会甚至政治等多种因素。

(2)不可公度性。多个目标没有统一的度量标准。

3)基于价值观念的特征

城市环境规划中大量的系统决策问题，常涉及错综复杂的关系，特别是由于在广泛的目标因素中包含社会因素和人的行为因素，因而人的价值观念在评价各种性质不同的问题、因素时将起着重要的作用，从而直接影响决策方案的选择。

3. 环境规划方案的决策步骤

1)目标制定阶段

根据人类社会生存和发展的需要，对现实存在的或潜在的环境问题性质、走向、危害程度和影响范围等加以研究，进而根据社会经济水平，提出环境决策所要达到的目标。

2)信息调查阶段

搜集决策过程中所需的各种资料和数据。

3)方案设计阶段

分析与实现目标有关的各种因素，从技术、经济、社会等方面考虑，拟定其各自所能达到的目标及相关方案。

4)方案评估阶段

对制定的各种方案进行分析、比较，做出评估。

5)方案选定阶段

在确保能实现环境决策目标的前提下，选择一个现实社会经济技术条件能接受的方案作为实施方案。

6)反馈调查阶段

当所有可能的方案均不能为当时的社会经济技术条件所接受时，对环境目标加以修正或调整。

三、环境规划的决策分析

1. 决策分析的概念

决策分析是进行决策方案选择的一套系统分析方法，通常是决策过程中具体程序、规则和推算的组合。

2. 决策分析模型

1)最优化决策分析模型——MOP

MOP 通常是利用数学规划方法，建立数学模型并一次求解的决策分析过程。该模型定量化程度和计算机化程度高，但需要在一定条件下进行简化，存在局限性。

2)模拟优化决策分析模型——SD

SD 直接基于环境规划决策分析的对策－目标树框架，就各个备选组合方案，分别进行多种目标和综合指标(包括环境质量、费用及社会影响等)的模拟和评估，该模型是复杂系统规划决策分析常采纳的方式。

四、单目标决策分析方法

1. 费用效益分析

实施环境规划管理措施和技术方案，一方面需要投入和代价，另一方面也会直接获得环境功能的恢复和改善，从而减少环境污染、资源破坏所带来的损失。对于这种环境效益和相应的投入代价，在环境规划中选择不同方案时，最直接的思路是像一般活动的经济分析那样，通过费用效益的分析评价方法进行。

1)基本程序

(1)明确问题。

费用效益分析的首要工作是明确问题。对于一个环境规划，要弄清规划方案中各项活动所涉及环境问题的内容、范围和时间尺度，从而为规划方案的环境影响识别分析奠定基础。

(2)环境质量与受纳体影响关系确定。

环境问题，特别是环境污染问题，其直接影响表现为环境质量的恶化，进而导致对受纳体(人体、动植物、资源等)的影响和损害。为了确定规划对环境质量和受纳体影响的变化，重要的前提工作是确定一项环境资源的功能。在环境功能分析确定的基础上，进一步的工作是分析对环境质量与环境受纳体的影响，即对剂量－反应关系进行识别确定，这是环境费用效益分析的关键，也是环境费用效益分析成功的科学基础。

对受纳体环境影响的估计，即对剂量－反应关系的确定，主要包括以下内容：①估计环境质量变化的时空分布；②估计受纳体在环境质量变化中的暴露程度；③估计暴露对受纳体产生的物理、化学和生物作用。

(3)备选方案的环境影响分析。

不同的规划方案对应着不同的环境效果或环境损失(效益)，伴随着规划方案的改变，相应的环境损失(效益)也会随之变化。因此，针对不同的规划方案进行改善环境质量的定量化影响估计是环境效益或损失计算的前提。这一工作的有效程度取决于人为活动对环境质量及受纳体影响关系的识别确定水平。

(4)备选方案的费用效益计算。

为了使规划方案的影响效果具有可比性，费用效益分析方法采取了将规划方案的定量化损失－效益统一为货币形式的表达方式。从决策分析的角度看，环境费用效益分析的货币化过程，实质上是将决策的多种目标统一为单一经济目标的过程。通常，规划方案的制定过程中，投资、运行费用及有关经济费用构成费用效益分析的费用计算内容，而对规划方案的非经济效益(损失)，则需要借助货币化技术方法进行估算。

(5)备选方案的费用－效益评价。

当完成备选方案的费用效益货币化计算后，就可以通过适当的评价准则进行不同方案的比较，完成最佳方案的筛选。

2)评价准则

(1)净效益最大。

净效益是总效益现值扣除总费用现值的差额：

$$Z_{\mathrm{NPV}} = \sum \frac{B_t - C_t}{(1+r)^t} = \sum \frac{B_t}{(1+r)^t} - \sum \frac{C_t}{(1+r)^t} \tag{14-1}$$

式中，Z_{NPV}为净效益(现值)；B_t为第t年的效益；C_t为第t年的费用；r为社会贴现率。

若$Z_{\mathrm{NPV}}>0$，表明规划方案得大于失，方案可以接受；否则，方案不可取。对于多个满足净效益大于零的方案，可按净效益最大的准则进行备选方案的筛选。

(2)费效比。

费效比即总费用现值与总效益现值之比，记作 α：

$$\alpha = \frac{\sum \frac{C_t}{(1+r)^t}}{\sum \frac{B_t}{(1+r)^t}} \tag{14-2}$$

如果 $\alpha<1$，方案的社会费用支出小于其所获得的效益，则方案可以接受；否则，方案费用支出大于或等于社会效益，方案应予拒绝。

3)货币化技术方法

(1)市场价格法。

市场价格法是直接根据物品或服务的价格，利用因环境质量变化引起的产量和利润的变化来计量环境质量变化的经济效益或经济损失。该方法应用广泛，如可以用于因污染造成农产品减产的评价。

(2)人力资本法或工资损失法。

人力资本法将劳动者作为生产要素而对其遭受的环境影响进行分析，特别是可以通过人体健康进行环境价值经济评价。环境质量恶化对人造成的损失包括过早死亡、患病、提前退休等，这些损失可以通过个人的费用支出或损失反映出来。

(3)机会成本法。

经济学中，机会成本是指把一定的资源用在生产某种产品时，所放弃的生产其他产品时所能获得的最大收益。根据这一思想方法，对一个规划的多个方案进行分析，就可以计算估计由于环境变化所引起的收益或损失。

(4)资产价值法。

资产价值法是用环境质量的变化引起的资产价值的变化来估计环境污染或改善环境质量所带来的经济损失或收益。噪声污染、大气污染、水污染等都会影响资产价值。

(5)工资差额法。

工资差额法是利用不同环境质量条件下工人工资的差异，来估计环境质量变化造成的经济损失或经济效益。

(6)防护费用法。

环境资源被破坏时带来的经济损失，可以通过为防护该环境资源不受破坏所准备支付的费用来推断。

(7)恢复费用法。

一种环境资源在被破坏后假定能恢复到原来状态，这时所需要的费用可以作为该环境资源被破坏带来的经济损失或它的经济价值估计。实际上，环境退化、生态破坏往往很难恢复原来的功能，所以恢复费用也只是它的最低损失费用。

(8)影子工程法。

在环境资源受到破坏之后，如果用人工建造一个工程(影子工程)来代替原来的环境功能，这时所需的费用可以用来估计破坏该环境资源所造成的经济损失。

2. 数学规划法

1)线性规划法

在环境规划与管理中，线性规划常常用来解决两类优化问题：一种是如何优化资源配置使产值最大或利润最高；另一种是如何统筹安排以消耗最少的资源或排放最少的污染物。其数学模型如下：

目标函数：

$$\max(\min)Z = c_1x_1 + c_2x_2 + \cdots + c_nx_n \tag{14-3}$$

约束条件：

$$\begin{cases} a_{11}x_1 + a_{12} + \cdots + a_{1n}x_n \leqslant (=, \geqslant) b_1 \\ a_{21}x_1 + a_{22} + \cdots + a_{2n}x_n \leqslant (=, \geqslant) b_2 \\ \qquad\qquad \cdots \\ a_{m1}x_1 + a_{m2} + \cdots + a_{mn}x_n \leqslant (=, \geqslant) b_m \\ x_1, x_2, \cdots, x_n \geqslant 0 \end{cases} \tag{14-4}$$

目标函数和约束条件所组成的数学模型，使优化决策分析过程转化为在约束条件下使目标函数 Z 取最大值或最小值，即求极值的线性规划过程。约束条件右端的 b_1，b_2，…，b_m 是一般是常数，满足约束条件的 x_1，x_2，…，x_n，的任何组合，都是数学模型的可行解，使目标函数 Z 最大或最小的可行解是模型的最优解。

2)非线性规划法

在环境规划与管理中，某些问题的决策模型可能会出现下述情况：①目标函数为非线性函数，约束条件为线性函数；②目标函数为线性函数，约束条件为非线性函数；③目标函数与约束条件均为非线性函数。上述情况均属于非线性规划问题，其数学模型的一般形式是：

$$\begin{cases} \min f(x_1, x_2, \cdots, x_n) \\ g_i(x_1, x_2, \cdots, x_n) \geqslant 0, i = 1, 2, \cdots, m \end{cases} \tag{14-5}$$

$X = (x_1,\ x_2,\ \cdots,\ x_n)^{\mathrm{T}}$ 为 n 维欧氏空间 E_n 中的向量，它代表一组决策变量。如果需目标函数最大，可由 $\max f(X) = -\min[-f(X)]$，转换为求 $-f(X)$ 的最小问题。当某约束条件为 $g_i(X) = 0$ 时，则可以用不等式 $\begin{cases} g_i(X) \geqslant 0 \\ -g_i(X) \geqslant 0 \end{cases}$ 约束代替。

一般地，非线性关系的复杂多样性，使得非线性规划问题求解比线性规划问题求解困难得多。目前，非线性规划问题常采用数值求解，数值求解非线性规划的算法大体分为两类：一类是采用逐步线性逼近的思想，通过一系列非线性函数线性化的过程，利用线性规划获得非线性规划的近似最优解；另一类是采用直接搜索的思想，根据部分可行解或非线性函数在局部范围的某些特性，确定迭代程序，通过不断改进目标值的搜索计算，获得最优或满足需要的局部最优解。

3)动态规划法

在环境规划与管理中，经常遇到多阶段最优化问题，即各个阶段相互联系，任一阶段的决策选择不仅取决于前阶段的决策结果，而且影响下一阶段活动的决策，从而影响整个决策过程的优化问题。这类问题通常采用动态规划方法求解。其基本原理为：作为多阶段决策问题，其整个过程的最优策略应具有这样的性质，即无论过去的状态和决策如何，对于前面的决策所形成的状态而言，其后一系列决策必须构成最优决策。根据这一基本原理，可以把多阶段决策问题分解成许多相互联系的小问题，从而把一个大的决策过程分解成一系列前后有序的子决策过程，分阶段实现决策的“最优化”，进而实现“总体最优化”方案。为使最后决策方案获得最优决策效果，动态规划求解可以用下列递推关系式表示：

$$f_k(X_k) = \mathrm{opt}\{d_k[x_k, u_k(x_k)] + f_{k+1}u_k(x_k)\} \qquad (14-6)$$

式中，k 为阶段数，$k=n-1$，…，3，2，1；x_k 为第 k 阶段的状态变量；$u_k(x_k)$ 为第 k 阶段的决策变量；$f_k(X_k)$ 为第 k 阶段为 x_k 时的最优值；$f_{k+1}u_k(x_k)$ 为第 $k+1$ 阶段的最优值；$d_k[x_k, u_k(x_k)]$ 为第 k 阶段当状态为 x_k，决策变量为 $u_k(x_k)$ 时的函数值，opt 根据具体问题要求取最小或最大。

由上所述，动态规划只是确定了一个分阶段求最优解的基本模型，并无确定的具体的数学模型，所以究竟如何进行动态规划分析，需要根据规划问题的具体情况而定。

五、多目标决策分析方法

1. 多目标决策分析的概念

多目标决策分析与传统单目标优化的最大区别在于其决策问题中具有多个互相冲突的目标。通常多目标决策问题中，一组意义明确的多个冲突目标可以表达为一个递阶结构，或称目标体系。

所谓多目标决策分析，就是基于上述概念，运用种种数学(包括计算机)支持技术，完成下述两个步骤：

(1)根据所建立的多个目标，找出全部或部分非劣解；

(2)设计一些程序识别决策者对目标函数的意愿偏好，从非劣解集中进行选择。

2. 有限方案的多目标决策分析方法

1)矩阵法

矩阵法是处理有限方案多目标决策问题最简单而直观的评价分析方法。

设一决策问题中，x_1，x_2，…，x_n，是决策问题的 n 个目标(属性)；A_1，A_2，…，A_m，是满足 n 个目标要求的 m 个可行方案，在此基础上，则可以建立决策评价矩阵表(表 14－12)。

表 14－12　决策评价矩阵表

	x_1	x_2	…	x_j	…	x_n	V_j
	ω_1	ω_2	…	ω_j	…	ω_n	
A_1	V_{11}	V_{12}	…	V_{1j}	…	V_{1n}	V_1
A_2	V_{21}	V_{22}	…	V_{2j}	…	V_{2n}	V_2
⋮	⋮	⋮	…	⋮	…	⋮	⋮
A_i	V_{i1}	V_{i2}	…	V_{ij}	…	V_{in}	V_i
A_m	V_{m1}	V_{m2}	…	V_{mj}	…	V_{mn}	V_m

决策矩阵中，V_{ij}代表方案 A_i 对目标 x_j 的实现程度，即该方案在目标 x_j 下的属性值。ω_j 为各目标的相对重要性评价值，v_i 为各方案 A_i 在目标属性下的综合评价结果。

2)层次分析法

层次分析法是美国学者 Salty 于 20 世纪 70 年代提出的一种系统分析方法，它适用于结构比较复杂，目标较多且不宜量化的决策问题。由于该方法思路简单，运算方便，能够与人们价值判断推理相结合，因而得到迅速推广应用。

(1)层次分析法解决问题的基本步骤如下：

①明确问题，建立目标、备选方案等要素构成的层次分析结构模型。

②对隶属同一级的要素，根据评价尺度建立判断矩阵。

③根据判断矩阵，计算确定各要素的相对重要程度。

④计算综合重要度，确定评价方案的优先序，提供决策支持。

(2)层次分析法简介。

①建立层次分析结构模型。

根据具体决策问题的性质和要求，将问题的总目标及备选方案正确合理地进行层次划分，确定各层要素组成，层次分析结构模型如图 14－1 所示。

②建立判断矩阵。

判断矩阵是指相对于层次结构模型中某一要素，由其隶属要素两两比较的结果构成的矩阵。它是应用层次分析法的基础，也是进行相对重要度计算的重要依据。层次分析

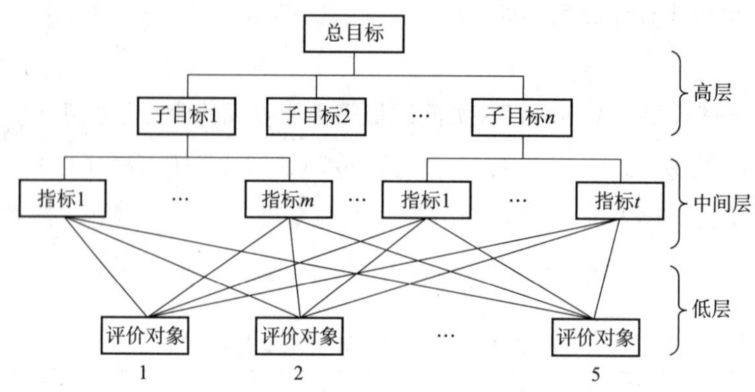

图 14－1　层次分析结构模型

法要求按层次结构模型自上而下逐层建立判断矩阵，例如，对任一层次的某个要素 C 及其隶属的几个要素 A_1，A_2，…，A_n，以 C 为评价目标，进行 A_1，A_2，…，A_n 重要性的两两比较，所得判断矩阵如表 14－13 所示。

表 14－13　层次分析法判断矩阵表

C	A_1	A_2	…	A_j	…	A_n
A_1	a_{11}	a_{12}	…	a_{1j}	…	a_{1n}
A_2	A_{21}	a_{22}	…	a_{2j}	…	a_{2n}
⋮	⋮	⋮	…	⋮	…	⋮
A_i	a_{i1}	a_{i2}	…	a_{ij}	…	a_{in}
⋮	⋮	⋮	…	⋮	…	⋮
A_n	a_{n1}	a_{n2}	…	a_{nj}	…	a_{nn}

判断矩阵中元素 a_{ij} 代表要素 A_i 与 A_j 就评价目标 C 而言的相对重要程度值，假定 W_i、W_j 分别为 A_i 和 A_j 在 C 下的权重，则 a_{ij} 可以看成 W_i 与 W_j 的比值，即：

$$a_{ij} = \frac{W_i}{W_j} \tag{14-7}$$

一般地，对任意两个要素 A_i、A_j 进行两两比较，确定相对重要性时，所依据的分级评价准则可按表 14－14 定义判断。

表 14－14　评价准则

评价尺度	评价准则定义
1	A_i 和 A_j 同等重要
3	A_i 和 A_j 略微重要
5	A_i 和 A_j 明显重要

续表

评价尺度	评价准则定义
7	A_i 和 A_j 特别重要
9	A_i 和 A_j 极其重要
2、4、6、8	介于上述相邻评价准则的中间状态

③单要素下的权重排序。

层次单排序的目的是对于上层次中的某元素而言的，可以确定与本层次有联系的元素重要性次序的权重值。层次单排序的任务可以归结为计算判断矩阵的特征根和特征向量问题，即对于判断矩阵 A，计算满足下式的特征根和特征向量：

$$AW = \lambda_{max} W \tag{14-8}$$

式中，λ_{max} 为 A 的最大特征根；W 为对应于 λ_{max} 的正规化特征向量，W 的分量 W_i 就是对应元素单排序的权重值。

根据矩阵理论，式(14－8)可以采用矩阵特征向量数值方法计算，常用的方法有方根法或和积法。

和积法的计算公式为：

$$\begin{cases} \bar{a}_{ij} = \dfrac{a_{ij}}{\sum\limits_{j=1}^{n} a_{kj}}, i = 1,2,\cdots,n \\ \bar{W}_i = \sum\limits_{j=1}^{n} \bar{a}_{ij} \\ W_i = \dfrac{\bar{W}_i}{\sum\limits_{i=1}^{n} \bar{W}_i} \\ \lambda_{max} = \sum\limits_{i=1}^{n} \dfrac{(AW)_i}{nW_i} \end{cases} \tag{14-9}$$

式中，λ_{max} 为判断矩阵的最大特征根；$(AW)_i$ 为判断矩阵与权重构成的向量的第 i 个分量。

只有判断矩阵满足一定条件，才可以认为权重计算较好地反映了对评价对象的认识。对判断矩阵进行的检验称为一致性检验，一致性检验的指标可以按下式计算：

$$CI = \frac{\lambda_{max} - n}{n - 1} \tag{14-10}$$

式中，CI 为一致性指标；N 为判断矩阵的阶数。

一般情况下，若 $CI \leqslant 0.1$，即可以认为判断矩阵具有令人满意的一致性；否则，应对判断矩阵进行调整，直到满意为止。

④全要素下的综合权重排序。

综合权重排序是指对应于上一层所有要素的下层各要素的相对优先序。相邻层次要素及其权重的对应关系如表 14－15 所示。

表 14－15 相邻层次要素及其权重对应关系

A 层	C 层				A 层全要素权重
	C_1	C_2	…	C_m	
	W_{a1}	W_{a2}	…	W_{am}	
A_1	W_{11}	W_{12}	…	W_{1m}	$\sum_{j=1}^{m} W_{aj}W_{1j}$
A_2	W_{21}	W_{22}	…	W_{2m}	$\sum_{j=1}^{m} W_{aj}W_{2j}$
⋮	⋮	⋮	…	⋮	⋮
A_n	W_{n1}	W_{n2}	…	W_{nm}	$\sum_{j=1}^{m} W_{aj}W_{nj}$

全要素下的综合权重计算过程是由最高层到最底层逐层进行的。其最终结果就是全部备选方案实现预定目标的优先序估计。类似地，对于综合排序结果同样也需要进行一致性检验。

六、实践内容

1. 单目标求解

根据表 14－16 所示某地国内生产总值数据练习单目标求解。

表 14－16 某地国内生产总值数据

时间(年)	国内生产总值/亿元	增长率/%
1992	70.4	
1993	101.6	44.32
1994	139.3	37.11
1995	172.23	23.64
1996	201.03	16.72
1997	230.71	14.76
1998	248.52	7.72
1999	262.99	5.82
2000	283.29	8.52
2001	307.31	
2002	335.66	

2. 规划求解

(1)设某河段上有 3 个污染源(图 14－2)向河水中排放苯污染物：污染源①污水排放量为 $1.2m^3/d$，苯的浓度为 10mg/L，污染源②污水排放量为 $0.6m^3/d$，苯的浓度为 20mg/L；污染源③污水排放量为 $0.4m^3/d$，苯的浓度为 8mg/L。污染源上游河水中不含有苯，测得河流流量(Q_{v0})为 $5.8m^3/d$，河水中苯浓度为 P_0。假定苯的水环境标准为 1mg/L，已知苯在河水中的降解速率常数(k)为 $0.03km^{-1}$，即若污染源①排放后下游断面的苯浓度为 P_1，则下游任一段距离 L 处的浓度为 $P_L = P_1 e^{-kL}$。从污水中去除苯的费用为 $50x$ 美元/$1000m^3$，x 为去除百分比。

欲使整个河段苯的浓度不超标，用线性规划方法确定苯的最优处理方案。请写出建立线性规划模型的过程。

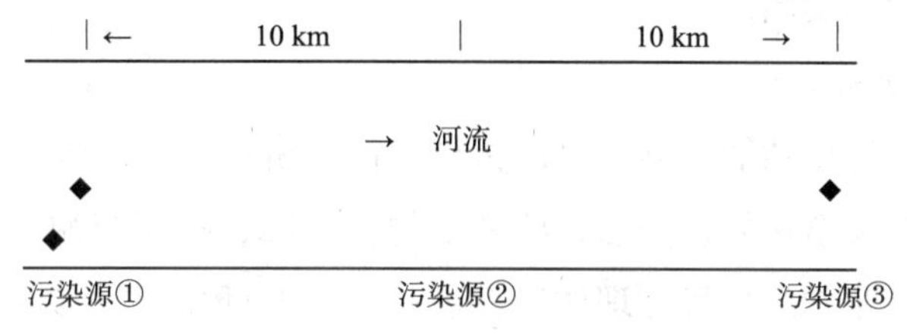

图 14－2　污染源排污示意图

(2)在某河段上有 3 个化工厂抽取河水作为生产用水(图 14－3)，然后将污染水排入河流(假定无消耗)。3 个化工厂每天排出的氰化物量分别为 600kg、150kg 和 120kg，河流最后注入一个公共水源地——湖泊，水质要求氰化物浓度不得大于 0.05mg/L。水质模型研究表明，这 3 个化工厂的氰化物流至入湖处的降解率分别为 45%、40% 和 35%，如果这 3 个化工厂都各自处理一部分污染物，且处理费用分别为 1.5 万元/kg、2.3 万元/kg 和 1.7 万元/kg。试求预使河流入湖污染物量不超过分配给该河的污染负荷，每个化工厂各自应有多大的处理率时能使总处理费用最小？要求写出优化模型，不必解出模型的解。

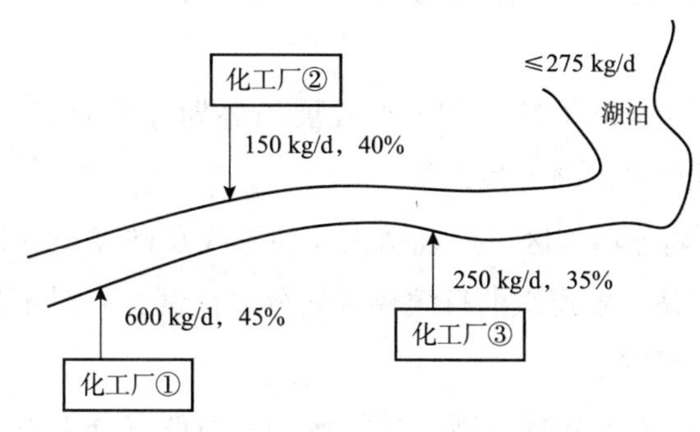

图 14－3　化工厂排污示意图

第3节 环境功能区划

一、环境功能区划的含义与目的

1. 环境功能区划的含义

环境功能区划是实现环境科学管理的一项基础工作。它依据社会经济发展需要和不同地区在环境结构、环境状态和使用功能上的差异，对区域进行的合理划分。它研究各环境单元的承载力(环境容量)及环境质量的现状和发展变化趋势，揭示人类自身活动与环境及人类生活之间的关系。

2. 环境功能区划的目的

通过编制和实施环境功能区划，可以指导我国经济社会发展与生态环境保护的合理布局，巩固国家生态安全格局，增强人群环境健康保障，提高资源开发的环境安全，建立以环境功能区划为基础的环境管理体系，进一步提升环境保护参与宏观决策能力，为环境管理转型提供平台，为国家环境安全提供基础制度保障。

二、环境功能区划的依据和内容

1. 环境功能区划的依据

主要依据如下：

(1)保证功能与规划相匹配。保证区域或城市总体功能的发挥与区域或城市总体规划相匹配。

(2)依据自然条件划分功能区。依据地理、气候、生态特点或环境单元的自然条件划分功能区，如自然保护区、风景旅游区、水源区或河流及其岸带、海域及其岸带等。

(3)依据环境的开发利用潜力划分功能区，如新经济开发区、绿色食品基地、名贵花卉基地和绿地等。

(4)依据社会经济的现状、特点和未来发展趋势划分功能区，如工业区、居民区、科技开发区、教育文化区和经济开发区等。

(5)依据行政辖区划分功能区。行政辖区往往不仅反映环境的地理特点，而且也反映某些经济社会特点。按一定层次的行政辖区划分功能区，有时不仅有经济、社会和环境合理性，而且还便于管理。

(6)依据环境保护的重点和特点划分功能区，一般可以分为重点保护区、一般保护区、污染控制区和重点污染治理区等。

2. 环境功能区划的内容

主要内容包括：

(1)在所研究的范围内，根据各环境要素的组成、自净能力等条件，合理确定使用功能的不同类型区，确定界面、设立监测控制点位。

(2)在所研究范围的层次上，根据社会经济发展目标，以功能区为单元，提出生活和生产布局及相应的环境目标与环境标准的建议。

(3)在各功能区内，根据其生活和生产布局中的分工职能及其所承担的相应的环境负荷，设计污染物流和环境信息流。

(4)建立环境信息库，以便将生产、生活和环境信息进行实时处理，及时掌握环境状况及其发展趋势，并通过反馈做出合理的控制决策。

3. 环境功能区划的类型

1)按范围分类

按范围分类主要包括：

(1)城市环境规划的功能区。一般包括工业区、居民区、商业区、交通枢纽区、风景旅游或文化娱乐区、水源区、文化教育区、旅游度假区等。

(2)区域环境规划的功能区。一般包括工业区或工业城市，矿业开发区，新经济开发区或开放城市，水系或水域，水源保护区和水源林区，林、牧、农区，自然保护区，风景旅游区或风景旅游城市，历史文化纪念地或文化古城，其他特殊地区。

2)按内容分类

按内容分类主要包括：

(1)综合环境区。主要包括重点环节保护区、一般环境保护区、污染控制区、重点污染治理区、新建经济技术开发区等。

(2)部门环境功能区。主要包括大气环境功能区、水地表水域环境功能区、噪声功能区。

4. 生态功能区划

1)生态适宜性分析

生态适宜性分析是生态规划的核心，是制定规划方案的基础。生态适宜性分析的目标是根据区域自然资源与环境状况，评价其对某种用途的适宜性和限制性，并划分适宜等级，弄清限制因素，为资源的最佳利用方向提供依据。

(1)因素叠置法。

因素叠置法又称地图叠置法。其基本步骤为：根据规划目标，列出各种发展方案和措施，确定规划方案及措施与环境因子的关系表，建立关系矩阵；在生态调查的基础上，按一定的评价准则进行各因子对规划目标的适宜性评价和分级；用不同的颜色将各因素对特定规划方案的适宜性绘制在地图上，形成单因素生态适宜性评价图；再将各单一因素适宜性图叠加得到综合适宜性图；由综合适宜性图上色调的深浅表示特定规划方案的适宜性等级，并由此制定规划方案。

(2)线性与非线性因子组合法。

线性因子组合法是用一定的度量值来表示适宜性等级，并对每个因素视其重要性赋予不同的权重值；将每个因素的适宜性等级值乘以权重值，得到该因素的适宜性值。最后综合各因子的适宜性空间分布特征，即可得到综合适宜性值及其空间分布。常用的综合适宜性值计算公式为：

$$S_i = \sum_{k=1}^{n} B_{ki} W_k \tag{14-11}$$

式中，i 为土地利用方式编号；k 为生态因子编号；n 为生态因子总数；W 为因子 k 对 i 种土地利用方式的权重值，且 $W_1 + W_2 + \cdots + W_k = 1$；$B_{ki}$为土地利用方式 i 的第 k 个生态因子适宜性评价值；S_i 为土地利用方式为 i 时的综合适宜性值。

某些情况下，环境资源因素之间的关系能够运用数学模型进行拟合。因此，在进行生态适宜性分析时，可以直接利用这些模型进行空间模拟，然后按照一定的准则划分适宜性等级。由于这些模型往往是属于非线性的，所以该方法称为非线性因子组合法。

(3)生态适宜性等级划分。

单因素生态适宜性等级通常分为 3 级，即很适宜、基本适宜、不适宜；有时也分为 5 级，即很适宜、适宜、基本适宜、基本不适宜、不适宜。同时，分别给各级赋权值 5、3、1 或 9、7、5、3、1，数值大小与该因素生态适宜性的大小成正相关关系。土地利用适宜性各级的含义为：很适宜，指土地可以持久地用于某种用途而不受过多限制，且不会破坏生态环境、降低生产力或经济效益；适宜，指土地有限性，当持久用于规划用途会出现中等程度不利，从而破坏生态环境、降低效益；不适宜，指有严重的限制性，某种用途的持续利用对其影响是严重的，将严重破坏生态环境，利用勉强合理。综合生态适宜性分级，通常根据综合生态适宜性值确定适宜性分级的上、下限，并结合单因素的生态适宜性分级标准进行分级。

2)生态敏感性分析

生态敏感性是指在不降低环境质量的情况下，生态因子对外界压力或干扰的适应能力。生态敏感性分析是利用信息技术对影响生态环境的组成因子按照一定的加权叠加规律进行模拟分析的一种方法，它基于 GIS 强大的空间分析能力，对影响生态环境平衡的因素进行叠加分析，可以动态地在一定范围内显示“如果这样”将会产生何种后果和“最好这样”的合适区域。生态敏感性分析的内容包括水土流失评价和敏感集水区的确定等。

(1)水土流失分析。

用于分析、评价规划区域潜在水土流失与现实水土流失状况的通用方程为：

$$A = R \cdot K \cdot LS \cdot C \cdot P \tag{14-12}$$

式中，R 为降雨冲蚀指数；K 为土壤冲蚀指数；LS 为坡长指数；C 为地表覆盖因素；P 为土地管理因素。

(2)敏感集水区分析。

敏感集水区评价的目的是基于规划区域水文及水资源活动与土地利用的关系，确定其与资源开发和工农业生产布局的关系，使规划区域内水循环过程得到维护。规划区域按其与水体、水土流失、植被等的关系，划分成不同敏感性集水区。将人类活动及一定方式的土地利用十分敏感的区域划分为敏感集水区，而将人类活动及土地利用相对抗干扰能力强的区域划分为不敏感集水区。

(3)生态敏感性等级划分。

影响一个地区生态敏感性的因素很多，通常选用对开发建设影响较大的因子作为生态敏感性分析的生态因子，通过制定单因子生态敏感性标准及其权重对各单因子等级及其权重进行评估，通常用5、3、1或9、7、5、3、1表明其敏感性高低。然后用加权多因素分析公式进行单因子加权叠加、聚类并得出综合评价值，作为综合评价值分级标准，由此判明不同区域的敏感性等级。对城市生态敏感性地带分级，一般按3级标准分：敏感地带(A级，3.7～5)，一般敏感性地带(B级，2.3～3.7)，基本不敏感地带(C级，1～2.3)。生态敏感、景观独特的地带，适宜保持原貌而成为保护区；生态不敏感、不适合动植物生长的地带，可以进行工业区或商业区的开发。

三、实践内容

利用CAD制图软件完成图14－4所示某地区声环境功能区划。

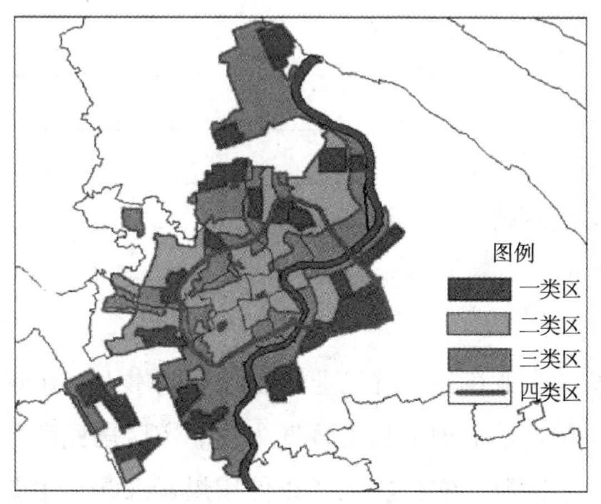

图14－4 某地区声环境功能区划

第 4 节　环境规划文本编制

完成某城市环境规划文本的编制。

一、城市基本概况

该市位于河北省南部，太行山东麓，全市总面积 999 平方千米，辖 15 个乡(镇、办)、290 个行政村，总人口 48 万。地势西高东低，呈阶梯状排列，山区、丘陵、平原大体各占三分之一。该市历史悠久，隋开皇十六年(公元 596 年)置县，1987 年撤县设市，1988 年被国家批准为对外开放城市。改革开放以来，经济快速发展，目前已形成建材、采掘、医药化工、冶金等主导产业，正在大力培育先进制造、新能源、新材料、现代服务业等新兴产业，是国家新型工业化产业示范基地和全国最大的平板玻璃生产基地，先后被河北省确定为“十百千”工程重要工业基地，以及冀中南、中原经济区的重要增长极。

二、大气环境专题规划

1. 大气污染源现状调查与评价

1)调查范围、内容及方法

大气污染源调查包括工业污染源调查、生活污染源调查和交通污染源调查，具体调查内容为：

工业污染源调查：____。

生活污染源调查：____。

交通污染源调查：____。

调查方法：____。

2)工业污染源调查与评价

(1)能源结构与消耗。

该市能源结构为：____。

该市工业企业、机关事业单位、洗浴业和餐饮业基本上使用煤炭进行生产和冬季采暖，市区居民采暖以单位自建锅炉房和土暖气为主。市区居民和部分高档宾馆、餐厅主要以石油液化气作为炊事能源，农村居民冬季使用煤炭取暖，主要以柴草、石油液化气和煤炭作为炊事能源。另外，许多民用住房建有太阳能热水器，以解决全家热季洗浴问题。某市规划区主要能源消耗情况见表 14－17，请据此制作能源结构饼状图。

表 14－17　规划区域能源消耗情况

单位名称	能源种类	能源来源	消耗量/(万 t/a)	所占比例/%	备注
玻璃行业	煤炭	陕西神木	80.75	61.37	统计数据
造纸行业	煤炭	陕西神木	19.92	15.14	统计数据
化工业	煤炭	陕西神木	3.45	2.62	统计数据
热电厂	煤矸石	—	10.95	8.32	统计数据
采暖锅炉	煤炭	陕西神木	7.46	5.67	统计数据
洗浴、餐饮业	煤炭	陕西神木	1.21	0.92	统计数据
餐饮业	液化石油气	液化气公司	0.72	0.55	统计数据
城区居民	块煤	陕西神木	7.21	5.48	用户量 1.2t/a
	液化石油气	液化气公司	0.15	0.11	用户量 180kg/a

(2)工业污染源。

该市规划区工业能源以煤为主，规划中共调查了 172 家工业企业，其中，玻璃厂 143 家(玻璃厂 A 生产线 64 条，玻璃厂 B 生产线 87 条)，造纸厂 16 家，炭黑厂 4 家，瓷土厂 5 家，糠醛厂 3 家，热电厂 1 家。根据该市环保局 2012 年污染源资料，规划区内主要工业企业大气污染源及大气污染物排放量如表 14－18 所示。

表 14－18　主要工业企业大气污染物排放量

序号	企业名称	燃煤量/t	废气量/(10^4m^3/a)	SO_2 排放量/(t/a)	烟(粉)尘排放量/(t/a)	治理措施
1	玻璃厂 A	453430	149507	1963	2542	煤气发生炉
2	玻璃厂 B	354086	1168233	2719	13316	无措施
3	纸业有限公司 A	13400	40320	184	216	水膜除尘
4	纸业有限公司 B	4320	12096	26	50	水膜除尘
5	纸业有限公司 A	13400	40320	184	216	水膜除尘
6	造纸厂 A	10512	29433.6	135	157	水膜除尘
7	造纸厂 B	4320	12096	26	50	水膜除尘
8	造纸厂 C	13400	40320	184	216	水膜除尘
9	造纸厂 D	36000	100800	230	180	水膜除尘
10	造纸厂 E	8640	24192	111	173	水膜除尘
11	造纸厂 F	8640	24192	111	173	水膜除尘
12	造纸厂 G	20600	60480	138	270	水膜除尘
13	造纸厂 H	4320	12096	26	50	水膜除尘
14	造纸厂 I	4320	12096	26	50	无措施
15	涂布纸厂 A	11520	32256	147	173	水膜除尘
16	涂布纸厂 B	10080	28224	129	151	无措施

续表

序号	企业名称	燃煤量/t	废气量/(10^4m^3/a)	SO_2 排放量/(t/a)	烟(粉)尘排放量/(t/a)	治理措施
17	涂布纸厂 C	14100	40320	184	216	无措施
18	涂布纸厂 D	21600	60480	138	270	无措施
19	炭黑厂 A	2500	7000	9	5	水膜除尘
20	炭黑厂 B	2500	7000	9	5	水膜除尘
21	炭黑厂 C	12500	35000	23.7	6.25	水膜除尘
22	炭黑厂 D	14625	43750	29.6	6.9	水膜除尘
23	瓷土厂 A	15	46.3	0.2	0.75	无措施
24	瓷土厂 B	25	82.3	0.32	1.25	无措施
25	瓷土厂 C	20	65.8	0.26	1	无措施
26	造纸瓷土厂 A	100	329	1.28	5	水膜除尘
27	造纸瓷土厂 B	20	658	0.26	1	无措施
28	化工有限公司 A	800	16128	40	29	水膜除尘
29	糠醛厂 A	600	12096	30	11	水膜除尘
30	糠醛厂 B	800	16128	40	29	水膜除尘
31	矸石热电厂 A	109500(煤矸石)	122490	208	103	水膜除尘
合计		1150693	2148235	7052.62	2815.15	

(3)工业污染源评价。

废气污染物，采用等标污染负荷法对其进行评价，其公式为：

$$P_{ij} = \frac{Q_{ij}}{C_{oi}} \tag{14-13}$$

式中，P_{ij}为j污染源i污染物的等标污染负荷；Q_{ij}为j污染源i污染物的年排放量，t/a；C_{oi}为i污染物的评价标准，mg/m^3。

$$\begin{cases} P_j = \sum_i P_{ij} \\ P = \sum_j P_j \\ K_j = \dfrac{P_j}{P} \times 100\% \end{cases} \tag{14-14}$$

式中，P_i 为j污染源的等标污染负荷；P 为评价区总的等标污染负荷；K_j 为j污染源的污染负荷百分比。

根据环境功能区划可知，该市大气环境功能区属于二类区，表 14－19 所示为《环境空气质量标准》(GB 3095—2012)中部分环境空气污染物浓度限值。

表 14－19 环境空气污染物浓度限值

污染物名称	取值时间	浓度限值		浓度单位
		一级标准	二级标准	
二氧化硫(SO_2)	年平均	20	60	μg/m^3
	24 小时平均	50	150	
	1 小时平均	150	500	
总悬浮颗粒物(TSP)	年平均	80	200	μg/m^3
	24 小时平均	120	300	
可吸入颗粒物(PM_{10})	年平均	40	70	μg/m^3
	24 小时平均	50	150	
二氧化氮(NO_2)	年平均	40	40	μg/m^3
	24 小时平均	80	80	
	1 小时平均	200	200	

工业企业污染源评价结果如表 14－20 所示。

表 14－20 工业企业污染源评价结果

企业名称	等标污染负荷		P_j	K_j/%	名次
	TSP 浓度	SO_2 浓度			
玻璃厂 A					
玻璃厂 B					
纸业有限公司 A					
纸业有限公司 B					
纸业有限公司 A					
造纸厂 A					
造纸厂 B					
造纸厂 C					
造纸厂 D					
造纸厂 E					
造纸厂 F					
造纸厂 G					
造纸厂 H					
造纸厂 I					
涂布纸厂 A					
涂布纸厂 B					
涂布纸厂 C					
涂布纸厂 D					
炭黑厂 A					

续表

企业名称	等标污染负荷		P_j	K_j/%	名次
	TSP 浓度	SO_2 浓度			
炭黑厂 B					
炭黑厂 C					
炭黑厂 D					
瓷土厂 A					
瓷土厂 B					
瓷土厂 C					
瓷造纸土厂 A					
造纸瓷土厂 B					
化工有限公司 A					
糠醛厂 A					
糠醛厂 B					
矸石热电厂 A					

从评价结果来看，____________和____________是该市的主要大气污染源，两者的等标污染负荷比之和为____________________。

3)生活污染源

该市城市居民生活污染源主要包括：________________________，调查内容包括：________________________。市区现有居民 10.01 万人，餐饮业 72 家，洗浴业 16 家。2012 年，该市规划区居民能耗及排放污染物情况见表 14 – 21。根据调查可知，该市规划区内共有取暖锅炉 154 台，其中，小于 1t 的锅炉 48 台，占总数的 31.2%；1 ~ 4t 的锅炉 83 台，占总数的 53.9%；4 ~ 6t 的锅炉 23 台，占总数的 14.9%；90% 的锅炉没有废气处理设备，14 台为湿式除尘，6 台为旋风除尘，3 台为水膜除尘，2 台为干式除尘，即使安装了除尘器，处理效果也较差；年总耗煤量 74620t，年排放 TSP 3067t，年排放 SO_2 955t。详细情况见表 14 – 22。

表 14 – 21　生活污染源污染物排放现状

耗煤量/t	TSP 排放量/t	SO_2 排放量/t	液化气排放量/t	燃气普及率
84200	927	1078	2256	85%

表 14 – 22　市区取暖锅炉排污情况

锅炉吨位/t	个数	耗煤量/t	TSP 排放量/t	SO_2 排放量/t	处理设备情况
6	2	3456	172.8	44.2	无
4	21	24192	846.7	309.7	50% 有

续表

锅炉吨位/t	个数	耗煤量/t	TSP 排放量/t	SO_2 排放量/t	处理设备情况
3	4	3456	69.1	44.2	有
2.5	2	1440	72	18.4	无
2	39	22464	954.7	287.5	25%有
1.5	11	5616	280.8	71.9	无
1	27	7776	359.7	99.5	15%有
0.7	4	806	40.3	10.3	无
0.5	30	4320	216	55.3	无
0.4	1	115	5.8	1.5	无
0.35	1	101	5.1	1.3	无
0.3	5	432	21.6	5.5	无
0.25	3	216	10.8	2.8	无
0.2	4	230	11.5	2.9	无
合计	154	74620	3066.9	955	

4)交通污染源

机动车尾气是道路交通大气污染源，其中，主要污染物为CO、NO_x、颗粒物及路面扬尘，若使用普通汽油，则会产生含铅尾气。交通污染源排放量，根据交通干道的平均车流量和各种车辆平均行驶污染排放系数进行估算。全市拥有小公共汽车40万辆，出租车95万辆，客车210万辆，货车1670万辆，摩托车3460万辆，路网总里程达90千米，估算得全年大气污染物排放量中NO_x为51t，CO为118t。

5)大气污染物源情况

该市规划区大气污染源调查结果如表14－23所示。

表14－23　某市规划区大气污染物排放量汇总表

	TSP 排放量/(t/a)	SO_2 排放量/(t/a)	NO_x 排放量/(t/a)	CO 排放量/(t/a)
工业源				
生活污染源				
交通污染源				
合计				

2. 环境质量现状及评价

为能具体、准确的了解该市的大气质量状况，为环境规划中大气质量预测及大气污染防治方案的确定提供依据，在市区内布设了4个监测点，分别为市影院广场、北道口、桥东工业区、二十冶影院广场，并于2013年11月21～23日进行大气环境质量状况监测。

在环境规划中，监测布点的方法包括：________________________监测时间为：______________________。

1)环境大气质量现状监测结果

该市SO_2、TSP浓度监测结果见表14－24，表14－25。

表14－24　该市SO_2日均浓度监测结果

时间	点位			
	市影院广场	北道口	桥东工业区	二十治影院广场
11月21日	0.060	0.110	0.028	0.077
11月22日	0.238	0.310	0.205	0.266
11月23日	0.542	0.473	0.326	0.630

表14－25　该市TSP日均浓度监测结果

时间	点位			
	市影院广场	北道口	桥东工业区	二十治影院广场
11月21日	0.326	1.352	0.400	0.141
11月22日	0.501	1.349	0.761	0.488
11月23日	1.413	2.360	1.590	1.360

2)环境大气现状评价

(1)评价方法。

采用环境质量指数法：

$$I_i = \frac{C_i}{S_i} \tag{14－15}$$

式中，I_i为某污染物的污染分指数；C_i为某污染物的实测浓度值，由环境监测结果得到；S_i为该污染物的评价标准，一般采用国家大气环境质量标准。

(2)评价标准。

《环境空气质量标准》(GB/3095—2012)中SO_2和TSP浓度限值如表14－26所示。

表14－26　SO_2和TSP浓度限值

类别	项目	浓度限值		
		年平均	24小时平均	1小时平均
一级	SO_2浓度/($\mu g/m^3$)	20	50	150
	TSP浓度/($\mu g/m^3$)	80	120	—
二级	SO_2浓度/($\mu g/m^3$)	60	150	500
	TSP浓度/($\mu g/m^3$)	200	300	—

(3)评价结果。

依据上述方法和标准，对表14－24、表14－25的数据进行评价，评价结果如表14－27所示。

表14－27　大气环境现状评价结果

污染物			市影院广场	北道口	桥东工业区	二十冶影院广场
SO_2	日均浓度	超标率/%				
		污染指数				
TSP	日均浓度	超标率/%				
		污染指数				

由表14－27可以看出，某市各监测点均有超标现象，SO_2 日均浓度污染指数为______，超标率为______，最大的测点在__________，其次是__________。TSP日均浓度污染指数为______，超标率为______，最大点在__________，其次是__________。

3)主要环境问题

主要环境问题为：____。

3. 地面气象特征分析

(1)风向频率为：____________。

(2)风速为：____________。

(3)污染系数为：____________。

污染系数的大小，能够较好地反映不同方位受风影响程度的大小，它不仅考虑了风向的影响，同时考虑了风速的影响，污染系数的表达式为：

$$污染系数 = \frac{f_i}{u_i} \tag{14-16}$$

式中，f_i 为 i 方向的风向频率,%；u_i 为 i 方向的平均风速，m/s。

本地全年污染系数为：____________________。

4. 大气环境质量预测

1)污染物排放量预测

(1)耗煤量预测。

①工业耗煤量预测。

预测公式选用弹性系数法：

$$E = E_0(1+\alpha)^{(t-t_0)} \tag{14-17}$$

$$M = M_0(1+\beta)^{(t-t_0)} \tag{14-18}$$

式中，E 为 t 年耗煤量，万t/a；E_0 为 t_0 年耗煤量，万t/a；M 为 t 年工业总产值，万t/a；

M_0 为 t_0 年工业总产值，万 t/a；t 为预测年；t_0 为起始年(基准年)。

$$C_E = \frac{\alpha(\text{工业能耗年平均增长率})}{\beta(\text{工业总产值年平均增长率})} \tag{14-19}$$

式中，C_E 为能耗弹性系数，根据某市节能水平和实际经济发展状况可知，2015 年，$C_E=0.60$；2010 年，$C_E=0.55$；2030 年，$C_E=0.50$；根据 2015 年，$\beta=0.13$，可以计算出 $\alpha=0.078$；2020 年，$\beta=0.11$，可以计算出 $\alpha=0.061$；2030 年，$\beta=0.09$，可以计算出 $\alpha=0.045$。

已知 2012 年工业耗煤量为 115.69 万吨，可以计算出 2015 年耗煤量为________万吨，2020 年耗煤量为________万吨，2030 年耗煤量为________万吨(考虑到能源结构调整，在 2015 年、2020 年和 2030 年间耗煤量为预测耗煤量的 80%、70% 和 60%。

②采暖耗煤量。

采暖耗煤量主要指集体采暖耗煤量，计算公式如下：

$$E_{暖} = A_s \cdot S \tag{14-20}$$

式中，$E_{暖}$ 为预测年采暖耗煤，万 t/a；S 为预测年采暖面积，m^2；A_s 为采暖耗煤系数，kg/m^2。

集体采暖耗煤量的预测如表 14-28 所示。

表 14-28　集体采暖耗煤量预测

时间(年)	采暖面积/万 m^2	耗煤系数	耗煤量/(万 t/a)
2015	150	24.7	
2020	252	24.7	
2030	486	24.7	

③居民生活耗煤量预测。

根据城镇人口总数预测耗煤量，计算公式如下：

$$E_{生} = A_n \cdot N_t \tag{14-21}$$

式中，$E_{生}$ 为预测年居民生活耗煤量；A_n 为人均年耗煤量，t/(人·a)；N_t 为预测年城市人口总数，万人。

城镇居民生活耗煤量预测如表 14-29 所示。

表 14-29　城镇居民生活耗煤量预测

时间(年)	人数/万人	人均耗煤量/[t/(人·a)]	耗煤量/(万 t/a)
2015	13×50%	1.2	
2020	17×30%	1.2	
2030	24×10%	1.2	

(2)污染物排放量预测。

①预测方法。

烟尘排放量预测：

$$\begin{cases} G_{烟} = A \cdot d_{th} \cdot B, 无措施 \\ G_{烟} = A \cdot d_{th} \cdot B(1-\eta), 有措施 \end{cases} \tag{14-22}$$

式中，$G_{烟}$ 为预测年烟尘排量，t/a；A 为煤的灰分,%；d_{th} 为烟气中烟尘占灰分的比例,%；B 为燃煤量，t/a；η 为除尘效率,%。

SO_2 排放量预测：

$$G_{SO_2} = 2BS \tag{14-23}$$

式中，G_{SO_2} 为预测年 SO_2 排放量，t/a；B 为燃煤量，t/a；S 为煤中的全硫分含量,%。

应注意的是，由于煤中含有10%～20%的不可燃无机硫，所以在预测时要把这部分考虑进去，根据用煤情况乘以0.8或0.9的修正系数。

②预测结果。

预测结果如表14－30所示。

表14－30　大气污染物预测结果

类别	时间(年)	耗煤量/(万t/a)	TSP排放量/(t/a)	SO_2 排放量/(t/a)
工业	2015	116		
	2020	136		
	2030	182		
集中供热	2015	3.71		
	2020	6.22		
	2030	12.00		
居民生活	2015	7.8		
	2020	6.12		
	2030	2.88		

2)大气环境质量预测

(1)模型选择。

针对该市污染源排放高度较低(最高烟囱60m)的情况，采用箱式模式进行预测。

箱式模型可以表示为如下形式：

$$C_A = \frac{P}{L \cdot H \cdot u} + C_0 \tag{14-24}$$

式中，C_A 为预测年污染物浓度，mg/m^3；L 为箱边长，m；H 为混合层高度，m；u 为平均风速(箱体内)，m/s；P 为源强(排放率)，t/a；C_0 为背景浓度，mg/m^3。

(2)环境质量预测结果。

①基本参数。

选用当地平均风速 $u=2.5\text{m/s}=9.0\times10^3\text{m/h}$，根据当地气象条件和污染源的分布情况(当大气稳定度为稳定时)，依据下式进行计算：

$$\begin{cases} h = b_s(u_{10}/f)^{1/2} \\ f = 2\Omega\sin\varphi \end{cases} \tag{14-25}$$

式中，h 为大气边界层高度，m；u_{10} 为 10 m 高度处平均风速，m/s；b_s 为边界层系数，此处取 $b_s=0.7$；f 为地转参数；Ω 为地转角速度，此处取 $\Omega=7.29\times10^{-5}\text{rad/s}$；$\varphi$ 为地理纬度，$\varphi=36°52'\approx36.87°$。

计算得 $h=$________m。

②预测结果。

该市 4 个监测点 SO_2 的年日平均浓度为 0.272mg/m^3，取 $C_0=0.002\text{mg/m}^3$；TSP 的年日平均浓度为 1.0035mg/m^3，参照石家庄 TSP 源解析，取道路和建筑扬尘占 70%，运用箱式模型计算得 TSP 的 $C_0=0.03\text{mg/m}^3$，$L=5\text{km}$。

预测结果如表 14－31 所示。

表 14－31 污染物预测结果

污染物预测结果	SO_2 日均浓度/(mg/m^3)	TSP 日均浓度/(mg/m^3)
2015 年		
2020 年		
2030 年		

3)大气环境容量分析

大气环境容量是指在一定的环境标准下，某一环境单元大气所能承纳的污染物的最大允许量。为了对大气环境进行管理，通常采用排放标准即浓度控制法，但浓度控制法不易达到预期的环境质量要求。因此，运用箱式模型和大气环境质量标准反推 TSP 和 SO_2 的最大允许排放总量(P)：

$$P = (C_A - C_0)LHu \tag{14-26}$$

若 SO_2 最大允许浓度为 0.15mg/m^3，TSP 最大允许浓度为 0.30mg/m^3，则可以根据箱式模型反推最大允许排放量：

$P_{最大SO_2}=$____________ t/a；

$P_{最大TSP}=$____________ t/a。

由环境质量预测结果和大气环境容量分析可以看出，2015 年、2020 年、2030 年，某市区大气环境质量可达二级标准要求。随着燃煤量的增大，市区环境空气中 SO_2 的浓度逐渐增加，所以必须采取消减措施，减少 SO_2 排放量；在采取扬尘控制措施并有效降低扬尘后，燃煤烟气对环境空气中 TSP 浓度的影响降低。

5. 环境空气质量功能规划目标

为控制大气污染物排放总量，改善环境空气质量，特规定某市在规划年限内的环境空气质量保护目标和大气污染物总量控制目标。

(1)环境空气质量保护目标。

根据现有《环境空气质量标准》(GB 3095—2012)中的二级标准确定空气质量保护目标如下：

2015 年，该市工业区空气环境质量达到二级标准的天数应在 260 天以上，中心区空气环境质量达到二级标准的天数应在 300 天以上，环境空气质量比现在有明显改善；2020 年，该市工业区空气环境质量达到二类标准的天数应在 320 天以上，中心区全年达到二级标准，环境空气质量比现在有很大改善；2030 年，所有功能区环境空气质量稳定达到二级标准。

具体目标见表 14－32。

表 14－32 某市环境空气质量保护目标

时间(年)	SO_2 日均浓度规划目标/(mg/m^3)	TSP 日均浓度规划目标/(mg/m^3)	达标天数
2015	0.15	0.30	中心区 300 天，工业区 260 天
2020	0.15	0.30	中心区全年，工业区 320 天
2030	0.15	0.30	全区全年

(2)大气污染物总量控制目标。

根据环境空气保护目标的指标和大气环境容量指标以及国家相关政策，确定该市各规划时期主要空气污染物总量控制目标(表 14－33)。

表 14－33 大气污染物总量控制目标

时间(年)	大气容量		总量控制指标	
	TSP 排放量/(t/a)	SO_2 排放量/(t/a)	TSP 排放量/(t/a)	SO_2 排放量/(t/a)
2015				
2020				
2030				

6. 大气污染综合防治方案及主要措施

列出污染综合防治措施：________________________。

7. 大气环境规划目标的可达性分析

(1)从污染负荷削减的可行性论述环境目标的可达性，列出分析思路：____________________。

(2)污染负荷削减的技术可行性论证，列出分析思路：____________________。

三、水环境专题规划

1. 污染源调查与评价

1)调查内容与调查方法

调查内容：此次规划进行的水污染源现状调查以2012年为基准年，调查规划区内____________________。

调查方法：____________________。

2)工业污染源排放情况与评价

(1)规划区内工业污染源排放情况。

根据该市环境统计资料，规划区主要工业污染源概况及污染物排放情况见表14－34。

表14－34　规划区工业污染源概况及排污情况

企业名称	新鲜水用量/(万 m^3/a)	排水量/(万 m^3/a)	COD排放量/(t/a)	SS排放量/(t/a)	污水排放情况
采用格法生产线的工业企业(64条)	960	768	806	572	通过市政管道，直接排入市污水处理厂
采用小平拉生产线的企业(87条)	783	626	657	470	
纸业有限公司A	61	55	46	30.8	
纸业有限公司B	13.8	11	9.2	6.2	
纸业有限公司A	122	109	103.9	97.4	
造纸厂A	47	40	33.5	22.4	
造纸厂B	13.8	11	9.2	6.2	
造纸厂C	61	55	46	30.8	
造纸厂D	183	165	138	93	
造纸厂E	31	28	23	16	
造纸厂F	31	28	23	16	
造纸厂G	92	83	69.5	46.5	
造纸厂H	13.8	11	9.2	6.2	
造纸厂I	13.8	11	9.2	6.2	
涂布纸厂A	48.8	43.92	36.8	24.6	

续表

企业名称	新鲜水用量/（万 m^3/a）	排水量/（万 m^3/a）	COD 排放量/（t/a）	SS 排放量/（t/a）	污水排放情况
涂布纸厂 B	42.7	38.43	32.2	21.7	通过市政管道，直接排入市污水处理厂
涂布纸厂 C	61	54.9	46	31	
涂布纸厂 D	91.5	82.4	69	46	
炭黑厂 A	0.65	0.55	0.4	0.35	
炭黑厂 B	0.65	0.55	0.4	0.35	
炭黑厂 C	3.08	2.77	1.98	1.74	
炭黑厂 D	3.84	3.46	2.47	2.17	
瓷土厂 A	0.56	0.25	0.2	0.27	
瓷土厂 B	1.13	0.49	0.41	0.54	
瓷土厂 C	0.9	0.40	0.33	0.43	
造纸瓷土厂 A	4.5	1.98	1.63	2.15	
造纸瓷土厂 B	0.79	0.35	0.3	0.38	
化工有限公司 A	8.64	3.36	29.3	1.9	
糠醛厂 A	6.48	2.52	22	1.4	
糠醛厂 B	8.64	3.36	29.3	1.9	
矸石热电厂 A	63.1	27.5	79.5	56.8	
合计	2773.16	2268.19	2334.92	1613.38	—

通过实际调查可知，该市工业企业以玻璃企业为主，主要分布在市区的东部和西部，生产工艺以格法和小平拉工艺为主，生产用水主要为玻璃制造原料的清洗用水，这部分污水通过地下管网设施直接排入污水处理厂，玻璃工业生产水循环利用率较低。2012 年，该市玻璃工业用水总量为 1743 万 m^3/a，占同年调查该市主要工业企业用水总量的 62.85%。

(2)规划区内工业污染源评价。

①评价方法。

采用等标污染负荷法计算污染物排放情况，并给各排污企业排序，其计算公式如下：

$$P_{ji} = \frac{q_{ji}}{C_{oi}} \tag{14-27}$$

式中，P_{ji}为污染物等标污染负荷；q_{ji}为 j 污染源 i 污染物的绝对排放量，t/a；C_{oi}为 i 污染物的浓度评价标准，mg/L。

采用等标指数法对各企业的排污达标情况进行判断，其公式为：

$$P_i = \frac{C_i}{C_{oi}} \tag{14-28}$$

式中，P_i 为等标指数；C_i 为污染物排放浓度，mg/L；C_{oi}为 i 污染物的评价标准，mg/L。

②评价结果。

评价结果如表 14－35 所示。

表 14－35　规划区主要工业企业污水排放位次及达标情况

企业名称	COD 排放浓度/（mg/L）	评价标准/（mg/L）	P_i	P_{ji}	位次
采用格法生产线的玻璃企业(64 条)	105.5	150			
小平拉生产线的玻璃企业(87 条)	104.9	150			
纸业有限公司 A	83.6	100			
纸业有限公司 B	83.6	100			
纸业有限公司 A	95.3	100			
造纸厂 A	83.6	100			
造纸厂 B	83.6	100			
造纸厂 C	83.6	100			
造纸厂 D	83.6	100			
造纸厂 E	82.1	100			
造纸厂 F	82.2	100			
造纸厂 G	83.7	100			
造纸厂 H	83.6	100			
造纸厂 I	83.6	100			
涂布纸厂 A	83.8	100			
涂布纸厂 B	83.8	100			
涂布纸厂 C	83.8	100			
涂布纸厂 D	83.7	100			
炭黑厂 A	72.7	150			
炭黑厂 B	72.7	150			
炭黑厂 C	71.5	150			
炭黑厂 D	71.4	150			
瓷土厂 A	80.0	150			
瓷土厂 B	83.7	150			
瓷土厂 C	82.5	150			
造纸瓷土厂 A	82.3	150			
造纸瓷土厂 B	85.7	150			
化工有限公司 A	872.0	300			

续表

企业名称	COD排放浓度/(mg/L)	评价标准/(mg/L)	P_i	P_{ji}	位次
糠醛厂A	873.0	300			
糠醛厂B	872.0	300			
矸石热电厂A	289.1	150			

采用格法生产线、小平拉生产线的玻璃生产企业COD排放浓度为规划区内所有玻璃小企业的平均水平。由以上分析知，该市水环境污染的主要来源是分散在某市区的玻璃生产企业，其他主要污染物排放单位有造纸厂D、纸业有限公司A、造纸厂G，以及涂布纸厂D等4家涂布纸厂。

由于未建污水处理设施，化工有限公司A、糠醛厂A、糠醛厂B、矸石热电厂A等企业的COD浓度超标，致使外排水质部分超标。

3)生活污染源排放情况

2012年，该市总人口为47.14万人，市区总人口为10.71万人。城市人口COD产生系数为21.9kg/(人·a)，总氮产生系数3.65kg/(人·a)。根据现场调查，生活污水中磷来源于人体排泄、使用含磷洗涤剂、杂水三部分，三部分合计城市人口总磷产生系数为0.62 kg/(人·a)。

市区内生活用水量平均水平为100L/(人·d)，全市生活污水的产生量按用水量的80%进行计算。

污染排放情况如表14-36所示。

表14-36 生活污水及污染物排放情况

污水		COD		TN		TP	
产生量/(万t·a)	排放量/(万t·a)	产生量/(t·a)	排放量/(t·a)	产生量/(t·a)	排放量/(t·a)	产生量/(t·a)	排放量/(t·a)

分析某市生活污水及污染物排放的实际情况可知，规划区范围内的生活污水产生量占全市污水产生总量的26.5%，规划区内产生的生活污水通过市政管网排入污水处理厂。但是该污水处理厂未正式启用，对排入的污水仅进行格栅、消毒等简单工艺处理，各类水污染物质没有得到充分处理。

4)农业污染源排放情况

据调查统计，全市耕地总面积为28663hm^2，其中，分布于规划区内的有效灌溉面积约为1020hm^2，占耕地总面积的3.5%。耕地在使用氮肥、磷肥时因氮、磷的流失对水体造成污染，农田中TN、TP产生量、排放量如表14－37所示。

表14－37　规划区内农田中TN、TP产生量、排放量

指标	产生系数/[kg/(a·亩)]	流失率/%	产生量/(t/a)	排放量/(t/a)
TN	36	9		
TP	4.6	0.5		

注：1亩＝666.67m²。

据现状调查，规划区内没有符合国家规定的大规模畜禽养殖场，养殖形式以家庭散养为主。养殖业产生的污水排放分散，本小节对这部分污染不作评价。

2. 水环境质量现状调查与评价

1)水资源总量概况

该市地表水年径流量为2.4亿m^3，地下水资源量为8684万m^3。市区地表水为1003万m^3，地下水为4890万m^3，重复计算量551万m^3，水资源总量为5261万m^3。

2)水环境质量现状评价

(1)水环境质量现状监测。

地表水监测：规划区内的河流主要是S河，但由于该河在规划区内河段处于常年干涸状态，故没有对其进行监测。

地下水监测点：地下水是城区的唯一水源地，监测点位于桥东工业区。

监测因子：pH值、硬度(以$CaCO_3$计)、氯化物含量、硫酸盐含量、溶解性固体含量、高锰酸盐指数、肉眼可见物含量。

监测时间：____年____月____日

监测结果：监测结果见表14－38。

表14－38　某市地下水质监测结果

监测因子	pH值	硬度	氯化物含量/(mg/L)	硫酸盐含量/(mg/L)	溶解性固体含量/(mg/L)	高锰酸盐指数	肉眼可见物含量/(mg/L)
监测结果	6.95	231	32.5	24.2	326	0.39	无

(2)水环境质量现状评价。

①评价方法。

采用标准指数法对水环境质量现状进行评价，其计算公式如下：

$$P_i = C_i/C_{oi} \tag{14-29}$$

式中，P_i为等标指数；C_i为污染物排放浓度，mg/L；C_{oi}为污染物的浓度评价标准，mg/L。

pH值的标准指数计算公式为：

$$\begin{cases} S_{pHj} = \dfrac{7.0 - pH_j}{7.0 - pH_{su}}, pH \leqslant 7.0 \\ S_{pHj} = \dfrac{pH_j - 7.0}{pH_{sd} - 7.0}, pH \geqslant 7.0 \end{cases} \tag{14-30}$$

式中，S_{pHj}为 pH 值在第 j 点的标准指数；pH_j 为 j 点的实测 pH 值；pH_{sd}为 pH 值标准下限值；pH_{su}为 pH 值标准上限值。

②评价标准。

地下水评价采用《地下水质量标准》(GB/T 14848—1993)中的Ⅲ类标准。

③评价结果。

该市环境保护监测站对生活饮用水水质检验结果进行了评价，评价结果如表 14-39 所示。

表 14-39　地下水水质评价结果

评价因子	pH 值	硬度	氯化物含量/(mg/L)	硫酸盐含量/(mg/L)	溶解性固体含量/(mg/L)	高锰酸盐指数	肉眼可见物含量/(mg/L)
评价结果							

由表 14-35 可知，地下水水质监测项因子均能达到《地下水质量标准》(GB/T 14848—1993)中Ⅲ类标准的要求。

3. 主要水环境问题

综合考虑某市区工农业及生活污染源污染物质的排放情况、市区水资源与水环境的实际情况、给排水的具体情况、某市经济和社会发展等因素，可以分析总结出某市区水环境的主要问题。

列出主要环境问题：________________________。

4. 水环境质量预测

1)排水量及污染物预测

(1)工业排水量预测。

根据现状调查、资料收集和类比分析等方法对区内的工业排水量进行预测。

①工业新鲜水供给量预测。

根据工业生产总值对其工业用水量进行预测，工业新鲜水供给量预测公式如下：

$$W_t = Q_t w \tag{14-31}$$

式中，W_t为 t 年工业新鲜水供给量，m^3；Q_t为 t 年工业生产总值，万元；w 为万元产值耗水量，m^3，2012 年该市区万元产值耗水量为 $241m^3$。

根据该市工业类型特点及经济增长趋势可以确定 2013～2015 年的万元产值耗水量为

230m³，2016～2010 年的万元产值耗水量为 170m³，2021～2030 年的万元产值耗水量为 120m³；2002 年的新鲜水供给量为 $2.8\times10^7m^3$，2015 年的新鲜水供给量为 $3.84\times10^7m^3$；2020 年的新鲜水供给量为 $4.55\times10^7m^3$；2030 年的新鲜水供给量为 $7.9\times10^7m^3$。

②工业排水量预测。

工业排水量按其新鲜水供给量的 80% 进行预测，具体预测结果如表 14－40 所示。

表 14－40　污水处理厂正常运行前排水量及 COD 排放量

时间(年)	排水量/(万 m^3/a)			COD 排放总量/(t/a)		
	生活	工业	合计	生活	工业	合计
2015						
2020						
2030						

(2)城市生活污水排放量预测。

根据现场调查，目前居民用水量约为 100L/(人·d)，考虑到生活水平的提高，用水量会逐渐增加，本次规划在 2013～2015 年的用水量按 115L/(人·d)考虑，2016～2030 年按 125L/(人·d)考虑，则生活污水排放量($W_{生排}$)的计算公式为：

$$W_{生排}=\frac{n\cdot R\cdot m\cdot t}{1000} \tag{14-32}$$

式中，t 为计算时间，取 365d；R 为用水人数，人；n 为排水系数，取用水量的 80%；m 为用水指标，L/(人·d)。

具体预测结果如表 14－41 中生活废水相关内容所示。

表 14－41　污水处理厂正常运行后各规划年 COD 排放情况

时间(年)	经污水处理厂				企业自行处理 COD 排放量/(t/a)	COD 排放总量/(t/a)
	废水量/(万 m^3/a)			COD 排放量/(t/a)		
	生活	工业(30%)	合计		工业(70%)	合计
2015						
2020						
2030						

(3)COD 排放总量预测。

①工业类 COD 排放总量。

根据河北省要求，在未建城市污水处理厂时，外排污水都必须达到《城镇污水处理厂污染物排放标准》(GB 18918—2002)中的二级排放标准，COD 排放浓度小于 100mg/L。本次规划预测时取 COD 排放浓度为 90mg/L 进行 COD 总量预测(表 14－40)。

②不建城市污水集中处理厂时生活污水类 COD 排放总量。

根据类比调查，城市生活污水不处理时，COD 的排放浓度一般为 500 ~ 600mg/L，北方略高，规划中进行生活污水 COD 排放总量计算时，其排放浓度取 600mg/L 进行预测(表 14 -40)。

③总的 COD 排放量。

市区内总的 COD 排放量主要由工业废水和生活外排污水形成，具体预测结果见表 14 -40。

④建立城市污水厂处理后的 COD 排放总量预测。

考虑到某市污水处理厂的实际情况，从规划年开始到 2020 年前，污水处理厂水质达到了《城镇污水处理厂污染物排放标准》(GB 18918—2002)的二级标准，COD 排放浓度为 100mg/L。

根据河北省要求，“十二五”期间，新建的污水处理厂必须同时配备中水回用处理设施，已经建成的城市污水集中工程无中水回用处理设施的，要尽快制定回用规划和计划，并在“十二五”期间完成中水回用处理设施建设，确保处理后的出水水质达到回用标准。在这种条件下，规划建城区内 COD 排放总量将大为减少。根据《中水回用水质标准》可知，COD 浓度必须小于 50mg/L，本次规划取 45mg/L。

企业自行处理的污水，处理后的污水水质需执行《城镇污水处理厂污染物排放标准》(GB 18918—2002)的二级标准，在此取 COD 排放浓度为 90mg/L。

按照以上规定，可以推算出各规划年 COD 排放的具体(表 14 -41)。

2)日用水量预测

各规划年日用水量预测如表 14 -42 所示。

表 14 -42 各规划年日用水量预测

时间(年)	用水类型				日供应量/(万 m^3/d)
	工业用水总量/(m^3/a)	生活用水总量/(m^3/a)	市政用水总量/(m^3/a)	合计用水量/(m^3/a)	
2015					
2020					
2030					

5. 水环境功能区划与规划目标

规划区范围内无地表水，仅在规划区北侧 1km 处有某季节性河流，根据河北省地面水环境功能区划，参考该市水环境实际情况，确定该河流为Ⅴ类功能区水域。

根据实地调查情况，制定水环境规划目标。

1）2015年（含2015年）以前应实现规划目标

初步实现雨污分流，企业外排污水稳定达到《城镇污水处理厂污染物排放标准》（GB 18918—2002）中的二级标准，工业水循环利用率达60%以上，万元产值耗水量低于170m^3/万元；污水处理厂全面启动，COD总量控制为5387t/a；饮用水水质达标率100%。

2）2020年（含2020年）以前应实现规划目标

加强市区市政管网建设，进一步完善雨污分流体系；规划区内污水处理率达100%；建成污水处理厂中水回用系统及相关管网并投入使用，出水水质能够达到中水回用标准，并用于农业、养殖业、市政及部分工业用水；采用节水工艺，工业用水循环利用率达70%以上；COD总量控制为3064t/a；地下水水质稳定达到《地下水质量标准》（GB/T 14848—1993）中Ⅲ类标准的要求；饮用水水质达标率100%；实现市区地下水开采的统一管理。

3）2030年（含2030年）以前应实现目标

市政管网功能完善，全面实现雨污分流；建成污水处理厂中水回用系统（二期）及相关管网，并投入使用，出水水质能够达到中水回用标准，并用于农业、养殖业、市政工程及部分工业项目中；工业用水循环利用率达90%；COD总量控制为4625t/a；地下水水质继续稳定达到《地下水质量标准》（GB/T 14848—2017）中Ⅲ类标准的要求；饮用水水质达标率100%。

6. 水环境和水资源保护措施

根据水环境现状及规划目标，采取有效治理措施保护某市的水环境和水资源，具体措施如下：

（1）工业污水治理措施：________________。

（2）城市污水治理措施：________________。

（3）水资源保护措施：________________。

（4）水环境保护工程规划。

水环境保护主要工程规划如表14－43所示。

表14－43　水环境保护工程规划

期　限	工程名称	投资/万元	合计/万元
2013～2015年	雨污分流工程（一期）	1000	2093
	工业污水处理设施	1093	
2016～2020年	雨污分流工程（二期）	800	3240
	中水回用系统（一期）	1000	
	工业污水处理	1240	
2021～2030年	中水回用系统（二期）	4000	7410
	工业污水处理设施	3410	

7. 水环境规划目标的可达性分析

分析思路：____。

四、声环境专题规划

1. 声环境现状调查

1）噪声源调查及监测布点

本次规划中对该市主要噪声源及声环境质量现状进行了调查。市区主要噪声来源于交通噪声，其次是社会噪声和工业噪声。该市环境监测站按照《环境监测技术规范》中的有关规定，采用环境敏感点与功能区相结合的布点原则，在市区布设了14个现状噪声监测点，对京广公路、建设路、机场街、太行大街、迎新街、健康街、翡翠路、温泉街等8条街道及各功能区进行了监测。声环境监测因子选定等效连续A声级（*Leq*），监测频率为一天昼夜各一次。

2）监测结果

监测结果见表14－44。

表14－44　2012年某市声环境现状监测结果

序号	监测点名称	监测结果/dB		标准值/dB	
		昼	夜	昼	夜
1	20冶影剧院	53.8	49.7	55	45
2	20冶居民区	51.9	49.6	55	45
3	某市影剧院	67.3	58.2	55	45
4	商业区	59.5	48.8	60	55
5	玻璃厂	50.7	48.9	65	50
6	该市北道口	71.2	69.3	70	55
7	京广公路	74.2	65.6	70	55
8	建设路	70.5	63.8	70	55
9	机场街	73.2	68.6	70	55
10	太行大街	70.6	66.5	70	55
11	迎新街	68.9	58.7	70	55
12	健康街	70.5	61.2	70	55
13	翡翠路	70.1	60.9	70	55
14	温泉街	69.4	61.1	70	55

3）监测结果分析

分析思路：____。

2. 噪声污染源预测

1)交通噪声预测

(1)市区公路交通噪声预测。

该市规划区内的公路主要分为3种类型：第一类是京广线；第二类是市区内的主要交通干道；第三类是市区内的辅助道路。此次规划只对市区内的第一类和第二类道路进行噪声预测。

预测模式采用《公路建设项目环境影响评价规范(试行)》中推荐的预测模式。

①交通噪声源强。

各类型车辆的声源强(L_{WL})按下式计算：

大型车：

$$L_{WL} = 77.2 + 0.18V_L \tag{14-33}$$

中型车：

$$L_{WL} = 62.6 + 0.32V_M \tag{14-34}$$

小型车：

$$L_{WL} = 59.3 + 0.23V_S \tag{14-35}$$

上述各式中，V_L、V_M、V_S 分别为大、中、小型车辆的平均行驶速度，km/h。

②交通噪声预测模式和参数取值与修正。

i 型车辆行驶于昼间或夜间，预测点接收到的小时交通噪声值预测模式如下式：

$$(L_{Aeq})_i = L_{Wi} + 10\lg[N_i/(V_i \cdot T)] - \Delta L_{距离} + \Delta L_{纵坡} + \Delta L_{路面} - 13 \tag{14-36}$$

式中，$(L_{Aeq})_i$ 为第 i 型车辆在预测点的小时交通噪声，dB；L_{Wi} 为第 i 型车辆的平均辐射声级，dB；N_i 为第 i 型车辆的平均小时交通量，辆/h；V_i 为第 i 型车辆的平均行驶速度，km/h；T 为 L_{Aeq} 的预测时间，h；在此取1h；$\Delta L_{距离}$ 为在距等效车线距离为 r 处的噪声衰减值，dB；在此取7.5 dB；$\Delta L_{纵坡}$ 为纵坡引起的噪声修正值，dB；在此可不计；$\Delta L_{路面}$ 为路面引起的噪声修正值，dB；在此取1.5dB。

各型车辆昼夜或夜间使噪声预测点接收到的交通噪声可由下式计算：

$$L_{Aeq交} = 10\lg(10^{0.1L_{AeqL}} + 10^{0.1L_{AeqM}} + 10^{0.1L_{AeqS}}) - \Delta L_1 - \Delta L_2 \tag{14-37}$$

式中，$L_{Aeq交}$ 为预测点接收到的昼间或夜间交通噪声，dB；L_{AeqL}、L_{AeqM}、L_{AeqS} 分别为大、中、小型车辆在预测点的交通噪声，dB；ΔL_1 为公路曲线或有限长路段引起的交通噪声修正值，dB；在此可不计；ΔL_2 为公路与预测点之间障碍物引起的交通噪声修正值，dB；在此可不计。

预测点昼间或夜间环境噪声预测值可由下式计算：

$$L_{Aeq预} = 10\lg(10^{0.1L_{Aeq交}} + 10^{0.1L_{Aeq背}}) \tag{14-38}$$

式中，$L_{Aeq交}$ 为预测点昼间或夜间交通噪声预测值，dB；$L_{Aeq背}$ 为预测点预测时环境噪声背景值，采用该预测点现状环境噪声值，dB。

有关参数取值参照《公路建设项目环境影响评价规范(试行)》进行。

根据噪声监测布点原则，确定市区各主要街道的监测点，依照监测程序对现状噪声进行监测，得出现状噪声声级，按照上面的预测模式及由实际情况确定的有关参数，结合拓宽改造路面、调节控制车流量及路线等因素，对市区公路交通噪声按近期、中期水平年分别进行预测，预测结果如表 14－45 所示。

表 14－45　各水平年市区交通噪声声级预测

道路名称	现状平均车流量/(辆/h)		交通噪声声级预测值/dB			
			2005 年		2010 年	
	昼	夜	昼	夜	昼	夜
京广公路						
建设路						
机场街						
太行大街						
迎新街						
健康街						
翡翠路						
温泉街						

由上面的预测可以看出，在上述条件下，如不对车辆的行驶、鸣笛、刹车等情况产生的噪声加以控制，则交通噪声预测值仍为上升趋势，建议交通部门采取相应有效措施予以控制。

(2)铁路交通噪声预测。

①铁路噪声源强。

途经某市的铁路主要有京广铁路，其车流量及噪声情况如表 14－46 所示。

表 14－46　京广铁路车流量及噪声监测结果

监测地点	现状列车流量/列		L_{Aeq}/dB(A)	
	昼	夜	客车经过	货车经过
A	客：18(停：9)； 货：20	客：14(停：3)； 货：20	75.6	81.4

②预测模式。

把铁路简化为线声源，其预测模式为：

$$L_P = L_{P0} - 10\lg(r/r_0) - \Delta L \tag{14－39}$$

式中，L_P为线声源在预测点产生的声级，dB；L_{P0}为线声源参考位置r_0处的声级，dB；R为预测点与点声源之间的距离，m；r_0为测量参考声级处与点声源之间的距离，m；ΔL为各种衰减量，包括空气吸收、声屏障或遮挡物、地面效应等引起的衰减量，在此可不计。

总的等效声级贡献值为：

$$L_{eq}(T) = 10\lg\left(\frac{1}{T}\sum_{i=1}^{n} t_i \cdot 10^{0.1L_{Pi}}\right) \tag{14-40}$$

式中，t_i为第i个声源在预测点的噪声作用时间（在T时间内）；L_{Pi}为第i个声源在预测点产生的A声级，dB；T为计算等效声级的时间，h；在此取1 h。

③预测结果分析

经预测模式计算，距铁路35m处噪声可降至65dB(A)，距铁路100m处噪声可降至60dB(A)，距铁路200m处噪声可降至55dB(A)。由此看出，若不采取必要的噪声防治措施，铁路周围的居民将受到不同程度的影响。

2）环境噪声预测

根据某市的发展状况及趋势，没有大量的工业噪声源产生，因此，可以依据人口密度的变化来预测市区环境噪声总体水平的变化。

$$\Delta L_{ep} = 10\lg(r_2/r_1) \tag{14-41}$$

式中，ΔL_{ep}为预测年市区环境噪声变化级；r_2为预测年市区平均人口密度；r_1为基准年市区平均人口密度。

在只考虑人口增长的情况下，各水平年市区环境噪声预测情况如表14－47所示。

表14－47　市区各水平年环境噪声预测情况

水平年		现状	2015年	2020年	2030年
平均人口密度/（人/km²）		8328			
平均噪声/dB	Ⅰ类区	49.8			
	Ⅱ类区	51.7			
	Ⅲ类区	62.8			

由预测结果可以看出，随着市区规模的逐步扩大，市区人口的增长，城市环境噪声整体水平呈上升趋势，因此，应采取有效的综合治理措施，适当控制人口密度，控制社会环境噪声。

3）工业噪声预测

企业内产生的噪声分为室内和室外两种声源，把所有的声源都按点声源处理，分别计算各声源对厂界监测点的噪声声级贡献值，运用理论预测通用公式推算各水平年厂界预测点的噪声声级。噪声声级理论预测通用公式如下：

某声源对预测点产生的某倍频带声压级可按下式计算：

$$L_{ijk} = L_{ijO} - (A_{diO} + A_b + A_{atm} + A_O) \tag{14-42}$$

式中，L_{ijk}为j声源，以i倍频带在k点引起的声压级，dB；L_{ijO}为某参考点(O)上，j声源引起的，i倍频带声压级(dB)；A_{diO}为由声源噪声扩散引起的衰减，包含有表面反射所引起的影响，dB；在此可不计；A_b为声源和某预测点之间障壁所引起的衰减，取值范围为6～24dB；A_{atm}为大气吸收引起的过量衰减，dB；在此可不计；A_O为地面等引起的过量衰减，dB；在此可不计。

各声源引起的i倍频带总声压级可按下式计算：

$$L_{ik} = 10\lg\sum_{i=1}^{n} 10^{\frac{L_{ijk}}{10}} \tag{14-43}$$

根据L_{ik}，经A计权即可求得k点的声压级。

根据现场监测的实际情况，按照上述公式，结合各厂的发展计划及规模，对市区内几个主要企业厂界噪声按2015年、2020年水平年分别进行预测(表14－48)。

表14－48 各水平年企业厂界噪声预测值

企业名称	水平年	厂界噪声预测值/dB							
		东		南		西		北	
		昼	夜	昼	夜	昼	夜	昼	夜
纸业有限公司A	现状	48	37	48.5	36.5	45	38	44	37
	2015年	48	37	48.5	36.5	45	38	44	37
	2020年	48	37	48.5	36.5	45	38	44	37
涂布纸厂D	现状	50.7	48.9	51.2	48.3	50.9	48.6	51.6	48.5
	2015年	50.7	48.7	51.1	48.3	50.8	48.6	51.5	48.5
	2020年	50.8	48.8	51.3	48.4	50.8	48.5	51.5	48.6
玻璃厂C	现状	53.8	50.4	54.2	51.4	54.0	52.3	54.1	52.0
	2015年	53.7	50.3	54.1	51.3	54.0	52.2	54.0	52.0
	2020年	53.8	50.4	54.2	51.4	54.0	52.3	54.1	52.0
玻璃厂D	现状	53.7	51.4	53.6	51.2	52.9	51.6	53.4	51.3
	2015年	53.6	51.3	53.5	51.1	52.8	51.5	53.3	51.2
	2020年	53.7	51.4	53.6	51.2	52.9	51.6	53.4	51.3

由上表可以看出，白天、夜间各工厂厂界噪声均无超标现象，符合《工业企业厂界噪声标准》中3类标准要求。

3. 声环境功能分区及声环境质量控制目标

1)声环境功能分区

(1)分区依据。

以《城市区域环境噪声标准》(GB 3096—2008)、《城市区域环境噪声适用区划分技术规范》(GB/T 15190—94)、城市性质、城市结构、城市总体规划、城市用地现状、城市环境噪声污染特点、城市环境噪声管理和城市的行政区划为依据进行声环境功能分区。

(2)分区原则。

①有效控制噪声污染的程度和范围，提高声环境质量，保障城市居民正常生活、学习、工作和休息场所的安静。

②以城市规划为指导，按区域规划用地的主导功能确定。

③便于城市环境噪声管理，促进噪声治理。

④有利于城市规划的实施和城市改造，做到区划科学合理，促进环境、经济、社会协调一致发展。

⑤分区宜粗不宜细，宜大不宜小。

(3)分区方法。

0 类声环境功能区，指康复疗养区等特别需要安静的区域。

1 类声环境功能区，指以居民住宅、医疗卫生、文化教育、科研设计、行政办公为主要功能，需要保持安静的区域。

2 类声环境功能区，指以商业金融、集市贸易为主要功能，或者居住、商业、工业混杂，需要维护住宅安静的区域。

3 类声环境功能区，指以工业生产、仓储物流为主要功能，需要防止工业噪声对周围环境产生严重影响的区域。

4 类声环境功能区，指交通干线两侧一定距离之内，需要防止交通噪声对周围环境产生严重影响的区域，包括 4a 类和 4b 类两种类型：4a 类为高速公路、一级公路、二级公路、城市快速路、城市主干路、城市次干路、城市轨道交通(地面段)、内河航道两侧区域；4b 类为铁路干线两侧区域。

(4)声环境功能分区方案。

该市区的声环境功能区划方案(无 0 类声环境功能区)如表 14－49 所示。

表 14－49　该市声环境功能区划方案

声环境功能区类别	区域名称	边界范围	环境噪声标准/dB	备注
1 类	居住、文教卫生及行政办公集中区	北环路以南，机场路以北，京广公路以东，翡翠路以西；太行大街以南，南环路以北，京广公路以东，翡翠路以西	昼间：55；夜间：45	A 类用地占地率不小于 70%
2 类	居住、商业与工业混合区	机场路以南，太行大街以北，西环路以东，翡翠路以西	昼间：60；夜间：50	A 类用地占地率为 35% ~60%

续表

声环境功能区类别	区域名称	边界范围	环境噪声标准/dB	备注
3 类	规划工业区和业已形成的工业集中地带	机场街以北，北环路以南，西环路以东，京广路以西； 太行大街以南，南环路以北，西环路以东，京广公路以东	昼间：65； 夜间：55	A 类用地占地率小于 20%
4a 类	建设路、机场街、太行大街、迎新街、健康街、翡翠路、温泉街	道路两侧区域	昼间：70； 夜间：55	
4b 类	京广公路	铁路干线两侧区域	昼间：70； 夜间：60	

2) 声环境功能区划的合理性分析

1 类声环境功能区以规划居住区与行政办公区为主，噪声功能区与城市规划比较吻合，功能区噪声达标可能性较大。

2 类声环境功能区为居住及商业混合区，能达到功能区要求。

3 类声环境功能区为城市规划中的工业区，与其功能基本吻合。

4 类声环境功能区为市区主干道和环城路两侧，环城路建成后，过境交通得以分流，主要交通干道两侧功能区可以保持达标。

综上所述，声环境功能区划基本是合理的。

目前，1、2 类声环境功能区中分布有一些工业区，与声环境功能分区要求不吻合，须对其进行调整，限期搬迁。

3) 声环境质量控制目标

各功能区环境噪声控制目标如表 14－50 所示。

表 14－50　市区噪声功能区环境噪声控制目标

环境噪声适用区	各水平年功能区噪声控制达标率/%		
	2015 年	2020 年	2030 年
1 类声环境功能区	60	80	100
2 类声环境功能区	60	70	100
3 类声环境功能区	60	70	100
4 类声环境功能区	60	80	90

4. 噪声污染控制规划

随着该市经济的发展，市区的声环境质量日益下降，尤其是在昼间的交通噪声，部分区域噪声污染已经干扰了居民的正常生活。为了改善市区声环境质量，必须制定严格的市区噪声控制规划，采取有力的噪声污染防治措施，形成各部门统筹兼顾、联合治理噪声污染的格局。

1）环境噪声达标区建设规划措施

列出几项措施：____。

2）交通噪声污染控制规划

（1）各水平年交通噪声污染控制规划目标如表14－51所示。

表14－51　各水平年交通噪声污染控制规划目标

主要规划路线	平均控制交通噪声/dB		
	2015年	2020年	2030年
京广公路	昼：73； 夜：67	昼：70； 夜：65	昼：65； 夜：60
建设路	昼：70； 夜：64	昼：70； 夜：63	昼：65； 夜：60
机场街	昼：71； 夜：65	昼：69； 夜：64	昼：65； 夜：55
太行大街	昼：69； 夜：67	昼：68； 夜：60	昼：60； 夜：55

（2）市区交通噪声控制措施。

市区的交通控制规划要由环境保护局、房产开发部门、公安局交通大队、车辆管理部门、园林部门共同制定实施，协调统一，优化分工。

5. 工矿企业厂界控制规划

根据噪声区划方案，针对实际情况，结合厂界标准，对厂区布局、噪声污染源控制及管理等方面提出相应措施。

列出几项措施：____。

6. 建筑施工噪声控制措施

列出几项措施：____。

知识拓展

案例介绍

瑞典斯德哥尔摩的环境规划

北欧国家是国际上可持续发展领域的佼佼者。瑞典作为北欧最大的国家，其在城市可持续发展领域的实践具有世界影响力，我国无锡生态城、曹妃甸生态城的建设都与瑞典展开了深入合作。从瑞典首都斯德哥尔摩的《斯德哥尔摩环境计划2012—2015》中，我们可以获得不少启示。

1. 斯德哥尔摩的环境计划

瑞典的首都斯德哥尔摩被公认为全世界最为清洁的首都之一。2010 年，斯德哥尔摩被欧洲环境委员会评为首个欧洲绿色之都(European Green Capital)。斯德哥尔摩在生态环境上的优良表现，得益于其城市环境规划的制定与实施。

虽然瑞典是一个已经完成城市化进程并进入后工业化阶段的高度发达的国家，但其首都斯德哥尔摩市及其所在的大都市区，依然是经济和人口都在不断增长的城市和区域。城市在快速发展过程中，也面临一系列生态环境问题的严峻挑战。在这一背景下，基于力促良好人居环境保持的核心目的，《斯德哥尔摩环境计划 2012—2015》得以出台。

《斯德哥尔摩环境计划 2012—2015》是在《斯德哥尔摩 2030 愿景规划》的框架下制定的。该环境计划作为第八版环境规划，是斯德哥尔摩市现阶段最重要的生态环境类规划。这个规划的基础，是将斯德哥尔摩作为一个有吸引力的、快速增长的城市，以人与自然在功能性、质量和生物多样性的环境中和谐共处为目标导向。

《斯德哥尔摩环境计划 2012—2015》主要从交通、化学物质、能源、土地及水体、垃圾和室内环境等六大部分，考量城市在环境领域的首要问题。针对这六大部分，相应提出了六大目标。在六大目标内部，分别明确了规划期目标，包括城市要达到的目标和城市将努力推动的目标，以及具体的行动计划和指标。

这些具体的行动计划和指标，有明确的政府相关部门负责落实，且均安排了相应的实施计划。环境计划中还包含了指标的各规划期目标的建议、相关事项和数据，以及各规划期目标与相关国家和国际(主要是欧盟)规划及政策的衔接等。

除环境规划之外，斯德哥尔摩市还提出了其他生态环境目标，主要包括：鼓励发展步行和自行车交通，减少室内噪声水平，增加生态食物消费量，减少温室气体，增强土地和水域的生物多样性，以及减少无法再循环的垃圾。

2. 目标落实和政策协调

在斯德哥尔摩市，自 2008 年之后，环境计划的实施和跟进已被完全融入城市的政府管理系统。该规划的规划期目标及相关跟进的指标和行动计划，都要被分配到相应的市政委员会或议会的具体行动计划中，作为本市的具体工作目标。环境计划的一个显著特征是目标导向，即以力促良好的人居环境保持为核心目的，以规划可实施、目标可实现为根本出发点，注重规划全过程的不断跟进和动态调整。

在环境计划中，规划期目标分层次细化表达，并提出了更具体的目标要求。以交通目标中的第二个目标(即“市政车辆将得到环保认证，并采用可再生燃料，提高城市绿色交通占比”)为例，这个目标之下更为具体的目标是：城市委员会和议会所拥有的机动车必须都是绿色汽车。城市内电动汽车的数量将逐渐增加。85%的燃料将是可再生燃料，主要目标是绿色汽车可以使用可再生燃料(混合乙醇、沼气等),且运输服务应至少有55%由绿色汽车完成。

这一规划期目标,涉及规划期内使用运输服务的城市委员会和议会。环境和健康委员会承担监督这一规划期目标完成的责任。

环境计划在规划实施方面的核心是强调牵头和跟进,以及规划目标和部门实施的匹配。通过这种目标导向的全责分配,把实现环境目标的职责细化分配到每个具体部门,并且确定具体跟进部门的明细职责,实现权责分明,落实到位,形成便于执行和监督的动态实施机制。

环境计划并不是斯德哥尔摩在城市生态环境领域唯一的政策措施。城市在其他相关领域,如气候和能源、空气检测、清洁汽车、拥堵税、区域供热、环境健康、食物控制、公共交通、可持续的水务、植树、垃圾管理等诸多方面,也都有专项规划或政策。在具体实施过程中,环境规划与其他相关生态环境措施衔接,共同促进斯德哥尔摩市良好生态环境的保持与城市的可持续发展。

瑞典的规划体制和我国有很大不同,在城市总体规划层面,多类似于我国的城市战略规划和概念规划等非法定规划,注重城市整体层面的发展方针策略,不过多强调空间布局与建设项目落地。具体的用地规划和指标,大多在详细规划层面制定,主要包括详细发展规划、区域管制和建筑许可。

《斯德哥尔摩环境计划2012—2015》便是在总体规划层面的规划,强调对全市的生态环境质量的管控。斯德哥尔摩最重要的城市总体规划是《斯德哥尔摩2030:未来愿景导则》,近期的战略规划则有《可步行的城市:斯德哥尔摩城市规划》。《斯德哥尔摩环境计划2012—2015》是总规层面的城市环境规划,从规划编制到实施,都充分与城市总体规划和战略规划相衔接。

斯德哥尔摩从2003年起,在市政府网站上就有了一个度量器,透明显示环境规划指标的实现情况。这个度量器由环境和健康委员会来负责,同时也显示斯德哥尔摩相关环境情况的数据。所有相关数据都对社会公众开放,人们可以在网上查询,也可以向市政府咨询。

◇案例启示

斯德哥尔摩环境计划,体现了北欧独特的治理体系下的规划特点(即以公民福利为核心导向),并重视可持续发展中的公平性,同时,公众参与占据极其重要的地位。斯德哥尔摩环境计划规划坚持以市民为核心,以优化城市宜居宜业宜发展的环境为重要目标,最终是为了提升本地居民的生活质量和归属感,形成独具美丽风貌与文化魅力的人居环境、幸福家园。

斯德哥尔摩非常强调微观尺度,可以说是以人为核心的"小时代"。例如,《斯德哥尔摩环境计划2012—2015》提出减少室内的氡气水平，并制定了具体的技术标准。这完全是从微观的个人生活视角进行的城市环境考量。同时，从细节上也可看出，规划的编制将市民视作主要目标读者。这类规划一般都有两个版本，即一个正式的规划版本，一个简本(作为面向公众的宣传手册)。其中，简本简化或删除了技术性的内容表达，通过采用大量简单易懂的照片、图片和图表，增强了可读性。

复习思考题

1. 环境预测方法应如何选择?
2. 环境预测的原则有哪些?
3. 环境规划方案的决策过程包括哪些步骤?
4. 如何用层次分析法解决问题?
5. 多目标决策分析与单目标优化的主要区别是什么?
6. 环境功能区划的概念是什么?

第15章　环境管理实训

自21世纪初源自美国的案例教学法问世以来，在全世界各教学领域得到了迅速发展，在我国各学科的教学中也都得到了广泛应用。环境管理学是一门指导人类如何管理好自己的行为、保护好生态环境的课程，重点论述我国环境面临的问题及我国采取的一系列环境管理政策措施，课程的根本任务是通过教育人类改变旧的环境观、旧的经济发展观来调整人类的环境行为，从而达到保护、改善我们生存环境的目的。环境管理课程具有极强的实践性、应用性特点。实践证明，与其他教学方法相比，采用案例教学有助于提高学生对专业知识的掌握，拓宽学生视野，扩大其知识面，加深学生对课堂教学内容的理解；同时，可以提高学生学习的主动性，使其主动探求知识，培养分析问题和解决综合问题的能力。

本章将从环境管理案例分析、企业管理体系审核、环境管理综合实训几个方面展开介绍，从而培养学生的环境管理实践能力。

第1节　环境管理案例分析

一、环境管理案例教学的重要性及其理论基础

1. 环境管理案例教学的重要性

在高校环境管理专业教学中，案例教学具有十分重要的地位。其原因是，在环境规划和管理领域，许多问题都有很强的现实背景，具有区域性、综合性、整体性和实践性的特点。只有结合具体案例进行生动、具体、深入的分析，才能充分揭示其中所包含的独特而深刻的内容。

国外一些著名大学十分重视案例教学在专业教育中的作用。很多大学的环境类专业也都设有环境政策与战略分析课程，结合案例进行教学。哈佛大学工商管理学院从1918年开始使用案例教学法培养研究生，他们建有案例库供教师选用，并每年到全国各地搜集有价值的案例，对案例库进行充实、更新；杜克大学环境科学与政策专业专门开设了

“环境学中的案例研究”“综合案例研究”课程；北卡罗来纳大学环境科学与工程专业开设了“环境问题的分析与解决”课程。我国高校环境专业教学使用案例教学的时间不长，也不够系统、广泛，目前仅多见于环境法相关课程中，在一定程度上影响了学生创造性思维和分析解决实际环境问题能力的发展。因此，吸取国内外成熟教学经验，探索案例教学在其他环境专业课程中应用的方法，具有重要意义。

环境类教学的教学型案例研究是以服务教学为目的的。环境类教学案例的学习可以使学生对案例所涉及的事件产生移情作用，融入情景之中，引导学生自发、主动地学习，激发他们学习的兴趣。使学生在这种具有挑战性的逼真环境中，迫使自己思考并处理问题，从而培养独立完成规划、决策与管理工作的能力。同时，还能通过集体处理案例的过程，使学生之间，取长补短，互相启发，提高合作精神和沟通技能。这一方法不仅对学生有用，对于具有一定专业工作实践经验的学员来说，作用同样显著。

尽管一些环境教育工作者已给认识到案例教学的重要性，并且也有案例教学的尝试，但总体来说尚处于起步阶段。探讨环境教育中案例教学的理论基础，对明晰案例教学的范式，推动环境教育的顺利开展具有重要现实意义。在环境管理中引入案例教学模式，既是适应教育理念转型的必然趋势，也是环境管理特点的客观要求。

2. 环境教育案例教学的理论基础

1)环境教育案例教学的知识基础

环境教育案例教学以环境科学为知识基础。环境科学产生于20世纪50年代，当时，由于环境污染非常严重，在一些地区，已严重影响了人们的正常生活和身心健康，部分学者从自身学科角度出发，研究和解释这些环境现象，在自然科学领域出现了如环境物理学、环境化学、环境地学、环境生物学、环境工程学等分门别类的新的分支学科。但人们很快发现，环境问题的整体性与研究方式的分化状态是不相适应的。这种状况促进了环境科学向整体化方向发展，于是出现了以加强跨学科的横向联系和多学科的相互渗透和交叉为特点的环境科学。

同时，由于环境问题的产生和解决需要考虑人文因素，于是，又涌现出了环境伦理学、环境经济学、环境管理学、环境社会学等一批人文类分支学科。目前，环境科学内容不断扩展，综合性不断加强。

2)环境教育案例教学的心理学基础

(1)人本主义心理学基础。

人本主义心理学流行于20世纪70年代，代表人物是罗杰斯。人本主义强调人的尊严和价值，主张研究对个人和社会的进步具有意义的问题，强调在教育与教学过程中要促进学生的个性发展，培养学生学习的积极性和主动性。环境教育来源于社会的需要，教育的目的在于提高学生的环境保护意识，进而养成良好的行为规范，环境教育并不认为只有认知学习才是重要的，相反，它更强调态度、价值观和行为变化，所以，它是一种有价值的意义学习。

(2)建构主义心理学基础。

建构主义被称为是当今“教育心理学中正在发生的一场革命”。建构主义者主张世界是客观存在的，但是对于世界的理解和赋予的意义却是由每个人自己决定的，因此，他们更关注如何以原有的经验、心理结构和信念为基础来建构知识。

案例教学是以完整的事件呈现给学生的，要求学生对此事件进行分析，由于每个学生的经验不同，因此，会对案例进行不同角度和深度的分析，在班级教学中，鼓励学生大胆发表自己的看法，有助于促进交流，开阔同学们的视野，形成合作学习的氛围。

3)环境教育案例教学的教育学基础

(1)范例教学法基础。

范例教学法是德国瓦根舍因(Mwagenschein)和克拉夫基(Mklafki)创造的一种教学方法。它的基本思想是：教与学的目的不是复制性地接受细节的知识和技巧，而是在教师的启发和辅助下，学生借助精选出来的典型例子主动地掌握知识、能力、情感、态度和价值观；教学要突出重点，忽略细节，重点的知识就是范例；教学以培养学生的主动性和独立性为目标，要以学生为指向，培养学生的独立能力；教学应引起学生的问题意识和问题态度，问题产生于具体的情景中；教学内容始终包含着一种内在的逻辑，一种内部的概念结构，教学过程是一种“回逆再构”过程，也就是使教学回到科学认识的最初阶段，重演其形成过程，重新对其作科学的概括和归纳；范例反映学科的整体和学习者的整体，教学是开放的，而不是封闭的。案例教学引入了范例教学法中利用典型例子组织教学的方法，同时又部分采纳了关于范例教学目标的观点。

(2)情景教学理论基础。

情景教学理论认为，学生的学习活动自始至终都离不开由一定的物质因素和精神因素构成的外部环境，即学习活动所需要的情景，客观的教学情景和学生自身的主动学习活动构成了学生发展的综合因素。他们批判传统教学使学习去情景化的做法，提倡情景性教学。案例教学一般选择真实的情景，它所引发的问题、悬念等是激发内部动机，引起学生对理性思维尝试的一种良好方法，同时能增强学生各方面的感受，如果案例发生在学生身边，或与其自身周围情况相类似，更会使学生深入了解自己所要解决的问题，增强主人翁意识。案例应是经过精心选择的，通常具有必要的复杂性，比传统教学更容易培养学生解决问题的能力。它的多样性可以培养学生的探索精神，并且帮助学生在完成任务的过程中表达自己的知识、能力和情感。

二、环境管理案例教学的实施方法

1. 指导自学法

在学完某一部分知识或理论内容后，列出思考问题，要求学生阅读指定教材、参考书刊上的案例材料，以加深对课程内容的理解，必要时要求学生写出案例分析报告。指导自学法适用于各个年级的学生，选材时，应注意选择较容易理解的案例。

2. 讲解分析法

常见的讲解分析法包括：通过课堂讲授分析一个具体的环境管理案例，使学生掌握某种管理程序的作用与方法；介绍一个实际的科研计划或报告使学生了解某一学科方向的最新进展；评述一个环境纠纷事件的发生和处理过程，以加深学生对有关问题和管理规定的理解，等等。讲解分析法的优点是比较节省时间，适用于低年级学生，可以在时间不够宽裕的情况下介绍比较重要的案例，引进新的案例，或者作案例分析的示范；其缺点是学生在教学中主动参与的机会较少。应用这种方法时，教师除讲清案例的背景、经过、主要问题及解决办法外，应特别注意要实事求是地对成功与不足、存在的问题、经验教训等进行必要的分析评论，也可以采取提问方式，启发、引导学生提出问题，进行系列讨论。

3. 课堂讨论法

课堂讨论法适用于有重大影响或在理论上有较大争议的重点案例，主要在高年级本科生和研究生中采用。一般是先向学生提供有关案例材料，指导学生做好充分准备，在学生写好分析方案的基础上进行讨论。讨论时，可以让学生先摆出各自的分析方案，也可以指定一两位同学(分析方案比较好的或问题较多的)，报告自己的方案，这样讨论质量会比较高。在讨论中，应以学生为主角，教师只进行指导或引导，必要时做一些说明，提一些建议，或介绍一些不同的论点，提醒学生曾经学过的某个理论，等等，但不要替他们解决具体问题。对学生的不同观点和意见，不要急于表态，要鼓励他们勇于发表自己的独立见解。如果讨论内容偏离主题太远，或陷于对细节的烦琐争论，教师可及时提醒学生回到主题；如果学生们各讲各的，对关键问题意见不同又不交锋，教师可帮他们挑明论题，使课堂活跃起来；如果学生们意见分歧较大，争论不下，则教师应允许、鼓励他们各自保留意见，继续研究，寻求最佳方案，而不要急于当裁判员，断定是非。

教师最后应对学生的分析方案和集体讨论进行评论，并评论研究过程和讨论情况。教师的讲话应是“评论”，而不是“结论”。应重视对学生思考问题、解决问题的方法进行评论，而不是简单给出标准答案。一个案例，往往可能有多个解决方案，只要有理(不违反理论规则)、有据(有事实根据)，一般都可以成立。评论的着重点是引导学生对不同方案进行分析和比较，这样才有利于培养学生分析问题的能力。当然，如果方案与事实有出入、所根据的理论有错误，也可适时指出，并进行分析。

4. 角色模拟法

角色模拟法是根据案例内容人为设置一定情景，让学生扮演其中的角色，按角色的特殊视角考虑问题，模拟现实情景进行案例教学的一种特殊方法。可以根据不同难度和内容，在不同年级使用。

三、环境管理案例分析的一般程序

1. 管理案例的阅读

在管理课程中，管理案例通常都是通过文字的形式为学生提供大量的信息，这些信息能否为人们所接收和运用，首先取决于案例的阅读水平。阅读案例是进行案例分析的基础。一些同学在案例分析中重视写作而忽视阅读，阅读中匆匆翻阅，囫囵吞枣，要做好案例分析，是不可能的。

案例阅读的目的首先是要高效率地了解和懂得案例的内容和所提供的情况。一般来说，对每个案例至少要读两遍，先粗读而知其概貌，再精读而究其细节。读第一遍的目的是从总体上认识与了解案例所处的特定环境及面临的问题，读第二遍时则应当将主要精力集中在案例的关键问题和分析案例所需要的最核心信息方面。

有效的阅读应能完成这几个环节：①了解案例的类型；②了解案例的背景；③梳理案例的框架；④把握案例的关键问题。

2. 管理案例的分析过程

管理案例的分析过程通常要涵盖 3 个方面的内容：①问题的界定；②问题产生原因的分析；③解决问题对策的提出与论证。我们实际遇到的各种管理案例在给予的各种资料中对上述内容的涵盖通常是不确定的，有的可能包含了全部 3 项内容，有的可能仅包含了其中的一两项内容。从而形成了常见的 3 种案例类型：

(1)说明型案例。

这类案例在所给的材料中已经包括了上述全部 3 个方面的内容，而学生只需要以旁观者的身份对其进行评论即可。这种说明型案例的分析，可以促使学生在分析中获得知识和经验。但这种案例的分析难度较低，主要是培养学生对资料进行归纳整理和概括提炼的能力。

(2)方案待决型案例。

这类案例在所给的材料中通常已经揭示了问题的实质所在，要求学生通过对问题产生原因的分析和解决问题方案的权衡比较，提出具体和可行的对策。此类案例难度高于说明型案例，主要是培养学生分析问题和解决问题的能力。

(3)问题待定型案例。

这类案例在所给的材料中对上述3个方面的内容均无明确的提示，要求学生要从看似杂乱无章的管理情境和表象症状中，去界定问题，然后分析原因，确定对策。此类案例难度最大，模拟了管理决策的全过程，因而是对学生发现问题、分析问题和解决问题能力的全面培养。

对案例的分析通常包括以下几个步骤：

(1)问题的识别。

快速阅读案例，判断问题的性质与类型，案例的开头或结尾常有提示。当然，问题的识别过程常常需要多次阅读案例。

(2)问题的进一步界定和澄清。

仔细阅读案例，标出关键性事实，发现问题澄清时案例所遗漏的信息，并通过做出合理假设来补充事实。同时，对案例中管理者所扮演的角色和面临的基本问题进行界定，把自己放在对方的位置考虑如何处理这些问题，并逐步进入角色。

(3)确定研究框架及涉及的领域。

将需要解决的主要问题和涉及的主要领域一一列出，把他们放在适当的背景下加以考虑和分析，并考虑适宜的理论分析框架。

(4)资料的整理与分析。

判断信息需求，寻找、筛选、组织和分析相关信息。

(5)提出问题的解决方案。

列出各种问题的解决方案及其依据，比较利弊，然后选择一个最佳方案，并提供必要的证据加以支持。

3. 管理案例的分析技巧

管理案例的分析技巧包括下述8个方面：

(1)要有当事者的视角。

管理案例分析通常要求学生以现实中管理者的身份去观察和分析问题，因此，善于站在案例中所设立的主要角色(管理者、被管理者或相关人员)的立场去观察与思考，才能有真实感、压迫感与紧迫感，从而优化案例分析的效果。

(2)全面综合的角度。

必须从全局出发，全面、细致、综合地考虑问题。只有通过从不同的角度考虑问题，才能选用恰当的理论知识来分析案例。

(3)注意掌握案例分析过程的一般规律。

①先问题后案例。案例分析通常在题后有一些提示或思考题，阅读时可以先看问题，这样在阅读时就能有较强的针对性，容易抓住重点，提高阅读效率。

②先框架后内容。案例分析写作前，应先花一定的时间对问题进行系统分析和思考，在头脑中或稿纸上构筑起答题框架，这样才能形成清晰的思路。

③先问题后对策。案例分析问题通常会问“怎么办”“应采取什么对策”等，对这种问题，不要直接提措施、列办法，而应首先分析问题是什么，造成问题的原因是什么，然后再针对问题设计对策。

④先重点后一般。论述过程中对阐述的各个要点要有主次之分，重要的内容放在前面，层次分明，循序渐进。

(4)注意把握答题的基本思路。

案例分析内容应分为 3 个部分：点明问题，分析原因；战略性地提出解决问题的原则性意见和建议；提出战略实施的具体对策。

(5)分析中要注意理论与实际的结合。

一方面，在分析时不能仅仅就事论事，要防止单纯复述或罗列案例提供的事实，而是应先提出理论依据，再依据理论分析实际问题；另一方面，不能就理论谈理论，案例分析强调的是理论与方法的运用，因此，不需要在理论上长篇大论。

(6)提出的措施要具体化，要重视方案实施的步骤及可操作性。

在分析案例时，倘若提出的解决问题方案难以操作，这样就失去了实际意义。

(7)要有个人的见解，提出的观点要有特色，有说服力。

提出的建议要符合具体情况，有明确的针对性，防止出现空泛的口号和模棱两可的观点及含糊不清的语句；对问题的分析要符合逻辑，对所提出的观点和建议方案要有充分的信息支持和必要的论证，并进行合理的比较。

(8)文字表达要开门见山，要行文流畅，结构清楚。

分析内容要分段合理，用不同层次的数字表示结构层次；每个要点最好先用一两句话、一两个词概括，然后再展开论述。这样分析思路清晰、逻辑性强，也便于他人理解和接受。

四、环境管理典型案例分析

1. 复活节岛的兴衰

复活节岛是太平洋上一个偏僻荒凉的小岛，面积不足 400km^2，人口最多时也不过 7000 人，它距最近的大陆——南美洲西海岸有 3000km 之多，距最近的有人居住的岛屿——皮特凯恩岛也有近 2000km 之遥。在 1722 年的复活节，荷兰海军上将罗格温乘阿雷纳号船到了一个无名岛屿，成为访问该岛的第一个欧洲人。复活节岛也因此而得名。使欧洲人感到震惊的是，岛上有 600 余尊高大的石雕像和一个极其落后野蛮的原始社会，两者形成鲜明对照。但是它的文明兴衰史，却是昭示人类未来的一面镜子。

5 世纪时，复活节岛上土壤肥沃，温度、湿度很高，但是水源奇缺，岛上无常年性河流，仅有的淡水来自死火山形成的湖。岛上作物品种不多，以白薯为主，但由于土地肥沃，产量较高，人们一度过着悠闲的生活。然而，随着生产效率的不断提高，空闲时间相应增多，岛上的人们开始兴建一个叫阿库的祭祀中心。这是由大石头建成的平台，旁边还建有巨大的石像。在这里，人们举行各种宗教活动，并以此作为自我炫耀和相互攀比的手段。为了找石材，植被被破坏了。为了运输石像，大树也被砍光了。渐渐地，这个原本富饶的岛屿变得日趋荒芜。为了争夺有限的资源，人们的争斗也不断升级，人口数量也不断减少。1877 年，智利宣布岛上居民全部成为他们的奴隶时，岛上人口已从最高峰时的 7000 人锐减为 110 人。再后来，居民只剩下几个人，复活节岛也被一家英国公司改造为养羊的牧场。很显然，如果没有外界力量介入，这最后的几个人注定将成为复活节岛的最后一代。

点评：

复活节岛的岛民一度建立了繁荣的物质文明，但是当社会和经济的发展超越了资源的承载力时，文明就走向衰败。复活节岛的岛民没认识到，他们生活在一个几乎与世隔绝的岛上，他们的生死存亡与小岛上有限资源的可持续性息息相关。如果他们不能协调环境与发展的关系，只能看着资源一点点被消耗殆尽，自己一步步走向死亡。复活节岛的历史昭示后人，人类社会与自然环境之间存在唇齿相依的关系。人类通过对自然环境不可逆转的开发利用，虽然在短期内可以建立一个十分发达的社会，但是如果毫无节制地利用，乃至到破坏的程度，其后果是不堪设想的。灾难最终还是要降临到人类头上。

地球就像是一个大复活节岛，千百万年来，人类为了获取更多的食物，开发更多的资源，创造了一个高度发达的社会。但是，地球上的资源是有限的，一旦资源消耗殆尽，厄运将降临，人类也将无路可逃。今天的生活方式会不会引起资源的衰竭，会不会对生命支持系统造成不可逆转的损害？地球的公民会不会重蹈复活节岛的覆辙？这是每一位现代人应当认真思索的问题。

2. 四川沱江流域氨氮严重污染泄漏事件

2004 年 2～3 月，位于长江上游一级支流沱江附近的四川化工股份有限公司第二化肥厂，违规技术改造并试生产，因设备出现故障，氨氮含量超标数十倍的废水倾泻而下，导致沱江流域严重污染，沱江养鱼户总计约 500 吨鱼一夜之间几乎全部死亡。根据四川省第十届人大常委会第八次会议审议的《省政府关于沱江特大污染事故情况报告》可知，事故损失的初步调查表明，内江、资阳等沿江地区近百万群众饮水中断时间为 26 天；沱江污染引起沿江地区大量工业企业和服务行业停产，损失严重，导致直接经济损失约 3 亿元；沱江生态环境遭到严重破坏，据专家估计，约需 5 年时间才能恢复到事故前的水平。

点评：

四川化工股份有限公司第二化肥厂在未报经环境保护行政主管部门试生产批复的情况下，擅自技术改造并出现故障，使没有经过完全处理的含氨氮的工艺冷凝液直接排放，违反了环境影响评价制度的相关规定；在生产过程中违反向水体排放污染物的法律规定，未事先报经所在地的县级以上地方人民政府环境保护行政主管部门批准便停用其水污染物处理设施，导致严重环境污染后果的发生。环境保护行政主管部门有权根据《中华人民共和国水污染防治法》的规定对该厂进行处罚；违反刑法的，将追究其刑事责任。

3. 固体废物管理——“废物关注”项目(达卡，孟加拉国)

项目名称：“废物关注”(Waste Concern)

项目目标：在全国范围内倡导废物回收行动来改善环境；在固体废物管理、废物回收、医疗和有害废物管理、污水处理及有机农业等方面开展研究和实验工作；建立社区内私营企业和市政部门合作机制以改善城市环境；通过倡导废物回收机制来增加就业机会。

开发类型：废物减量，社区经济发展，公众参与，市场机制。

工作人员：工程师，政府官员，信贷经理，小型企业负责人。

项目周期：自 1995 年始，仍在进行。

项目预算：运营成本为 209000 塔卡，约 4100 美元；运营收入为 526000 塔卡，约 10500 美元。

合作伙伴：政府、私营部门、非政府组织、研究机构、社区和农场主。

主要资金来源：联合国国际开发计划署、联合国儿童基金会、牛津饥荒救济委员会；英国政府；RUDO－南亚、美国国际开发署、世界银行、瑞士开发合作机构、加拿大国际开发机构。

项目概述：达卡市面积约为 360 平方千米，人口数量约 1 千万。据估计，到 2015 年，达卡人口将达到 1950 万，城市每天大约产生 3500 吨的固体废物。在贫民窟，居住着全市 30% 的人口，并且没有垃圾回收服务，这就意味着水沟、街道、市场、贫民窟、露天垃圾场、空地及河岸到处都是垃圾。

1995 年，在当地某俱乐部的资助下，“废物关注”项目在达卡 Mirpur 区建立了社区堆肥厂，同时还在不同的社区内建立了一些小规模的堆肥厂，项目主要活动包括：到住户处收集垃圾，垃圾堆肥处理，肥料市场运营和废物再利用。

3 年后，在联合国国际开发计划署的支持下，森林与环境部计划在 5 个其他的社区内推广这种模式，建立了可持续性环境管理项目(SEMP)。“废物关注”项目要求政府为社区堆肥场提供土地，供水通电。

将社区家庭垃圾挨家收集，并用人力车运输。每个人力车配有一名兼职司机和一至两名垃圾清运工，负责300～400个家庭的垃圾收输工作。每家每月交纳20～35美分的垃圾收集费用，这些钱用来支付司机和垃圾清运工的工资，同时支付运营和维修成本。

堆肥厂是项目的核心组成部分。废物运到后，垃圾被分类成有机垃圾、可再利用垃圾和废弃物。可再利用垃圾被出售到固体废物循环系统，废弃物被当地政府收集并运到填埋厂填埋，剩下的有机垃圾被转运到堆肥厂，通过低技术处理，使它不产生臭味（这很重要，因为堆肥厂靠近居民区而不是工业区）。

堆肥过程中，将有机垃圾堆放在竹架上，使空气更好地循环以加速垃圾分解。将草木灰与废物混合以增加空气含量。要经常翻转肥堆，以维持温度恒定并保证等速分解。水能够起到加速分解的作用。添加肥料增加肥堆氮的含量。整个堆肥过程需要60天。堆肥完毕的肥料被分成优质和粗糙等不同等级，分装到50公斤的袋子内出售。“废物关注”项目与私营部门合作，对肥料和可再利用废物进行市场运营。

每个堆肥厂每天处理2～3吨生活垃圾，产生500～600公斤肥料，仅配备6名工人，且大多为女性。

项目的另一个核心部分是在每个运营堆肥厂的社区内建立废物管理委员会，委员会的成员大多为女性，“废物关注”项目对她们进行关于垃圾收集、分选、堆肥和市场运作的培训。同时，向她们提供技术援助以帮助她们管理、运营和维持堆肥企业。经过一年的社区动员和培训后，“废物关注”项目将项目转交给社区管理，但还要继续监督其运行3年。

“废物关注”项目帮助社区将当地的肥料出售给肥料公司和植物苗圃，每袋50公斤的肥料售价为2.5～4.5美元。当地对优质肥料需求的增加，成为加速“废物关注”项目拓展的一个重要因素。

目前，该项目面临的最大障碍之一是土地供应问题。曾经有一段时间，达卡市土地价格一直在上涨，当地政府官员不愿意将民用土地交给私营部门使用。因此，项目只有通过展示实验效果、在当地管理局建立支持网络等措施，才能得到达卡城市合作与公众劳动部门的支持，并得到他们的批准获得土地来扩大堆肥工厂。

项目面临的另一个障碍是肥料的市场运营，可以通过与有经验的私营肥料营销公司合作来解决这个问题。项目的长期生命力依赖于建立一个持续的肥料市场，因此，需要在与私营公司建立合作伙伴关系方面投入大量的时间和精力。

目前，项目雇用了40个垃圾清运工和堆肥工作人员，为达卡市中低收入地区的37500人提供服务；现有5个社区堆肥场和5个贫民窟桶装堆肥系统。

点评：

孟加拉国的“废物关注”项目，在全国范围内倡导通过废物回收行动来改善环境，通过收集住户垃圾、垃圾堆肥处理、肥料市场运营和废物再利用等对当地的固体废物进行了良好的管理。在固体废物管理、废物回收、医疗和有害废物管理、污水处理及有机农业等方面开展研究和实验工作；建立社区内私营企业和市政部门合作机制，以改善城市环境；通过倡导废物回收机制来增加就业机会。该项目既实现了固体废物的良好管理，也带来了很好的经济效益和环境效益，是一个非常成功的范例。

4. 公众参与——江苏省常州市“全民查污工程”

2006 年 11 月，江苏省常州市启动“全民查污工程”，让市民“看管”40 条河流水质，义务监督员一个月内巡查排污口 15000 余次，查获了一批环保部门很难发现的隐蔽排污口，探索出了一条有常州特色的全民化监督污染新路子。常州市积极制定“全民查污工程”行动方案，为广大公众参与环境监管搭建了平台。

常州采用全社会公开招聘和筛选的方式，从市民中聘请了 40 名环保义务监督员，让他们随机督察市区 40 条河流的水质变化情况，并随时向环境保护部门举报违法排污行为，基本上实现了“一抓一个准”。为了更好、更高效地完成任务，市民们用本子记下水质变化，从而达到变环保部门“单枪匹马”作战为发动广大公众共同参与的目的。有一次，常州新北区藻江河的一河清水突然变得浑浊发黑，一位姓周的环保义务监督员发现后马上用记录下河水的颜色、气味、流向、漂浮物等情况，随后又顺着水流查找偷排污水的“元凶”。最后，他发现藻江河边一处隐蔽的堤岸旁有两条直径约七八十厘米的管道正在偷排污水。他马上把第一手资料反馈到当地环境保护部门，环境监察执法人员很快找到了违法排污企业，并责令其停产整顿。

根据分工，盛女士看管的范围是紧挨着常州火车站门前的关河。她时常骑着摩托车沿河走走停停，每走五六百米，就要下车到河边贴近水面观察水质，并查看岸边一些排污口排放的污水有无异常。她还随身携带了一只透明塑料瓶，不时从河中舀起半瓶水，用眼睛看，用鼻子闻，然后在表格中详细地记录信息。自从当了看护关河的“义务水官”后，她每天上午一次、下午一次进行巡查，雷打不动，一天 4 个来回要跑 10 多千米的路。她笑表示，这工作说不辛苦是假的，但想到自己只是一名最普通的市民，却能参与到事关几百万人生存环境的管理工作中，觉得责任特别重，也感到很自豪。

环保义务监督员潘女士对龙游河进行监督的情况表上，对于观察时段等信息记录得也十分详细。为了防止企业偷排污水，她专门选择别人意想不到的时候出发，如午饭和晚餐时分。仅今年 9 月，潘女士就发现龙游河水质有 5 次出现了异常情况，并及时报告给了环境保护部门，使超标排污行为得到依法处理。

依靠公众共同的努力，常州市环境监测工作取得了丰硕成果，仅当年 9 月，首批 40 名环保义务监督员便填写出巡查河流水质记录表 1400 多份，巡查排污口达 15123 次，记录了被发现的异常排污口 433 个，向“12369”环保热线举报违法排污行为 19 次。特别是很多原先环境保护部门极难发现的隐蔽排污口，都被这些义务水官的“火眼金睛”发现。在这些排污口被及时封堵的同时，违法排污者也受到了相应处罚。仅短短半年多时间，常州市区的40条河流水质便得到了明显改善。走全民环保之路，是环境保护的有效法宝。虽然环保义务监督员不是专业人员，但通过他们构建了一个坚实的环境保护群众基础。相信在各个方面协同运作之后，通过进一步扩大环保义务监督员的队伍，可以让更多市民参与进来，将环境保护工作开展得越来越好。

点评：

公众参与是环境管理工作顺利开展必不可少的有力保障，充分调动社会公众广泛参与到环境保护活动中，是一项长期而艰巨的任务。不同城市可以根据自己的实际情况及环境问题的不同表现形式，寻找适合本地区的公众参与途径。

5. 公众参与——德国环境保护非政府组织(NGO)如何实现公众参与

在德国，环境保护方面的非政府组织(即民间环保组织)非常多，规模有大有小，在当地都能发挥作用、产生影响。德国自然保护联合会(NABU)是一个比较有影响力的民间环保组织，其成员达25万人。2021年是该组织成立115周年。这个组织发挥作用的一个重要手段就是购买土地——通过买下对保护环境具有价值的大片土地来达到保护的目的。除购买土地外，NABU还通过积极参与政治活动、宣讲活动和承揽保护区管理工作等方式发挥作用。

2006年，NABU的一项重要工作就是阻止位于易北河畔的德国汉堡飞机工厂的扩建，该厂是欧洲空中客车飞机公司的一个工厂，空中客车飞机公司计划生产A3xx超大型客机，汉堡州政府计划填埋该厂旁的河滩湿地以扩建该厂并生产这种飞机部件。为了弥补填埋湿地造成的环境损失，州政府计划在易北河另一处开挖河湾。汉堡州政府的计划受到NABU等环保组织的反对，他们认为，任何措施都弥补不了失去原有湿地的环境损失。他们借助该河滩湿地已加入欧盟自然保护区网这一事实，向欧盟委员会大力游说，促使欧盟委员会已通知汉堡州政府停止实施该项计划。民间环保组织的作用在德国受到广泛认可。

实际上，德国政府部门也认识了到民间环保组织不可替代的作用，有些工作的顺利开展也需要倚重民间环保组织的力量。德国的许多自然保护区，都是交给当地的民间环保组织来管理的，因为民间组织有人员(志愿者)、有科研力量，更重要的是有热情。政府为他们的工作拨款，并且无论是中央政府还是地方政府，凡是对环境可能产生影响的项目的决策过程，都必须有民间环保组织的参加。比如建一条公路，建一处大型建筑，都要听取民间环保组织的意见。民间环保组织越来越大的影响，由此可见一斑。

点评：

非政府组织的发展，为公众参与提供了自下而上的组织途径。NGO作为一种民间的自发组织机构，能起到政府起不到的作用，能调动政府调动不了的力量。我国目前的民间环保组织力量还比较弱小，对推动公众参与环境管理的作用还十分有限，本身还需要政府的扶持。所以促进我国民间环保组织的发展，实际上成为政府推动公众参与的一种方法和手段，从某种意义上说，也是一项任务。在公众参与环境管理方面，我国的参与机制仍有需要完善之处；公众有参与的热情和信心，但是公众参与环境管理的意识不强，需要加以引导和开发。对我国而言，推动公众参与需要“三管齐下”，即大力推动公众参与的政治机制、法律机制、社会机制的共同建设与完善。

6. 淮河流域环境管理

淮河流经河南、安徽、山东、江苏四省，是四省联系的通道，为四省人民提供重要的生活资源。在这个公共的“界面”上，长期以来水污染都十分严重。“九五”期间，实施了《淮河流域水污染防治暂行条例》和《淮河流域水污染防治规划及“九五”计划》，动员四省力量，加快治理全流域的水污染；并禁止在淮河流域新建化学纸浆造纸企业，禁止在淮河流域新建制革、化工、印染等污染严重的小型企业，严格执行“环境影响评价制度”和“总量控制”。至今，淮河水终于又见当初的清澈。

点评：

环境管理手段主要包括法律手段、经济手段、行政手段、技术手段、教育手段。通过以上案例不难发现，环境管理的手段在中国污染防治方面发挥着举足轻重的作用。同时，在一项具体的环境保护中，为确保达到预期的预防、治理目标，需要环境管理各种手段之间的联合应用。

7. 五川流域农业非点源污染管理措施

五川流域位于福建省九龙江西溪中上游，南靖县城东南部，涉及5个行政村和1个作业区、2个果场，总面积1800hm^2，年均降雨量1705mm，雨量集中在3～9月。流域属于丘陵台地，土地利用类型多样，无工业污染点源，以种植业、畜禽和水产养殖业为主，畜禽养殖以散养居多。作物种植结构、土壤特性可以代表九龙江流域的基本情况，该流域所在的南靖县，农田化肥、有机肥的施用量居九龙江流域之首。通过开展以流域为单元的水土流失治理工作，年土壤侵蚀模下降到了475t/km^2。

五川流域农业非点源污染治理措施主要包括：

(1)等高耕作代替顺坡耕作。

(2)建立多水塘系统。

(3)为避免化肥过量施用，削减化肥施用量30%。

(4)坡耕地改为林地。

(5)从试验区溶解态氮和泥沙量的分布看，越靠近流域出口，负荷越大，因此，把这些土地改种绿肥，或种植草地过滤带，绿肥的施肥水平按模型中提供的最低标准确定，用模拟结果评价措施的效果。

(6)由于村庄的畜禽粪便、生活污水是农村生态环境差的主要原因，所以把现有村庄的污染负荷削减了30%。

(7)由于农业上大力提倡保护性耕作，如免耕、作物留茬增加覆盖度等措施可以减少水土流失，所以将作物收获后留茬30%，收获后植被覆盖度将增加50%(只考虑甘蔗、水稻、蔬菜)。

点评：

由于农业非点源污染形成过程受地理、气候、土壤等多种因素影响，具有随机性大、分布范围广、影响因子多、形成机理复杂、潜伏滞后性强等特点，导致其监测、控制和管理难度较大。案例中通过对流域控制农业非点源污染的最佳管理措施的优化设计，提出了设计最佳管理措施的方法和步骤，为我国非点源污染控制工作提供了一定的借鉴。这是流域环境管理与农业环境管理的良好结合。

8. 明晰水权和建立水市场

水资源是维持人类社会生存和发展不可替代的自然资源。特别是在当今社会，淡水资源危机威胁人类生存。水资源和水污染问题严重影响到我国特别是北方地区人口、资源、环境和经济的协调与永续发展。如果仅靠唤醒与提高公众节水意识、生态保护意识，是远远不能使这些问题得到彻底解决的，只有通过合理的制度安排，建立有效的激励机制，才能促使水资源得到优化配置，保持人类与环境的和谐，实现高效和可持续地利用资源。为实现这一目标，浙江东阳与义乌达成了我国水权有偿转让协议，该协议主要内容是义乌一次性出资2亿元购买东阳市横锦水库每年4999.9万m^3水的使用权。转让用水权后，水库原所有权不变，水库运行管理、工程维护仍由东阳市负责，义乌按当年实际供水量以0.1元/m^3支付综合管理费(包括水资源费)。

点评：

这样做有3个好处：①有利于节约水资源；②可以较合理地确定分水指标和资本金；③通水以后水价可以平稳过渡。如果在流域建立合理完善的水权交易市场，在利益的驱动下，上游省份高耗水低效益的灌溉农业定会采用较先进灌溉技术来自觉地高效利用水资源，通过区域合作，互补互利，共谋发展，在政府宏观调控下，利用市场机制实现资源优化配置。由此可以得出两点结论：①明晰产权和水权是深化水利改革，实现水资源优化配置的必要前提；②有偿水权方案的提出为建立水市场奠定了理论基础。

水资源系统是多层次的自然系统和人文系统相结合的产物，水资源的可持续利用激励机制必然涉及社会、经济、政治及文化各个方面，要使水资源得以合理开发、优化配置、高效利用、有效保护，则必须充分发挥行政、法律、经济、科技等综合手段的力量。

五、实训习题

1. 项目一

某化工企业准备对本厂的一条硫酸生产线进行技术改造，使其生产能力由原来的 $1\times10^5 t/a$ 提高到 $3\times10^5 t/a$。请问：该企业在实施这一技术改造建设项目的过程中，应该怎样落实国家有关环境管理的政策规定？

(1)要求：收集《建设项目环境保护管理条例》资料，以项目建设单位的名义组织工作小组，拟订该项目报批程序。

(2)目标：学习项目报批程序的相关管理政策，同时为该项目在建设过程中和投入生产后制定相应的环境管理制度。

2. 项目二

某电镀厂生产多层印刷电路板，生产过程中使用了化学镀铜工艺和蚀刻工艺，产生了大量的酸性含铜电镀废水，请从清洁生产的角度分析应该如何进行环境管理？

(1)要求：收集有关印刷电路板生产工艺及排放含铜废水专项治理的技术资料，按照清洁生产的审计程序找出问题所在。

(2)目标：提出环境管理的无费方案或少费方案。

3. 项目三

通过收集资料、现场调查等方式，讨论企业生产活动对环境的负面影响。

(1)要求：调查当地中小型企业的生产活动造成的环境污染及生态破坏，并讨论要控制企业对环境造成的污染，应采取哪些措施。

(2)目标：通过讨论明确企业作为经济活动的主体，是环境管理的重要对象。

4. 项目四

通过收集并分析当地由于个人消费行为对环境造成污染的相关资料，讨论消费行为对环境的负面影响。

(1)要求：收集当地由于个人消费行为对环境造成污染的文字、图片、影像等资料，理解提倡绿色消费的必要性。

(2)目标：充分认识个人行为是环境管理的主要对象之一，促进个人消费观念的转变。

5. 项目五

通过收集资料、现场调查等方式，探讨可持续发展的3个再生产理论在实施可持续发展战略中的作用，并根据中国国情，指出实施的关键环节和应该采取的措施。

(1)要求：收集某一地区的发展历程、基本资源状况、社会发展状况、目前面临的最严重的环境问题等素材，并进行分析。在此基础上提出自己的意见，并在一定范围内展开论证，最后得出大多数人认可的结论。

(2)目标：通过讨论，加深对关键环节在实施可持续发展战略中的影响的认识，明确个人在可持续发展社会的建立过程中所应尽的义务。

6. 项目六

通过收集某一地区的发展史资料，特别是自然生态环境变化方面的文字、图片、影像等，讨论可持续发展的公平性和必要性。

(1)要求：收集的资料要有一定的历史性，并同时收集其变迁对周边地区及居民的影响，特别要收集造成变化的原因及旁证材料。经过适当整理后，将其作为讨论的证明材料。

(2)目标：促进自然观的转变和环境理念的形成，深刻领会可持续发展的基本内涵。

7. 项目七

通过调查，了解当地环境监测工作的开展现状及企业污染治理情况。

(1)要求：了解当地影响环境的主要污染源、监测项目及企业达标情况。

(2)目标：通过调查讨论，加深对环境监测在环境保护中重要性的认识。

8. 项目八

通过社会调查，了解当地有哪些企业进行了清洁生产，以及清洁生产给企业带来了哪些经济效益。

(1)要求：通过收集资料，对某一家企业在开展清洁生产前后的变化加以对比和分析。

(2)目标：通过讨论，明确开展清洁生产对社会经济可持续发展所具有的重要意义。

9. 项目九

通过广泛的调查、查阅资料等方式，了解当地自然资源的历史和现有状况，以及当前在开发利用自然资源中存在的问题，并探讨当地自然资源的开发与保护所应采取的措施。

(1)要求：收集能够体现当地自然资源状况、社会发展状况、目前严重制约当地经济发展的主要自然资源问题等方面的素材，结合所学理论进行分析。在此基础上提出自己的意见，并在一定范围内展开论证，最后得出大多数人认可的结论。

(2)目标：通过讨论，加深对保护自然资源、处理好开发与保护关系重要性的认识，树立用可持续发展的思想来指导开发和保护自然资源的观念。

10. 项目十

结合本地的一个环境工程企业或排放污染物企业的实际情况，从资源综合利用或实现清洁生产的角度，提出合理的建议及初步方案。

(1)要求：选择一家相关的企业，对其排放的污染物和排放量进行调查，论证该污染物的资源化可行性和实现途径，提出进行资源化综合利用的具体方案，指出该企业实现清洁生产的具体措施。

(2)目标：对污染物既对环境造成污染，同时大部分又是宝贵资源这种属性建立认知，树立污染物的完全资源化是污染控制工程的最高追求，同时也是实现“节能减排”以及“零排放”的清洁生产方式的最佳选择的可持续发展观念。

11. 项目十一

调查当地主要河流的污染状况和主要的污染源，讨论分析河流的环境容量和自净能力，以及如何合理分配排污份额，如何合理削减各污染源的排污量。同时制定出详细的实施方案。

(1)要求：对河流的主要污水排入口进行现场调查，大致测出排污流量和污染物浓度，根据区域确定的河流的总量控制方案，或者根据国家关于地表水的有关水质标准确定的污染物含量，设计污染物总量控制方案，在此基础上提出优化设计的具体步骤。

(2)目标：通过调查和讨论，认识到环境容量的重要性，进一步加深对当地环境污染程度的认识，树立保护环境要从具体工作做起的意识。

12. 项目十二

调查当地城市存在的主要环境问题，如水污染、大气污染、噪声污染或固体废物污染。就其污染程度和主要污染源进行定性或定量分析，在查阅大量资料的基础上，探讨解决这些环境问题的方法和途径，并制定详细的解决方案。

(1)要求：对污染源进行现场调查，大致测出排污流量和污染物浓度，根据区域确定的该类污染物的总量控制方案，或者国家关于该类污染物的有关标准，提出污染物控制方案，在此基础上提出城市环境进一步优化的具体措施。

(2)目标：通过调查和讨论，以及污染控制方案的设计，使每个人都认识到当前城市环境问题的严重性，深刻领会公民环保意识的提高对环境管理的作用。

第2节　企业管理体系审核

一、审核的基础知识

1. 相关概念、特点及类型

1)管理体系审核的相关概念

(1)审核：为获得审核证据并对其进行客观的评价以确定其满足审核准则的程度，而进行的系统的、独立的核查并形成文件的过程。

(2)审核方案：针对特定时间段所策划的、具有特定目的的一组(一次或多次)审核。

(3)审核计划：对一项审核的现场活动及安排的说明。

(4)审核准则：一组方针、程序或要求。

(5)审核证据：与审核准则有关的并且能够证实的记录、事实陈述或其他信息。

(6)审核发现：将收集到的审核证据对照审核准则进行评价的结果。

(7)审核范围：审核的内容和界限。

(8)审核结论：审核组考虑了审核目标和所有审核发现后得出的审核结果。

(9)审核员：有能力实施审核的人员。

(10)审核组：实施审核的一名或多名审核员，必要时，由技术专家提供支持。

(11)技术专家：向审核组提供特定知识或技术的人员。

(12)能力：经证实的个人素质，以及经证实的应用知识和技能的本领。

2)管理体系审核的目的及特点

(1)管理体系审核的目的。

管理体系审核的目的是评价管理体系的3个基本问题：过程是否被确定并形成符合约定标准或合同的文件；过程是否被充分展开并按文件要求贯彻实施；过程实施的客观证据是否证明能达到管理方针要求和预期的管理目标。

(2)管理体系审核的特点。

①系统性。管理体系审核是对所选择的质量管理体系标准所有适用要求的审核；对公司组织机构图中所有相关部门的审核；审核过程是系统的过程。

②正规性。正规的管理体系必须具有完整的管理体系文件；文件控制、文件更改应符合标准的要求；实际行动与书面文件或非书面承诺应一致；运作情况应有可追溯的记录。

③正式性。管理体系审核必须依照正式、特定要求进行，要符合合同要求；具备管理手册、程序、作业指导书及其他管理性文件、技术文件；符合国际管理体系标准，以及有关的法律法规要求。

管理体系审核应依据正式程序和书面文件进行，做到审核目的、范围明确；制定正式审核计划；制定实施审核计划的检查表；依据计划和检查表进行职业化审核。

管理体系审核结果应形成正式文件、审核结果应以正式的审核报告(包括不合格报告)形式提交委托方或受审核方；审核报告和记录作为正式文件留存到规定期。

管理体系审核只能依据客观证据(即与管理体系和管理有关的事实)，包括客观存在的证据；不受情绪或偏见左右的事实；可陈述、可验证的事实；可定性或定量的事实；可形成文件的陈述。

从事管理体系审核的人员应具备一定的资格，第一、二方审核人员受过一定培训，能胜任工作且对被审核的工作无直接责任；第三方认证的审核人员须为国家注册审核员。

④独立性。审核员必须对被审核的部门或工作无直接责任。

⑤抽样性。管理体系审核的局限性是只能在某一时刻进行，不能跟踪全过程；只能涉及体系的主要部门，不能遍及整个体系；只能调查到具有代表性的人和事，不能审查

全部体系。

管理体系审核是抽样进行的，抽样具有随机性，具有一定的风险；应着重发现有关系统失效的凭据；不应抱着"一定要查到问题"的目的去工作；任何审核都不能证明管理体系是完美无缺的。

3)管理体系审核的类型

(1)第一方审核：即组织的内审，目的是对自身的产品、过程或体系进行审核，对发现的不合格进行纠正改进。

(2)第二方审核：是顾客对供方开展的审核，目的是在众多可供选择的供方中，挑选合格的供方，将审核的结果作为最终采购决定的依据。

(3)第三方审核：是指由独立于第一方和第二方的，具有一定资格的审核机构对组织的质量管理体系进行的审核，目的是进行认证注册。

2. 审核原则和审核方案

1)审核原则

审核原则能够确保审核过程为管理提供可靠、有效的改进建议，是提供高质量审核结论的前提，也是审核员独立工作时在相似的情况下得出相似结论的保障。

(1)与审核员有关的3项原则

①道德行为原则：有职业素养，诚信、正直、谨慎、保守机密。

②公正表达原则：审核发现、审核结论和审核报告应真实、准确地反映审核活动。

③敬业原则：在审核过程中工作勤奋并具有良好的判断力，充分意识到审核任务的重要性，重视委托方的信任，并具备必要的工作能力。

(2)与审核有关的两项原则。

①独立性原则：这是审核的公正性和审核结论的客观性的基础。

②基于证据原则：审核的过程应基于客观证据，对于得到的审核结论应保密处理。

2)审核方案

(1)审核方案的内容。

审核方案目标的确定；审核方案内容的确定；确定审核方案的资源和程序；审核方案的实施；审核方案的记录；审核方案的监视和评审。

(2)审核方案的要求。

①覆盖当年内一系列内部审核计划。

②覆盖相关方在6个月内进行的第二方审核。

③覆盖认证机构在合同规定的周期内，进行的初审及监督审核。

④审核方案应为实施方案中的审核提供资源和制定实施程序。

(3)审核方案和审核计划的对比如表15－1所示。

表 15－1　审核方案和审核计划的对比

	审核方案	审核计划
特征	针对特定时间段内一个组织的一组审核特征，方案可以有不同目的，对一个组织可以制定一个或多个审核方案，包括联合审核或结合审核	针对某次审核而实施的，有特定的目的，是审核方案的组成部分
责任人	最高管理者规定审核方案管理权限，审核方案管理者负责制定、实施、监视、评审、改进审核方案，并为方案提供资源	审核方案管理者为审核计划指定审核组长，审核组长对审核活动负责
内容	须实施一次或多次审核；策划和组织所有的审核活动；审核方案内容可以变化	是对一次具体审核活动的安排
范围	涉及特定时间段内的全部产品和审核过程	可涉及部分产品和审核过程(某次监督审核)

二、企业标准体系

企业标准体系为各种类型、不同规模企业的生产(服务、技术、经营)和管理活动全过程提供了全面、系统的标准化管理的指导和要求。运用这些标准，可以帮助企业建立和实施一套适合企业需求的，持续、有效且协调统一的自身标准体系。

1. 企业标准体系的概念

企业标准体系是指企业内部的系列标准按其内在联系形成的科学的有机整体。企业为实现确定的目标，将其生产(服务)、经营、管理全过程需要实施的标准，运用系统管理的原理和方法将相互关联、相互作用的标准化要素加以识别，制定标准，建立标准体系并进行系统管理，有利于发挥标准化的系统效应，有助于企业提高实现目标的有效性和效率。

2. 运用标准化系统管理的措施

(1)围绕企业的方针目标，建立起以技术标准体系为主体，以管理标准和工作标准体系为配套，包括企业标准化工作管理要求在内的企业标准体系。

(2)运用最新技术和生产操作经验，不断地优化标准体系结构，淘汰标准体系内低功能要素，增加新的、高功能的要素，使标准体系始终处于相互关联、相互协调的最佳状态。

(3)评价和确认是推动体系运行和保持体系有效性的动力所在。在标准体系的实施过程中，通过评价和确认，持续提升标准体系的有效性。

3. 建立企业标准体系的要求

企业标准体系是企业以其他各管理体系(质量管理、生产管理、技术管理、财务成本管理、环境管理、职业健康安全管理体系等)为基础而建立起来的，应根据企业的特点而充分满足其他管理体系的要求，并促进企业形成一套完整的、协调的自我完善的管理体系和运行机制。

企业标准体系内的所有标准都应在企业方针、目标和相关法律法规的指导下形成，建立企业标准体系应符合以下要求：

(1)企业标准体系应以技术标准体系为主体，以管理标准体系和工作标准体系为配套。

(2)应符合国家有关法律法规，实施有关国家标准、行业标准和地方标准。

(3)企业标准体系内的标准应能满足企业生产、技术和经营管理的需要。

(4)企业标准体系应在企业标准体系表的框架下制定。

(5)企业标准体系内的各标准之间应相互协调。

(6)管理标准体系、工作标准体系应能保证技术标准体系的实施。

(7)企业标准体系应与其他管理体系相协调并为其提供支持。

三、内部审核活动的策划和实施

1. 内部审核概述

内部审核有时也称为第一方审核，由组织自己或以组织的名义进行，审核的对象是组织自己的管理体系，验证组织的管理体系是否持续地满足规定要求并且正在按规定运行。它为有效的管理评审和提供纠正、预防措施提供信息，其目的是证实组织的管理体系运行是否有效，可以作为组织自我合格声明的基础。在许多情况下，尤其在小型组织内，内部审核可以由与受审核活动无责任关系的人员进行，以证实其独立性。

2. 内部审核的策划和准备

1)编制内部审核的程序文件

依据《质量管理体系要求》(GB/T 19001—2016)，应建立内部审核程序，并形成文件，予以实施和保持。内部审核程序的内容应当包括：负责内部审核管理的部门；定期进行的内部审核的周期；不定期进行的内部审核的周期；怎样进行具体的内部审核策划；审核人员的资格及如何组织审核小组；进行内部审核的一般程序和要求；对审核结果进行处理的一般程序和要求；审核所需的记录表格规范；审核技巧及审核应当遵守的纪律和注意事项；奖惩事宜。

2)编制内部审核方案

编制内部审核方案是指按内部审核程序的要求，对已确定的审核项目进行具体策划，以确定审核的具体目的、范围、方法、审核人员等事项，并形成计划文件。其中最重要的是确定审核范围，如果是为了迎接第二方或第三方审核认证，则可以对所有相关部门进行全面的内部审核。一般年度审核可以针对不同侧重点进行相应部门的审核。

3)成立审核组并分配工作

首先，要保证参加审核人员的素质。没有内部审核员资格、没有责任心、对相关标准、组织质量文件了解不深入的，不能参加内审。内部审核人员应具备一定的沟通能力，以便能更好地完成工作。其次，要合理地进行分工。为了确保审核的客观、公正，对业务相关联的部门之间应不设置互审。确定内部审核组组长，以解决在判定合格项上出现的分歧。最后，明确审核组的组成及分工，形成记录并报管理者代表审批。

4)准备审核用表

对于申请认证的企业，应注意内部审核表应覆盖标准中的所有要素(除根据企业情况可删减的要素外)。

5)明确审核时间

确定审核的时间。

3. 内部审核的实施步骤

1)审核工作计划

制定全年的内部审核工作计划；确定审核范围；确定审核频次；明确各次审核的目的。

2)审核准备

指定审核员并组成审核组，分配工作；收集有关文件；文件审查(视情况需要而定)；制定审核计划；准备工作文件。

3)实施审核

(1)首次会议。审核组人员与受审核方相关人员共同参加，以明确审核的目的、范围、方法和程序。

(2)现场审核。审核员通过观察、提问、查阅和验证等方式，按照内部审核表，收集所审核内容的证据，观察现状，并进行记录。审核要求证据具有客观性。

(3)不合格报告。审核中发现不合格项，应及时记录，并将其交给受审核方。证据不足的，不能判为不合格。与受审核方有分歧的，可以通过协商或重新审核来决定。

(4)运行状况判断。审核结束时，通过情况汇总。审核组必须对受审核方质量管理体系的运行状况做出判断，明确运行是否良好，整体是否合格。

(5)末次会议。向受审核方介绍审核情况，宣布审核结果，提出以后的工作要求(纠正措施、跟踪、监督等)。

4)审核报告

审核报告由审核组编制，可以在审核工作完成后进行，形成正式文件提交给内部审核的管理机构，其副本可以提供给受审核方。

5)审核后的跟进措施

跟进措施主要包括：向管理者报告审核结果；对发现的问题及时采取纠正措施；对纠正措施进行验证；对验证结果进行报告。

四、内部审核的方法与技巧

1. 内部审核的方法

编制完成内部审核表后应按规定的时间进行审核，发现有重大偏离标准要求的问题时，可以适当延长审核时间。

审核过程中，通过交谈、观察、查阅各种文件和资料的方法取得客观证据。

现场审核的主要内容包括召开各种会议，收集客观证据，开具不合格报告，提交审核报告。审核表的内容应包括对体系有效性的评价，对有效证据进行概述，判断是否符合有关标准，判断实物质量能否令顾客满意，等等。

2. 内部审核的技巧

1）听讲

通过听讲可以缓和紧张气氛，收集更多的信息。听讲前，要求做好全面的准备；听讲过程中，要求注意观察并仔细听讲。

2）提问

常见提问内部包括：谁？什么时候？在哪里？做什么？怎么做？为什么？

上述提问技巧可以帮助我们得到真实的回答，并有效地收集信息，使对话得以继续；但也有可能导致被提问者感到紧张，所以要注意提问的语气和节奏。

3）观察

常见观察内部包括：是否按照规定程序执行；是否具有所需的操作技能；是否具有正确执行程序所具有的资源；是否存在设备的缺陷。

4）文件检查

主要检查体系文件（手册、程序文件、作业指导书、记录）和检验记录及报告。

5）有效利用评审依据和核查表

可利用的材料包括：体系文件、认可机构的要求、检测依据、事先策划制定的核查表等。

五、内部审核案例

1. 案例1

检查时发现，食品实验室没有监控并记录用于保存冷冻食品样品的冰箱（编号2003A000192）的实际温度，样品管理员称“冰箱是进口的，最低温度完全可以达到零下18 ℃”。

上述情况为一个不符合项，没有达到相关规定的要求。

如果实验室在《样品管理程序》中对特殊样品的保存环境条件监控未注明要求，则不符合项报告应提到该程序文件的缺陷。

2. 案例2

审核员在微生物实验室发现金黄色葡萄球菌培养基没有经过技术符合性验收，实验室人员称“微生物检测中所使用的培养基都是从中国微生物研究所买来的，该单位是国家权威机构，购买验收时也核对过标签和生产批号，所以肯定不会有质量问题”。

上述情况为一个不符合项，没有达到相关规定的要求。

如果实验室在《采购和服务控制程序》中对采购和服务的技术符合性检查未注明要求，则不符合项报告应提到该程序文件的缺陷。

3. 案例3

审核员在设备科了解到，现有的维修保养操作是按照公司制定的《设备维修保养教程》进行的，但该教程没有任何经过认可的记录。

不符合事实：现维修保养所使用的《设备维修保养教程》未经审批。

不符合条款：《声环境质量标准》(GB 3096—2008)中相关要求。

不符合理由：不符合国家标准中的相关条款要求。

不符合性质：一般不合格。

4. 案例4

不符合报告示例如下：

<table>
<tr><td>受审核部门</td><td>市场部</td><td>负责人</td><td></td><td>计划验证日期</td><td></td></tr>
<tr><td>审核员</td><td colspan="2"></td><td>审核日期</td><td colspan="2"></td></tr>
<tr><td colspan="6">不合格事实描述：(不合格事件出处、时间、地点、当事人职务)
检查合同评审记录，有一份7月的合同不能提供已经评审的纪录。不符合标准8.2.2的要求。

结论：□严重；☑一般</td></tr>
<tr><td colspan="6">原因分析：
市场部人员工作不认真，填写合同评审记录不及时。</td></tr>
<tr><td colspan="6">纠正措施实施计划：
对市场部人员进行口头批评，要求其及时填写评审记录。</td></tr>
<tr><td colspan="2" rowspan="2">纠正措施实施后验证结论及摘要</td><td>验证结论</td><td colspan="3">☑纠正有效；□部分纠正有效；□纠正无效</td></tr>
<tr><td colspan="4">验证摘要：
复查时，合同评审记录保持良好。

审核员：　　　日期：</td></tr>
</table>

第3节　环境管理综合实训

一、环境管理实训一：分组辩论

1. 辩论式教学法及其在环境管理中的应用

辩论式教学法在我国存在的时间已经很长，从战国时期的学宫到宋明以后的书院，都有关于辩论式教学的相关记载。辩论可以使人在交流中深入思考，提高修养，因此，是一种富有技巧性以及知识性的口才艺术。

1)辩论式教学法的意义及作用

(1)可以调动师生在课堂上的主动性。

以往的课堂教学的模式都是以教师传授为主，而学生探索和实践的机会相对较少，对其创造力和实践能力的培养造成了很大的阻碍。在环境管理课堂上的分组辩论可以让师生一起探讨，为学生参与到教学过程中提供了非常大的便利，使学生增强了主动学习的能力，也使其潜能得到更好的发挥。

(2)可以促进学生的个性化发展。

在传统教学中，教学的进度与内容的统一是重点，这样只能照顾到大多数学生，而对于学生之间的差异性却不能兼顾，辩论式教学却可以弥补这一不足。例如，教师和辩手之间的沟通过程就是个别施教的过程，教师须了解每位学生的基本情况，并在此基础上有针对性地进行指导，从而让他们的个性得到发挥。

(3)可以提高学生的综合素质。

在辩论的准备过程中，要查阅很多资料，收集大量的观点，同时还要学习不同的辩论技巧。只有这样，才能够在辩论中迅速提高自己的表达能力、反应能力及辩证能力。由此可见，辩论教学法可以在很短的时间里帮助学生积累丰富的知识，最终提高其自身的思辨能力。

2)辩论式教学法的实施步骤

(1)选题。

首先，在辩论之前，学生应该选择一些自己比较感兴趣的话题，这些话题要和当时的社会热点相结合；其次，所选的辩题应该是没有定论的中性问题；最后，辩题必须要和自己所学的知识相结合，也就是说，辩题可以是教学课程的一部分，可以通过辩论完成指定的教学任务。

(2)搜集、整理资料。

若搜集、整理资料的时间过短，可能导致材料准备得不够充分，所以，一般情况下，搜集资料的时间以一周左右为宜。

(3)课堂上的辩论。

课堂上的辩论是整个辩论式教学的核心环节。因为课堂上的时间有限，所以辩论的内容和形式可以适当简化。辩论式教学法通常以不超过50人为宜，如果人数太多，就无法保证每位学生都能充分参与，因而会降低课堂辩论效果。

(4)老师点评。

该步骤是辩论式教学的重点。在每次的辩论结束后，老师都要对此次辩论的情况进行点评，老师的点评必须公正、客观，要保持中立。老师的点评的目的是指出双方在辩论过程中的问题以及亮点，而且要对辩论赛结果予以公布。

2. 实训习题

(1)正方：环境污染问题更严重；反方：生态破坏问题更严重。

(2)正方：决策者在环境管理中更重要；反方：公众在环境管理中更重要。

(3)正方：环境管理的核心是对“人”的管理；反方：环境管理的核心是对“物”的管理。

(4)正方：环境保护部门有权否定环境评价结论合格的建设项目；反方：环境保护部门无权否定环境评价结论合格的建设项目。

(5)正方：管理目的是为管理手段服务的；反方：管理手段是为管理目的服务的。

(6)正方：法律手段更重要；反方：经济/行政/技术/教育手段更重要。

二、环境管理实训二：建设项目管理

1. 建设项目管理的概念与程序

1)建设项目管理的概念

建设项目管理是项目管理的一类。建设项目管理即建设工程项目管理，简称工程项目管理，它是工程建设者运用系统工程的概念、理论和方法，对建设工程项目的决策和实施的全过程进行的全面管理，从而更好地实现项目的质量、投资/成本、工期的建设目标。

(1)管理的对象。

管理的对象是建设工程项目生命周期的全过程，包括项目可行性研究及决策、设计、工程招/投标及采购、施工等工作内容，而不仅仅是其中的某一个阶段。这是指广义的工程项目管理对象，而狭义的工程项目管理对象是指项目立项以后的项目建设实施全过程。

(2)管理的主体。

管理的主体是多方面的。一般来说，在建设工程项目生命周期的全过程中，除业主为项目的顺利完成而进行必要的项目管理外，设计单位、监理单位、从事工程施工和材料设备的承包商和供应商等也分别站在各自立场上进行项目管理。另外，政府部门也要对项目的建设给予必要的监督管理，它们的管理活动都是为实现项目总目标服务的。

(3)管理的任务。

管理的任务可以概括为最优化地实现项目的质量、投资/成本、工期三大项目建设目标。该任务界定了项目管理的主要内容，即质量、投资/成本、进度管理、合同管理、采购管理、职业健康安全管理、资源管理、环境管理、风险管理和组织协调。

2)建设项目管理的程序

我国的建设程序分为6个阶段。这6个阶段的关系如图15－1所示。其中，项目建议书阶段和可行性研究阶段又统称“前期工作阶段”或“决策阶段”。

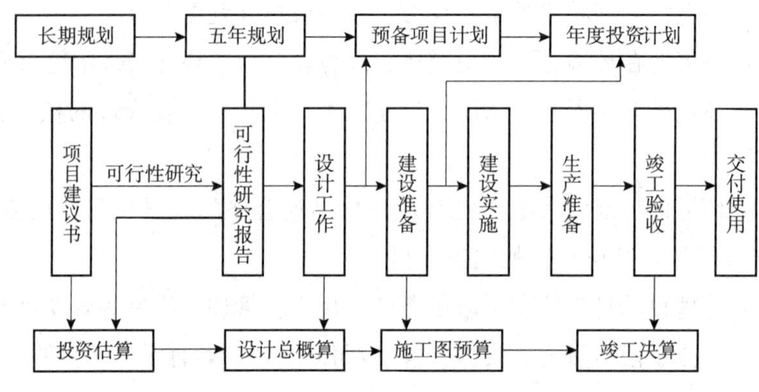

图15－1　建设程序图

(1)项目建议书阶段。

项目建议书是业主单位向国家提出的要求建设某一建设项目的建议文件，是对建设项目的轮廓设想，是从拟建项目的必要性及整体的可能性角度加以考虑的。客观上，建设项目要符合国民经济长远规划要求，符合部门、行业和地区规划的要求。

(2)可行性研究阶段。

可行性研究是对建设项目在技术上和经济上(包括微观效益和宏观效益)是否可行而进行的科学分析和论证工作，是技术经济的深入论证阶段。

可行性研究的主要任务是通过多方案比较，提出评价意见，推荐最佳方案，为项目决策提供依据。

可行性研究的内容可以概括为市场研究、技术研究、经济研究3项。一般工业项目可行性研究报告的内容是：项目提出的背景、必要性、经济意义、工作依据与范围，预测和拟建规模，资源材料和公用设施情况，建厂条件和厂址方案，环境保护方案，企业组织定员及培训情况，实施进度建议，投资估算数额和资金筹措方案，社会效益及经济效益。在可行性研究的基础上，编制可行性研究报告。

可行性研究报告经批准后，项目才可以正式立项。经批准后的可行性研究报告是项目初步设计的依据，不得随意修改和变更。如果在建设规模、产品方案、建设地区、主要协作关系等方面有变动或突破控制数额时，应经原批准机关同意。

按照现行规定，大中型和限额以上项目可行性研究报告经批准后，项目可根据实际需要组成筹建机构，即组织项目法人，实行项目法人责任制。但一般的改/扩建项目不单独设筹建机构，仍由原企业负责筹建。

(3)设计工作阶段。

一般项目进行两个阶段的设计，即初步设计和施工图设计。技术上比较复杂而又缺乏设计经验的项目，在初步设计后还应进行技术设计。

①初步设计。是根据可行性研究报告的要求所做的具体实施方案，目的是阐明在指定地点、时间和投资控制数额内，拟建项目在技术上的可能性和经济上的合理性，并通过对工程项目所做出的基本技术经济规定，编制项目总概算。

初步设计不得随意改变被批准的可行性研究报告中所确定的建设规模、产品方案、工程标准、建设地址和总投资等控制指标。如果初步设计提出的总概算超过可行性研究报告总投资的10%以上，或其他主要指标需要变更时，应说明原因和计算依据，并报可行性研究报告原审批机关同意。

②技术设计。是根据初步设计和更详细的调查资料编制的，目的是进一步解决初步设计中的重大技术问题，如工艺流程、建筑结构、设备选型及数量确定等，以使建设项目的设计更具体、更完善，技术经济指标更好。

③施工图设计。是完整表现建筑物外形、内部空间分割、结构体系、构造状况及建筑群的组成与周围环境的配合，以及具体详细的构造尺寸的设计，它还包括对各种运输、通信、管道系统及建筑设备的设计。在工艺方面，应具体确定各种设备的型号、规格，以及各非标准设备的制造加工图。

(4)建设准备阶段。

①预备项目。初步设计已批准的项目，可以列为预备项目。国家的预备项目计划，是对列入部门、地方编报的年度建设预备项目计划中的大中型和限额以上项目，经过从建设总规模、生产力总布局、资源优化配置及外部协作条件等方面进行综合平衡后进行安排的。预备项目在建设准备阶段进行的投资活动，不计算建设工期，统计上单独反映。

②建设准备的工作内容。建设准备的主要工作内容包括：征地、拆迁和场地平整；完成施工用水、电、路等工程；组织设备、材料订货；准备必要的施工图纸；组织施工招/投标，择优选定施工单位。

③报批开工报告。按规定进行了建设准备，并具备开工条件以后，应由建设单位申请上报开工报告，经批准后方可开工。大中型和限额以上建设项目批准开工前要经国家统一审核，部门和地方政府无权自行审批大中型和限额以上项目开工报告。

(5)建设实施阶段。

建设项目经批准新开工建设后，项目便进入建设实施阶段。这是实施项目决策、建成投产发挥投资效益的关键环节。新开工建设的时间，是指建设项目设计文件中规定的任何一项永久性工程第一次破土动工开始施工的日期，如开槽、打桩的日期，铁路、公路、水库等的土、石方工程开始的时间，等等。分期建设的项目分别按各期工程开工的日期计算。施工活动应按设计要求、合同条款、预算投资、施工程序和顺序、施工组织设计等，在保证质量、工期、成本计划等目标的前提下进行，达到竣工标准要求，经过验收后，移交给建设单位。

在实施阶段还要进行生产准备。这是衔接建设和生产的桥梁，是建设施工阶段转入生产经营的必要条件。在项目投产前，建设单位应组织专门的小组或机构做好生产准备工作。生产准备工作一般包括下列内容：组建管理机构，制定管理制度和有关规定；招收并培训生产人员，组织生产人员参加设备的安装、调试和工程验收；签订原料、材料、协作产品、燃料、水、电等供应及运输的协议；进行工具、器具、备品、备件等的制造或订货；其他必需的生产准备工作。

(6)竣工验收阶段。

当建设项目按设计文件的规定内容全部施工完成后，便可组织验收。它是建设全过程的最后一道程序，是投资成果转入生产和使用的标志，是建设单位、设计单位和施工单位向国家汇报建设项目的生产能力或效益、质量、成本、收益等全面情况及交付新增固定资产的过程。竣工验收对促进建设项目及时投产、发挥投资效益及总结建设经验，都有重要作用。通过竣工验收，可以检查建设项目实际的生产能力或效益，也可以避免项目建成后继续消耗建设费用。

2. 实训习题

通过情景设定，填写表15－2。模拟建设项目立项审批、环境评价审批、“三同时”管理、竣工验收审批等流程，熟练掌握建设项目环境管理的程序和内容。

表15－2　建设项目管理实训练习表

建设项目 环境管理内容	立项审批	环境评价审批	“三同时”管理	竣工验收审批
需要准备的资料				
归口管理部门				

续表

建设项目 环境管理内容	立项审批	环境评价审批	“三同时”管理	竣工验收审批
审批时限				
处理结果				
注意事项				

通过资料调研，了解建设项目环境管理内容、需要准备的资料、归口管理部门、审批时限、处理结果、注意事项等。

三、环境管理实训三：环境监督管理

1. 环境监督管理的概念与体制

1）环境监督管理的概念

环境监督管理具体是指为了改善和优化环境，机关政府从科学的角度合理安排环境保护工作，进行的有组织、有纪律的检查指导活动，它是一系列环境监管工作的总称。主要工作内容包括具体制定环境保护计划，做好各个行业领域对环境保护的立法政策，对各部门、各单位开展的环境保护活动进行检查、督促和指导。

2）环境监督管理的体制

环境监督管理主要手段的依据是奖惩制度，即对环境保护做出突出贡献的单位或者机关个人做出奖励，而对违反法律法规而导致发生污染后果的单位及个人给予相应惩罚。

现阶段，我国在环境监督管理方面采用的是统一的监督管理与分工合作相结合的体制，即国务院首先对全国总体环境保护目标做出部署，然后统筹到各个省县区域内，实施统一管理规划，然后经由县级以上地方环境保护部门对环境保护实际工作做出具体分工合作。其中，还需要海洋环境行政主管部门、卫生环境部门、市政环境部门及工商行政部门等多个有关部门的支持与协调，各部门分别承担一定的环境监督管理工作职责。

对于环境监督管理机制而言，随着国家落实了相关的机制和措施之后，百姓也逐渐参与了环境的监督管理。所谓环境监督管理的运行机制，主要针对的是环境监督这一个方面。首先，应该确定当地环境的具体情况，包括其运行的状态，需要达成的环境监察目标，甚至是各个环节的小目标，等等。如果监督管理过程中遇到比较严重的环境问题，一定要及时解决，提出适合的解决方案。此方案要严格执行监察、监督、疏导和服务等职能。对于不同的环境问题要有不同的反馈机制，方便进行操控和提出解决方案。

法律体系的辅助和支撑对于环境监察机制的运行是至关重要的。我国单独根据环境问题设立了《中华人民共和国环境保护法》，它是环境保护的基本法。另外，还有一些专门性的环境单行法。另外，对于区域性的环境问题，各地有不同的地区性环境保护相关法规。除上述法律法规作为环境监督管理的主要支撑手段外，我国还有很多关于环境问题的监察法律系统，着重体现了权利主体的权利和义务。

除法律法规外，还需要比较健全的管理体系，政府机构虽然是执行环境监督管理的主要政策机构，但是不代表任何环境问题都需要由政府部门解决。所以环境监督管理体系应形成主次分明的结构，中心是政府部门，边缘是由普通公民和周围地区性机构共同构成的。加强不同层次的机构建设和人员配备，对于现在的环境监督管理来说尤其重要。另外，由于环境问题可以分成多种类型，因此，监督管理运行机制也应设立不同的部门，各部门分别有不一样的工作职能。

此外，还应确立固定的服务体系，普通公民作为参与者的同时也应该成为环境问题的监督者，民众监督可以上升为网络舆论监督、新闻监督等。首先，找到民众普遍担忧和亟待解决的环境问题，相关部门可以结合信访和控告，甚至是不记名投票等方式，提出合理方案，让百姓满意。

2. 实训习题

通过情景设定，填写表 15 – 3。模拟建设项目投产后如何开展监督管理，如现场检查、处罚通知、执行等。

表 15 – 3　环境监督管理实训练习表

环境监督管理内容	现场检查	处罚通知	执行	……
企业需要准备的资料				
调整内容				
整改时限				
处理结果				
注意事项				

四、环境管理实训四：固体废物管理

1. 固体废物管理的概念与内容

1) 固体废物管理的概念

固体废物管理是运用环境管理的理论和方法，通过法律、经济、技术、教育和行政等手段，鼓励废物资源化利用和控制废物环境污染，促进经济与环境的可持续发展。

2) 固体废物管理的内容

由于固体废物本身往往是污染的“源头”，故需对其产生 – 收集 – 运输 – 综合利用 – 处理 – 贮存 – 处置实行全过程管理，即在每个环节都将其当作污染源进行严格控制。划定有害废物与非有害废物的种类和范围，建立健全固体废物管理法规，是固体废物管理的关键所在。按固体废物管理程序简略分析管理内容如下：

(1)产生者管理。对于固体废物产生者，要求其按照有关规定，将所产生的废物分类，并用符合法定标准的容器包装，做好标记、登记，建立废物清单，待收集运输者运出。

(2)容器管理。对不同的固体废物要求采用不同容器包装。为了防止暂存过程中产生污染，容器的质量、材质、形状应能满足所装废物的标准要求。

(3)贮存管理。贮存管理是指对固体废物进行处理处置前的贮存过程实行严格控制。

(4)收集运输管理。收集管理是指对各厂家的收集实行管理。运输管理是指收集过程中运输和收集后运送到贮存处或处理处置厂(场)的过程中所需实行的污染控制。

(5)综合利用管理。综合利用管理包括农业、建材工业的回收资源和能源过程中对于废物污染的控制。

(6)处理处置管理。处理处置管理包括有控堆放、卫生填埋、安全填埋、深地层处置、深海投弃、焚烧、生化解毒和物化解毒等。

2. 实训习题

通过具体实例，区分一般固体废物和危险废物，了解一般固体废物与危险废物在管理程序、内容等差异。

1)实例1：兰州市饮用水源污染案例

兰州某石化公司在1987年物理爆破事故及2002年车间泵管线开裂着火导致产生的未经处置的渣油，埋藏多年后，由地下缓慢渗出，导致污染物扩散，最终入侵管网从而污染饮用水，造成兰州全城断水，市民恐慌，引发了公众危机事件。

2)实例2：北京市固体废物污染治理案例

2004年，北京市某地铁工程建筑工地3名工人在探井时，由于地处农药厂污染地段，因吸入未处理的土壤中废气而导致中毒。此事引起了北京市政府的高度重视，着手治理修复超4000m^{2}的污染场地，先将“毒地”全部挖出，运到远郊焚烧处理，最后再运新土填补，前后历时10年，耗资1亿多元。

案例介绍

案例名称： 江苏省人民政府诉安徽海德化工科技有限公司生态环境损害赔偿案

基本案情：

2014年4~5月，安徽海德化工科技有限公司(以下简称海德公司)营销部经理杨峰分三次将海德公司生产过程中产生的102.44 t废碱液，以每吨1300元的价格交给没有危险废物处置资质的李宏生等处置，李宏生等又以每吨500元、600元不等的价格转交给无资质的孙志才、丁卫东等。上述废碱液未经处置，排入长江水系，严重污染环境。其中，排入长江的20 t废碱液，导致江苏省靖江市城区集中式饮用水源中断取水超过40个小时；排入新通扬运河的53.34 t废碱液，导致江苏省兴化市城区集中式饮水源中断取水超过14个小时。靖江市、兴化市有关部门分别采取了应急处置措施。杨峰、李宏生等均构成污染环境罪，被依法追究刑事责任。经评估，3次水污染事件共造成经济损失1731.26万元。

裁判结果：

江苏省泰州市中级人民法院一审认为，海德公司作为化工企业，对其生产经营中产生的危险废物负有法定防治责任，其营销部负责人杨峰违法处置危险废物的行为系职务行为，应由海德公司对造成的损失承担赔偿责任。此案涉长江靖江段生态环境损害修复费用，系经江苏省环境科学学会依法评估得出；新通扬运河生态环境损害修复费用，系经类比得出，亦经出庭专家辅助认可。海德公司污染行为必然对两地及下游生态环境服务功能造成巨大损失，江苏省人民政府主张以生态环境损害修复费用的50%计算，具有合理性。江苏省人民政府原诉讼请求所主张数额明显偏低，经释明后予以增加，应予支持。水体自净作用只是水体中污染物向下游的流动中浓度自然降低，不能因此否认污染物对水体已经造成的损害，不足以构成无须再行修复的抗辩。一审法院判决海德公司赔偿环境修复费用3637.90万元，生态环境服务功能损失1818.95万元，评估鉴定费26万元，上述费用合计5482.85万元，支付至泰州市环境公益诉讼资金账户。江苏省高级人民法院二审在维持一审判决的基础上，判决海德公司可在提供有效担保后分期履行赔偿款支付义务。

典型意义：

该案是《生态环境损害赔偿制度改革试点方案》探索确立生态环境损害赔偿制度后，人民法院最早受理的省级人民政府诉企业生态环境损害赔偿案件之一。目前，沿长江化工企业分布密集，违规排放问题突出，已经成为威胁流域生态系统安全的重大隐患。加强长江经济带生态环境司法保障，要着重做好水污染防治案件的审理，充分运用司法手段修复受损生态环境，推动长江流域生态环境质量不断改善，助力长江经济带高质量发展。该案判决明确宣示，不能仅以水体具备自净能力为由，主张污染物尚未对水体造成损害以及无须再行修复，水的环境容量是有限的，污染物的排放必然会损害水体、水生物、河床甚至是河岸土壤等生态环境，根据损害担责原则，污染者应当赔偿环境修复费用和生态环境服务功能损失。该案还是《中华人民共和国人民陪审员法》施行后，由七人制合议庭审理的案件，四位人民陪审员在案件审理中依法对事实认定和法律适用问题充分发表了意见，强化了长江流域生态环境保护的公众参与和社会监督，进一步提升了生态环境损害赔偿诉讼裁判结果的公信力。

课程思政

绿水青山——中华民族永续发展的“金山银山”

党的十八大首次把“美丽中国”作为生态文明建设的宏伟目标，把生态文明建设放在了中国特色社会主义“五位一体”总体布局的战略位置。

2016年7月1日，在庆祝中国共产党成立95周年大会上，习近平总书记再次阐述了“五位一体”的总体布局，强调要协同推进人民富裕、国家强盛、中国美丽。将“中国美丽”并列其中，体现的正是习近平总书记对于中华民族永续发展的战略决断。

生态文明建设，关乎民族未来。“我国生态环境矛盾有一个历史积累过程，不是一天变坏的，但不能在我们手里变得越来越坏，共产党人应该有这样的胸怀和意志。”习总书记心系生态环境保护，更是要为子孙后代留下可持续发展的“绿色银行”。

复习思考题

1. 什么是案例研究、案例教学？有哪些特点？

2. 案例分析的基本程序是什么？

3. 就当地的主要流域当前存在的主要环境问题进行调查，通过查阅资料或走访有关部门，收集该流域的水文历史资料，与现在的状况对比后得出流域环境的变化趋势，特别注意这些变化对当地社会经济发展的影响。

(1)要求：采取有效的方法广泛收集第一手资料，综合分析所掌握的资料和当前信息，列出流域环境变化对当地社会经济造成的影响，以及当时人们所采取的措施。

(2)目标：通过对流域环境变化对当地社会经济的影响趋势分析，体会流域环境质量对人类社会经济发展的重要作用，明确自己在流域环境保护中应尽的义务。

4. 环境规划目标有哪些类型？如何确定环境规划目标？

(1)要求：自行组建环境规划课程作业小组，在图书馆或网上收集某一地区或行业的环境规划资料。

(2)目标：通过讨论，对照收集的规划，分析该地区的环境规划目标属于哪些类型，确定了哪些环境规划目标。对于其中的环境质量目标，试分析当地为实现该目标采取了哪些措施。

5. 什么是环境功能区？环境功能区划有哪些类型？试根据你所在城市提出你依据自然环境条件和当地环境管理标准划分大气或水环境的功能区划方法。

(1)要求：环境功能区划分要符合规划的基本程序和要求。

(2)目标：绘制你所在城市水域、大气或噪声环境功能区的模拟图。

6. 通过查阅资料，从人类发展的角度分析资源与环境问题有可能引发的地区冲突甚至战争。

(1)要求：用较为翔实的资料说明主题，并列举几个恰当的实例。

(2)目标：通过分析，进一步理解保护环境与资源对维护人类和平与发展的重要意义。

7. 根据所了解的情况，列举一个中国参加的环境保护方面重要的国际行动，说明中国在其中发挥的作用。

(1)要求：查阅资料，用科学而翔实的资料予以说明。

(2)目标：通过讨论，理解环境问题国际化特点，解决全球环境问题必须要通过国际社会共同努力才能取得良好效果。分析目前还存在哪些问题，应如何解决。

8. 企业内部审核的实施步骤有哪些?

9. 分组查询全国各省市生态环境局网站地址。

10. 利用搜索引擎查阅最新法律法规及行业标准(水、气、声、渣)、国家标准。

11. 订阅政府生态环境部门新闻。

12. 通过数据库查阅最新污染治理技术的发展动态。

参考文献

[1]李永峰．环境管理学[M]．北京：中国林业出版社，2012.

[2]王颖．环境税初探[J]．西北第二民族学院学报(哲学社会科学版)，2008，(5)：111－113.

[3]李伯涛．环境税的国际比较及启示[J]．生态经济，2010，(6)：67－69.

[4]孟伟庆．环境管理与规划[M]．北京：化学工业出版社，2011.

[5]刘晓冰．环境管理[M]．武汉：武汉理工大学出版社，2015.

[6]朴光洙．环境法与环境执法[M]．3 版．北京：中国环境出版社，2015.

[7]黄书田，刘娟．国民经济统计概论[M]．北京：中国人民大学出版社，2004.

[8]刘立忠．环境规划与管理[M]．北京：中国建材工业出版社，2015.

[9]宋国君．环境规划与管理[M]．武汉：华中科技大学出版社，2015.

[10]朱庚申．环境管理[M]．2 版．北京：中国环境科学出版社，2007.

[11]王桥等．环境地理信息系统[M]．北京：中国地理出版社，2004.

[12]叶文虎，张勇．环境管理学[M]．3 版．北京：高等教育出版社，2015.

[13]张晓东，黄远东，王冠．环境工程专业教学中的课程思政教育探索——以“大气污染控制工程”课程为例[J]．上海理工大学学报，2019，41(4)：380－385.

[14]刘天齐，黄小林．区域环境规划方法指南[M]．北京：化学工业出版社，2001.

[15]沈洪艳，任洪强．环境管理学[M]．北京：中国环境科学出版社，2005.

[16]白志鹏，王君．环境管理学[M]．北京：化学工业出版社，2007.

[17]文宗川．生态城市的发展与评价研究[D]．哈尔滨：哈尔滨工程大学，2008.

[18]张继鹏．2009 我国农村环境管理体系研究[D]．泰安：山东农业大学，2010.

[19]任晓冬．赤水河流域综合保护与发展策略研究[D]．兰州：兰州大学，2010.

[20]张宝莉，徐玉新．环境管理与规划[M]．北京：中国环境科学出版社，2004.

[21]王远．环境管理[M]．南京：南京大学出版社，2009.

[22]布瑞汉特，弗兰科．城市环境管理与可持续发展[M]．张明顺，译．北京：中国环境科学出版社，2003.

[23]周年生，李彦东．流域环境管理规划方法与实践[M]．北京：中国水利水电出版社，2000.

[24]李党生．环境保护概论[M]．2 版．北京：中国环境出版社，2013.

[25]环境保护部环境工程评估中心．建设工程环境监理[M]．北京：中国环境出版社，2015.

[26]沈洪艳．环境管理学[M]．北京：清华大学出版社，2010.

[27]邹润莉．环境管理[M]．北京：科学出版社，2010.

[28]张明顺，刘晓冰．环境管理[M]．武汉：武汉理工大学出版社，2004.

[29]朱京海．建设项目环境监理概论[M]．北京：中国环境科学出版社，2010.

[30]许宁，胡伟光．环境管理[M]．北京：化学工业出版社，2003.

[31]李克国．环境经济学[M]．北京：中国环境科学出版社，2005.

[32]《环境科学大辞典》编委会．环境科学大辞典(修订版)[M]．中国环境科学出版社，2008.

[33]权伍吉．别笑，这就是科学[M]．青岛：青岛出版社，2015.

[34]刘培桐，薛纪渝，王华东．环境学概论[M]．北京：高等教育出版社，1995.

[35]环境保护部环境工程评估中心．环境影响评价技术方法(2009 年版)[M]．北京：中国环境科学出版社，2009.

[36]何德文．环境评价[M]．北京：中国建材工业出版社，2014.

[37]姜安玺．空气污染控制第二版[M]．北京：化学工业出版社，2010.

[38]宋化民．环境管理基础及管理体系标准教程[M]．北京：中国地质大学出版社，2011.

[39]马中，Dan D. 论总量控制与排污权交易[J]．中国环境科学，2002，22(1)：89 - 92.

[40]国家环境保护局．中国环境科学研究院．城市大气总量控制典型范例[M]．北京：中国环境科学出版社，1993.

[41]马晓明．环境规划理论与方法[M]．北京：化学工业出版社，2004.

[42]王勤耕，吴跃明，李宗恺．一种改进的 A - P 值控制法[J]．环境科学学报，1997，17(3)：278 - 283.

[43]国家环境保护局，中国环境科学研究院．城市大气总量控制手册[M]．北京：中国环境科学出版社，1991.

[44]郝吉明，马广大，俞坷，等．大气污染控制工程[M].9 版．北京：高等教育出版社，1999.

[45]张燕．城市大气污染与防治策略探析[J]．环境与可持续发展，2016，41(1)：54 - 55.

[46]杨静雁．大气污染防治措施及意义[J]．资源节约与环保，2018，8：96.

[47]曲格平．中国环境问题及其对策[M]．北京：中国科学出版社，1984.

[48]张自杰．环境工程手册——水污染防治卷[M]．北京：高等教育出版社，1996.

[49]日本区域环境管理研讨会．区域环境管理规划制定规范[M]．刘鸿亮，严珊琴，译．北京：中国环境科学出版社，1989.

[50]韩国刚．我国环境规划工作存在的问题及其对策[J]．环境科学研究，1991，(S1)：8 - 11.

[51]樊庆锌，任广萌．环境规划与管理[M]．哈尔滨工业大学出版社，2011.

[52]刘树坤．中国生态水利建设[M]．人民日报出版社，2004，12：349 - 350.

[53]何俊仕．水资源规划及管理[M].2 版．北京：中国农业出版社，2006.

[54]程声通．水污染防治规划原理与方法[M]．北京：化学工业出版社，2010.

[55]环境保护部环境工程评估中心．环境影响评价技术方法(2014 年版)[M]．北京：中国环境出版社，2014.

[56]王喆．环境影响评价[M]．天津：南开大学出版社，2014.

[57]冯启言．环境影响评价[M]．徐州：中国矿业大学出版社，2008.

[58]过孝民，张慧勤．2000 年中国经济 - 人口 - 环境总量分析[J]．环境科学研究，1989，(05)：

1－80.

[59]徐孟洲．论经济社会发展规划与法制建设[J]．法学家，2012，2：43－45.

[60]王亚华．经济社会发展规划实施评估方法[J]．经济研究参考，2009，50：50－52.

[61]李庆臻．科学技术方法大辞典[M]．北京：科学出版社，1999.

[62]邓伟志．社会学辞典[M]．上海：上海辞书出版社，2009.

[63]姚建．环境规划与管理[M]．北京：化学工业出版社，2009.

[64]郭怀成，尚金城．环境规划学[M].2版．北京：高等教育出版社，2009.

[65]傅国伟．当代环境规划的定义，作用与特征分析[J]．中国环境科学，1999，19(1)：72－76.

[66]郭怀成．环境规划方法与应用[M]．北京：化学工业出版社，2006.

[67]朱发庆．环境规划[M]．武汉：武汉大学出版社，1995.

[68]郎铁柱．人口，资源与发展[M]．天津：天津大学出版社，2015.

[69]王俭，孙铁珩，李培军，等．环境承载力研究进展[J]．应用生态学报，2005，16(4)：768－772.

[70]田良．环境规划与管理教程[M]．合肥：中国科学技术大学出版社，2014.

[71]陈睿．都市圈空间结构的经济绩效[M]．北京：中国建筑工业出版社，2013.

[72]王树功．可持续发展与环境规划[J]．环境与开发，1997，12(2)：4－6.

[73]杨志鹏，刘静玲．环境科学概论[M].2版．高等教育出版社，2010.

[74]彭天杰．复合生态系统的理论与实践[J]．环境工程学报，1990，(3)：1－98.

[75]马世俊，王如松．社会－经济－自然复合生态系统[J]．生态学报，1984，4(1)：3－11.

[76]郭怀成，尚金城，张天柱．环境规划学[M].2版．北京：高等教育出版社，2009.

[77]丁丽．小学生百科知识金库数学科学自然卷[M]．北京：中国画报出版社，2009.

[78]樊红雨．食·睡·动——亚健康疾病都搞定[M]．西安：陕西科学技术出版社，2017.

[79]齐浩然．声音的魔力[M]．北京：金盾出版社，2015.

[80]环境保护部．国家污染物环境健康风险名录——物理分册[M]．北京：中国环境科学出版社，2012.

[81]环境保护部环境工程评估中心．环境影响评价技术方法[M]．北京：中国环境出版社，2013.

[82]胡珊．视听心理学[M]．北京：世界图书北京出版公司，2012.

[83]毛东兴，红宗辉．环境噪声控制工程[M].2版．北京：高等教育出版社，2009.

[84]欧阳志云，王效科，苗鸿，等．我国自然保护区管理体制所面临的问题与对策探讨[J]．科技导报，2002，(1)：49－52.

[85]章家恩．生态规划学[M]．北京：化学工业出版社，2009.

[86]汪诚文．环境影响评价[M]．北京：高等教育出版社，2017.

[87]钱金平，马宝信．生态市建设支撑体系研究：以唐山市为例[M]．北京：中国环境科学出版社，2012.

[88]郑度．地理区划与规划词典[M]．北京：中国水利水电出版社，2012.

[89]刘康，李团胜．生态规划——理论、方法与应用[M]．北京：化学工业出版社，2004.

[90]李伟娜．浅议生态城市规划设计[J]．四川水泥，2018，(8)：130.

[91]黄燕妮．浅谈城市规划中生态城市规划设计[J]．建材与装饰，2018，(30)：123－124.

[92]张承中．环境规划与管理[M]．北京：高等教育出版社，2007.

[93]姚建．环境规划与管理[M]．北京：化学工业出版社，2009.

[94]王慧．依据 ISO9001 标准实施内部审核的方法[J]．哈尔滨铁道科技，2003，(1)：22－23.

[95]田良，袁九毅．高校环境规划与管理专业中的案例教学[J]．高等理科教育，2002，(1)：69－72.

[96]张旭如．环境教育案例教学的理论基础[J]．山西师大学报(社会科学版)，2004，(4)：158－161.

[97]左玉辉．环境学[M]．北京：高等教育出版社，2002.

[98]马文军，李旭英．案例研究方法在城市规划与管理中的应用研究——兼论城市规划案例学的建构[J]．规划师，2008，8(24)：89－92.

[99]安维．管理课程中的案例分析[J]．成人高教学刊，2005，(6)：53－55.

[100]马中．环境与自然资源经济学概论[M].2 版．北京：高等教育出版社，2006.

[101]马彩华．中国特色的环境管理公众参与研究[D]．青岛：中国海洋大学，2007.

[102]郎俊通，段欣荣．浅谈渔业水域污染案件的举证责任[J]．河北渔业，2007，(06)：54.

[103]夏慧．环境谈污染侵权的相关法律问题研究——由一起案例引发的思考[J]．广东工业大学学报(社会科学版)，2007，7(2)：71－73.

[104]温辉，夏军．环境权的司法保护——乐亭渔业污染案评析[J]．人权，2003，(05)：36－38.

[105]陶吉群．中等法律职业教育辩论式教学初探[J]．教育教学论坛，2013，(46)：240－241.

[106]陈旭雯．辩论式教学法在高职政治理论课堂中的应用[J]．理论观察，2013，(05)：140－141.

[107]田金信．建设项目管理[M].3 版．北京：高等教育出版社，2017.

[108]李冬月．论我国环境资源监督管理法律机制的完善——从无缝隙政府理论的视角[J]．商品与质量，2012，(S8)：95.

[109]洪诗剑．探究无缝隙环境监督管理模式[J]．北方环境，2018，30(04)：219－220.

[110]杨天姿．试论环境监督管理及其运行机制[J]．山东工业技术，2018，(10)：243.

[111]张文河，韦良焕，查向浩．环境管理学案例库建设的探索[J]．环境与发展，2020，32(10)：233＋235.

[112]戴颖达．环境管理教学的改革与实践[J]．中国轻工教育，2004，(1)：35－36.